职业教育课程改革创新规划教材·电子技术轻松学

液晶和等离子体电视机原理与维修项目教程

韩广兴 主编

電子工業出版社
Publishing House of Electronics Industry
北京·BEIJING

内 容 简 介

本书选择市场上流行的样机为例，以图解的形式将整机的各单元电路的结构特点、信号处理过程和各种信号波形、各种数据参数的检测，进行实操演示。模拟维修现场，将拆卸、检测、维修操作过程进行全程实录。并将实修实测的过程和测量结果，分成单元和项目的形式展示出来，作为实训的范例，为教师和学生进行自主学习提供了更多的空间。

本书可作为职业院校的实训指导教材，也可作为新型电视机调试和维修人员学习维修技能的参考教材，还可作为全国家电维修和电子产品调试及数码维修工程师职业资格认证的培训教材。

未经许可，不得以任何方式复制或抄袭本书之部分或全部内容。
版权所有，侵权必究。

图书在版编目（CIP）数据

液晶和等离子体电视机原理与维修项目教程/韩广兴主编. —北京：电子工业出版社，2013.1
职业教育课程改革创新规划教材·电子技术轻松学
ISBN 978－7－121－18610－3

Ⅰ. ①液… Ⅱ. ①韩… Ⅲ. ①液晶电视机－维修－中等专业学校－教材②等离子体－电视接收机－维修－中等专业学校－教材 Ⅳ. ①TN949.1

中国版本图书馆 CIP 数据核字（2012）第 226942 号

策划编辑：张 帆
责任编辑：郝黎明　　文字编辑：裴 杰
印　　刷：北京七彩京通数码快印有限公司
装　　订：北京七彩京通数码快印有限公司
出版发行：电子工业出版社
　　　　　北京市海淀区万寿路 173 信箱　邮编 100036
开　　本：787×1 092　1/16　印张：19.75　字数：505.6 千字
版　　次：2013 年 1 月第 1 版
印　　次：2024 年 8 月第 12 次印刷
定　　价：34.80 元

凡所购买电子工业出版社图书有缺损问题，请向购买书店调换。若书店售缺，请与本社发行部联系，联系及邮购电话：（010）88254888，88258888。
质量投诉请发邮件至 zlts@phei.com.cn，盗版侵权举报请发邮件至 dbqq@phei.com.cn。
本书咨询联系方式：（010）88254592，bain@phei.com.cn。

前言

“液晶电视机和等离子体电视机原理与维修”课程是实践性很强的课程，必须结合实验，进行实训操作，才能掌握相关的基础和专业知识，学会操作技能。

本教材采用项目引领和案例训练方式进行编排，通过各单元的实训项目演示和实际案例的训练，培养学生的实际操作技能。

本书将液晶和等离子体电视机的各种单元电路或部件，分割成多个单元和项目，并分别以图示的形式将课程的操作案例和检测项目进行技能演示，制成范例，为教师和学生提供引导。并为教师和学生的积极性和创造性提供了扩展的空间。

随着电子技术的发展和人民物质文化水平的提高，家用电子产品得到了迅速的发展，特别是液晶和等离子平板电视机的发展速度最快，目前，已成为市场的主流。显像管（CRT）电视机逐渐退出市场。我国已成为液晶和等离子平板电视机产销量最大的国家。为了提高产品的性能，各名牌厂商不断地推出新的技术和新的电路器件，使产品质量得到了迅速的提高，并受到消费者的普遍欢迎。因而，从事电视机科研、生产、调试与维修各个岗位需要大批的技术人员，特别需要具有动手能力的技能型人才。

为了推行“双证书”教学，即学历证书和职业资格证书，本书既参照电子电器维修专业的教学大纲，同时涵盖国家职业资格和数码维修工程师考核认证标准。

本书作为实训指导教材，采用学员自学、教师演示和实操训练的教学模式，全面系统地演练教学内容。为了使学员能迅速地把握液晶和等离子体电视机实训的内容，本书在知识和技能的传授过程中充分发挥“实体图解和现场演练”的特色，通过对实际样机的实拆、实测、实修的图文演示。生动、形象、直观地将新型液晶和等离子体电视机的检修方法和操作技能展现给读者。

本书的内容涵盖“家电维修专业”、“无线电调试专业”和“数码维修工程师”资格认证的考核标准，读者通过学习和实训，可根据自身情况申报相应的专业技术等级。取得国家职业资格证书或数码维修工程师证书。

参加本书编写的有韩广兴、韩雪涛、吴瑛、张丽梅、郭海滨、马楠、宋永欣、宋明芳、梁明、张雯乐、张鸿玉、吴玮、韩雪冬、张相萍等。

为了更好地满足读者的需求，达到最佳的学习效果，数码维修工程师鉴定指导中心还提供了网络远程教学和多媒体视频自学两种培训途径，读者可以直接登录数码维修工程师官方网站参加培训或定制购买配套的 VCD 系列教学光盘进行自学（本书不含光盘，如有需要请读者按以下地址联系购买）。

读者如果在自学或参加培训的学习过程中，以及申报国家专业技术资格认证方面有什么问题，也可通过网络或电话与我们联系。

网址：http://www.chinadse.org

联系电话： 022－83718162/83715667/13114807267

E-mail： chinadse@126.com

编　者

目　录

第1单元　电子电路检修基础和基本技能实训

综合教学目标

了解常用电子元器件的种类特点及应用，熟悉电子元器件的电路符号，掌握基本元器件的识图技能。

岗位技能要求

训练基本电子元器件的识别与焊接技能。

训练常用电子元器件的检测技能。

训练通用示波器的使用方法和信号测量方法。

项目1　电子元器件识别和电路识图技能训练

教学要求和目标： 掌握常用电子元器件的结构特点、电路符号及识别方法，了解电子元器件在电路图中的表示方法及识图方法。

任务1.1　掌握电子元器件与电子电路的关系

每个电子产品都是由很多的电子元器件组成的，其中最常见的就是电阻器、电容器、电感器等电子元器件。此外，还有一些半导体器件也很常用，例如，二极管、三极管等。电子产品的电路结构是用电路图来表示的。读懂电路图，首先要学会识别电子元器件的种类、功能。

图1-1是液晶电视机信号处理电路板的结构，由此可见，将这些不同的元器件组合起来就能实现信号处理的功能。

1.1.1　电子元器件和电路符号

电子产品的电路结构是将各种元器件的连接关系用符号和连线连接起来。这种连接关系是十分严格的，根据电路图就可以制造出电子产品。因此，电路图中的符号和标记必须有统一的标准。常用的元器件按其功能可分为如下几种类型：

图 1-1　液晶电视机信号处理电路板的结构

1. 电阻类

电阻器是电子设备中使用最多的电子元器件。电阻器主要的功能是通过分压电路提供其他元器件所需要的电压，而通过限流电路提供所需的电流。常见电阻器的图形符号及外形如表 1-1 所示。

表 1-1　电阻器的图形符号及外形

种类及外形结构		图形符号	文字符号	功　能
普通电阻器			R	电阻器在电路中一般具有限流和分压的作用
压敏电阻器		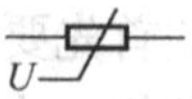	R	压敏电阻器具有过压保护和抑制浪涌电流的功能
热敏电阻器	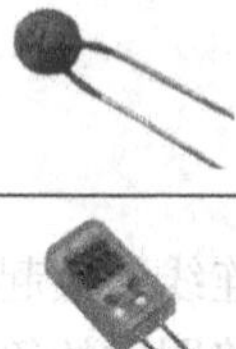	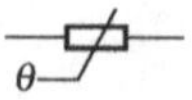	R	热敏电阻的阻值随温度变化可用作温度检测元件
湿敏电阻器			R	湿敏电阻的阻值随周围环境湿度的变化，常用作湿度检测元件

续表

种类及外形结构		图形符号	文字符号	功　　能
光敏电阻器	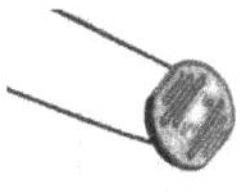		R	光敏电阻的阻值随光照的强弱变化，常用于光检测元件
可变电阻器			R	可变电阻器主要是通过改变电阻值而改变分压大小

2. 电容类

容器是一种可以存储电荷的元器件，两个极片可以积存电荷。任何一种电子产品中都少不了电容。电容器具有通交流隔直流的作用。还常作为交流信号的耦合传输元件、平滑滤波元件和谐振元件。常见电容器的图形符号及外形参见表 1-2。

表 1-2　电容器的图形符号及外形

种类及外形结构		图形符号	文字符号	功　　能
无极性电容器		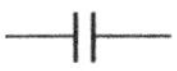	C	耦合、平滑滤波、移相、谐振
有极性电容器		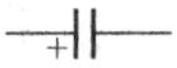	C	耦合、平滑滤波
单联可变电容器	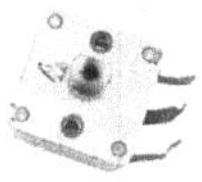		C	用于调谐电路
双联可变电容器		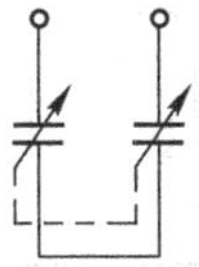	C	用于调谐电路
微调电容器			C	微调和调谐回路中的谐振频率

3. 电感类

普通的电感器俗称线圈。电感元件也是一种储能元件，它可以把电能转换成为磁能存储起来。常用于滤波和谐振元件。常见电感器的图形符号及外形参见表 1-3。

表 1–3 电感器的图形符号及外形

种类及外形结构		图形符号	文字符号	功 能
空心线圈			L	分频、滤波、谐振
磁棒、磁环线圈			L	分频、滤波、谐振
固定色环色码电感器			L	分频、滤波、谐振
微调电感器			L	滤波、谐振

4. 变压器类

变压器由铁芯（或磁芯）和线圈组成，它实质上是一种电感器，在电子产品中常用于变换电压和电流的电源变压器，具有选频功能的高频变压器和中频变压器。常见变压器的图形符号及外形参见表 1–4。

表 1–4 变压器的图形符号及外形

种类及外形结构		图形符号	文字符号	功 能
普通电源变压器		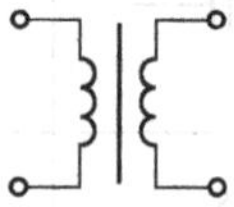	T	电压变换、电源隔离
音频变压器		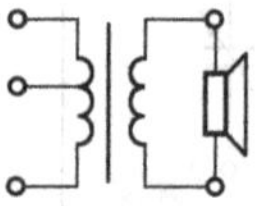	T	信号传输与分配、阻抗匹配等
中频高频变压器		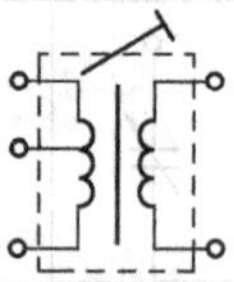	T	选频、耦合

5. 二极管管类

二极管是典型的半导体器件，具有单向导电的特性。常见二极管的图形符号及外形参见表 1–5。

表 1–5 二极管的图形符号及外形

种类及外形结构		图形符号	文字符号	功 能
整流二极管		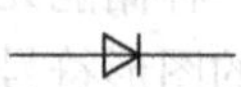	VD	整流

续表

种类及外形结构		图形符号	文字符号	功　能
检波二极管			VD	检波
稳压二极管		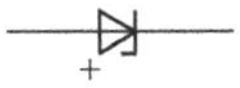	VD	稳压
发光二极管			VD	指示电路的工作状态

6. 三极管类

半导体三极管是各种电子设备中的信号放大器元件，其特点就是在一定的条件下具有电流的放大作用。常见三极管有 NPN 型三极管和 PNP 型三极管等，其图形符号和外形参见表 1-6。

表 1-6　三极管的图形符号和外形

种类及外形结构		图形符号	文字符号	功　能
NPN 型三极管		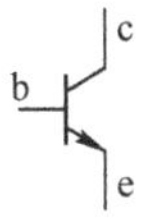	VT	电流放大、振荡、电子开关、可变电阻等
PNP 型三极管		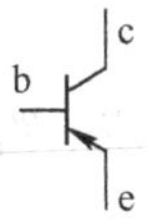	VT	电流放大、振荡、电子开关、可变电阻等

7. 场效应管类

场效应管简称 FET，也属于半导体器件。常见场效应管有结型场效应管和绝缘栅型场效应管等，其图形符号和外形参见表 1-7。

表 1-7　场效应管的图形符号和外形

种类及外形结构		图形符号	文字符号	功　能
结型场效应管		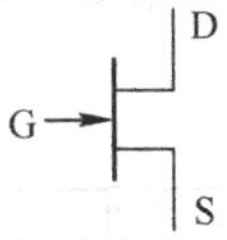	VT	电压放大、恒流源、阻抗变换、可变电阻、电子开关等
绝缘栅型场效应管		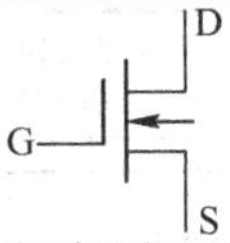	VT	电压放大、恒流源、阻抗变换、可变电阻、电子开关等

8. 晶闸管类

晶闸管又称为可控硅，也属于半导体器件。常用的晶闸管有单向晶闸管和双向晶闸管，单结晶体管的特性与晶闸管相近，其图形符号和外形参见表 1-8。

表 1-8 晶闸管的图形符号和外形

种类及外形结构		图形符号	文字符号	功能
单结晶体管		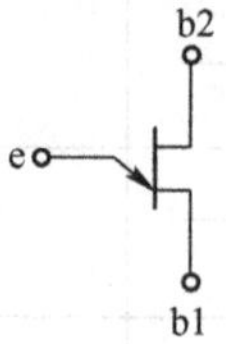	V	振荡、延时和触发电路
单向晶闸管		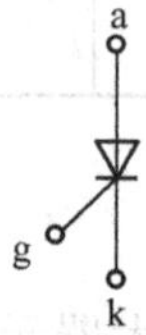	VS	无触点开关
双向晶闸管		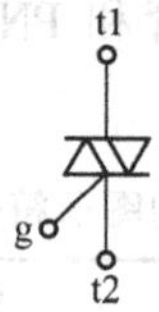	VS	无触点交流开关

1.1.2 单元电路的识图训练

1. 直流电源电路的识图例

图 1-2 是一个产生直流电压的电源电路，该电路主要是由降压变压器 T01、桥式整流堆 DB01，以及电感、电容等构成的。

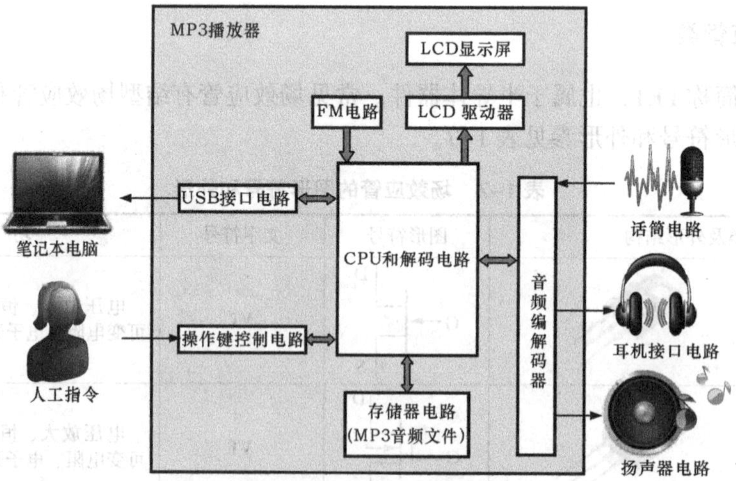

图 1-2 产生直流电压的电源电路

交流 220V 电源加到降压变压器的初级绕组，经降压后输出交流 10V 电压，该电压经桥式整流堆整流后输出脉动直流，脉动直流经 LC 滤波后输出较稳定的 +12V 电压。

2. 晶体管放大器的识图例

图 1-3 是一个典型的单晶体管组成的交流信号放大器，将两个电阻串联起来组成分压电路为晶体管的基极提供基极偏压，使该电路构成一个典型的交流信号放大器。其中两个电阻器 R_1、R_2串联分压为晶体管 VT 的基极提供 2.8V 的静态电压，R_3为集电极负载电阻，R_4为发射极限流电阻，C_B为输入耦合电容，C_C为输出耦合电容。

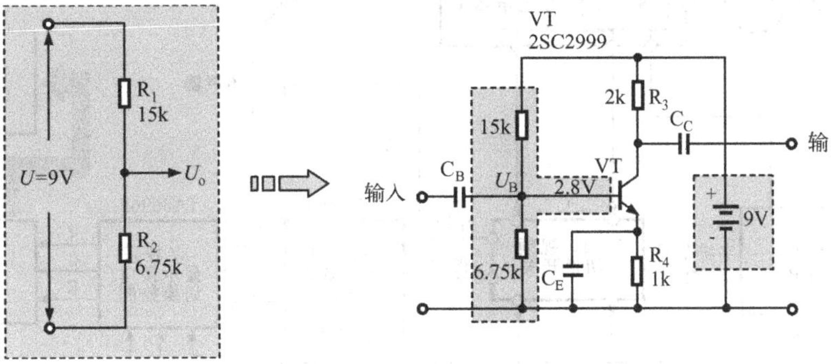

图 1-3　晶体管放大器

由图 1-3 可知，该电路的电源供电是 9V，放大器中晶体管的基极需要一个 2.8V 的电压才能构成保真度良好的交流信号放大器，使用两个电阻器串联很容易获得这个电压。

3. 扬声器驱动电路

图 1-4 是一个简单的音频信号放大器，是用于驱动扬声器发声的电路，R_{B1}、R_{B2}为晶体管 VT 的基极提供偏压，R_C为晶体管集电极提供偏压，同时又作为集电极负载电阻。晶体管发射极接地，构成共发射极放大器。音频信号经耦合器 C_1 耦合到晶体管基极，经放大后由集电极输出，输出信号经耦合电容 C_2耦合到扬声器上。电容在电路中起着传输交流信号，隔离直流电源的作用。

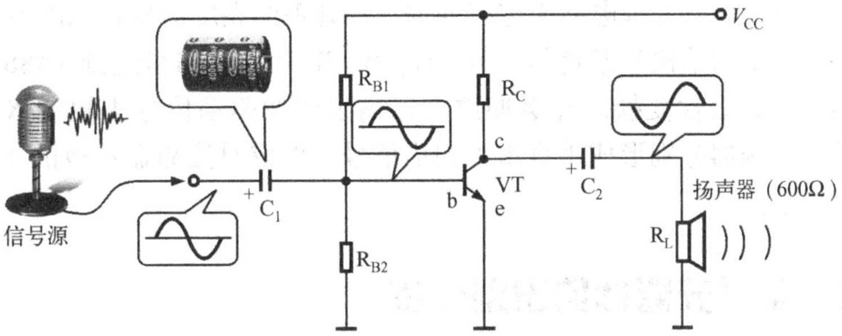

图 1-4　音频信号放大器

1.1.3　小型彩色液晶电视机电路识图实例

以下通过典型电路介绍整机电路和信号流程的识图方法，如图 1-5 所示是一部小型液晶彩色电视机的整机电路方框图。其中，U/V 调谐器、中频电路 TA8670F、系统控制微处理器和音频、视频切换开关等部分与普通彩电基本上是相同的。视频处理、色度解码和扫描信号产生电路TA86995F与普通彩色电视机的视频解码电路的工作也基本相同。只有γ校正、显示接口切换控制电路TA8696F是液晶电视机特有的电路。

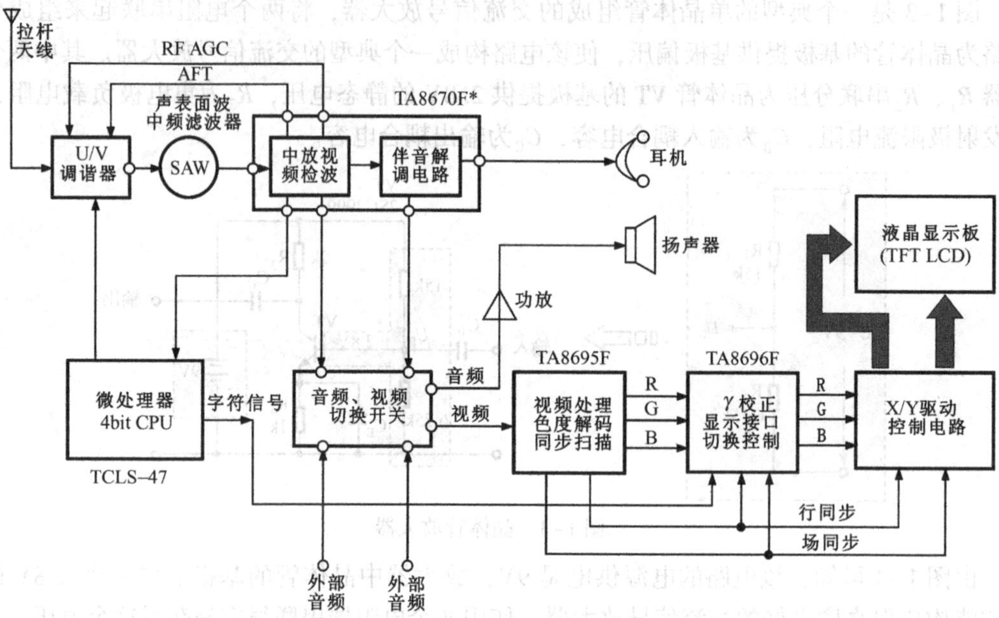

图1-5 小型液晶彩色电视机的整机电路方框图

TA8695F和TA8696F的内部功能方框图如图1-6所示。电视信号中频解调电路，解出第二伴音中频信号（SIF）和视频图像信号。第二伴音中频信号（SIF）送到伴音解调和音频放大电路还原出伴音去驱动扬声器，视频图像信号分成三路送入TA8695F（该电路是处理视频（V）、色度（C）和偏转扫描信号（D）的集成电路，简称V/C/D电路），第一路送入同频分离电路分别分离出行、场扫描信号；第二路经色副载波带通滤波器（BPF）选出色度信号，送入ACC电路，然后送到色度解码电路进行解码；第三路经延迟电路后作为亮度信号Y，送到亮度信号处理电路中进行处理，经处理的亮度信号和色度解码输出色差信号送到矩阵电路中，最后输出三基色信号R、G、B。R、G、B信号送到TA8696F中进行γ校正、电平控制、垂直极性变换。经缓冲放大器输出图像驱动信号去控制X驱动系统，行、场的扫描信号经控制器分别形成垂直水平扫描信号，形成对液晶显示板的*X*、*Y*轴控制信号加到液晶显示板上。

任务1.2 电子元器件的识别训练

液晶和等离子电视机中大量使用了贴片元器件，微型贴片元器件是小型化的电子器件，在功能上与传统插装元器件相同，但其体积明显减小、高频性能明显提高、形状标准化、耐振动、集成度高等特点确实是传统插装元器件所无法比拟的。这种元器件的焊装必须采用贴片焊装技术，即表面安装技术（SMT）。表面安装技术的迅速发展在很大程度上也是得益于表面安装元器件的普及。

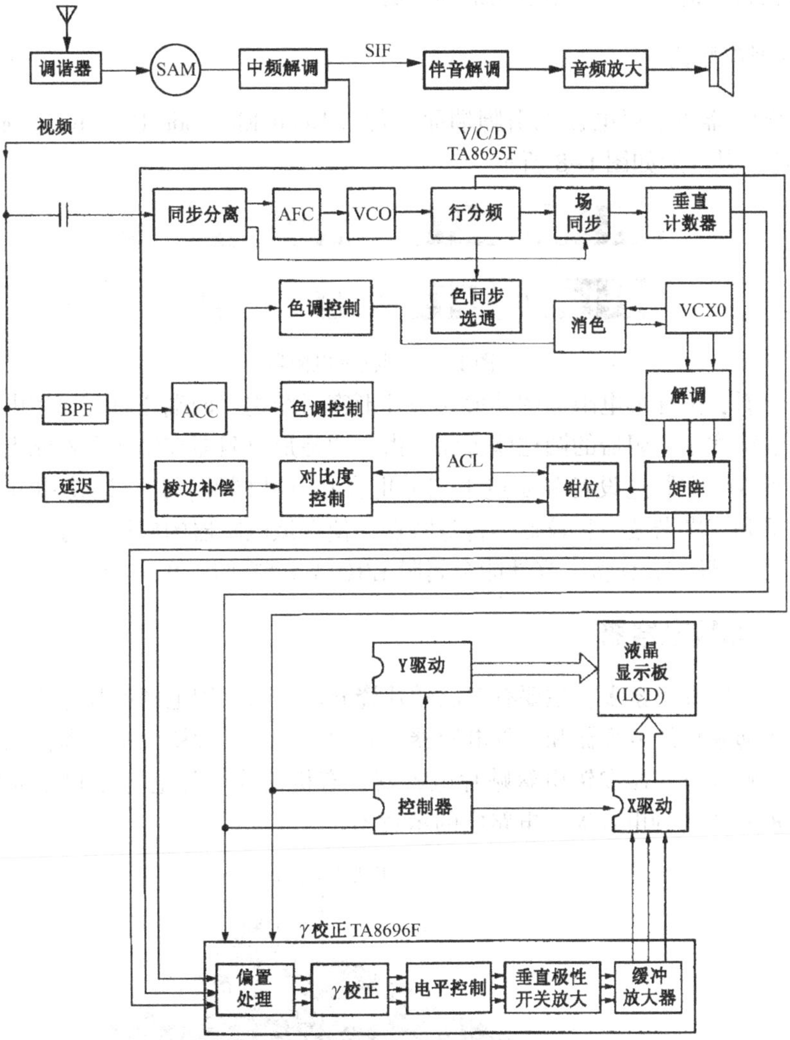

图 1-6　TA8695F 和 TA8696F 的内部功能方框图

1.2.1　贴片电阻器

1. 矩形贴片电阻器

矩形贴片电阻器如图 1-7 所示。目前，根据电阻材料和制作工艺的不同，矩形贴片电阻可以分成薄膜型（RK 型）和厚膜型（RN 型）两种。

图 1-7　矩形贴片电阻器

薄膜型电阻是在基板上喷射一层镍铬合金而制成的，这种电阻具有性能稳定、阻值精度高等特点，但其价格较为昂贵。

厚膜型电阻则是在高纯度的（96%）Al_2O_3基板上印制一层二氧化钌浆料，然后经烧结光刻而成的。这种电阻在成本上较薄膜型电阻低廉，但其性能也相当优良，因此，厚膜型电阻在目前的实际应用中使用最为广泛。

2. 圆柱形电阻器

圆柱形电阻器即金属电极无引脚端面元件（Metal Electrode Face Bonding Type），简称MELF电阻器，其外形如图1-8所示。

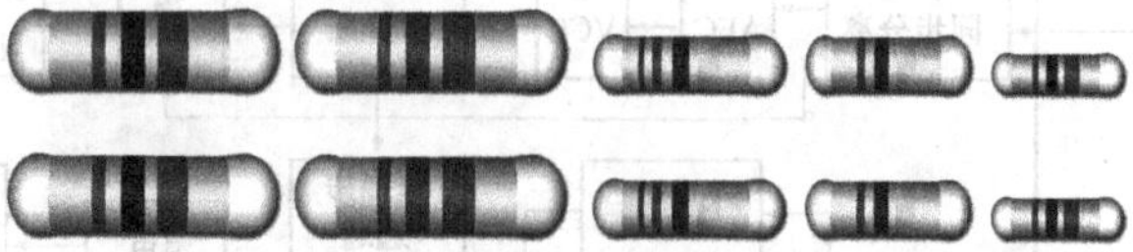

图1-8 圆柱形电阻器

从外形上看，圆柱形电阻器的外形为圆柱形密封结构，两端压有金属帽电极，电阻值采用色码标示法标注于电阻器的圆柱体表面。由于圆柱形电阻器在结构和性能上与分立元件有通用性和继承性，在制造设备和制造工艺上也存在着共同性。其包装使用方便、装配密度高、噪声电平和三次谐波失真较低等自身特点，使得该电阻器的应用十分广泛。目前，圆柱形电阻器主要有碳膜ERD型、高性能金属膜ERO型和跨接用0Ω电阻器三种。

1.2.2 贴片电容器

贴片电容器的种类繁多，主要有多层贴片瓷介电容器、钽电解贴片电容器、铝电解贴片电容器、有机薄膜贴片电容器和云母电容器。其中，多层贴片瓷介电容器使用最为广泛，其次，是钽电解贴片电容器和铝电解贴片电容器，有机薄膜贴片电容器和云母电容器使用较少。图1-9所示为各种电容器在电路中的示意图。

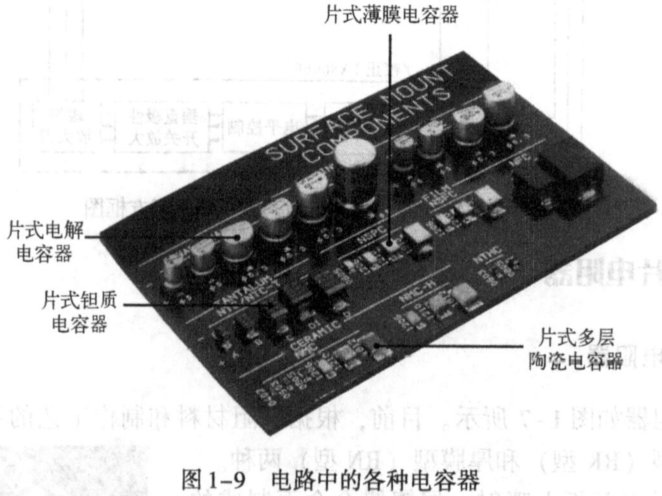

图1-9 电路中的各种电容器

1. 多层贴片瓷介电容器

多层贴片瓷介电容器（Multilayer Ceramic Capacity，MLC），其外形结构如图1-10所示。

多层贴片瓷介电容器通常是无引线矩形结构。它是将白金、钯或银的浆料（作为内部电极）印刷在陶瓷膜片上，经叠层（采用交替层叠的形式）烧结成一个整体，根据电容量的需要，少则两层，多则数十层，甚至上百层，然后以并联的方式与两端面的外电极连接。

图 1-11 所示为多层贴片瓷介电容器结构图，从图 1-11 中可以看到，多层贴片瓷介电容器的外电极分成左、右两个外电极端，其结构与贴片矩形电阻器一样，采用三层结构。

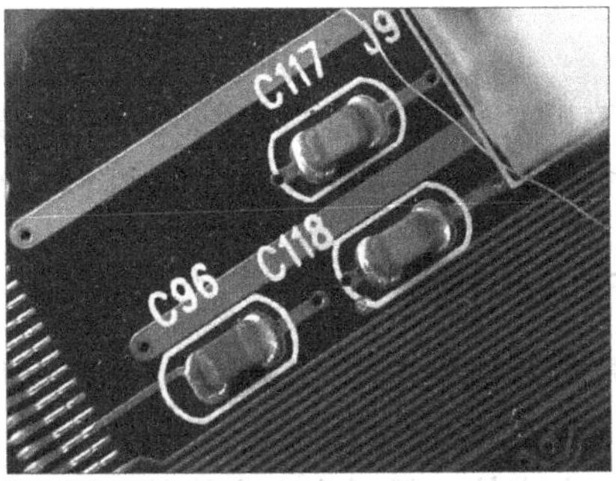

图 1-10　多层贴片瓷介电容器

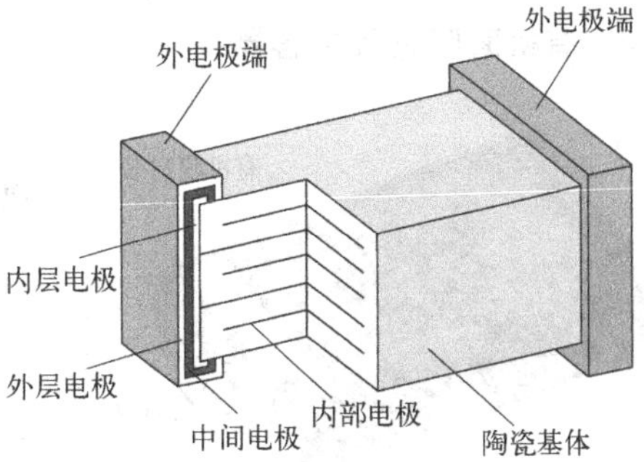

图 1-11　多层贴片瓷介电容器的结构

(1) 内层电极：与内部电极连接，一般采用银（Ag）或银钯（Ag-Pd）合金印刷、烧结而成；

(2) 中层电极：镀镍（Ni）层，主要作用是阻止银（Ag）离子的迁移；

(3) 外层电极：采用铅锡（Sn-Pb）合金电镀而成，以便于焊接。

2. 钽电解贴片电容器

钽电解贴片电容器简称为钽电容，其外形如图 1-12 所示。在各种电容器中，钽电解贴片电容器的单位体积容量最大，容量超过 0.33 μF 的表面安装元件通常都采用钽电解贴片电容。由于这种电容器的电解质响应速度快，因此，在需要高速运算处理的大规模集成电路中应用最为广泛。

3. 铝电解贴片电容器

铝电解贴片电容器按照封装形式的不同，可以分为树脂封装和金属封装两大类，在其外壳上，深色的标记代表负极，容量值及耐压值均在外壳上标明。图 1-13 所示为典型（金属封装型）铝电解贴片电容器。

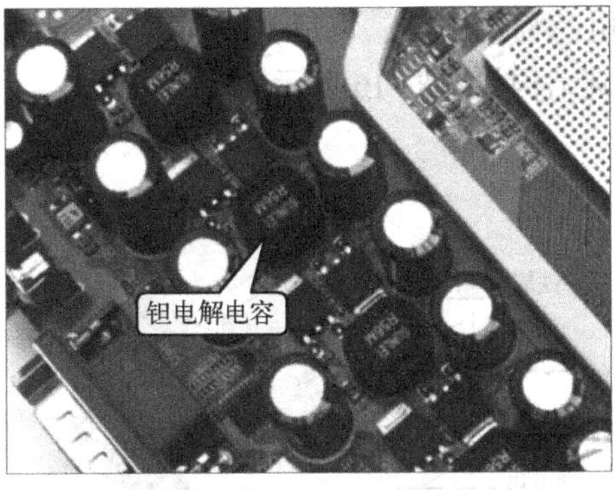

图 1-12　钽电解贴片电容器的外形结构

图 1-13　典型（金属封装型）铝电解贴片电容器

铝电解贴片电容器是将高纯度的铝箔经电解腐蚀成高倍率的附着面，然后在弱酸性（硼酸或磷酸等）溶液中进行阳极氧化，形成电介质薄膜（阳极箔）。用同样的方法，将低纯度的铝箔经电解腐蚀成高倍率的附着面，作为阴极箔。接下来，将电解纸夹于阳极箔和阴极箔之间卷绕成电容器芯子，经电解液浸透，最后用密封橡胶把芯子卷边封口并用耐热性环氧树脂（树脂封装型铝电解贴片电容器）或铝壳（金属封装型铝电解贴片电容器）封装。

4. 有机薄膜贴片电容器

图 1-14 有机薄膜贴片电容器

有机薄膜贴片电容器是以聚酯（PET）、聚丙烯（PP）薄膜作为电介质的一类电容器，如图 1-14 所示。

5. 云母贴片电容器

云母贴片电容器是采用天然云母作为电介质的一类电容器，是将银浆料印刷在云母片上，然后经叠层、热压形成电容体，最后在电容体的两端完成电极的连接。由于这种电容器耐热性好，损耗低且精度高，易制成小电容，因此特别适合在高频电路中使用。

1.2.3 贴片电感器

贴片电感器也是表面安装技术中重要的基础元器件之一，它除了与传统的插装电感器有相同的扼流、滤波、调谐、去耦、延迟、补偿等功能外，还特别在 LC 调谐器、LC 滤波器及 LC 延迟线等多功能器件中发挥作用。

贴片电感器的种类较多，按照结构和制造工艺的不同，可以分成绕线型、多层型和卷绕型三类，另外还有线圈式贴片电感器。

1. 绕线型贴片电感器

绕线型贴片电感器是目前使用最多的一种电感器，图 1-15 所示为用于计算机主板上的线绕型贴片电感器。

绕线型贴片电感器的结构几乎仍然沿袭传统插装电感器的结构，是将特殊的细导线（线圈）缠绕在高性能、小尺寸的磁芯上（低电感时，用陶瓷作为磁芯；大电感时，用氧化铁作为磁芯），再加上外电极（取代了传统插装电感器的引线，以适应表面安装），然后在外表面涂敷环氧树脂后用模塑壳体封装而成的，其结构如图 1-16 所示。

图 1-15 计算机主板上的线绕型贴片电感器

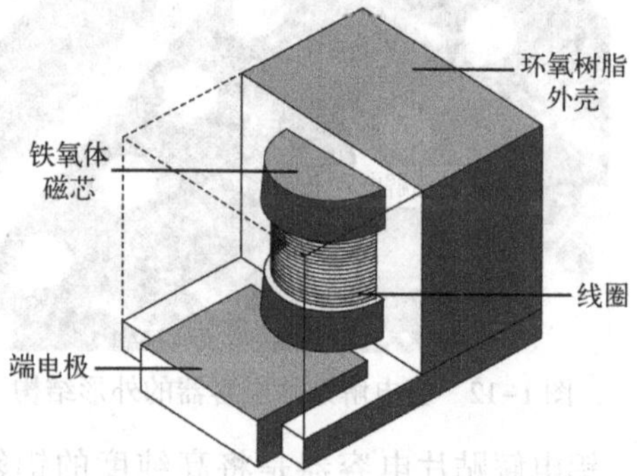

图 1-16 绕线型贴片电感器的结构

2. 多层型贴片电感器

多层型贴片电感器也是目前使用很多的一种电感器，具有可靠性高、抗干扰能力强、无引线、体积小巧等诸多特点，适合高密度安装使用，广泛应用于音响、汽车电子、通信等混合电路中。图 1-17 所示为多层型贴片电感器，从外形上看与多层贴片瓷介电容器十分相似，可通过主板上的文字标识进行分辨。

图 1-18 所示为多层型贴片电感器结构图。除了外形与多层贴片瓷介电容器相似，其结构也是十分相似的。将铁氧体浆料和导电浆料交替印刷叠层后，再经高温烧结形成具有闭合磁路的整体，最后再用模塑壳体封装。

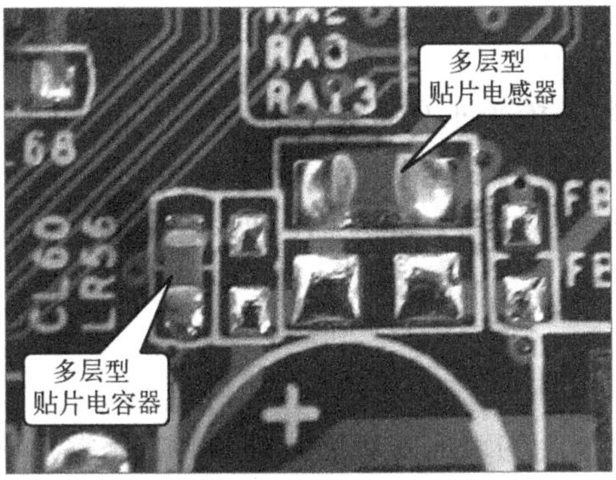

图 1-17　多层型贴片电感器

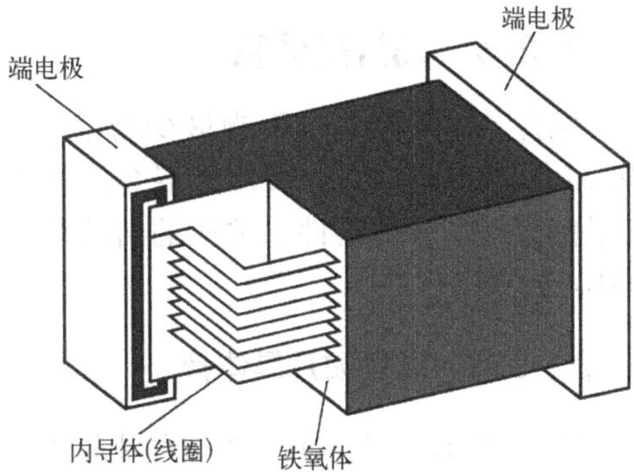

图 1-18　多层型贴片电感器的结构

3. 卷绕型贴片电感器

卷绕型贴片电感器较绕线型和多层型贴片电感器相比用量较小，它是在柔性铁氧体薄片上印刷导体浆料，然后卷绕成圆柱体，烧结成一个整体，最后再加上端电极即可。这种电感器的制作成本较低，但由于其表面安装时接触面积较小，故表面安装性不甚理想。

1.2.4 贴片二极管

1. 矩形贴片式

图 1-19 所示为矩形贴片式二极管，在其外壳上标记代表负极。

图 1-19　矩形贴片式二极管

2. 圆柱式二极管

图 1-20 所示为圆柱式二极管，与圆柱形电阻器相似，都没有金属电极引脚，其他标记与普通二极管一致。

3. 贴片式发光二极管

图 1-21 所示为手机中的贴片式发光二极管，这也是常用的一种贴片式二极管。

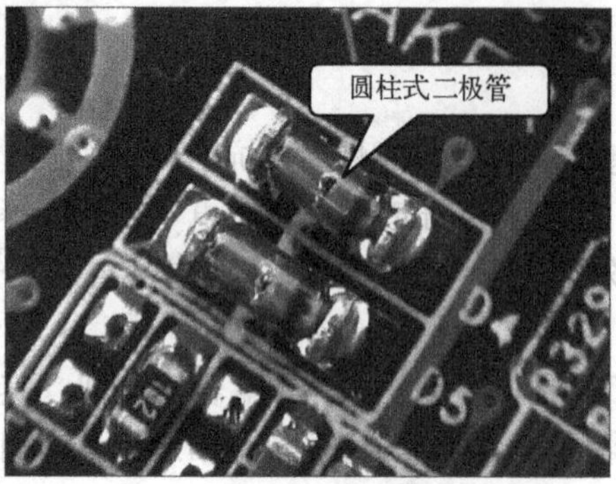

图 1-20 圆柱式二极管

图 1-21 手机中的贴片式发光二极管

1.2.5 贴片晶体管

贴片晶体实际上是引脚最少的集成电路，其全称为小外形塑封晶体管（Small Outline Transistor，SOT）。它主要用于混合式集成电路，如复合式二极管、晶体三极管、场效应管和晶闸管等半导体器件，常用的封装形式有四种：SOT-23 型、SOT-89 型、SOT-143 型、SOT-252 型。

1. SOT-23 型贴片晶体管

图 1-22 所示为 SOT-23 型贴片晶体管，它是通用的表面安装晶体管，有三条翼形引脚，功率一般为 150 ～ 300mW。

图 1-23 所示为 SOT-23 型贴片晶体管结构示意图，这种结构可用于封装小功率晶体管、场效应管、复合式二极管和带电阻网络的复合晶体管。

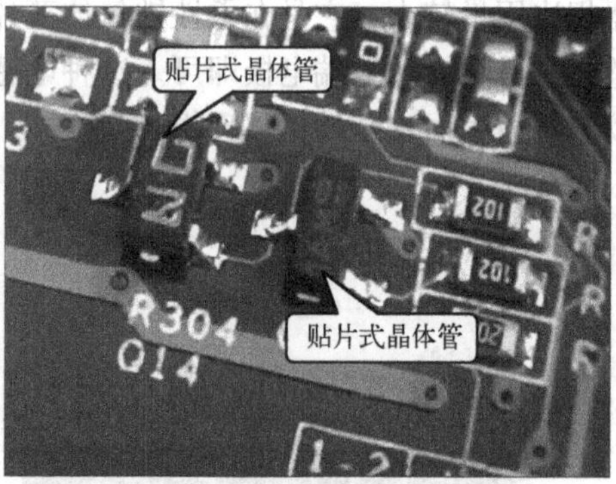

图 1-22 SOT-23 型贴片晶体管

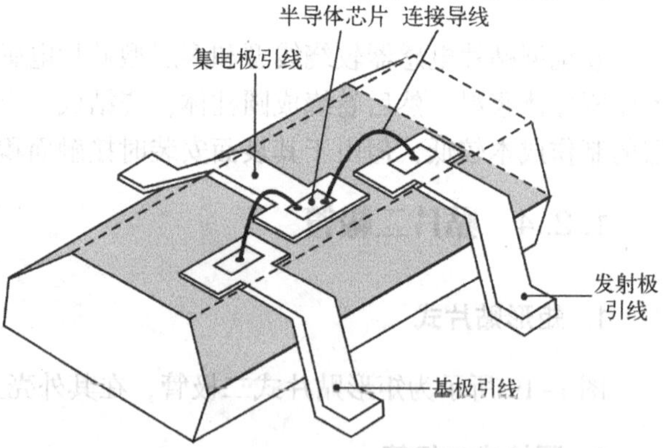

图 1-23 SOT-23 型贴片晶体管的结构示意图

2. SOT-89 型贴片晶体管

图 1-24 所示为 SOT-89 型贴片晶体管结构示意图。它的集电极、基极和发射极从管子的同一侧引出，功率一般为 300mW ～ 2W。

3. SOT-143 型贴片晶体管

图 1-25 所示为 SOT-143 型贴片晶体管的结构示意图。有四条翼形引脚，外形尺寸和散

热性能与 SOT-23 型贴片晶体管基本相同，可以用来封装双栅极场效应管和高频晶体管，一般作为射频晶体管。

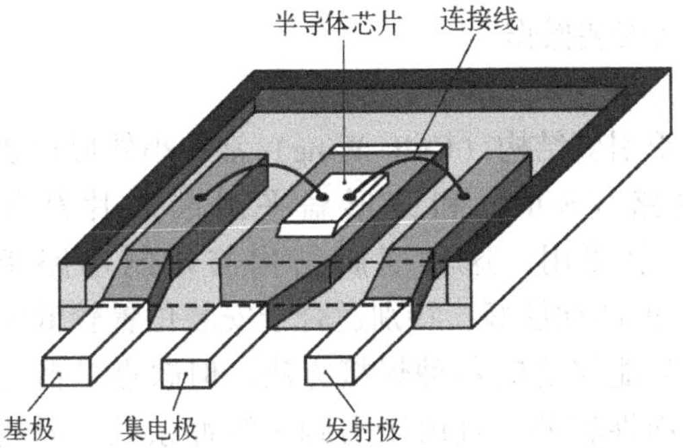

图 1-24　SOT-89 型贴片晶体管的结构

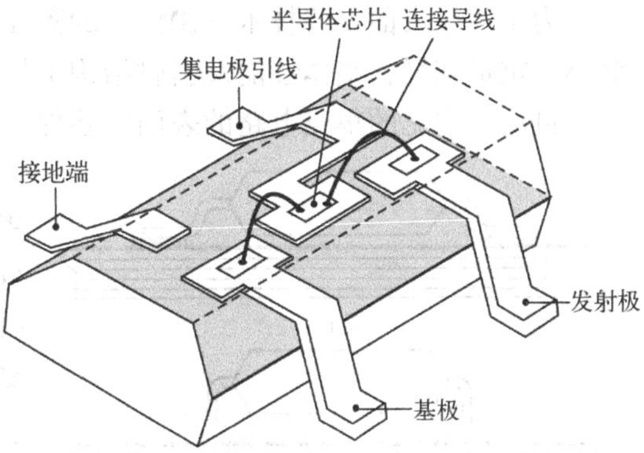

图 1-25　SOT-143 型贴片晶体管结构

4. SOT-252 型贴片晶体管

图 1-26 所示为 SOT-252 型贴片晶体管，与 SOT-89 型贴片晶体管基本形似，但是为了更好的散热，专门设置了散热片。

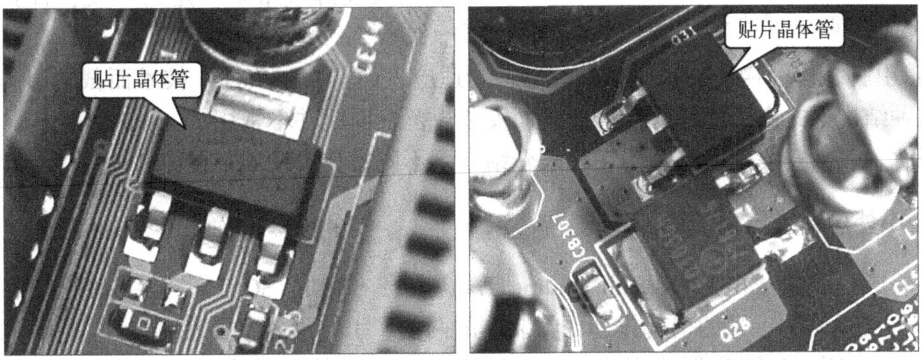

图 1-26　SOT-252 型贴片晶体管

图 1-27 所示为 SOT-252 型贴片晶体管的结构图，它的集电极、基极和发射极也是从管子的同一侧引出，但由于适用于大功率晶体管，所以，其引线较 SOT-89 粗。

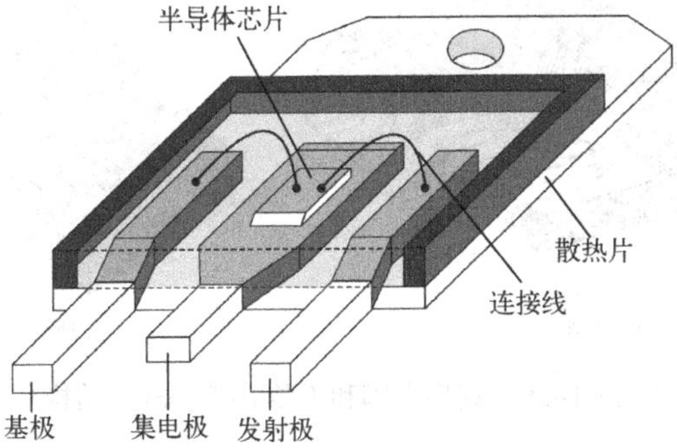

图 1-27　SOT-252 型贴片晶体管结构

1.2.6 贴片集成电路

为了适应表面安装技术（SMT）的需要，集成电路在封装形式上进行了改进，使其尺寸缩小、重量减轻，整体性能及引脚结构更易于表面安装操作。

目前，常见的集成电路的表面安装件有三种引脚结构，如图 1-28 所示。

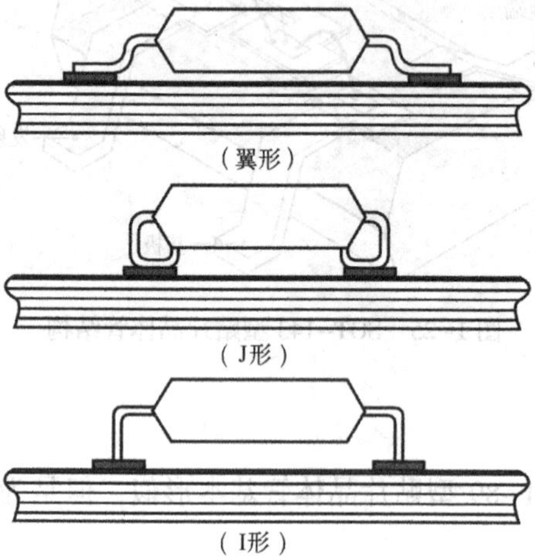

图 1-28　常见的三种引脚结构

翼形引脚结构（Gulf-Wing）常在小外形封装集成电路（SOP）和方形扁平封装芯片载体（QFP）中使用，这种引脚结构与印制电路板（PCB）的匹配性好，特别适合于安装位置较低的场合，且能够适应各种焊接方法。但缺点是器件引脚共面性较差，且由于引脚无缓冲余地，因此在振动应力下容易损坏。

J 形引脚结构（J-Lead）常在有引线塑封芯片载体（PLCC）中使用。J 形引脚结构的特点是刚性好，基板利用率高，安装稳固、抗振性强。缺点是由于 J 形结构的引脚位于元件本体的下方，因此会给安装焊接带来一定的不便，且安装厚度较高。

I 形引脚结构（I-Lead）是插装元器件为适应表面安装（SMT）技术而截断引脚后形成的，这种结构形式由于不符合标准的表面安装规范，因此并不常用。

了解了表面安装的引脚结构，就来介绍一下不同封装形式的集成电路。

1. 小外形封装集成电路（SOP）

小外形封装集成电路（Small Outline Transistor，SOP 或 SOIC），是由双列直插式封装（DIP）演变而来的，它的引脚排列在封装体的两侧，引脚形式主要有翼形和 J 形两种。

图 1-29 所示分别为翼形引脚和 J 形引脚的 SOP 结构，其中，J 形引脚的封装也被称为 SOJ。

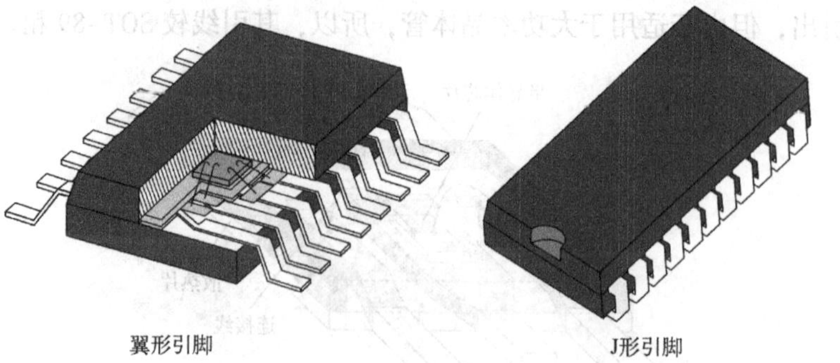

图 1-29　翼形引脚和 J 形引脚的 SOP 结构

如图 1-30 所示，采用小外形封装的集成电路（SOP 型），相比较而言，SOP 的翼形结构更易于焊接和检测，但其占用的 PCB 面积较大，而 SOJ 则更有益于提高装配的密度。

2. 有引线塑封芯片载体（PLCC）

有引线塑封芯片载体（Plastic Leaded Chip Charrier，PLCC），它也是由双列直插式封装（DIP）演变而来的，其结构如图 1-31 所示。

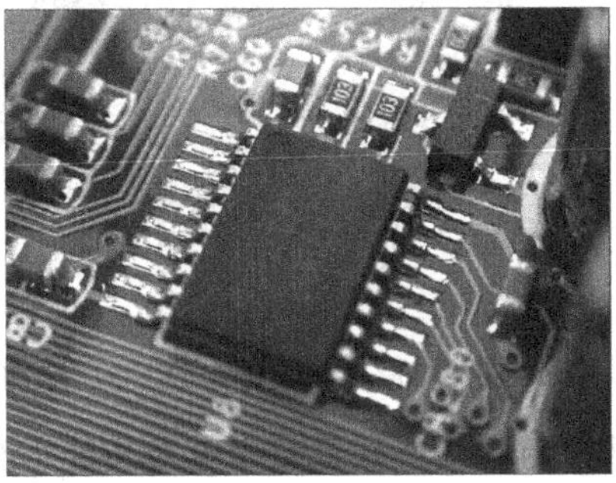

图 1-30　小外形封装集成电路（SOP 型）

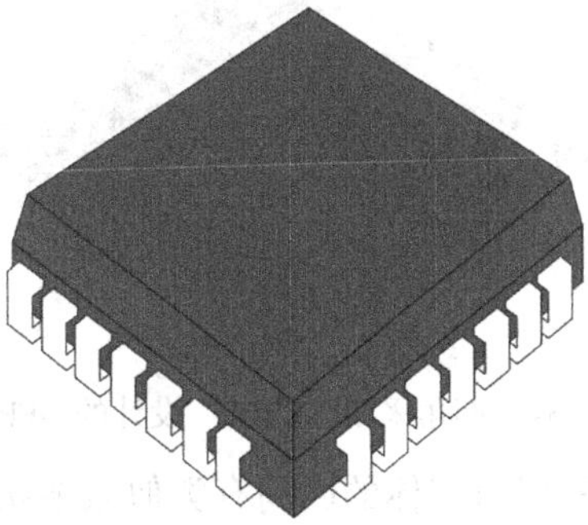

图 1-31　有引线塑封芯片载体（PLCC）

有引线塑封芯片载体（PLCC）的引脚采用 J 形结构，引脚一般为数十到数百条。这种封装常用于计算机微处理单元 IC、专用集成电路（ASIC）及门阵列电路等。

3. 方形扁平封装芯片载体（QFP）

方形扁平封装芯片载体（Quad Flat Package，QFP），它是一种塑封多引脚（以翼型结构为主）器件，其封装结构如图 1-32 所示。

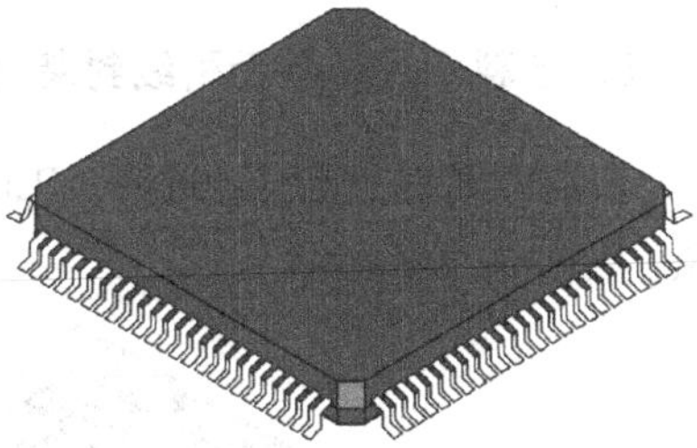

图 1-32　方形扁平封装芯片载体

图 1-33 所示为方形扁平封装的集成电路，由于引脚数多，接触面积大，在运输、储存和安装中，引脚易折弯或损坏，因此，在表面贴装前要对每个 QFP 进行检验，判断器件的引脚是否弯曲、掉落等。

图 1-33　方形扁平封装的集成电路

目前，许多 QFP 将封装体的四个角采用“凸出”设计（多为美国 QFP 器件），其外形如图 1-34 所示，以增强对引脚的保护。

4. 陶瓷芯片载体（LCCC/LDCC）

陶瓷芯片载体封装的芯片是全密封的，具有很好的保护作用。它也可以分为无引脚陶瓷芯片载体（LCCC）和有引脚陶瓷芯片载体（LDCC），图 1-35 所示为 LCCC 的结构示意图。

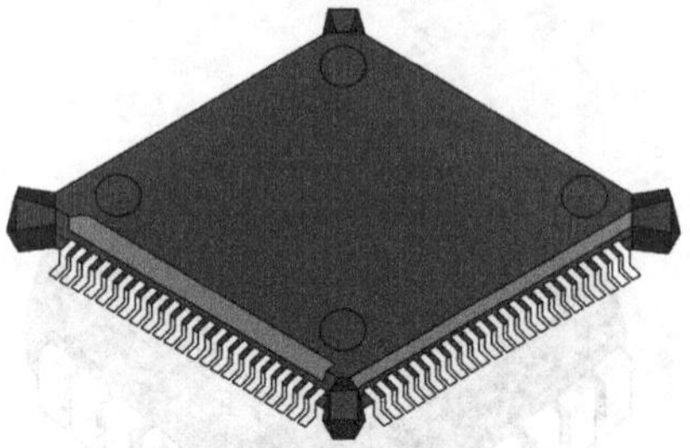

图 1-34　四角采用“凸出”设计的 QFP 结构

图 1-35　陶瓷芯片载体（LCCC）结构示意图

在陶瓷封装体的四周有类似城堡状的金属化凹槽与封装体底部镀金电极相连，有效降低了电感和电容的损耗，适用于高频工作状态。但由于 LCCC 的安装精度要求很高，成本也很高，因此，不宜规模生产，目前，仅在军事和高科研领域应用。

LDCC 是在 LCCC 的基础上改进而来的，它采用铜合金或可代合金制成 J 形或翼形引线焊在 LCCC 封装体的镀金凹槽的端点上。与 LCCC 相比，LDCC 的这种附加引线工艺更加复杂，因此，在日常生产中很少使用。

5. 塑料四周扁平无引线封装（PQFN）

塑料四周扁平无引线封装（Palstic Quad Flat Pack-No Leads，PQFN），其结构如图 1-36 所示。

图 1-36　塑料四周扁平无引线封装（PQFN）结构

这种封装形式常用于微处理器单元、门阵列或存储器等器件，如图 1-37 所示。

PQFN 类似于 LCCC，封装体为无引脚设计，镀金电极位于塑封体侧面或底部。另外，由于是应用于高频电路，在封装体的底部还设有散热板以便于散热。

6. 球栅阵列封装（BGA）

球栅阵列封装（Ball Grid Array，BGA），它是近年来发展起来的一种新型封装技术。它将集成电路的引线从封装体的四周扩展到整个平面，有效地避免了 QFP“引脚极限”（尺寸和引脚间距限制了引脚数）的问题。典型 BGA 的外形如图 1-38 所示。

BGA 具有安装高度低、引脚间距大、引脚共面性好等特点。这些都大大改善了组装的工艺性，电气性能更加优越，特别适合在高频电路中使用。

图 1-37　塑料四周扁平无引线封装的集成电路

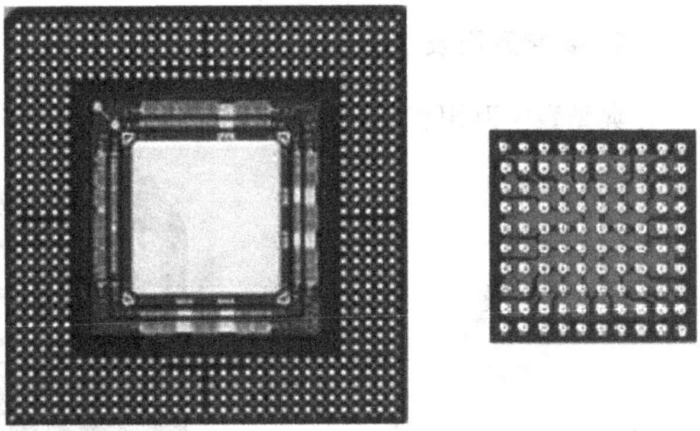

部分分部　　完全分部

图 1-38　典型 BGA 的外形

项目 2　电子元器件的检测和安装训练

任务 2.1　电子元器件的检测实训

2.1.1　检测仪表——万用表

1. 模拟万用表

对电子元器件的检测常使用万用表的欧姆挡，通过测量阻值来判别元器件是否出现故障。使用的万用表可以是模拟万用表或者是数字万用表，如图 1-39 所示，分别为模拟万用表的外形。

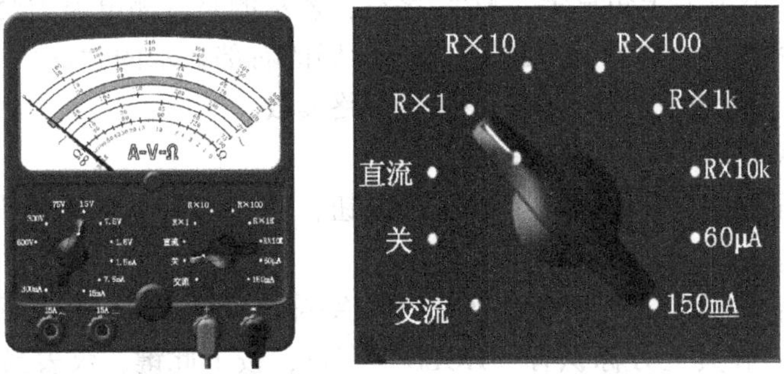

(a) 模拟万用表　　(b) 模拟万用表的功能和挡位开关

图 1-39　模拟万用表的外形

(1) 万用表检测电阻器的时候，是将万用表的挡位旋至欧姆挡。

(2) 根据待测电阻的标称值调整万用表的挡位，选择正确的量程。万用表所设置的量程要尽量与电阻标称值近似，如使用模拟万用表测量标称阻值为“30Ω”的电阻器，则最好使用“R×1”的量程，如待测电阻的标称阻值为“60kΩ”，则需要选择“R×10k”挡。

2. 数字万用表

典型数字万用表的键钮位置和功能如图 1-40 所示。

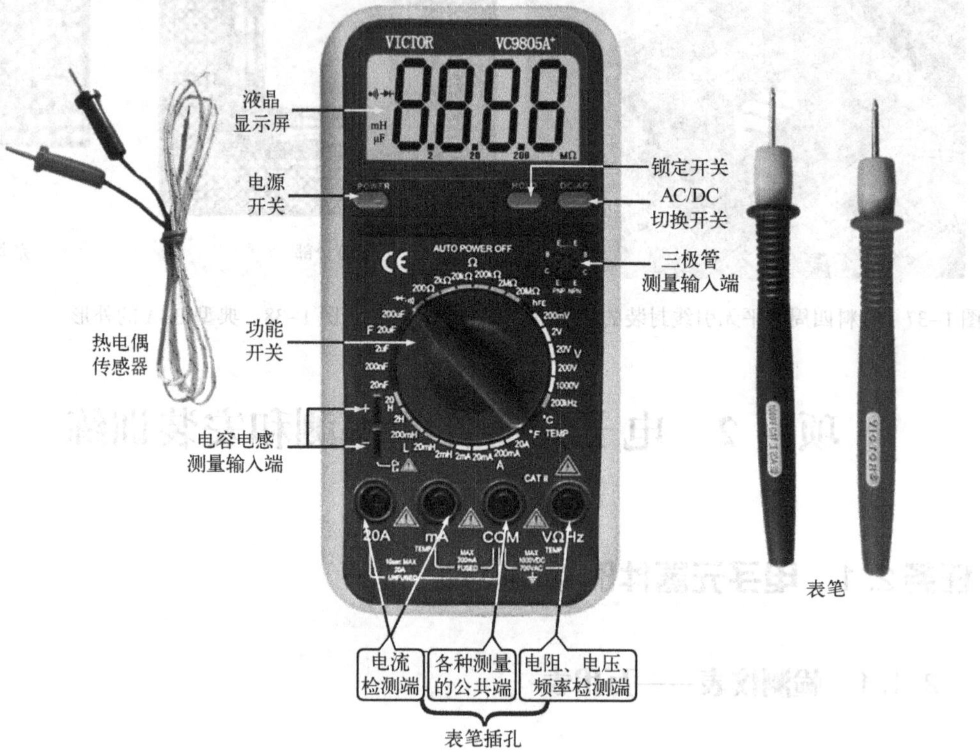

图 1-40 典型数字万用表的键钮位置和功能

(1) 液晶显示屏

液晶显示屏用来显示当前测量状态和最终测量数值。例如，当前选择的量程为交流“200mV”，那么，在其右上角显示“AC”字符，表示的是待测电路为交流电路，液晶显示屏下部（小数点的下方）显示的“200”和显示屏的右部显示的“mV”表示的是当前的量程为“200mV”，中间较大的数字即为测量的最终读数。

(2) 功能开关

在位于液晶显示屏下方的是三个并排的按钮，从左到右依次为电源开关、锁定开关、AC/DC 切换开关。

① 电源开关：在其上方标识有“POWER”字符，打开或关闭数字万用表。

② 锁定开关：在其上方标识有“HOLD”字符，按下此键，仪表当前所测数值就会保持在液晶屏上，并出现“H”符号，直到再次按下，“H”符号消失，退出保持状态。

③ AC/DC 切换开关：在其上方标识有“DC/AC”字符，当此按钮为按下状态时，液晶屏左上角会显示“AC”字符，这时可以用于交流电路的测量。当按钮为弹起状态时，液晶屏左上角“AC”消失，此时，表示万用表进入直流测量状态，可以用于直流电路的测量。

(3) 功能旋钮

功能旋钮位于操作面板的主体位置，跟指针式万用表的功能旋钮一样，在它的四周有量程刻度盘，测量功能包括电压、电流、电阻、电容、电感、二极管、三极管、温度及频率等，数字式万用表的功能开关如图 1-41 所示。

测量时，仅需要把旋动中间的功能旋钮，使其指示到相应的挡位及量程刻度，即可进入相应的状态，当前状态在液晶显示屏上也会有显示。例如，要测量物体的温度，就需要把功能开关置于“TEMP”处（根据自己的需要选择“℃”或者“℉”），即可进入温度测量状态。在液晶显示屏右侧会显示当前测量状态“℃”或者“℉”，中间较大的数字则为当前测量的温度。

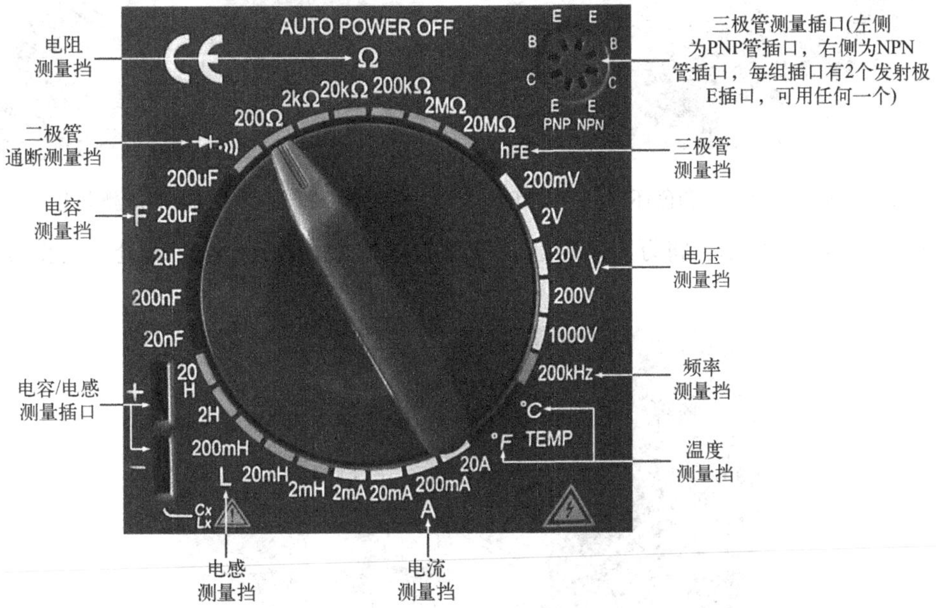

图 1-41　数字万用表的功能开关

2.1.2　电阻器的检测实训

对普通电阻器具体检测方法有两种：一种是在路检测；另一种是开路检测。

在路检测方法无须将元器件卸下，而是使用万用表直接对电路板上的元器件进行检测，这种检测方法操作较为简便，但有时会因电路中其他元器件的干扰，而造成测量值的偏差。

开路检测方法需要将电路中待检测的电阻器件焊下，即将元器件与电路分开。这种检测方法主要对单独电阻器件进行独立检测，与在路检测相比，开路检测有效地避免了电路中其他元器件的干扰，从而确保测量的准确性。

1. 在路检测电阻器的值

具体操作步骤如下：

（1）将电路板的电源断开，以确保检测时的安全。

（2）将万用表的挡位旋至欧姆挡。根据待测电阻的表面标识调整挡位，选择正确的量程。电阻的标识主要有两种：直标法和色环标识。图 1-42 所示为分别采用直标法和色环标识的电阻器。所选量程与待测电阻阻值尽可能相对应，以确保测量的准确性。

(3) 如图 1-43 所示，图中“R88”电阻即为当前待测电阻，可以看到该电阻是采用色标法进行标识的。通过标识，得知该电阻的标称阻值为“62Ω”，允许偏差为“±5%”。

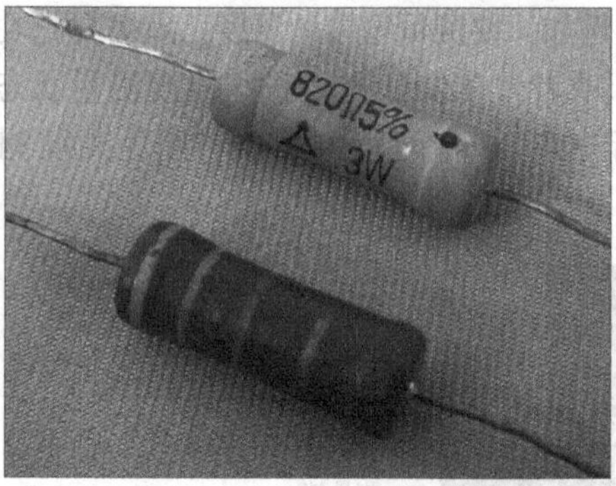

图 1-42　分别采用直标法和色环标识的电阻器

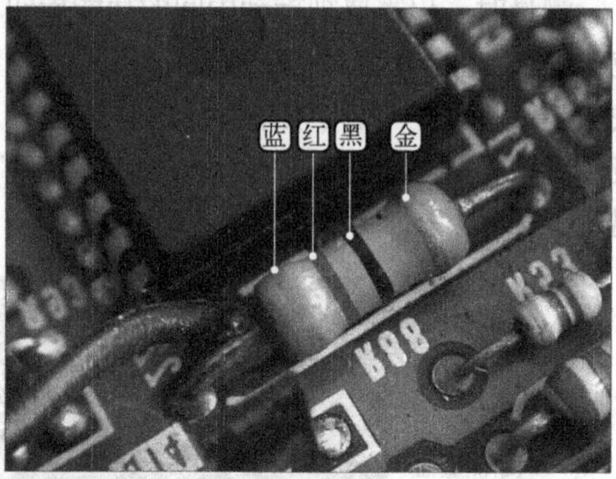

图 1-43　当前的待测电阻

(4) 如图 1-44 所示，将万用表的红、黑表笔分别搭在电阻两端引脚处，读得万用表的指示值为“62.5Ω”。

图 1-44　电路板上电阻的测量

2. 开路检测电阻器的值

开路检测是对 PCB 上的电阻器进行脱开检测，就是使用电烙铁将电阻器一端引脚焊下，脱开 PCB，然后再测量，如图 1-45 所示。

图 1-45　焊下电阻的一端引脚脱开电路板进行测量

2.1.3　普通固定电容的检测实训

为了检测准确，通常采用开路法进行检测。使用万用表判别电容的好坏，是检修和调试电子产品中是常用的方法，如果需要测量电容器的准确值，应使用电容测试仪。

使用数字万用表进行电容检测实训的步骤如下：

（1）将普通固定电容的引脚擦拭干净，并确保引脚无折痕断裂。

（2）数字万用表的量程开关置于所需要的电容量程，并将被测电容插入“Cx”电容输入插孔，读取显示值，如图1-46所示。

值得注意的是在测量大容量电容时，应先对待测电容器进行放电，以免损坏仪表。

（3）根据测得的结果，即可判断待测电容是否正常。

① 若所测电容显示的C值等于或十分接近标称容量，可以断定该电容正常；

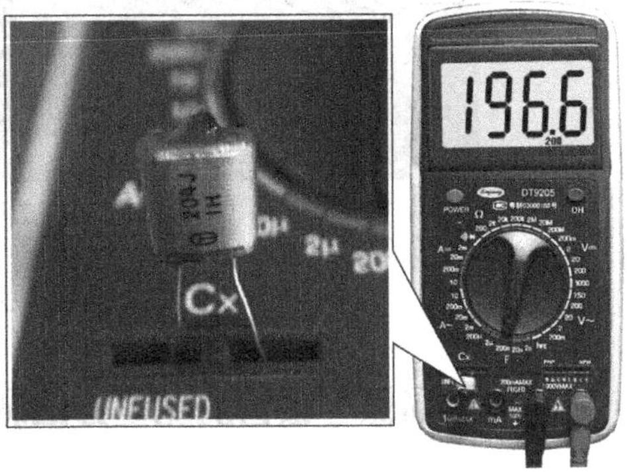

图1-46　用数字万用表测量普通固定电容

② 若所测电容显示的C值远小于标称容量，可以断定该电容已经损坏。

2.1.4　二极管的检测实例

用数字式万用表测量二极管主要是通过对单向导电性的检测判别被测二极管是否正常。

（1）对待测普通二极管两端的引脚进行清洁，去除表面污物，以确保测量准确。

（2）将数字式万用表设置成二极管挡。数字万用表红表笔为正极性，黑表笔为负极性。

（3）通过调换表笔的方法测量二极管两端引脚，确定二极管的正、负极引脚，如图1-47所示，分别检测二极管的反向阻抗和正向阻抗的情况。

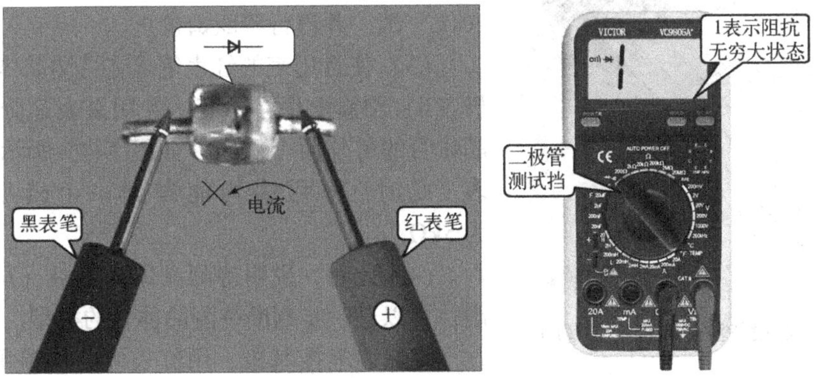

（a）反向阻抗的测量

图1-47　数字万用表测量二极管

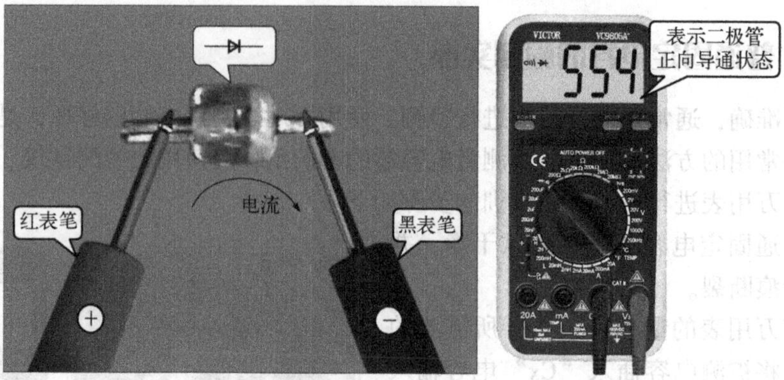

（b）正向阻抗的测量

图1-47　数字万用表测量二极管（续）

2.1.5　晶体三极管的测量方法和步骤

1. 使用模拟指针式万用表测量晶体管

有些指针式万用表带有晶体管检测插口，有些则没有，带有三极管输入端的万用表测量晶体管的方法和步骤与数字式万用表使用8孔晶体管插座的测量方法和步骤相同，在下面会介绍到。

如果指针式万用表没有晶体管输入端，也可使用表笔进行测量，然后根据晶体管的特性进行判断。

2. PNP晶体管和基极引脚的判别方法

（1）如果待测晶体管的引脚极性不明，则在判别晶体管类型时就需要先假设一个引脚为基极（b），如图1-48所示。

图1-48　假设待测晶体管基极（b）

（2）选择反应灵敏的指针式万用表测量，将万用表设置成欧姆挡，对晶体管检测时的量程，可选“R×1k”挡，并进行零欧姆校正。

（3）使万用表的红表笔接在待测晶体管假设的基极（b）引脚上保持不变，并用黑表笔分别接触待测晶体管的另外两个引脚，如图1-49所示，观察万用表。此时，万用表均能测到一个较小的阻值约为5kΩ。

（4）此时，说明待测晶体管基极（b）假设的正确，可以进一步判断待测晶体管的类型。

将黑表笔接基极，用红表笔分别检测其余两极，其阻抗均接近无穷大，则表明该晶体管为PNP晶体管。PNP晶体管测量时相当于内有两个二极管，其原理如图1-50所示。

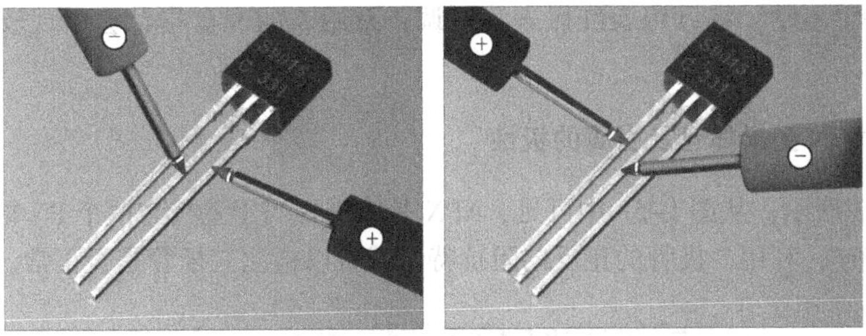

图 1-49　检测晶体管引脚（红表笔接基极）

3. 识别 PNP 型晶体管的引脚极性

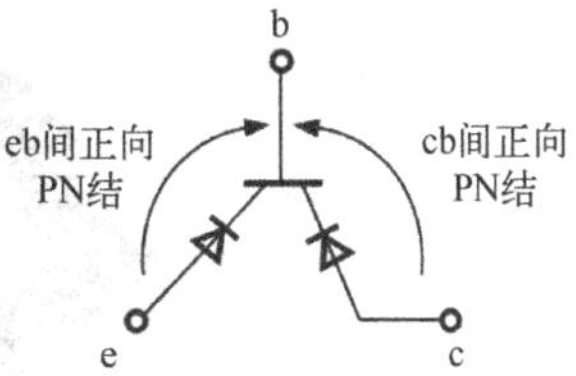

图 1-50　PNP 晶体管的等效电路

（1）将指针式万用表设置成欧姆挡，对晶体管检测时的量程，可选“R×1k”挡，并进行调零校正。

（2）将万用表的红、黑表笔分别搭在除基极（b）之外的两个引脚上，如图 1-51 所示。当前是黑表笔位于左侧的引脚上，红表笔位于右侧的引脚上。

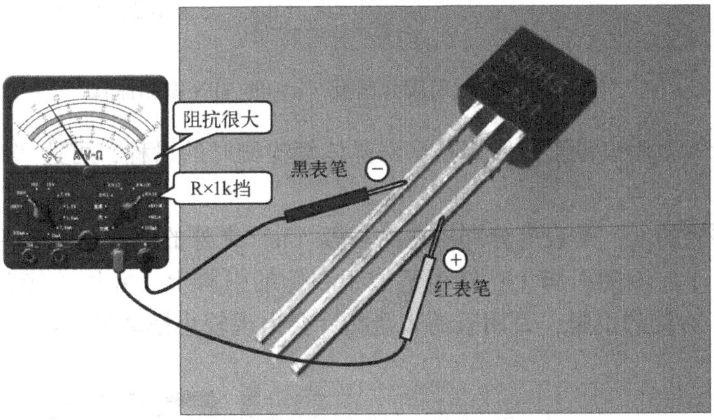

图 1-51　黑表笔接左侧、红表笔接右侧

（3）此时，用手接触位于中间的基极（b）引脚和位于右侧的引脚，如图 1-52 所示，万用表的表盘指针会出现较大摆动量，记为 R_1。

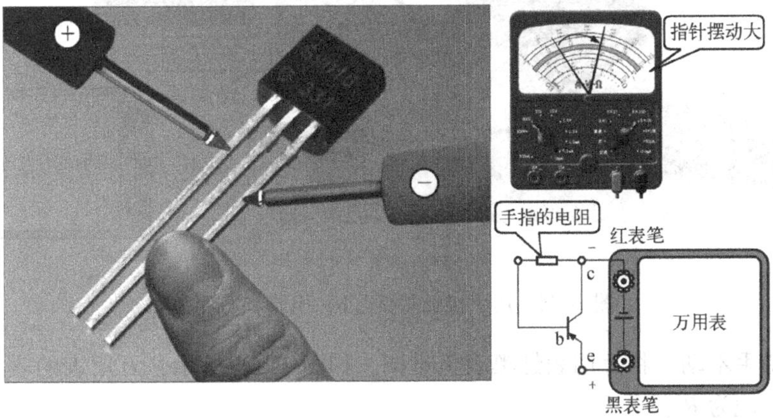

图 1-52　用手接触基极（b）引脚和右侧引脚

(4) 保持手不动，将万用表红黑表笔对调，万用表的表盘指针会出现较小摆动量，记为 R_2。

4. 判别 NPN 型晶体管及引脚的极性

如图 1-53 所示，从图 1-53 中可见，NPN 晶体管相当于基极与两个 PN 结二极管与集电极和发射极相连，利用二极管的正反向阻抗特性就可以检测三极管是否正常。

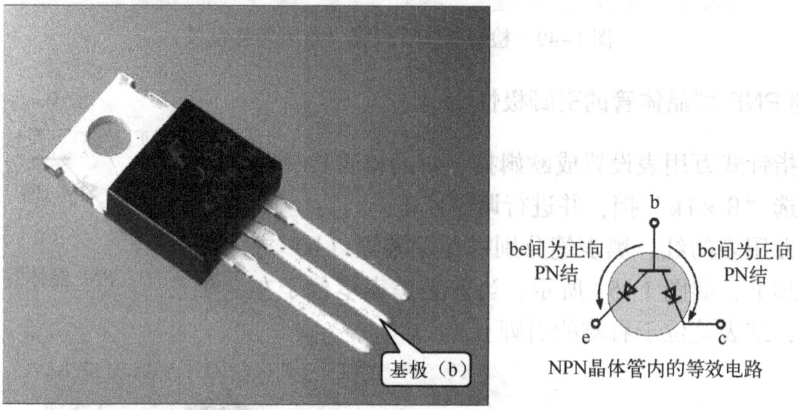

图 1-53　中间引脚为基极（b）的 NPN 型晶体管

(1) 将指针式万用表设置成欧姆挡，对晶体管检测时的量程，可选"R×1k"挡，并进行调零校正。

(2) 将万用表的红、黑表笔分别搭在除基极（b）之外的两个引脚上，如图 1-54 所示，当前是黑表笔位于左侧的引脚上；红表笔位于右侧的引脚上。并用手接触位于中间的基极（b）引脚和位于右侧的引脚，万用表的表盘指针会出现较小摆动量，记为 R_1。

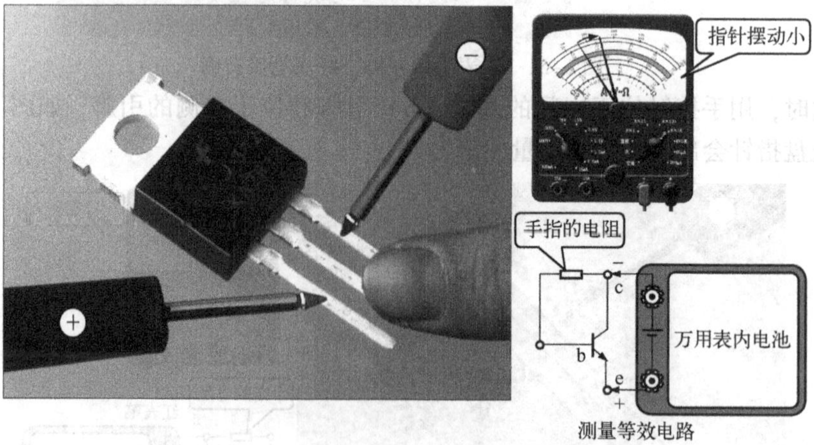

图 1-54　用手接触基极（b）引脚和右侧引脚

(3) 保持手不动，将万用表红黑表笔对调，如图 1-55 所示，万用表的表盘指针会出现较大摆动量，记为 R_2。

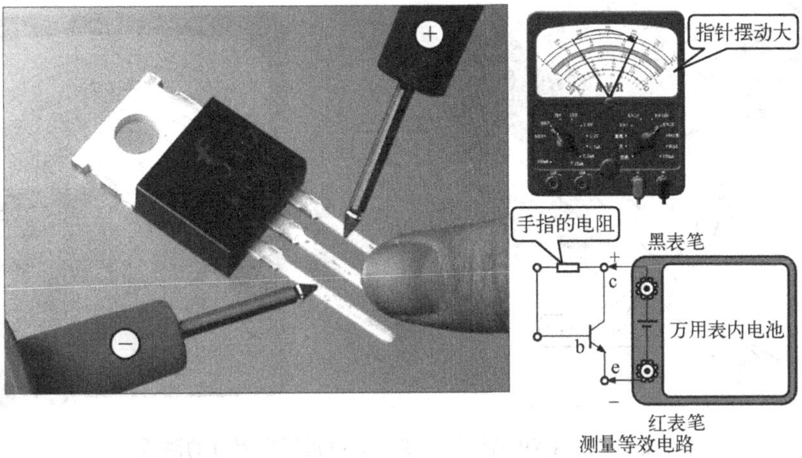

图 1-55　用手接触基极（b）引脚和右侧引脚

（4）对上面两次检测时万用表产生的摆动幅度进行比较，发现 $R_2 > R_1$，即检测 R_2 时的万用表指针摆动幅度较大，那么检测 R_2 时，黑表笔所接的引脚为集电极（c），另一个引脚则为发射极（e）。因此，如图 1-56 所示，该 NPN 型晶体管左侧的引脚即为发射极（e），中间引脚为基极（b），右侧的引脚为集电极（c）。原理是集电极与发射极间加正极性电压时，基极接电阻会形成基极电流，使集电极与发射极之间的电流增大。而电压加到晶体管电压的极性相反，反向电流很小。

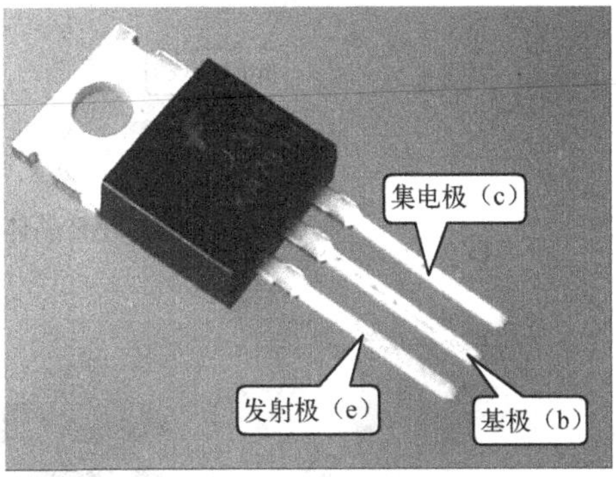

图 1-56　NPN 型晶体管的各个引脚

5. PNP 型晶体管的检测实例

当已知晶体管的类型和各引脚极性后，即可对晶体管进行测量，下面以硅材料 PNP 型高频晶体管 S9015 为例介绍一下 PNP 晶体管的检测方法。

（1）对测晶体管的引脚进行清洁，去除表面污物，以确保测量准确。

（2）将指针式万用表设置成欧姆挡，对晶体管检测时的量程，可选“R × 1k”挡，并进行零欧姆校正。

（3）将万用表的黑表笔搭在晶体管的基极（b）引脚上，红表笔搭在晶体管的集电极（c）的引脚上，如图 1-57 所示，观察表盘，即可测得该晶体管集电结的反向电阻接近无穷大。

（4）将万用表的红、黑表笔互换位置，红表笔搭在晶体管的基极（b）引脚上，黑表笔搭在晶体管的集电极（c）的引脚上，如图 1-58 所示，观察表盘，即可测得该晶体管集电结的正向电阻约为 7kΩ 左右。

（5）将万用表的黑表笔搭在晶体管的基极（b）引脚上，红表笔搭在晶体管的发射极（e）的引脚上，如图 1 - 59 所示，观察表盘，即可测得该晶体管发射结反向电阻接近无穷大。

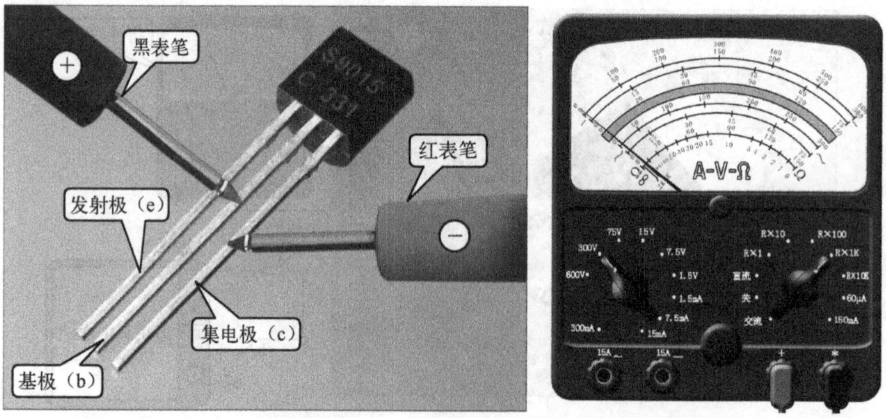

图 1-57　PNP 晶体管基极与集电极反向阻抗的测量

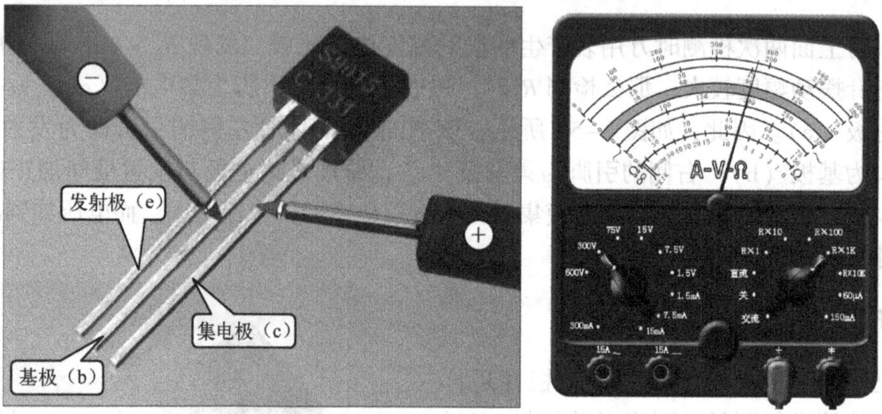

图 1-58　PNP 晶体管 be 极间反向阻抗的测量

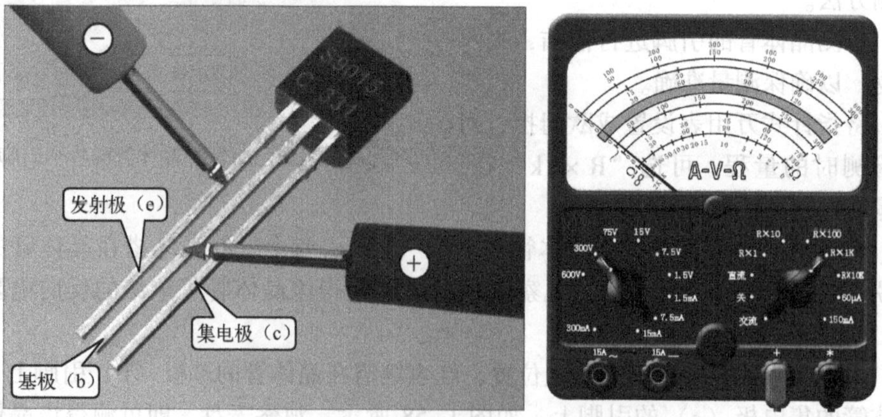

图 1-59　PNP 晶体管 be 极间反向阻抗的测量

任务 2.2　电子元器件的安装和焊接实训

2.2.1　电子元器件引脚的成形（焊前准备）

电子产品中应用了大量不同种类、不同功能的电子元器件，它们在外形上也有很大的区别，引线也多种多样。不同元器件在安插到 PCB 之前，需要对安插的引线进行必要的加工处理。元器件的引脚要根据焊盘插孔的设计需求做成需要的形状，引线折弯成形要符合后期的安插需求，使它能迅速而准确地插入 PCB 的插孔内。

1. 电子元器件引脚的清洁和烫锡方法

电子元器件在焊接前需要进行清洁，清除引脚的污物和氧化层，确保焊接质量，防止出现虚焊隐患。引脚清洁后通常需要进行烫锡处理，将引脚外覆盖一层锡膜，这样既能防止再次氧化，又有助于焊接。

电阻、电容、电感类的元器件的烫锡方法如图 1-60 所示。

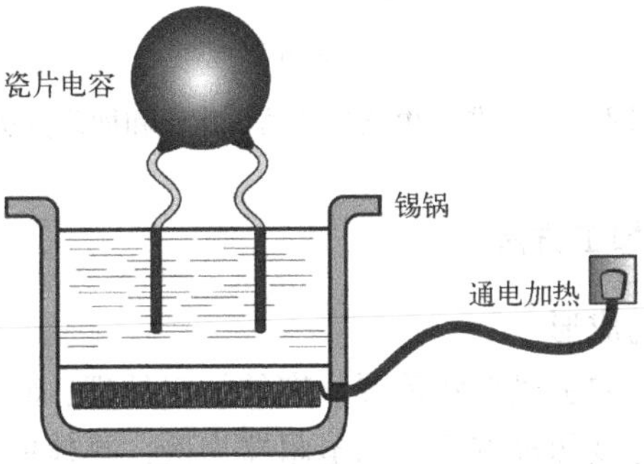

图 1-60　电阻、电容、电感类的元器件的烫锡方法

晶体三极管的烫锡方法如图 1-61 所示。

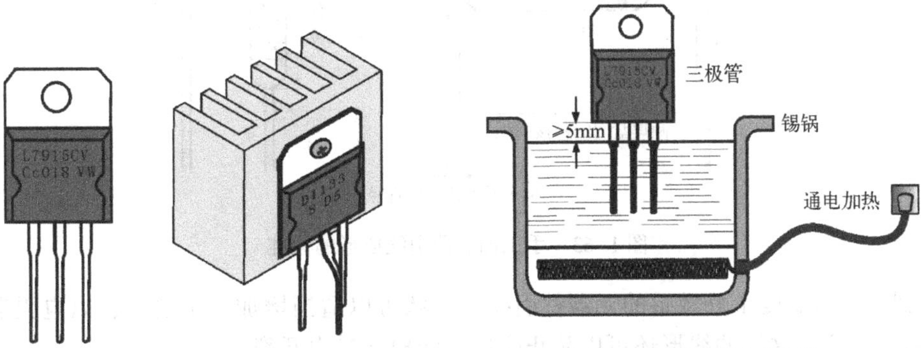

（a）三极管引脚的加工成型　　（b）三极管引脚的浸锡处理

图 1-61　晶体三极管的烫锡方法

集成电路的清洁、烫锡和插装方法如图 1-62 所示。

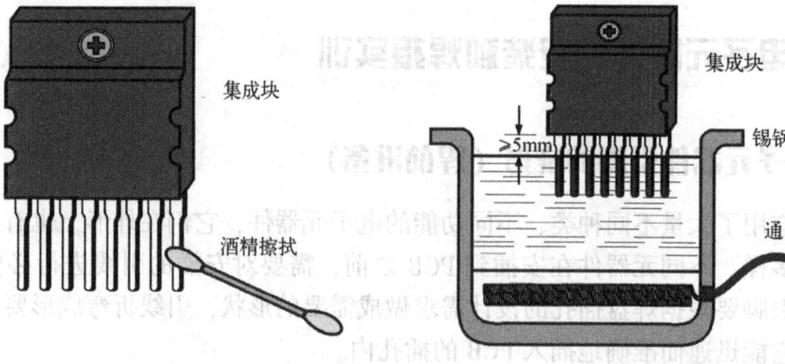

（a）引脚清洁　　（b）引线浸锡

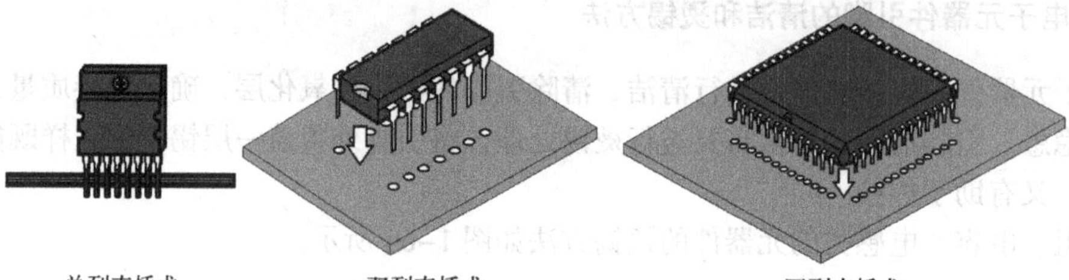

单列直插式　　双列直插式　　四列直插式

（c）集成电路插入方式

图 1-62　集成电路的清洁、烫锡和插装方法

2. 电子元器件的引脚加工方法

（1）手动插装前引线的成形

插装之前，电子元器件的引线形状需要一定的加工处理，轴向双向引出线的元器件通常可以采用卧式跨接和立式跨接两种方式。以电阻器为例，具体的标准如图 1-63 所示。

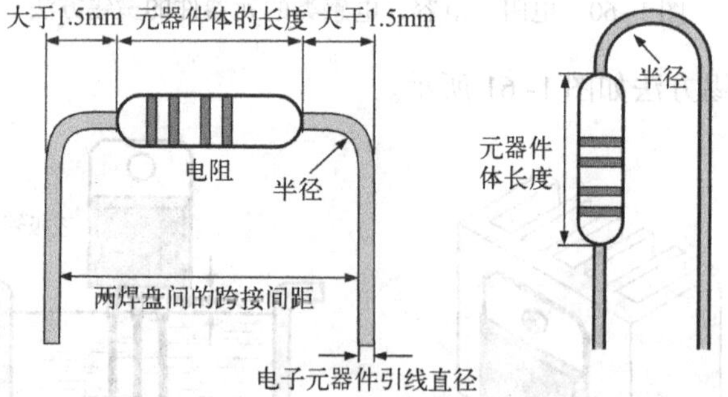

图 1-63　手工插装前引线成形的标准

遇到一些对温度十分敏感的元器件引线的形状可以适当增加一个绕环，以电阻器为例，如图 1-64 所示，这样的线形还可以防止壳体引线根部受力开裂。

为保证引线成形的质量和一致性，应使用专用工具和成形模具。在一些大批量自动化程度高的工厂，成形工序是在流水线上自动完成的。在没有专用工具或加工少量元器件时，可采用手工成形，通常情况下，使用尖嘴钳或镊子等工具实现元器件引线的弯曲成形，以电阻器为例，如图 1-65 所示。

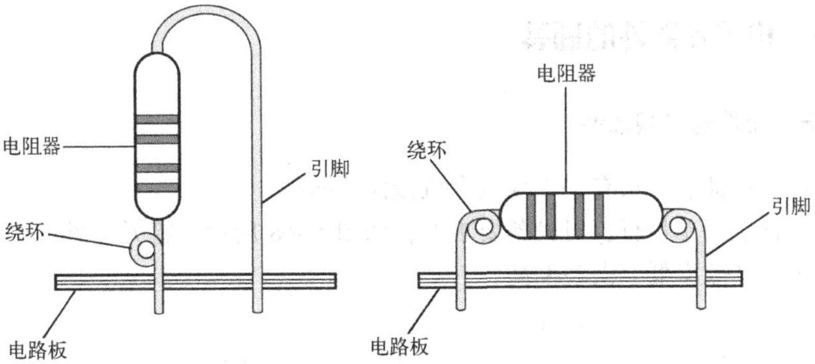

图1-64　带有绕环的引线

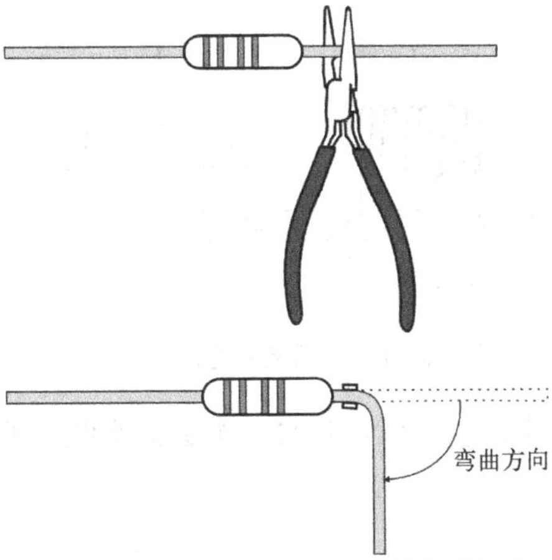

图1-65　引线手工成形

（2）自动插装前引线的成形

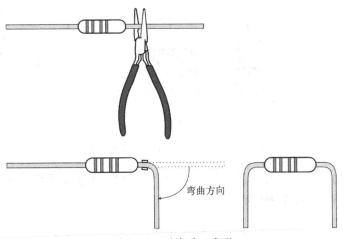

自动插件是由自动插件机完成的，它是一种由程序控制的自动插件设备。零件的送入、引脚成形和插入PCB都是由机械手自动完成的。为了使元器件插入PCB并能良好地定位，元器件的引脚弯曲形状和两脚间的距离必须一致并且保证足够的精度。具体的形状如图1-66所示。

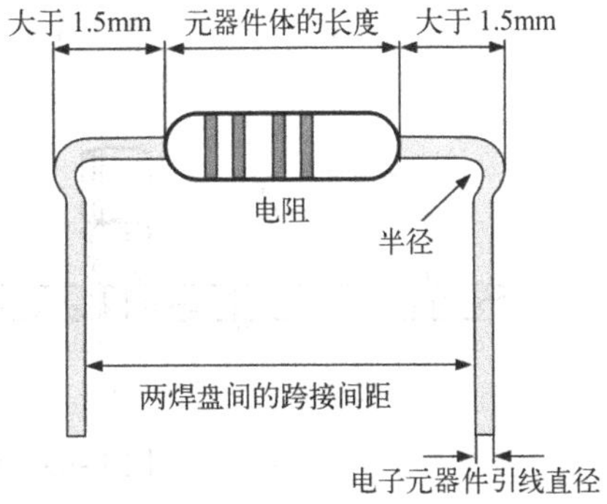

图1-66　自动插装前引线成形的具体形状

自动插装前常见电子元器件引线的形状如图1-67所示。这是比较常见的元器件在进行插装之前，引线的外形特点。

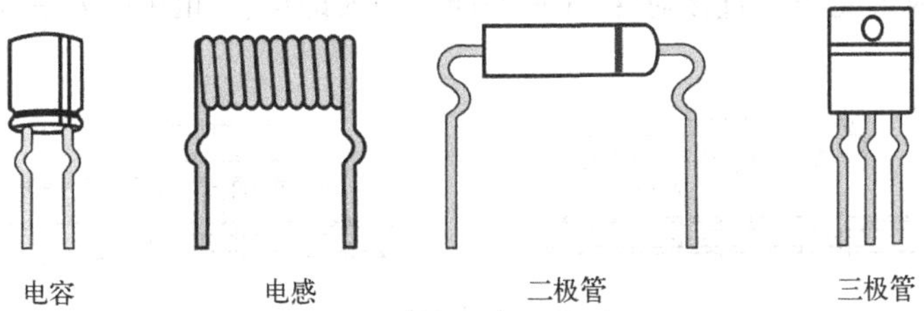

图1-67　自动插装前常见电子元器件引线的形状

2.2.2 电子元器件的插装

1. 电子元器件的常规插装

电子元器件的插装方法有手工插装和机械插装两种。

(1) 手工插装简单易行，对设备要求低，如图 1-68 所示，将元器件的引脚插入对应的插孔即可，但生产效率低、误装率高。

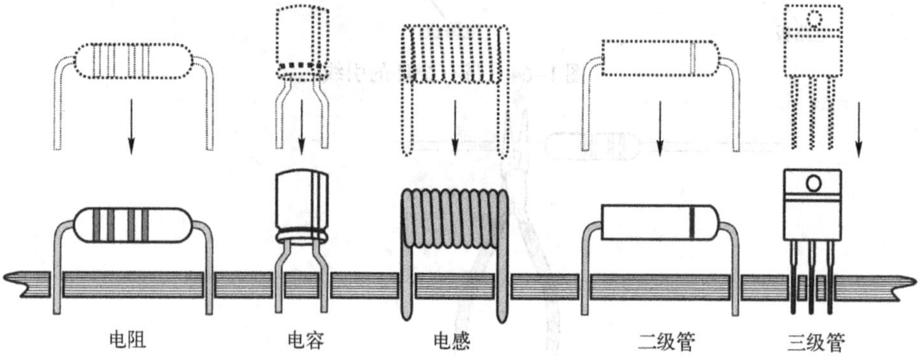

图 1-68 电子元器件手动插装示意图

(2) 机械自动插装速度快，误装率低，一般都是自动配套流水线作业，设备成本较高，引线成形要求严格，如图 1-69 所示。

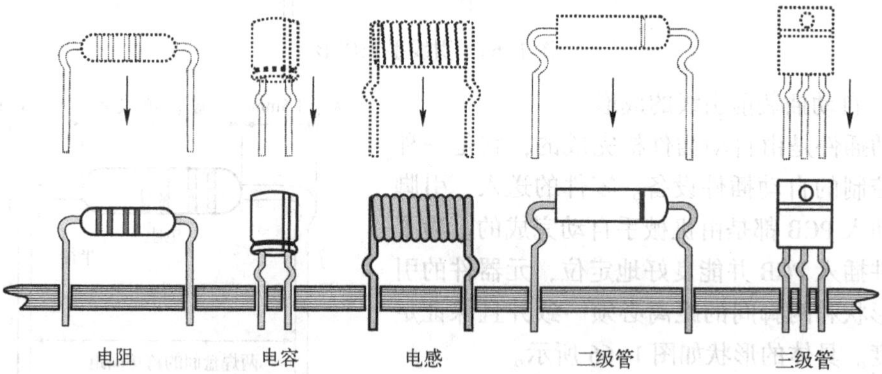

图 1-69 电子元器件机械插装示意图

(3) 集成块的插装和其他元器件的插装大体一致，只是引线数目多一些，目前，大部分集成块的引脚都成形完毕，直接对照 PCB 的插孔插入即可，如图 1-70 所示。安插时不要勉强插入。

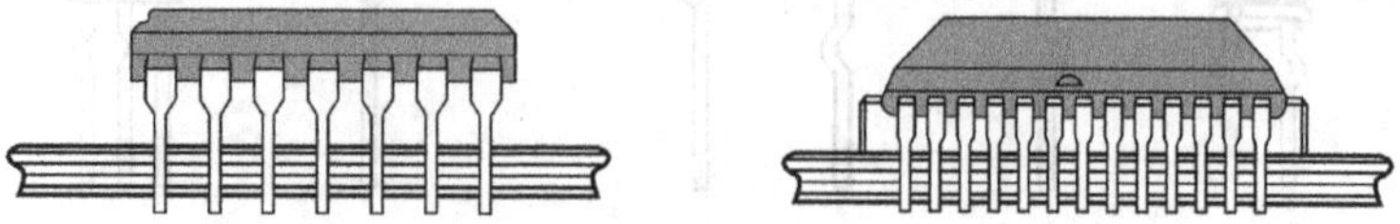

图 1-70 集成块插装示意图

2. 电子元器件的插装实例

不同功能的元器件外形、引线设置、特性等都有很大的不同，安装方法也各有差异。以下是几种常见的安插方法。

(1) 贴板安装

将元器件贴紧 PCB 面安装，安装间隙在 1mm 左右，如图 1-71 所示。贴板插装稳定性好，插装简单，但不利于散热，不适合高发热元器件的安装。双面焊接的 PCB 尽量不要采用该方式安装。

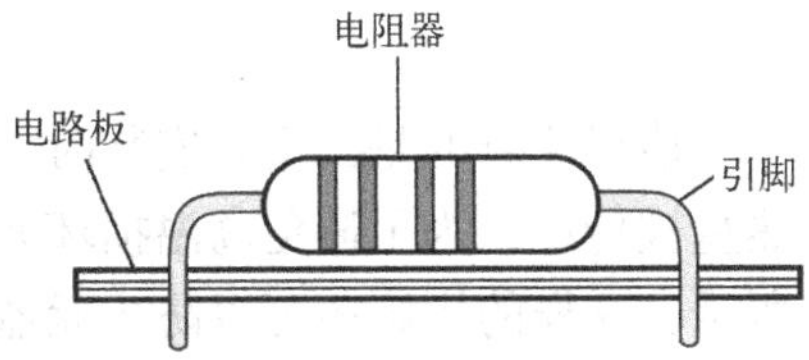

图 1-71　贴板安装示意图

值得注意的是，如果元器件为金属外壳，安装面又有印制导线，为了避免短路，元器件壳体加绝缘衬垫或套绝缘套管，如图 1-72 所示。

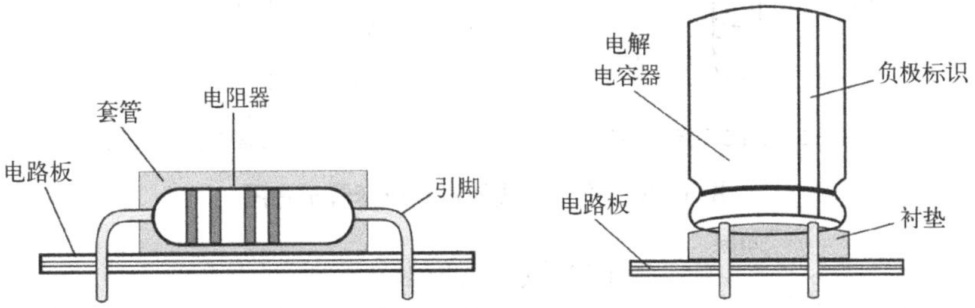

图 1-72　壳体加绝缘垫或套绝缘套管示意图

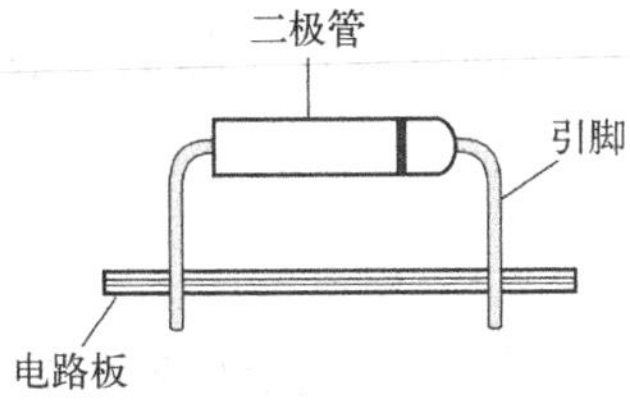

图 1-73　悬空安装示意图

(2) 悬空安装

将元器件壳体距离 PCB 面有一定距离安装，安装间隙在 3～8mm，如图 1-73 所示，发热元器件、怕热元器件一般都采用悬空安装方式。

值得注意的是，怕热元器件为了防止引脚焊接时，大量的热量被传递，可以在引线上套上套管，如图 1-74 所示，阻隔热量的传导。

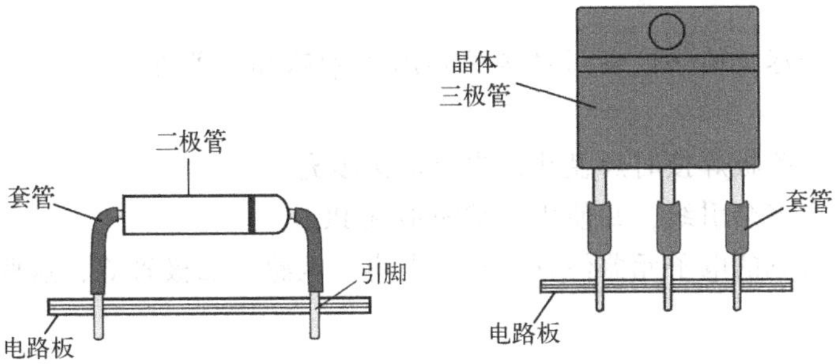

图 1-74　引线套上套管示意图

(3) 垂直安装

将轴向双向引线的元器件壳体竖直安装，如图 1-75 所示，部分高密度安装区域采用该方法进行安装，但质量大且引线细的元器件不宜采用这种形式。

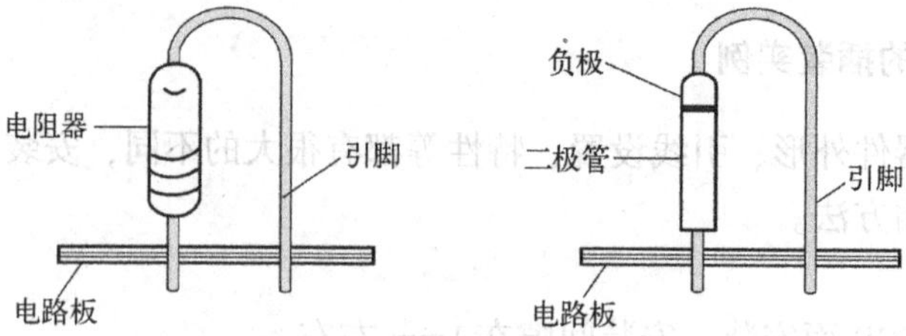

图 1-75 垂直安装示意图

值得注意的是，垂直安装时，短引线的一端壳体十分接近电路板，引脚焊接时，大量的热量被传递，为了避免高温损坏元器件，可以采用衬垫或套管阻隔热量的传导，如图 1-76 所示，这样的措施还可以防止元器件发生倾斜。

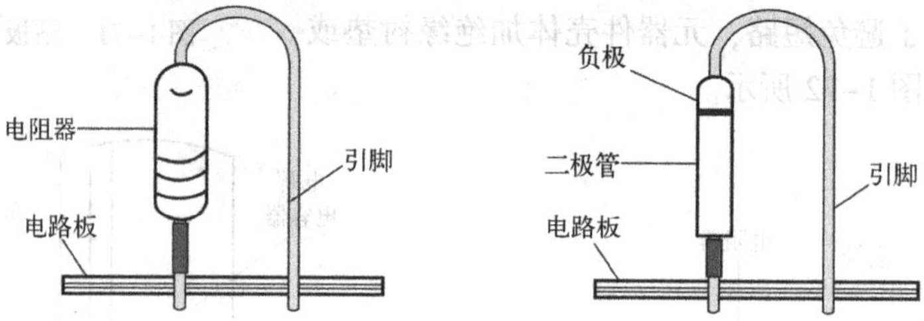

图 1-76 垂直引线加衬垫或套管示意图

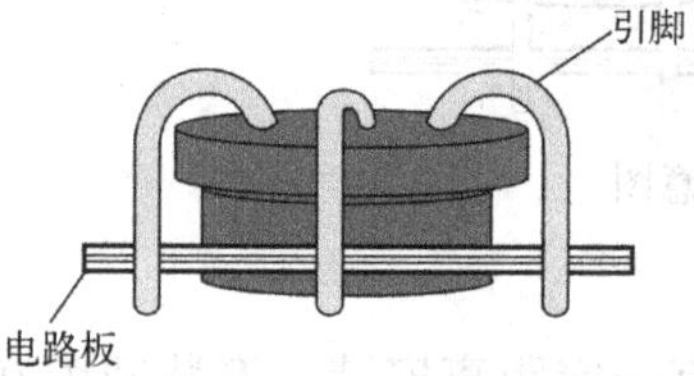

图 1-77 嵌入式安装示意图

(4) 嵌入式安装

嵌入式安装俗称埋头安装，就是将元器件部分壳体埋入 PCB 嵌入孔内，如图 1-77 所示，一些需要防震保护的元器件可以采用该方式，可以增强元器件的抗震性，降低安装高度。

2.2.3 常用电子元器件的焊接实训

PCB 的装焊在整个电子产品制造中处于核心的地位，焊接时除遵循锡焊操作要领外，需特别注意以下几点：

(1) 电烙铁一般应选内热式（20 ～ 35W）或恒温式，温度不超过 300℃。一般选用小型圆锥烙铁头。

(2) 加热时，应尽量使烙铁头同时接触 PCB 上铜箔和元器件引线，对直径大于 5mm 的焊盘可绕焊盘转动。

(3) 两层以上电路板焊接时焊盘孔内也要润湿填充。

(4) 焊后应剪去多余引线，并使用清洗液清洗 PCB。

(5) PCB 上最常见的电子元器件有电阻、电容、电感、二极管等，这些元器件的焊接方法基本相同。

1. 电路板上电阻器的焊接

电路板上电阻器的焊接如图 1-78 所示。

2. 电路板上电容器的焊接

电容器的焊接与电阻器的焊接方法和步骤相同，如图 1-79 所示。

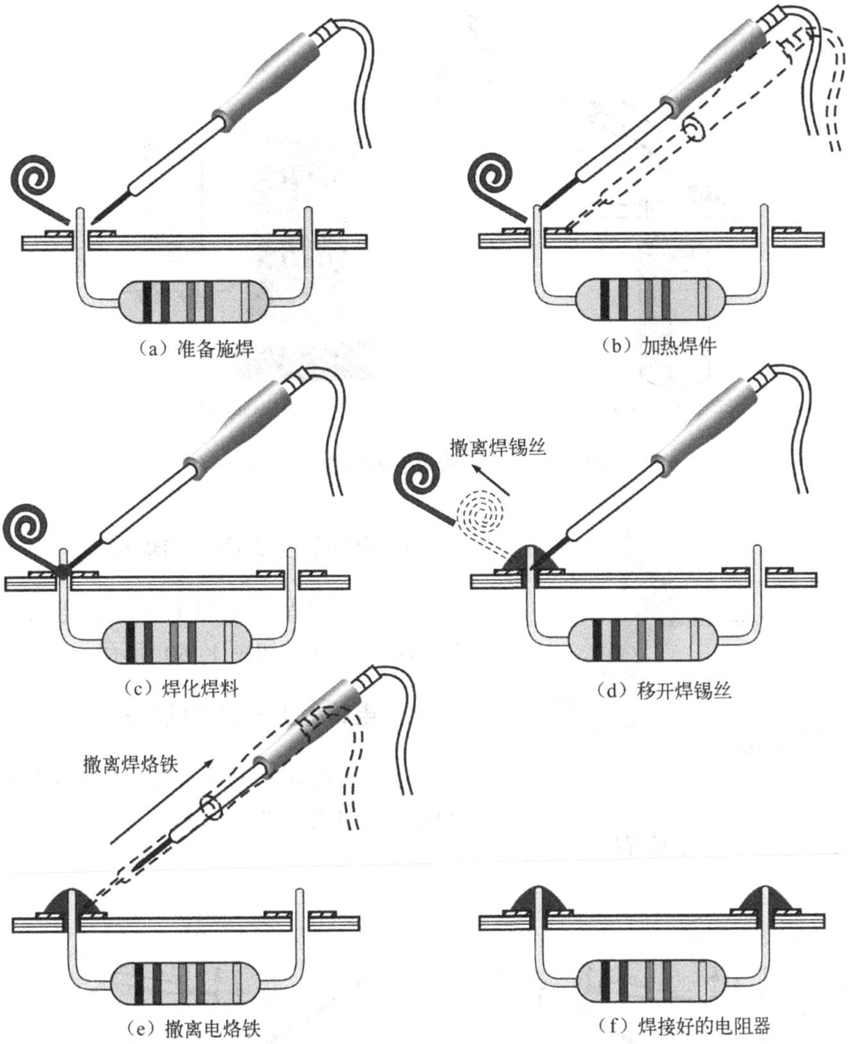

图 1-78　电路板上电阻器的焊接

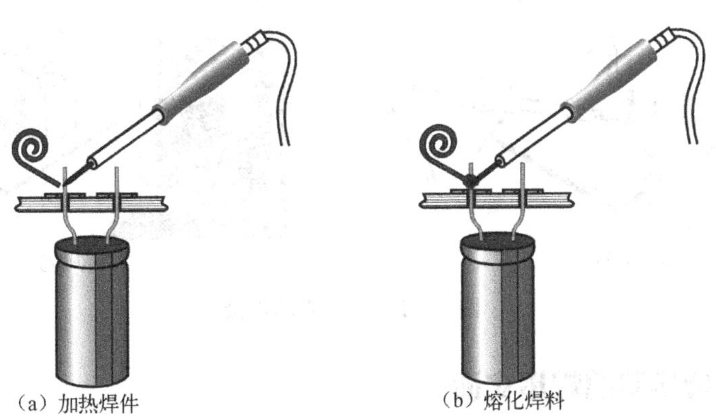

图 1-79　电路板电容器的焊接

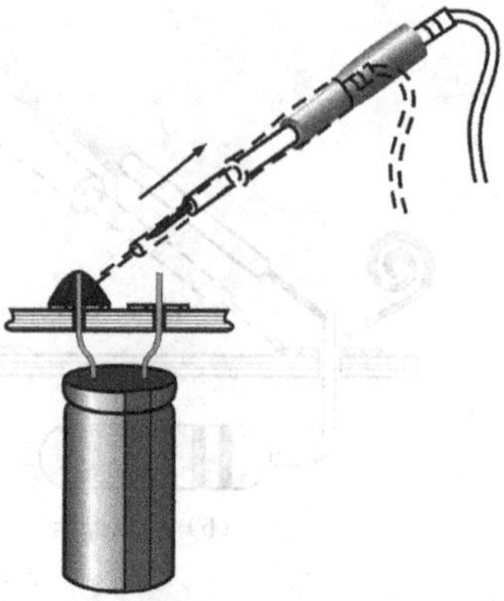

(c) 撤离电烙铁

(d) 焊接好的电容器

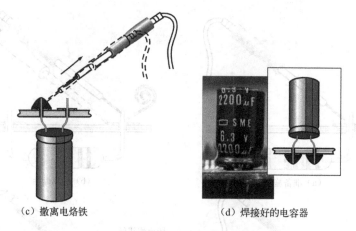

图 1-79 电路板电容器的焊接（续）

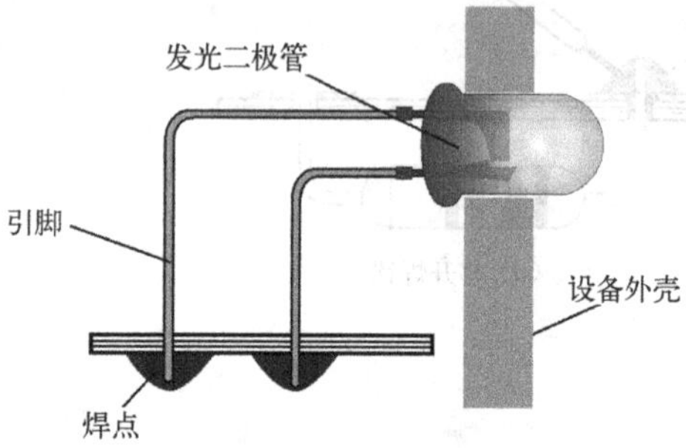

图 1-80 二极管的焊接

3. 电路板上二极管的焊接

二极管的焊接参照电阻器、电容器的焊接方法和操作步骤，如图 1-80 所示。

4. 电路板上三极管的焊接

将三极管插入 PCB 后，将 PCB 反转过来，其焊接过程如图 1-81 示。

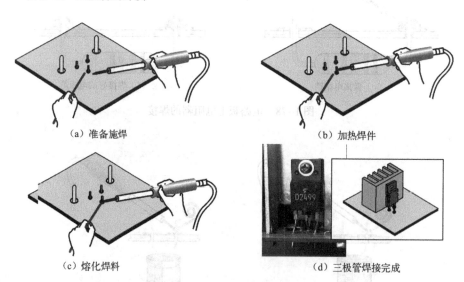

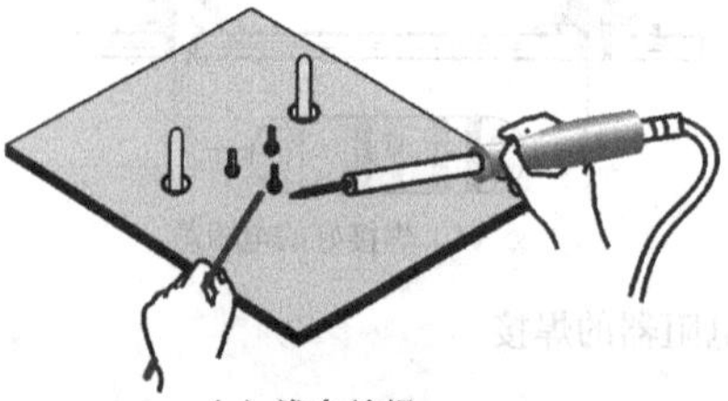

(a) 准备施焊

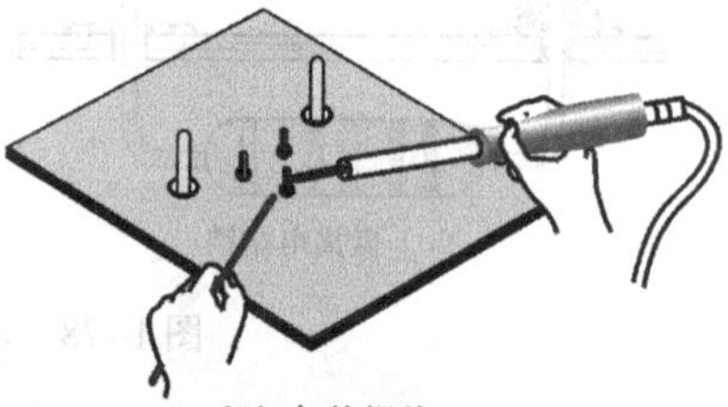

(b) 加热焊件

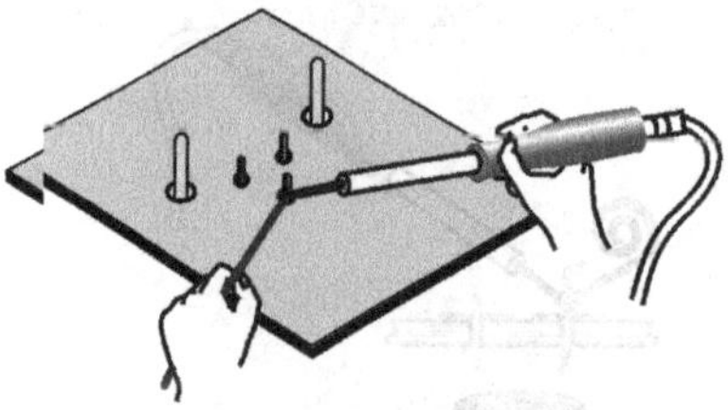

(c) 熔化焊料

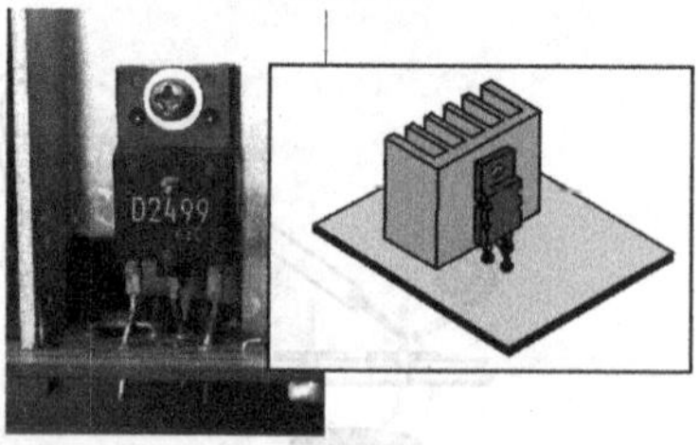

(d) 三极管焊接完成

图 1-81 三极管的焊接

2.2.4 集成电路的焊接实训

集成电路内部集成度高，受到过量的热也容易损坏。绝对不能承受高于 200℃ 的温度，因此，焊接时必须非常小心。除遵循锡焊操作要领外，需特别注意以下几点：

（1）镀金处理的电路引线不要用刀刮，只需酒精擦洗或用绘图橡皮擦拭即可。

（2）对 CMOS 电路焊前不要拿掉事先设置好的短路线。

（3）焊接时间尽可能短，一般不超过 3s。

（4）使用烙铁最好是恒温 230℃的烙铁。

（5）工作台最好做防静电处理。

（6）选用尖窄一些的烙铁头，焊一个端点时不会碰相邻端点。

（7）引脚的安全焊接顺序为地端—输出端—电源端—输入端。

（8）PCB 上单列集成块的焊接如图 1-82 示。

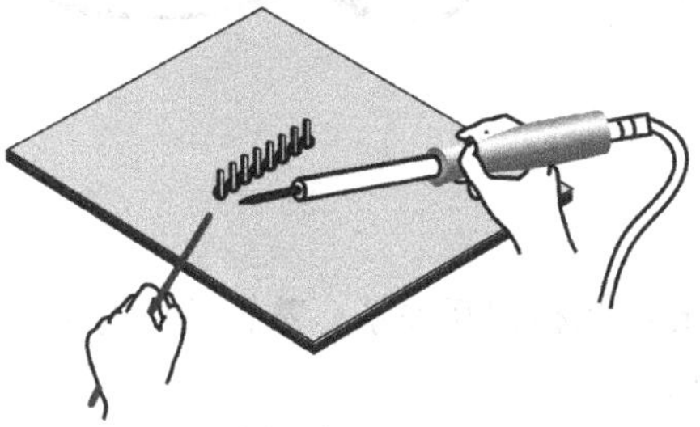

（a）准备施焊

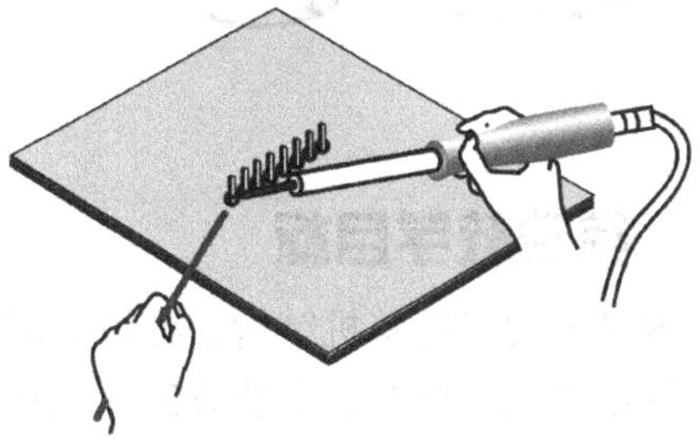

（b）加热焊件

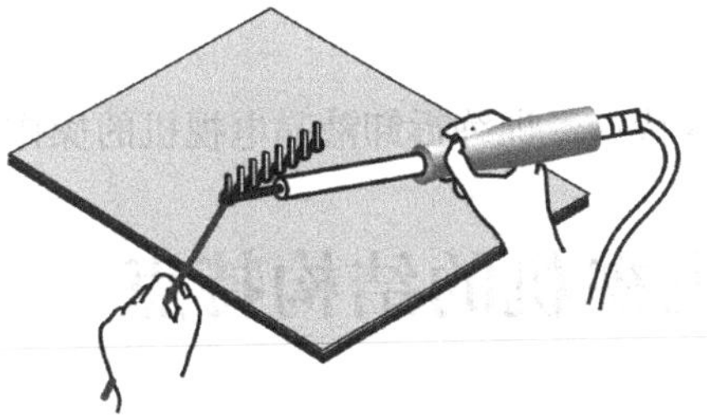

（c）熔化焊料

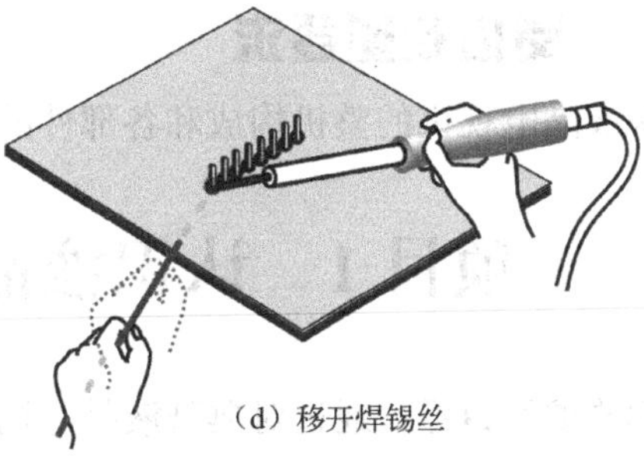

（d）移开焊锡丝

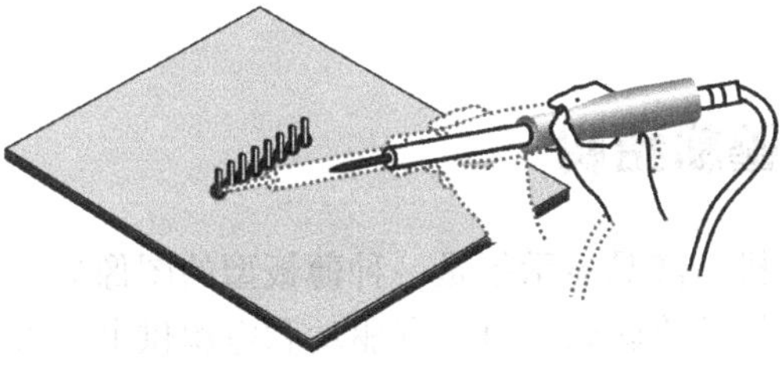

（e）撤离电烙铁

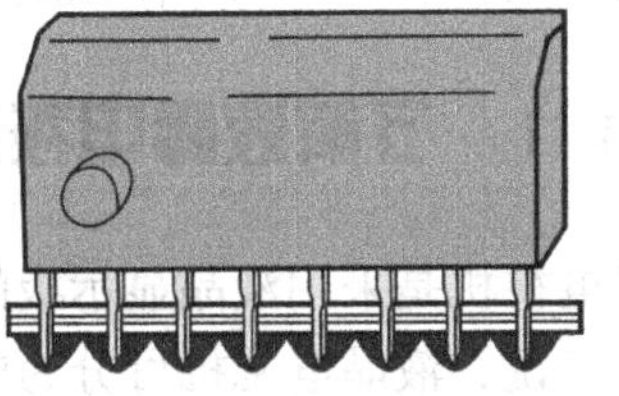

（f）焊接完成的集成电路

图 1-82　单列集成块的焊接

第 2 单元　液晶电视机的结构和拆卸实训

综合教学目标

了解液晶电视机的整机结构，各组成部分的功能和相互关系，熟悉整机的工作流程，掌握典型液晶电视机的拆卸、安装方法及注意事项。

岗位技能要求

掌握液晶电视机的整机构成和各部件的结构特点，训练拆卸液晶电视机的操作技能。

项目 1　认识液晶电视机的结构特点

教学要求和目标： 通过对典型液晶电视机的整机解剖和对内部电路和组成部件的探究，掌握整机的结构、组成和工作原理。

任务 1.1　了解液晶电视机的整机结构

液晶电视机是采用液晶显示板的电视机，液晶显示板是一种薄板型的图像显示器件。从整机结构来说，液晶电视机可分为电视信号接收解码、显示屏驱动和电源供电三大部分。不同品牌和不同型号的液晶电视机所采用的单元电路（含集成电路）不同，这些处理音频、视频、扫描、驱动和控制电路各具特色。因而，在学习检修过程中，应首先了解其整机结构特点，熟悉各单元电路的工作状态。

图 2–1 所示为典型液晶电视机的实际整机结构图。从图中不难看出其内部各组成部分的基本结构。

由图 2–1 可知，该液晶电视机内部主要包含了主电路板（电视信号接收电路 + 数字信号处理电路 + 接口电路）、供电板（开关电源 + 逆变器）、遥控接收板、操作显示板、液晶屏驱动接口电路板部分。

1.1.1　主电路板（电视机信号接收及数字信号处理电路）

主电路板是液晶电视机中的核心电路部分，几乎所有的音视频信号、控制信号均在该

PCB 中进行处理，其功能是将本机接收及外部接口送来的视频信号经处理后变成驱动液晶屏的低压差视频信号；将音频信号处理后形成可驱动扬声器发声的音频信号。

图 2-2 所示为上述典型液晶电视机内的主电路板部分。由图 2-2 可知，该电路主要是电

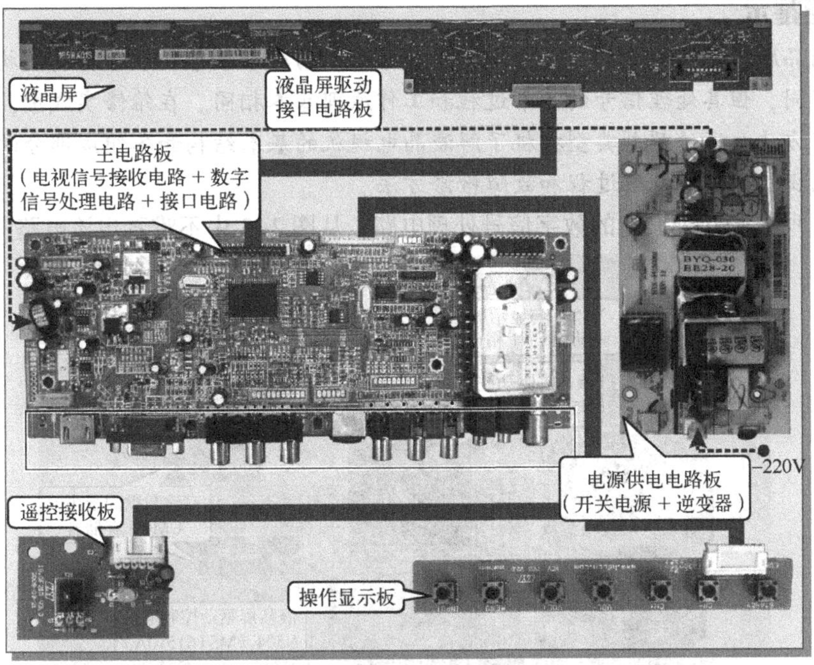

图 2-1　典型液晶电视机的实际整机结构图

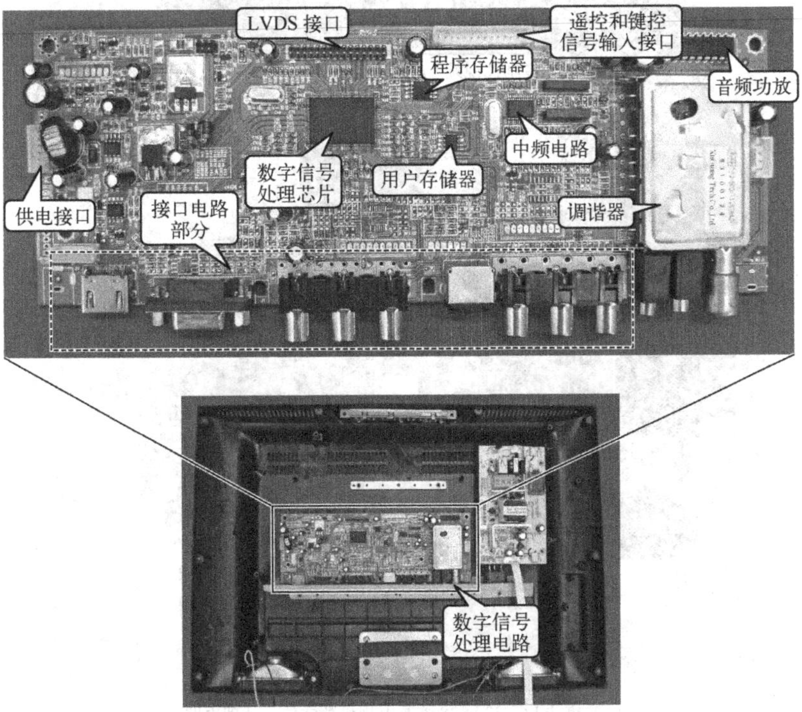

图 2-2　典型液晶电视机内的主电路部分

视信号接收电路（调谐器部分）、中频电路、数字信号处理芯片、音频功率放大器、遥控及键控信号输入接口、外部接口等部分构成的。

要点提示

在不同品牌、不同型号的液晶电视机中，其采用的数字信号处理电路的结构形式和芯片型号有所不同，但其处理信号的基本过程和工作原理基本相同。在维修实践中，应学会举一反三的学习方法，通过解剖典型样机了解液晶电视机的基本结构和各组成部分的功能，进而了解液晶电视机的信号处理过程和故障检修方法。

图 2-3 所示为几种典型的数字信号处理电路，从图 2-3 中不难看出该电路的基本形式。

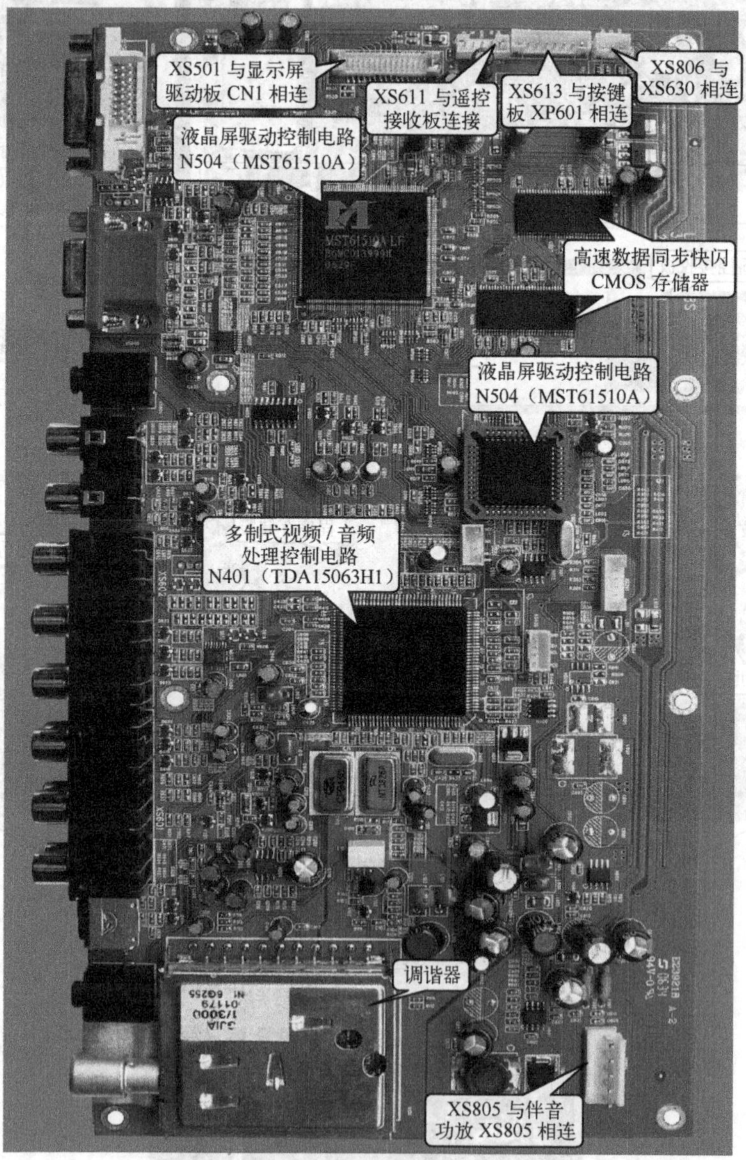

（a）康佳 LC-32AS28 液晶电视机数字信号处理电路

图 2-3　几种典型的数字信号处理电路

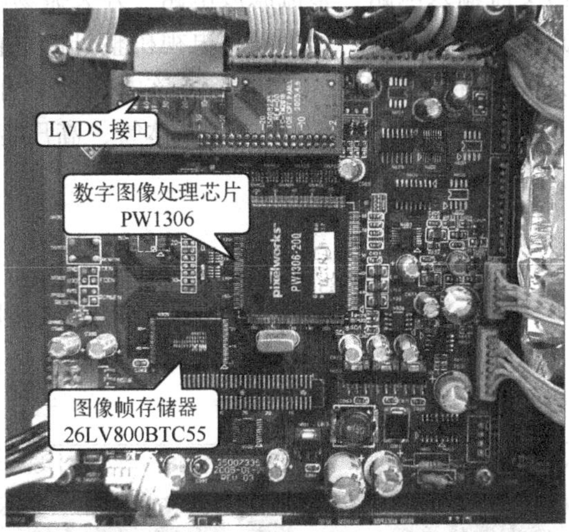

（b）康佳 LC-TM2018 液晶电视机数字信号处理电路

图 2-3　几种典型的数字信号处理电路（续）

1.1.2　电源供电电路板（开关电源及逆变器电路）

供电板即电源供电电路，是液晶电视机中为整机提供工作电压的电路部分，目前，多数液晶电视机中的电源供电电路包含了开关电源电路和逆变器两个部分，通常将这两个电路制作在一块板子上的电路称为电源—逆变器一体板，如图 2-4 所示。

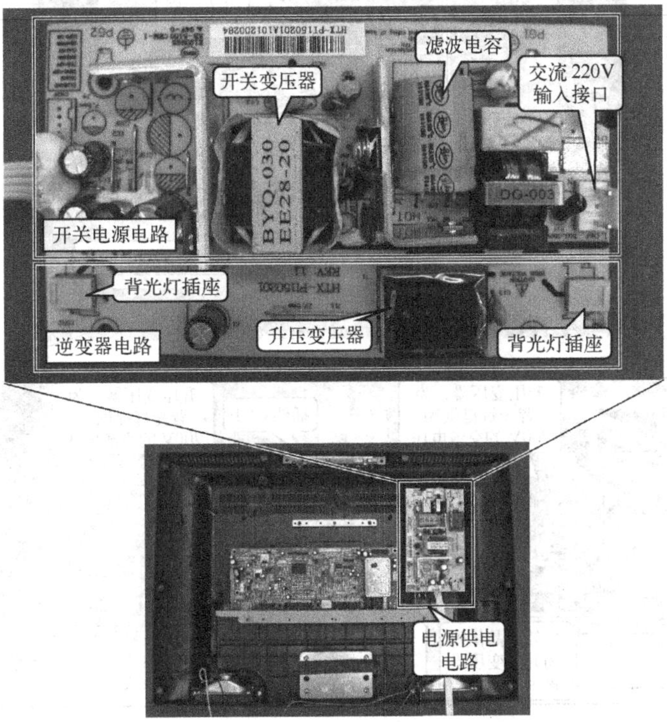

图 2-4　典型液晶电视机中的电源供电电路

开关电源电路主要由交流输入电路、整流滤波电路、开关振荡电路、开关变压器、次级输出电路和误差检测电路等部分构成的，是为液晶电视机整机提供直流电压的电路。

逆变器电路是专门为液晶屏背光灯供电的电路。该电路板将开关电源送来的直流电压（12V 或 14V）经 PWM 信号产生电路、驱动场效应晶体管、高压变压器等器件后转换为约 800V 的交流电压为背光灯供电。

知识扩展

在一些液晶电视机中，还会将开关电源电路与逆变器电路分别设计成两个独立的电路板，图 2-5 所示为康佳 LC-TM2018 液晶电视机的电源供电电路。但无论是哪种设计结构，其电路的工作原理也是相同的。

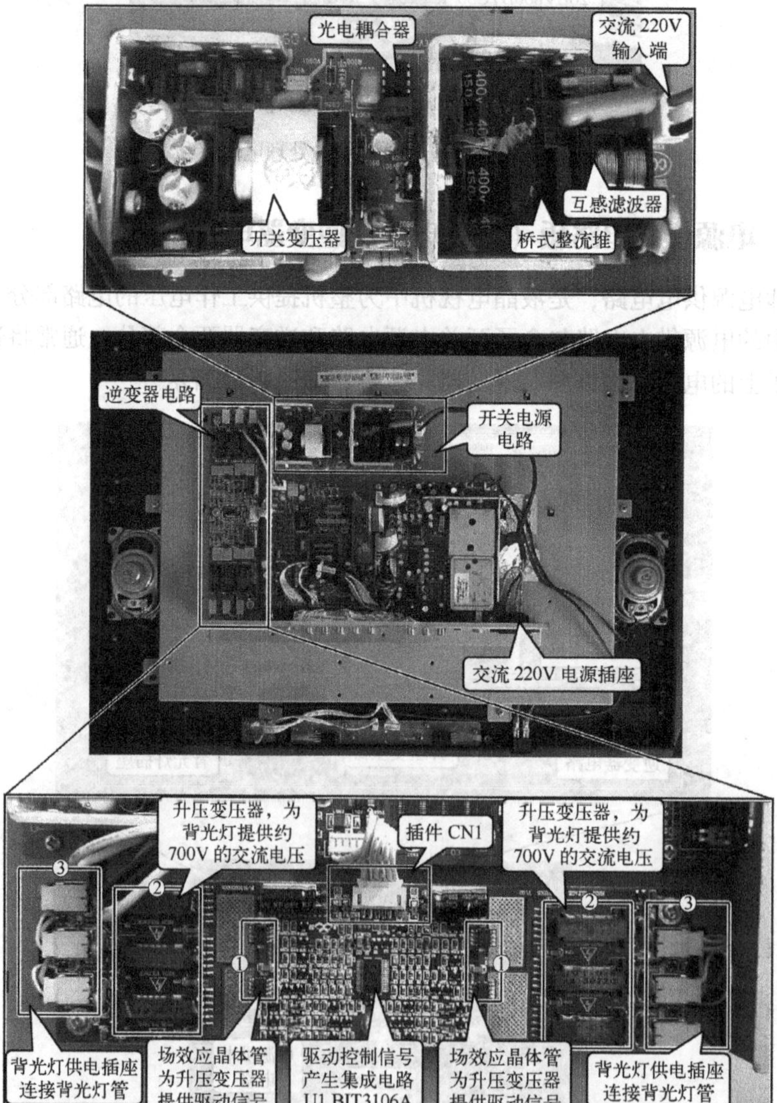

图 2-5　康佳 LC-TM2018 液晶电视机的电源供电电路

1.1.3　遥控接收及操作显示板

遥控接收及操作显示板是液晶电视机中体积较小，功能较单一的电路单元，主要用于接收遥控信号和人工操作指令信号，调整和设置电视机的显示参数等，图 2-6 所示为上述典型液晶电视机中的遥控接收及操作显示板的实物图。

（a）遥控接收板　　（b）操作显示板

图 2-6　典型液晶电视机中的遥控接收及操作显示板的实物图

1.1.4　液晶屏驱动接口电路板及液晶屏

液晶屏驱动接口电路板及液晶屏构成了电视机的液晶板组件。液晶板组件是液晶电视机的显示部件，主要包括液晶屏一体板（包含液晶屏及驱动电路）和背光源部分，如图 2-7 所示。

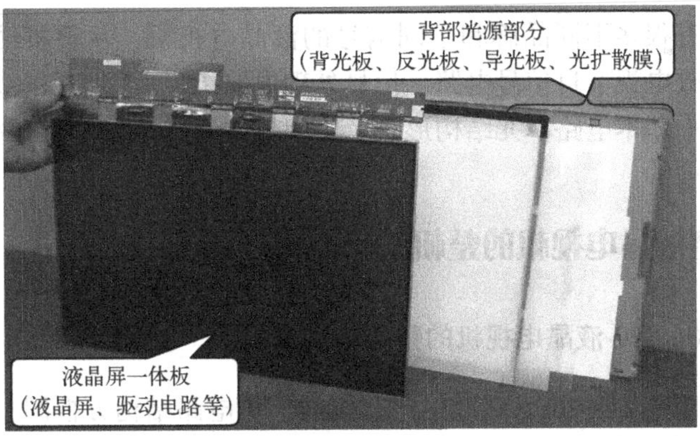

图 2-7　液晶电视机的液晶板组件

1.1.5　输入/输出接口电路

输入/输出接口一般位于电视机的背部，主要用于连接外部设备，将设备中的信号送到液晶电视机中，图 2-8 所示为典型液晶电视机中输入/输出接口。

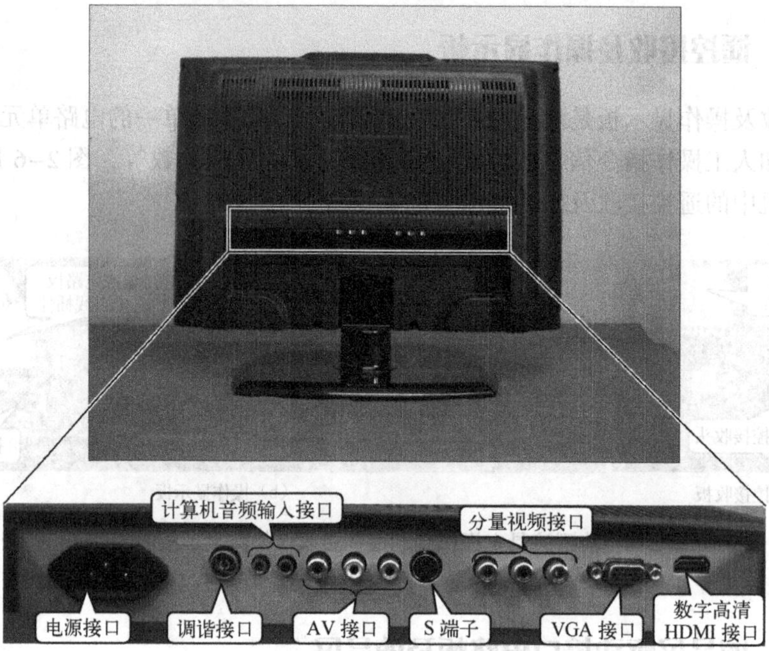

图 2-8　典型液晶电视机中输入/输出接口

任务 1.2　了解液晶电视机的信号流程和工作原理

目前，市场上有很多不同品牌和不同信号的液晶电视机，从整机结构和实现功能上来说，它们都是由接收电视节目信号电路、信号处理电路、显示部分和电源供电等构成的，通常不同液晶电视机中基本电路单元结构形式及应用器件型号、数量等有所不同，但其整机的工作原理基本是相同的。

1.2.1　典型液晶电视机的整机信号流程

1. 康佳 LC-26CS20 液晶电视机的整机信号流程

图 2-9 所示为康佳 LC-26CS20 液晶电视机的整机电路结构方框图，由图 2-9 可知，该电视机主要是由调谐器电路 N100（AMP8/W602）、微处理器及数字图像/音频处理电路 N500（MST9U89AL-LF）、伴音功放 N600（TDA8946）、开关稳压电源、逆变器和液晶显示板组件等构成的。

以下为该液晶电视机的主要信号流程。

（1）电视天线所接收的电视信号或有线电视信号经射频输入接口送入调谐器电路中，由调谐器及外围元件构成的电视信号接收电路完成射频信号的放大、变频，以及音视频信号的解调等处理，由①脚输出音频信号，③脚输出视频图像信号经 Q31 放大后送往微处理器及数字图像/音频处理电路 N500（MST9U89AL-LF）。

（2）从 XS304（VGA）端输入的计算机 VGA-RGB 信号，送入微处理器及数字图像/音频

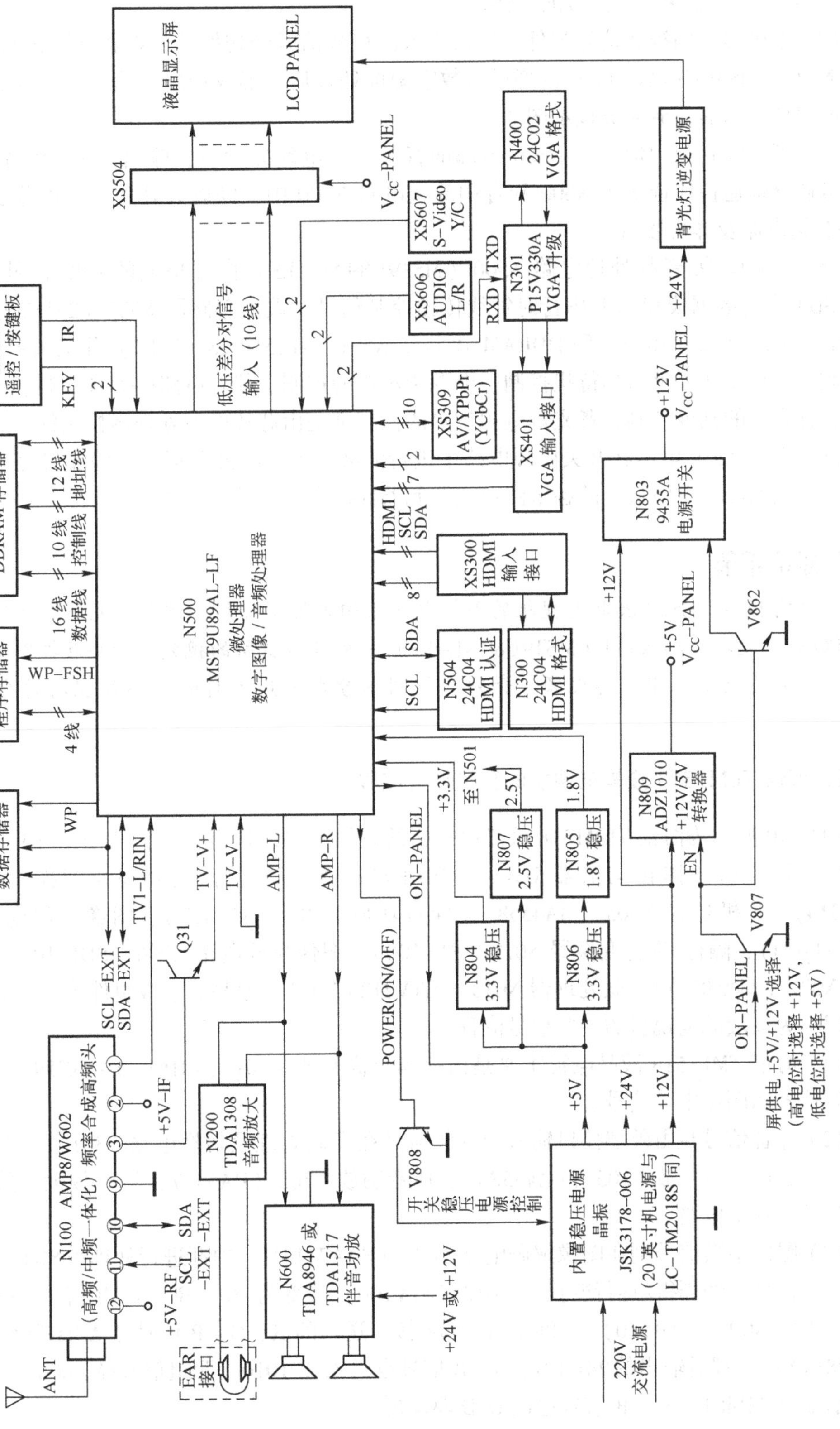

图 2–9　康佳 LC–26CS20 液晶电视机的整机电路结构方框图

处理电路 N500，从 XS309（AV/Y Pb Yr）端输入的分量视频信号，该信号也送入 N500，在 N500 内部控制完成两视频信号的切换。

（3）本机接收的视频信号与外部接口输入的视频信号经切换后，在数字图像/音频处理电路 N500（MST9U89AL-LF）内部进行数字图像处理后，形成低压差信号，并经屏线送往液晶屏组件，从而使液晶屏显示图像。

（4）第二伴音中频信号经 N500 内部的音频处理电路处理后，输出的 L、R 音频信号，该信号被分别送往伴音功放 N600 和音频放大电路 N200 中，经放大处理后，再分别送往本机 R/L 扬声器及耳机接口。

（5）数字图像/音频处理电路 N500（MST9U89AL-LF）内部集成的 CPU 微处理电路，通过 SDA 串行数据线和 SCL 串行时钟线传输控制信号。数据存储器 N503（24LC32）、程序存储器 N402（PS25LF040）和 DDRAM 存储器 N501（HY5DU281622FT）作为外挂存储器，配合数字芯片工作。整机的待机控制、电源指示灯的控制、伴音电路的静音控制、逆变器的控制、背光灯的亮度控制、背光灯电源供电的控制都是由芯片中微处理器控制的。

（6）交流 220V 电压在开关电源电路中进行滤波、整流、开关振荡、稳压等处理后，输出多路直流电压为电路板上的各电路单元及元器件提供基本的工作电压。

知识扩展

从康佳 LC-26CS20 液晶电视机的整机电路结构方框图可知，该电路采用微处理器及数字图像/音频处理电路 N500（MST9U89AL-LF）来处理本机所的视频、音频及控制信号。在一些其他液晶电视机中，其视频、音频及控制信号则采用各自的电路处理芯片分别进行处理。

2. 海信 TLM1518 液晶电视机的整机信号流程

图 2-10 所示为海信 TLM1518 液晶电视机的整机电路结构方框图，由图 2-10 可知，该电视机主要是由一体化调谐器 U301（4016FY5-3X7597）、音效处理及切换电路 N301（PT2314）、耳机功放 N305（BA4558）、伴音功放 N302（BA5417）、图像解码电路 N021（SAA7114H）、隔行/逐行变换器 N012（STV100）、图像缩放电路 N006（SD1010）、A/D 变换器 N001（AD9884A）、微处理器 N015（MTV212MV64）、液晶显示板组件等构成的。

以下为该液晶电视机的主要信号流程。

（1）海信 TML1518 液晶电视主要是由一体化高频头 U301（4016FY5-3X7597）直接输出伴音信号和图像中频信号。

（2）伴音信号与由外部接口输入的音频信号在音效处理及切换电路 N301（PT2314）中处理后，送往耳机功放 N305（BA4558）和伴音功放 N302（BA5417）进行放大，放大后送往扬声器和耳机电路。

（3）图像中频信号则在图像解码电路 N021（SAA7114H）内部进行处理后 8bit 分量视频信号，该信号再经隔行/逐行变换器 N012（STV100）后变为 16bit R、G、B 信号，并送入图像缩放电路 N006（SD1010），同时，由 VGA 接口送入的 R、G、B 信号经 A/D 变换器 N001（AD9884A）处理后输出的 24bit R、G、B 信号也送入 SD1010，两组信号经 N006（SD1010）处理后输出 24bit R、G、B 信号送往 LCD 驱动屏。

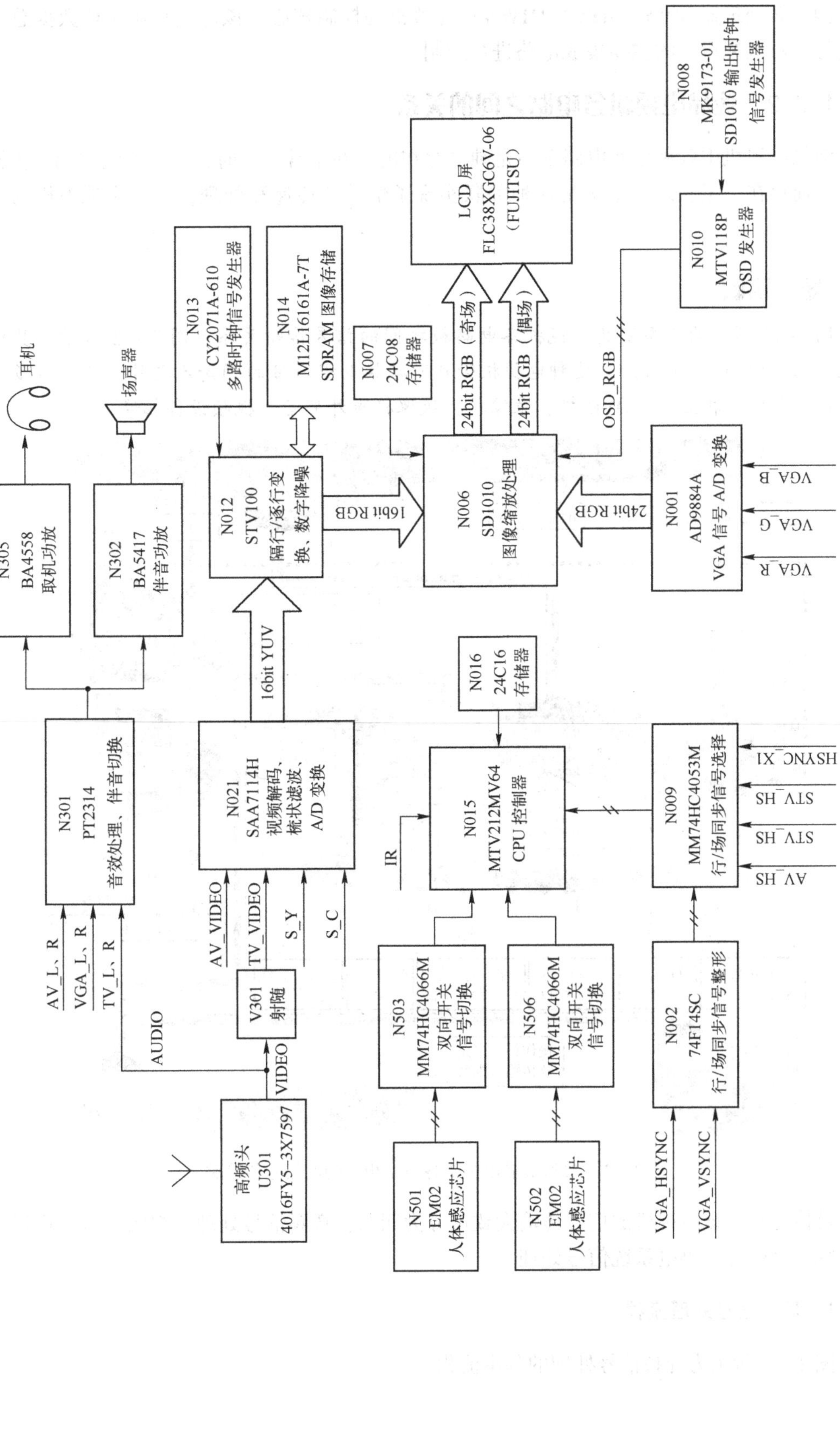

图 2-10　海信 TLM1518 液晶电视机的整机电路结构方框图

（4）微处理器 N015（MTV212MV64）为整机的控制核心，该电路输出 I^2C 数据总线控制信号，对电视机中的主要集成电路进行控制。

1.2.2 液晶电视机各电路之间的关系

液晶电视机中各种单元电路都不是独立存在的。在正常工作时，它们之间因相互传输各种信号而存在一定联系，也正是这种关联实现了信号的传递和处理，从而实现整机的协调工作。

知识讲解

图 2-11 所示为典型液晶电视机各电路板之间的信号传输关系，图 2-12 所示为具体信号流程图。由图 2-11 可知，这种电视机除具有接收电视节目的调谐器之外，还设有多种接口以便于与计算机显卡、DVD 机、录像机、摄像机等外部音、视频设备相连。

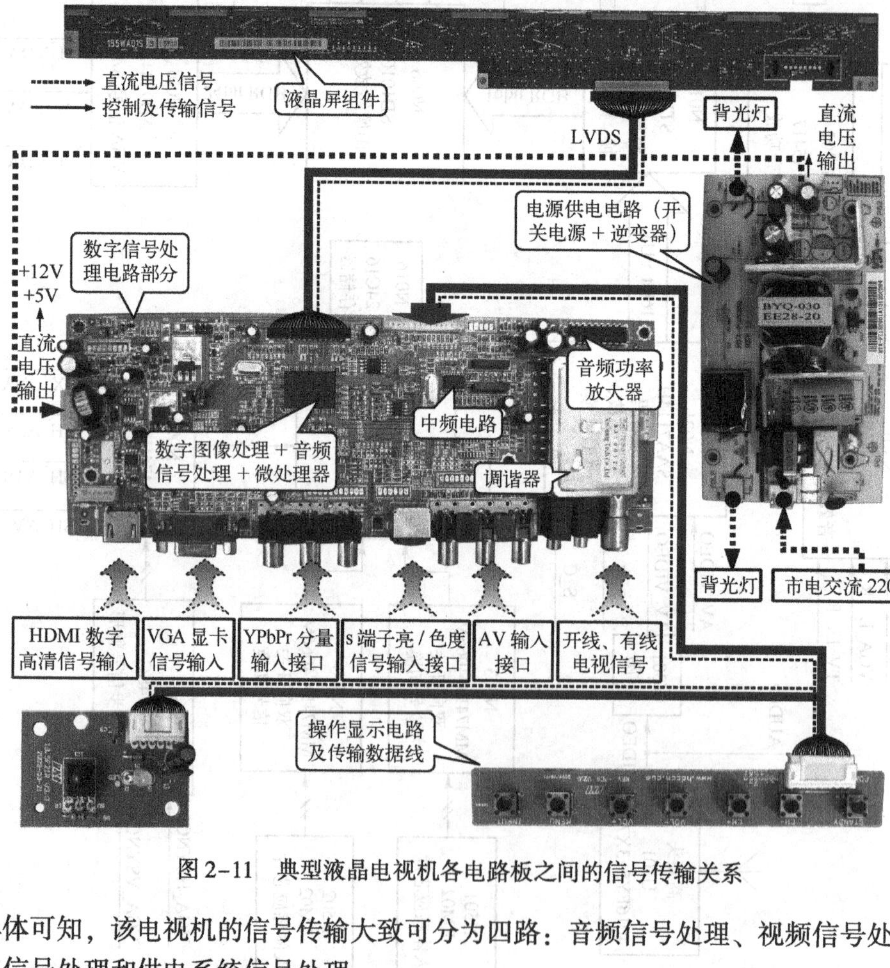

图 2-11 典型液晶电视机各电路板之间的信号传输关系

具体可知，该电视机的信号传输大致可分为四路：音频信号处理、视频信号处理程、控制系统信号处理和供电系统信号处理。

1. 音频信号处理流程

图 2-13 所示为音频信号处理的基本流程。

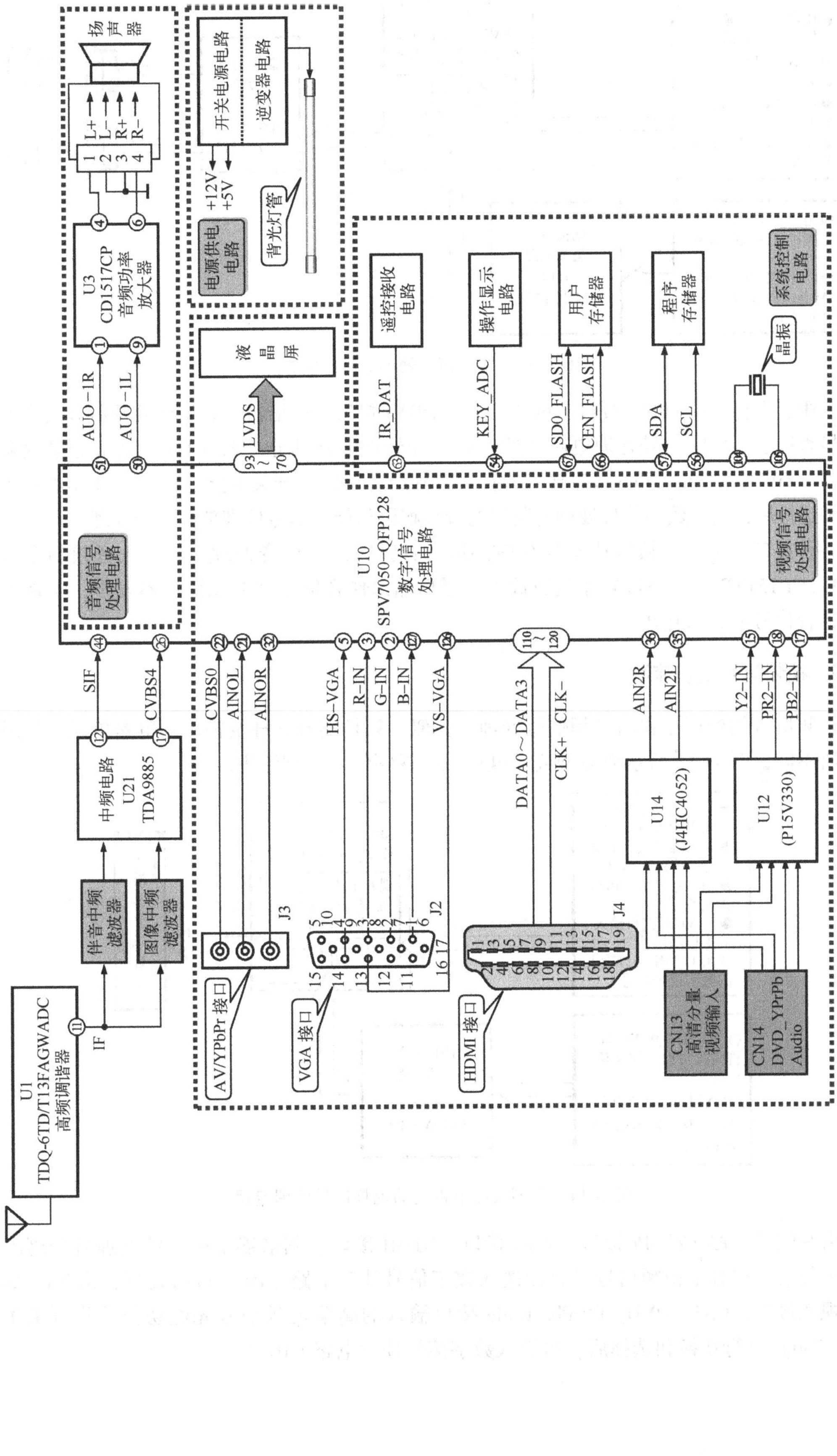

图 2-12　典型液晶电视机的具体信号流程

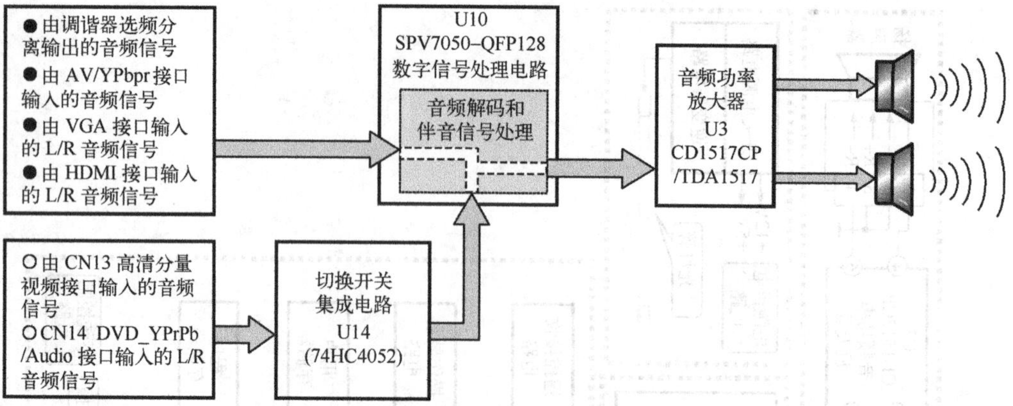

图2-13 音频信号处理的基本流程

其中，来自AV/YPbPr接口、VGA接口、HDMI接口、调谐器中频组件处理后分离出的音频信号直接送入数字信号处理电路中的音频信号处理电路部分；来自CN13高清分量视频接口、CN14DVD_YPrPb/Audio接口输入的音频信号经切换选择开关电路U14（74HC4052）进行切换和选择后，送入数字信号处理电路中的音频解码和伴音信号处理部分进行处理。

各种接口送来的音频信号经U10内部进行音频解码、伴音处理后，送入音频功率放大器U3（CD1517P/TDA1517）中进行放大，最后输出伴音信号并驱动扬声器发声，实现电视节目伴音信号的正常输出。

2. 视频信号处理流程

视频信号的处理流程与音频信号处理很类似，只是实现处理及输出的电路单元中集成芯片有所不同，图2-14所示为典型液晶电视机中视频信号处理流程。

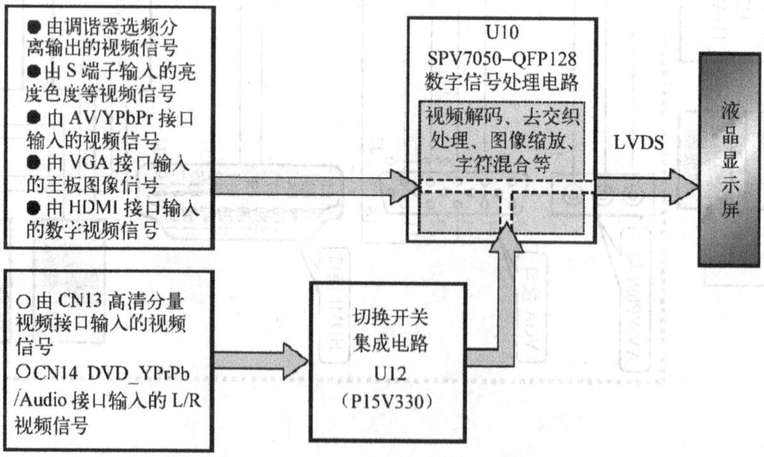

图2-14 典型液晶电视机的视频信号处理流程

由S端子、AV/YPbPr接口、VGA接口、HDMI接口、调谐器中频组件处理后分离出的视频图像信号或分量视频信号等直接送入数字信号处理电路U10中进行处理；由N13高清分量视频接口、CN14 DVD_ YPrPb/Audio接口输入的高清视频信号先经切换选择开关U12（P15V330）进行切换和选择后，再送入数字信号处理电路U10中。

上述各种接口送来的视频信号则最终经由数字信号处理电路 U10（SPV7050 - QFP128）内部进行视频解码、去交织处理、图像缩放处理、彩色图像处理、字符混合等处理后输出 LVDS 信号，去驱动液晶屏显示图像。

3. 控制系统信号处理流程

控制系统是整机的控制中心，该电路为液晶电视机中的各种集成电路（IC）提供 I^2C 总线数据和时钟信号和控制信号（高低电平控制）。若微处理器不正常，可能会引起电视机出现图像花屏、自动关机、图像异常、伴音有杂音、遥控不灵等故障。

4. 供电系统信号处理流程

液晶电视机多采用内置开关电源组件。开关电源电路将交流 +220V 市电经整流滤波、开关振荡、变压器变压、稳压及次级输出等处理后输出 +5V、+12V 直流电压，为整机提供能量。

项目 2　液晶电视机的拆卸实训

教学要求和目标： 通过对典型液晶电视机的拆卸过程的演练，了解拆卸方法和步骤，训练液晶电视机的拆卸操作和技能。

实体演示

新型液晶彩色电视机出现故障后，经初步判别为其内部电路故障时，需要首先对其进行拆解，掌握正确的拆卸方法和步骤，是学习和进行液晶彩色电视机维修操作的第一步。下面以典型液晶彩色电视机为例，介绍液晶彩色电视机的拆卸方法和具体操作步骤。

在动手操作前，用软布垫好操作台，然后观察液晶电视机的外观，查看并分析拆卸的入手点，以及螺钉或卡扣的紧固部位，图 2-15 所示为典型液晶彩色电视机的外形及螺钉紧固部位。

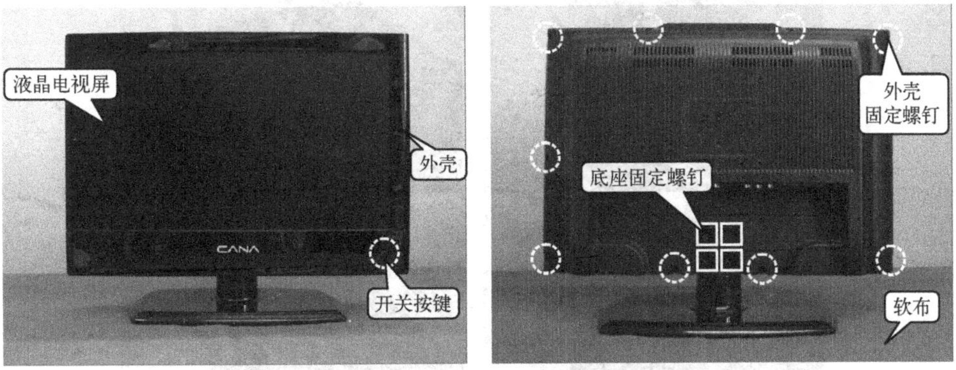

图 2-15　典型液晶彩色电视机的外形及螺钉紧固部位

在拆卸液晶电视机前，应先对液晶电视机进行清洁和外观检查，如图 2-16 所示。

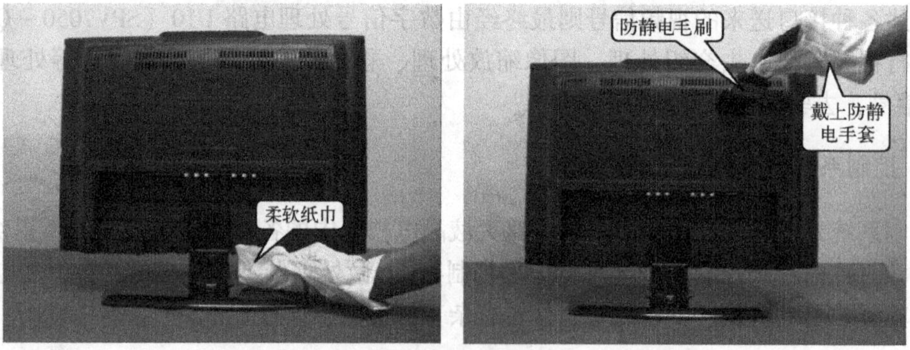

图 2-16　清洁和检查液晶电视机的外部结构

任务 2.1　液晶电视机外壳的拆卸实训

2.1.1　底座的拆卸

图 2-17 所示为典型液晶彩色电视机底座的固定方式，它是由四颗固定螺钉拧紧固定的。

图 2-17　典型液晶彩色电视机底座的固定方式

在拆卸之前，应首先戴上绝缘手套，以防止人体静电损坏电路板元件。接着，用螺丝刀拧下固定底座的四颗螺钉，拆卸时应注意对角拆卸螺钉，并把拆下的螺钉放到一个小容器中，不能乱扔乱放，养成良好的操作习惯，如图 2-18所示。拆卸过程中要注意扶稳液晶彩色电视机，防止螺钉松开后液晶彩色电视机滑落，出现损伤。

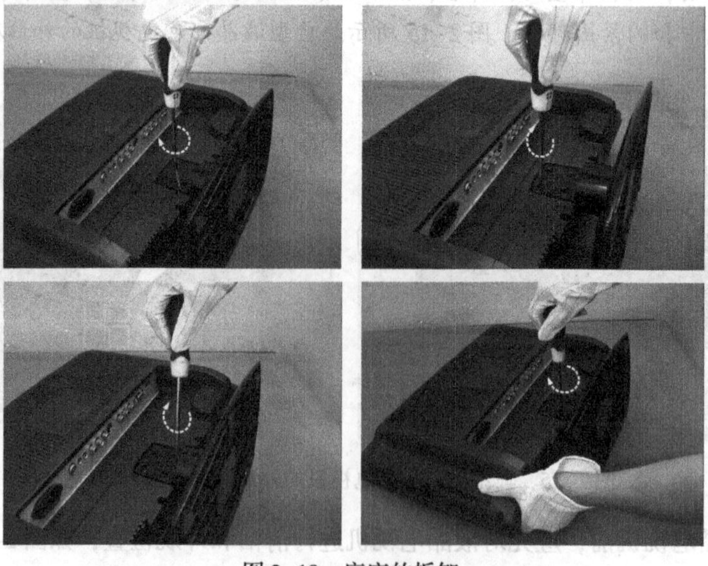

图 2-18　底座的拆卸

接着将液晶彩色电视机与底座分离，底座即可拆下，如图 2-19 示。

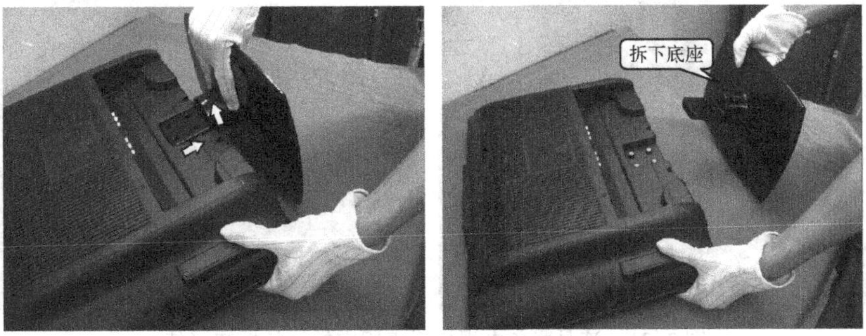

图 2-19　拆卸底座

技能扩展

值得注意的是，并不是所有液晶电视机拆卸时都需要拆下底座，有些液晶彩色电视机的底座和后壳是连在一起的整体，拆卸时都不需要将底座拆掉，因此，读者需在实际维修中注意多观察，具体问题具体分析。

2.1.2　外壳的拆卸

图 2-20 所示为液晶彩色电视机后壳的固定方式，共十颗固定螺钉。

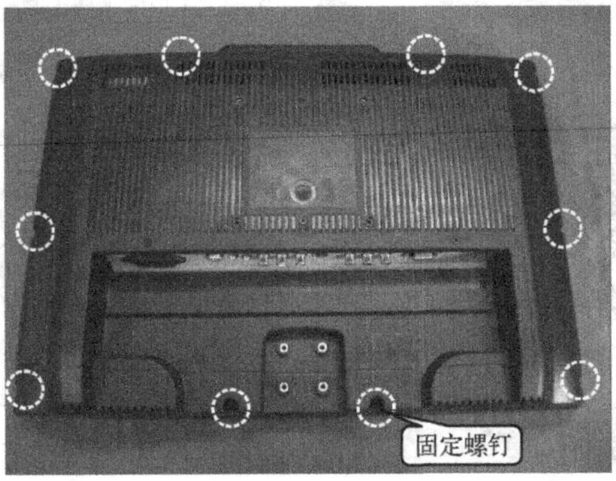

图 2-20　液彩色电视机后壳的固定方式

首先，用螺丝刀拧下固定后壳的十颗螺钉，在拆卸时，注意螺钉应妥善放置，防止丢失，如图 2-21 所示。

图 2-21　液晶彩色电视机后壳固定螺钉的拆卸

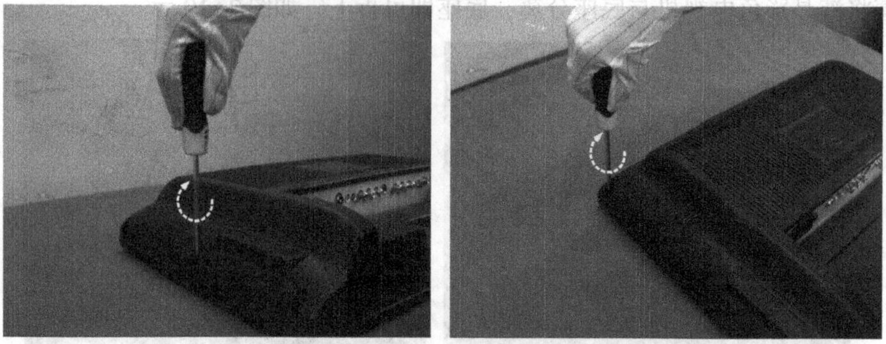

图 2-21 液晶彩色电视机后壳固定螺钉的拆卸（续）

拆卸完后壳的螺钉后，便可将液晶电视机的后壳取下，如图 2-22 所示。

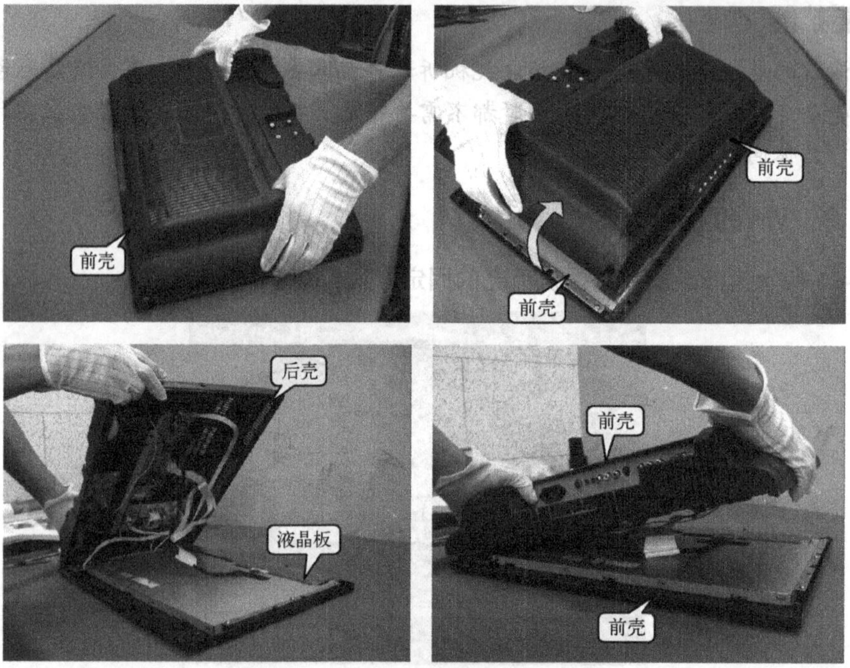

图 2-22 取下液晶电视后壳部分

要点提示

在取下液晶电视机后盖时，应注意先缓慢用力，边抬起边注意观察内部的连接线路，不要用力过猛，导致连接线路或插头被扯坏。

任务 2.2 液晶电视机电路板的拆卸实例

2.2.1 连接线的拆卸

连接线的拆卸比较简单，但在拔出引线时，应注意用力不要过猛，以免将引线拔断，

图 2-23所示为拔出液晶板驱动数据线。

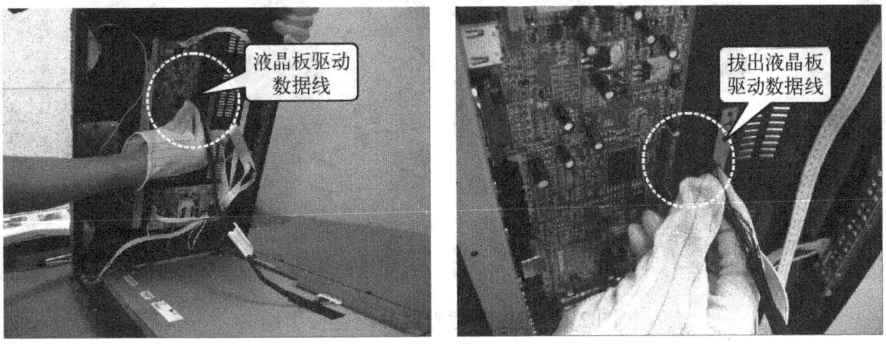

图 2-23　拔出液晶板驱动数据线

图 2-24 所示为拔出电源供电引线。

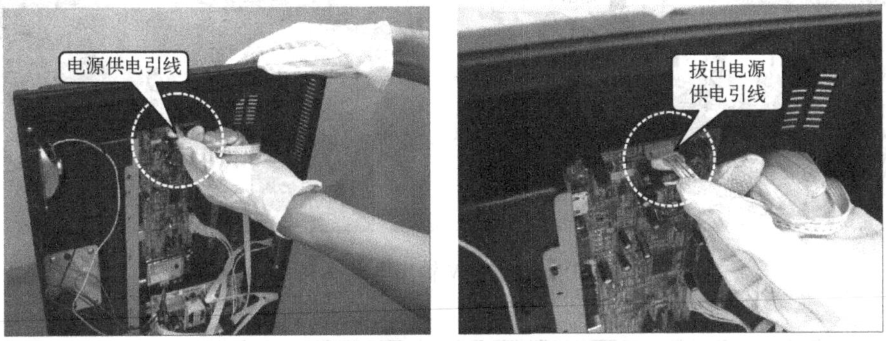

图 2-24　拔出电源供电引线

图 2-25 所示为拔出主电路板与操作显示和遥控接收板之间的连接引线。

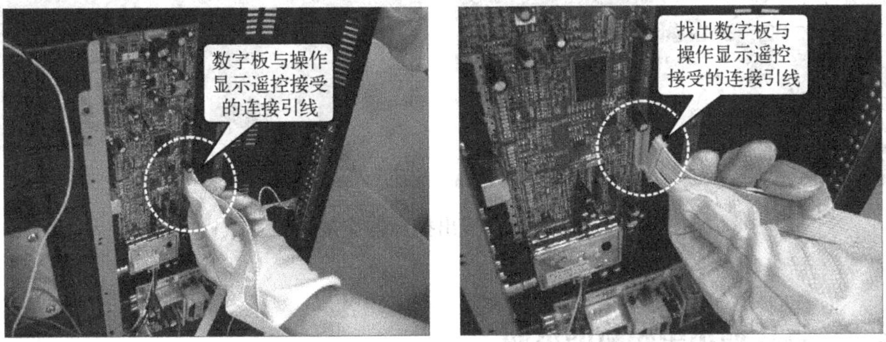

图 2-25　拔出数字板与操作显示遥控接收的连接引线

图 2-26 所示为拔出背光灯插座连接引线。

图 2-27 所示为拔出交流 220V 输出电源线电源供电引线。

图 2-28 所示为拔出扬声器连接线引线。

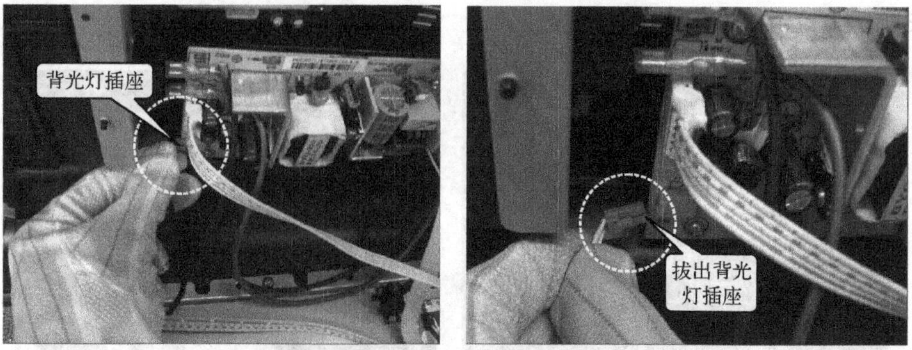

图 2-26　拔出背光灯插座连接引线

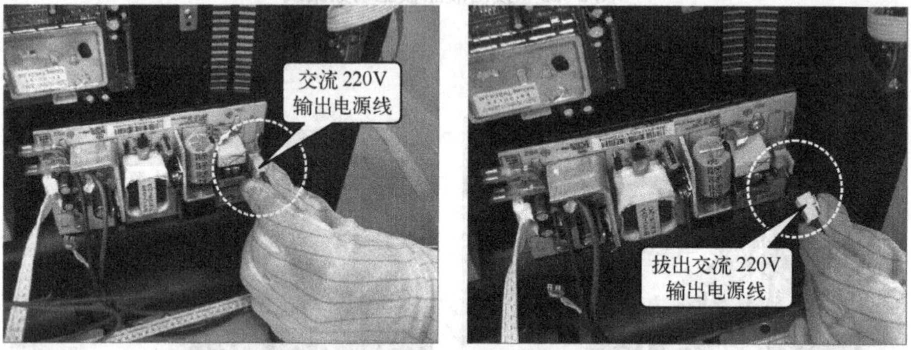

图 2-27　拔出交流 220V 输出电源线电源供电引线

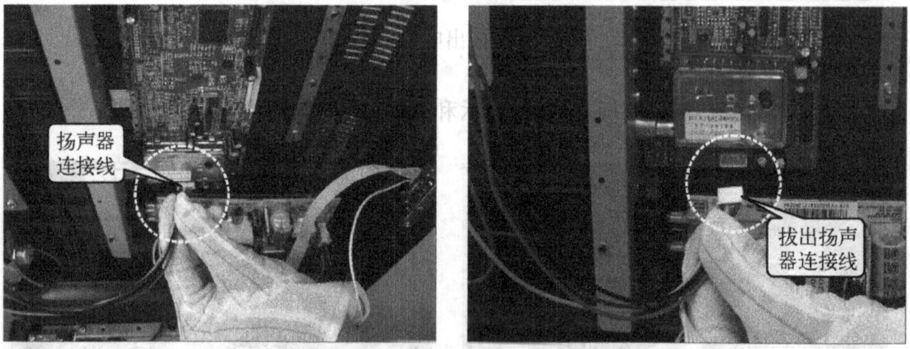

图 2-28　拔出扬声器连接线

2.2.2　操作显示电路板的拆卸

操作显示电路板位于整个液晶电视机的上侧部分，拆卸方法比较简单，首先将拧下电路板的固定螺钉，如图 2-29 所示。

然后，用手将卡扣压开，取下该电路板，如图 2-30 所示。

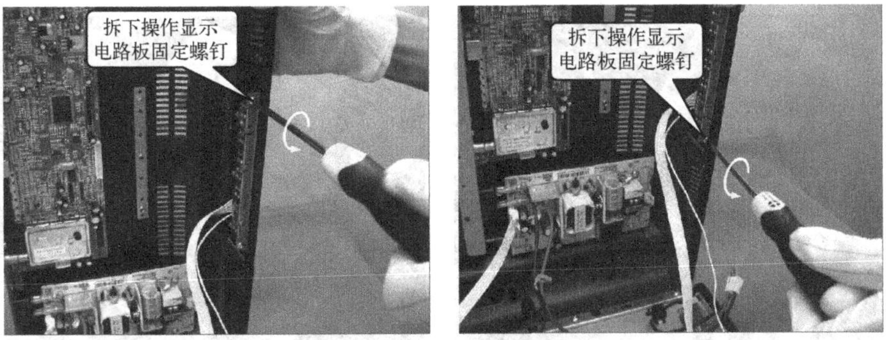

图 2-29　拆下固定螺钉

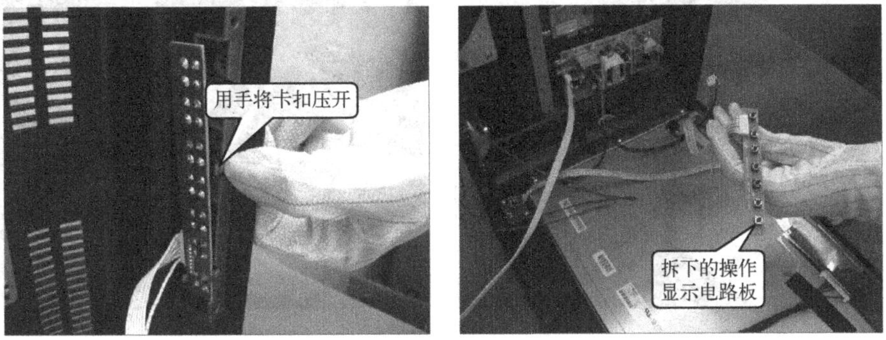

图 2-30　操作显示电路板的拆卸图

2.2.3　电源电路板的拆卸

通常，电源电路板是由几颗螺钉紧固在液晶电视机后壳上的，图 2-31 所示为液晶电视中电源电路板的固定方式。

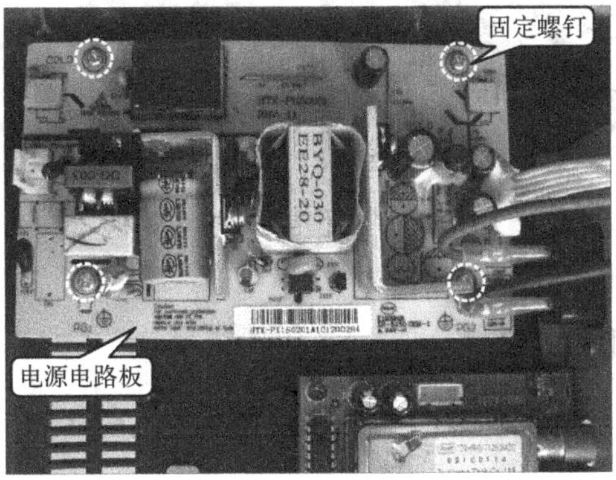

图 2-31　液晶电视中电源电路板的固定方式

首先，拆下电源电路板四周的固定螺钉，如图 2-32 所示。

接着，取下电源供电电路板，如图 2-33 所示。

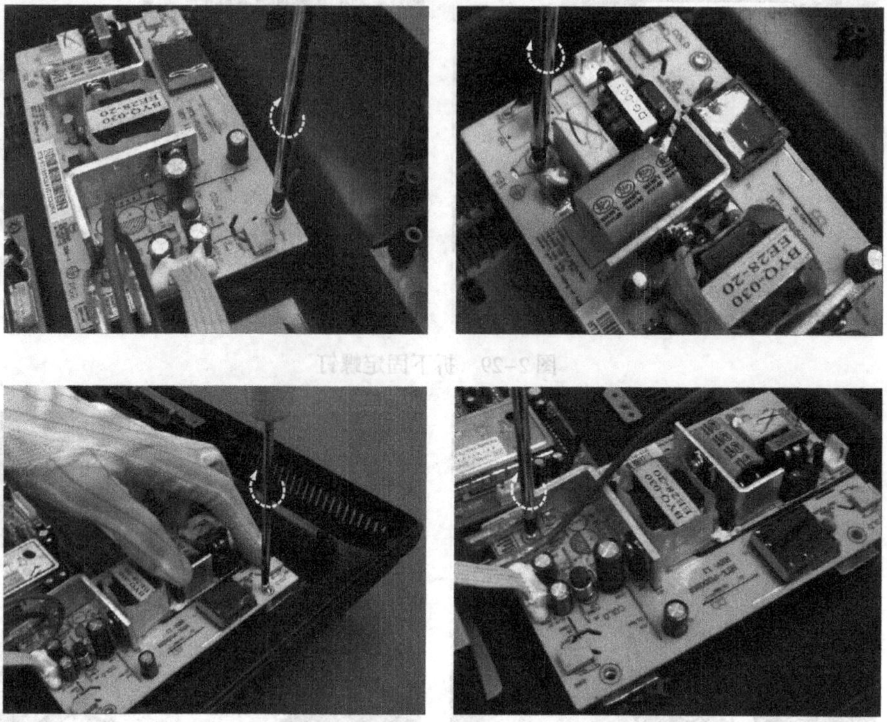

图 2-32　拆下电源电路板四周的固定螺钉

图 2-33　取下电源供电电路板

2.2.4　主电路板的拆卸

主电路板是由四颗螺钉紧固在液晶电视机后壳上的，图 2-34 所示为液晶电视中主电路板的固定方式。

首先，用螺丝刀拆下主电路板四周的固定螺钉，如图 2-35 所示。

其次，将主电路板从金属盒上取下即可，如图 2-36 所示。

此时，液晶彩色电视机的拆卸过程基本完成，图 2-37 所示为典型的液晶彩色电视机的拆解完成图。

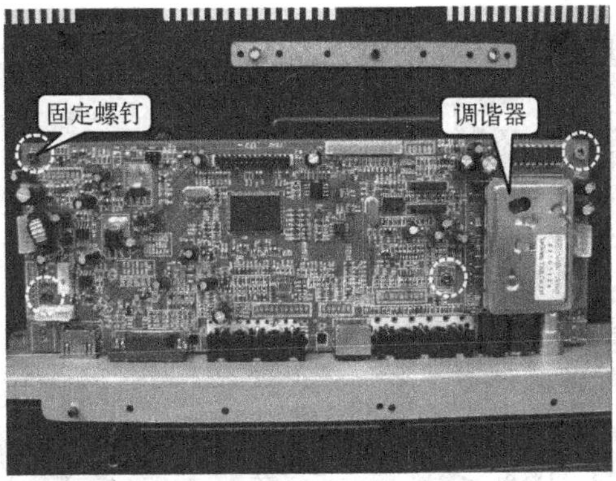

图2-34　液晶电视机中主电路板的固定方式

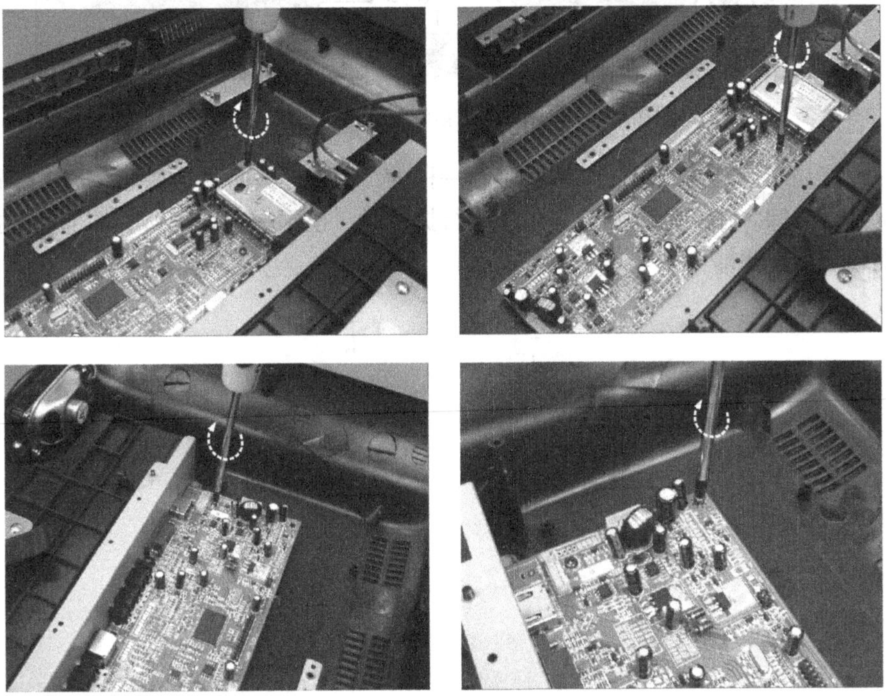

图2-35　拆下主电路板四周的固定螺钉

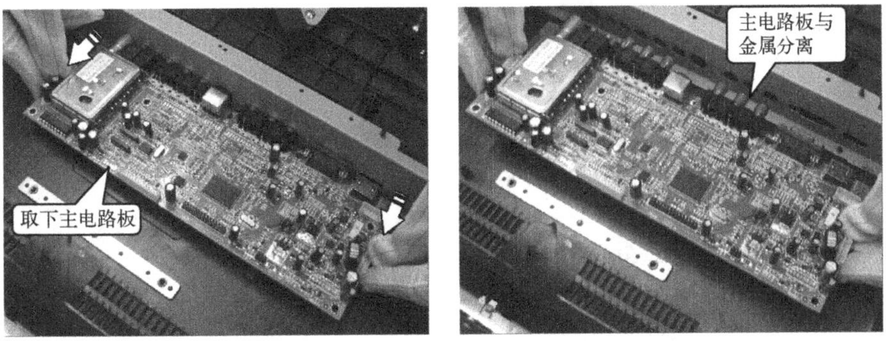

图2-36　取下主电路板

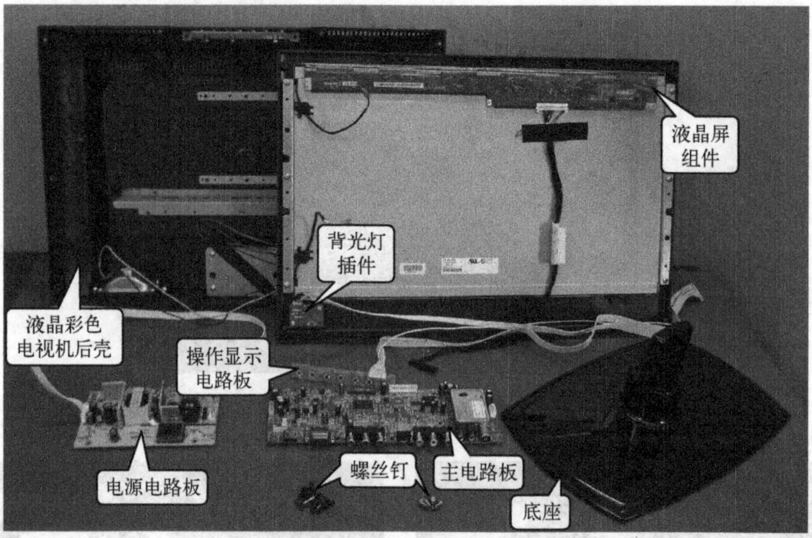

图 2-37　典型的液晶彩色电视机的拆解完成图

每一台液晶彩色电视机内部结构都是不一样的，因此，其拆卸方法也都有些不同，根据实际情况进行拆卸。在实际维修过程中，进行拆卸时，也不一定要把所有的部件都拆开，只要拆到能维修的步骤即可。

第3单元　电视信号接收电路的检修技能实训

综合教学目标

了解液晶电视机信号接收电路的结构、功能和信号流程，掌握电视信号处理电路的常见故障和检修方法。

岗位技能要求

训练使用万用表和示波器检测电路中关键点的电压值和信号波形，并能根据检测值判别故障部位或故障元器件。

项目1　认识电视信号接收电路的结构和信号流程

教学要求和目标：通过对典型液晶电视机调谐器和中频电路的检测实训，了解该电路的结构、特点和信号流程。

电视信号接收电路是指电视机的调谐器及外围电路部分，主要用于将电视天线或有线电视信号进行处理后输出中频信号；中频电路则将调谐器部分输出的中频信号再进行视频检波和伴音解调后输出视频图像信号和音频信号，送往后级电路中。

若调谐器及中频电路部分不正常将影响电视机正常接收电视节目，导致电视图像、声音不正常，无法正常收看电视节目的故障。

任务1.1　了解电视信号接收电路的结构特点

图3-1所示为典型液晶电视机的电视信号接收电路，它是由调谐器和中频电路等部分构成的，电视天线信号及有线电视信号经调谐器电路处理后输出中频信号至中频电路中，图3-1中这两个电路为独立的两个电路单元。

如图3-1所示，该液晶电视机的电视信号接收电路主要是由调谐器、声表面波滤波器和中频集成电路等部件组成的。

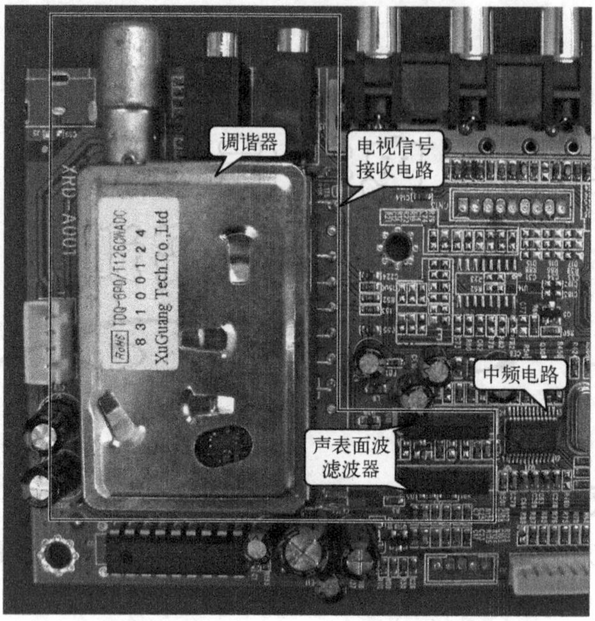

图 3-1　典型液晶电视机的电视信号接收电路

1. 调谐器的结构特点

调谐器也称高频头，其主要功能是将天线信号及电缆送来的有线电视信号中调谐选择出欲接收的电视信号，进行调谐放大后与本机振荡信号混频处理后输出中频信号（IF）至中频电路中，由于该电路部分所处理的信号频率很高，为防止外界干扰，通常将它封装在屏蔽良好的金属盒子里，由引脚与外电路连接，如图 3-2 所示。

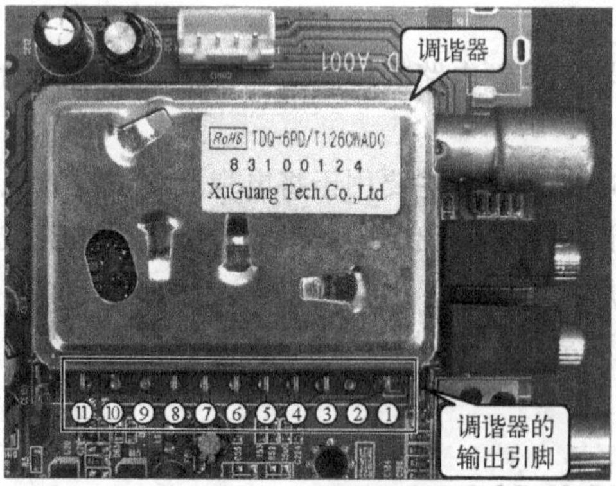

图 3-2　调谐器实物外形

如图 3-2 所示，该液晶电视机采用 U1（TDQ-6TD/T13FAGWADC）型调谐器，是一种由 I^2C 总线控制的全频道调谐器，它具有 11 个引脚。其中，①脚为 AGC 端，中频电路输出的 RF AGC 信号加到此脚，用以控制高频放大器的增益；④、⑤分别是 I^2C 总线控制信号的接口，用于对调谐器的频段和频道的选择和控制，④脚为串行时钟信号的输入端，⑤脚为串行数据信号的连接端；⑦脚为 +5V 供电端；⑧脚为 AFC 信号的输入端，AFC 来自中频电路；⑪脚为中频信号的输出端。

2. 声表面波滤波器的结构特点

本机的声表面波滤波器主要分为图像中频滤波器 U20（MVF38A2Dc）和伴音中频滤波器 U19（AF38A2Dc），其实物外形如图 3-3 所示。

声表面波滤波器的主要功能是将经调谐器放大和变频后输出的中频信号，经声表面波滤波器 U20（MVF38A2Dc）、U19（AF38A2Dc）后分离出图像中频和伴音中频后送到中频集成电路进行处理。

图 3-3　声表面波滤波器实物外形

要点提示

调谐器的中频输出端通常还设有预中放电路，用于将调谐器输出的中频信号进行放大后，再送往声表面波滤波器中。

3. 中频电路的结构特点

液晶电视机的中频电路主要是放大中频信号、完成视频检波和伴音解调的电路单元。图 3-4是典型液晶电视机的中频电路的实物外形，该电路的型号为 TDA9886TS，共有 24 个引脚，其的内部功能电路方框图如图 3-5 所示。

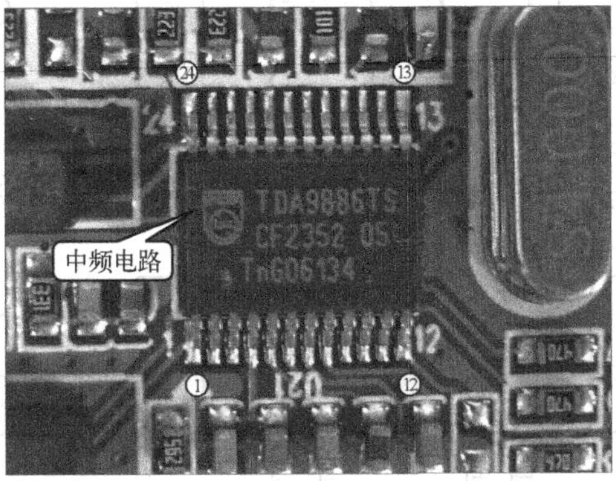

图 3-4　中频集成电路 TDA9886TS 内部功能电路方程图

知识扩展

目前，市场上流行的液晶电视机中，调谐器和中频电路的结构形式主要有两种：一种是上述所讲的结构形式，其调谐器和中频电路分别为单独的两个电路单元的形式；另外一种为调谐器和中频电路制作在一起的一体化调谐器。这两种电路的具体结构形式有所不同，但其功能都是相同的。

一体化调谐器是指将中频电路制作在调谐器的金属屏蔽盒内，信号的高放、混频及中放、视频检波、伴音解调等都在调谐器内完成。图 3-6 所示为长虹 LT3788（LS10 机芯）液晶电视机中的一体化调谐器实物外形及内部结构。表 3-1 所列为调谐器各引脚功能。

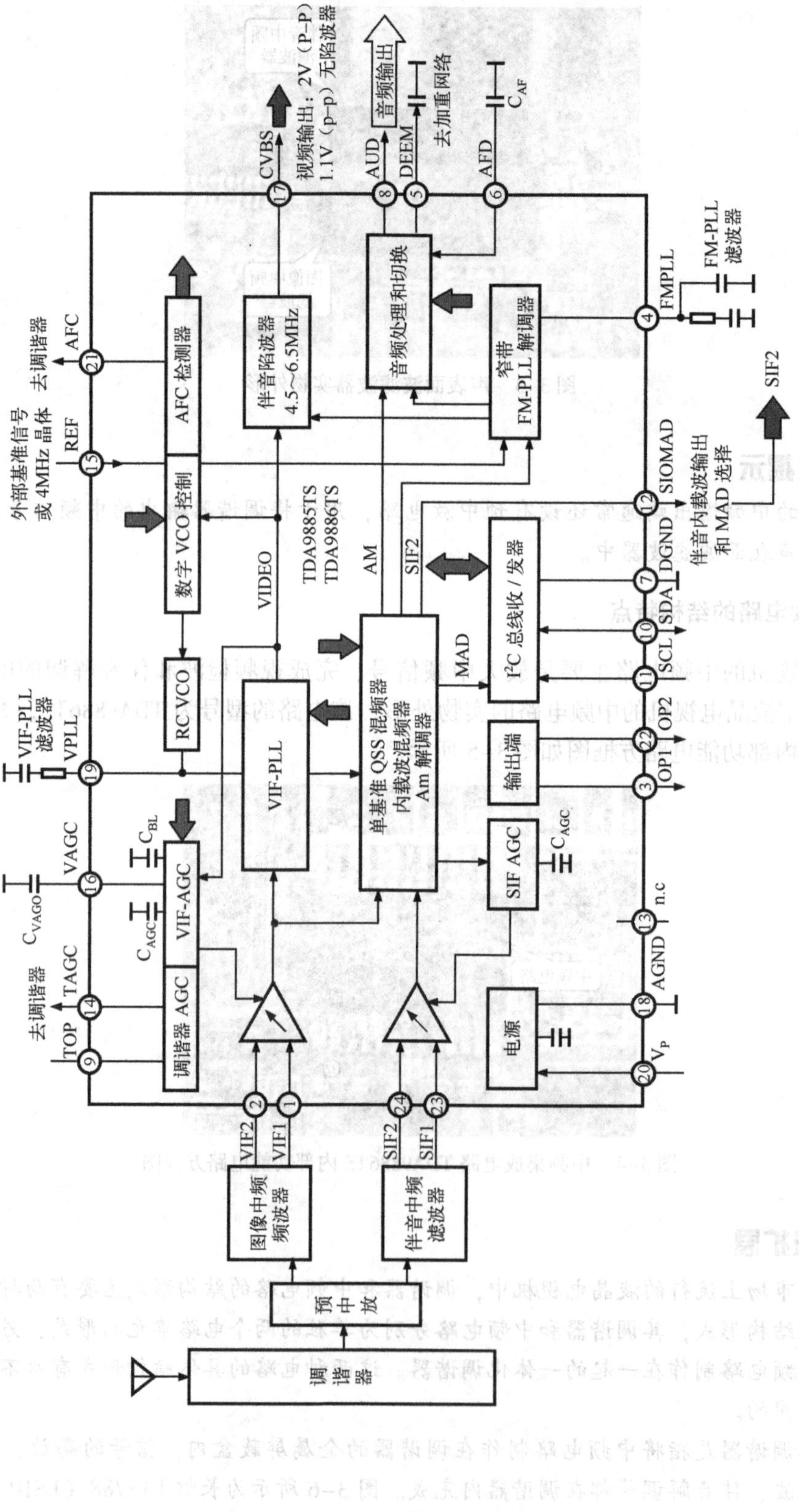

图 3-5 中频集成电路 TDA9886TS 内部功能方框图

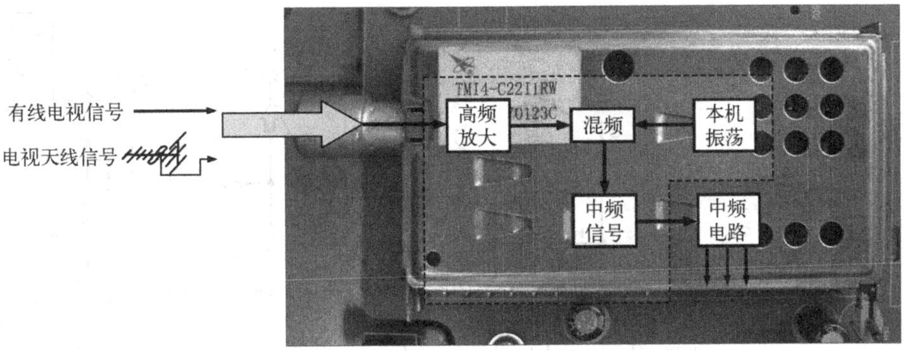

图 3-6　长虹 LT3788 液晶电视机中一体化调谐器的实物外形和内部结构

表 3－1　调谐器各引脚功能

引 脚 号	名　称	引脚功能	引 脚 号	名　称	引脚功能
①	AGC	自动增益控制	⑪	IF	输出中频 TV 信号
②	UT	未接	⑫	IF	输出中频 TV 信号
③	ADD	地	⑬	SW0	伴音控制
④	SCL	I^2C 总线时钟信号输入	⑭	SW1	伴音控制
⑤	SDA	I^2C 总线数据信号输入	⑮	NC	未接
⑥	NC	未接	⑯	SIF	第二伴音中频输出
⑦	+5V	电源	⑰	AGC	自动增益控制
⑧	AFT	未接	⑱	VIDEO	CVBS 信号输出
⑨	32V	0～32V 的调谐电压	⑲	+5V	电源
⑩	NC	未接	⑳	AUDIO	音频信号输出

任务 1.2　认识液晶电视机电视信号接收电路及中频电路的信号处理过程

图 3-7 所示为前面所述典型液晶电视机电视信号接收电路及中频电路原理图。由图 3-7 可知，该电路主要是由调谐器 U1（TDQ－6TD/T13FAGWADC）、图像中频滤波器 U20（MVF38A2Dc）、伴音中频滤波器 U19（AF38A2Dc）、中频集成电路 TDA9886TS 等部分构成的。

（1）由调谐器接收的电视天线送来的信号或有线电视信号，经高放、混频等处理后变为中频信号，由调谐器 U1 的 IF 端输出，之后分别送往图像中频和伴音中频声表面波滤波器进行滤波，滤波后分别将图像中频信号和伴音中频信号送往中频信号处理电路 U21 中。

（2）图像中频信号送入中频信号处理集成电路的①、②脚，在其内部进行放大和中频检波等处理后，从⑰脚输出视频图像信号，该信号再经 R427、Q30 等后输出。

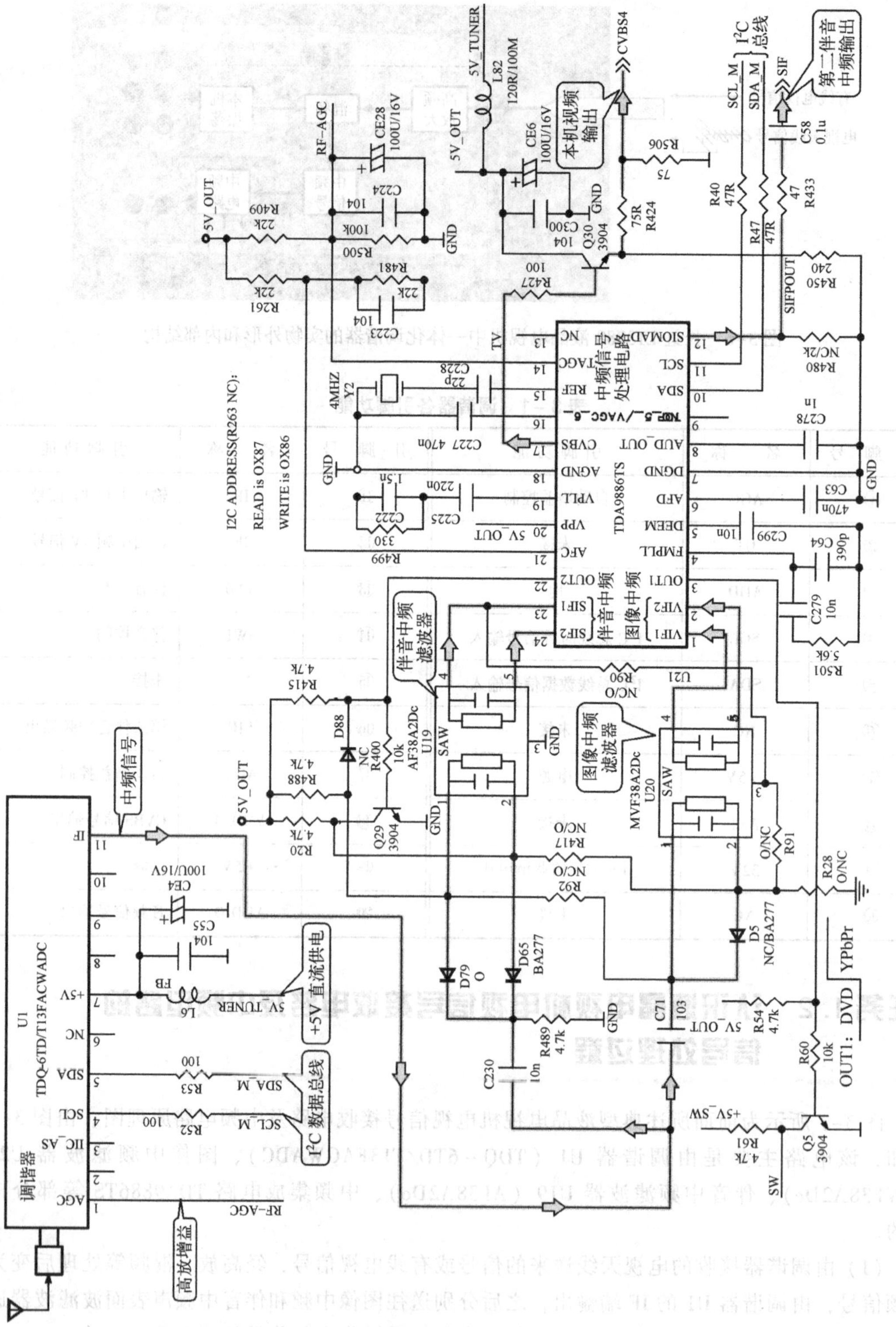

图 3-7 典型液晶电视机电视信号接收电路及中频电路原理图

(3) 伴音中频信号送入中频信号处理集成电路 U21 的㉓、㉔脚，进行伴音调谐，之后由⑫脚输出第二伴音中频信号。

(4) 调谐器 AH001 的④脚、⑤脚为 I^2C 总线控制端，受 CPU 控制；中频集成电路 U21 的⑭脚输出高放（RF）AGC 信号加到调谐器 U1 的①脚，控制调谐器的高放增益，此通路不良会造成电视机接收的图像质量不好。

要点提示

一体化调谐器的元器件都封装在屏蔽良好的金属壳中，壳内的元器件工艺要求都很高，发生故障时通常都是整体更换。图 3-8 所示为长虹 LT3788 型液晶电视机的一体化调谐器电路原理图。

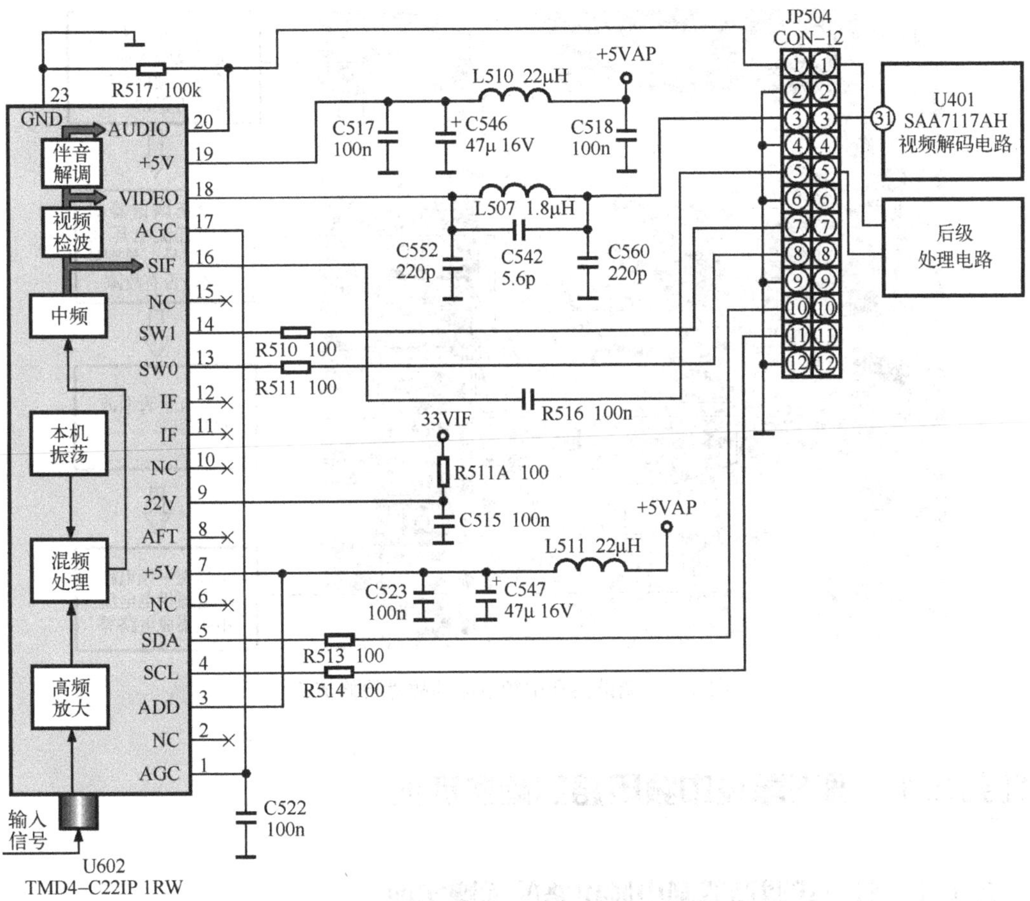

图 3-8　长虹 LT3788 型液晶电视机的一体化调谐器电路原理图

由图可以看出，天线接收的高频电视机信号或有线传输的射频信号输入到调谐器电路板上的 U602（TMD4-C22IP1RW）中，该信号经高频放大、混频、中放、视频检波和伴音解调等处理后，从 U602 的⑱脚输出复合视频信号（CVBS 信号）经 TV 板插口 JP504 的③脚送到 SAA7117AH 的㉛脚进行视频解码；U602 的⑯脚输出第二伴音中频信号，⑳脚输出音频信号经 JP504 的⑤、①脚送至后级电路。

项目 2 电视信号接收电路的检修实训

电视信号接收和中频电路有故障通常会引起伴音和图像均不正常。调谐器和中频电路是否正常可采用改变信号源法进行判断，可用 DVD 机等作为信号源从 AV 端子注入 AV 信号（音视频信号），如果图像声音都正常，而用本机接收电视天线或有线的节目无图、无声，则表明调谐器或中频电路有故障。

对于独立的调谐器和中频电路有故障时，可分别从调谐器和中频电路两个方面进行检修，具体的检修流程如图 3-9 所示。

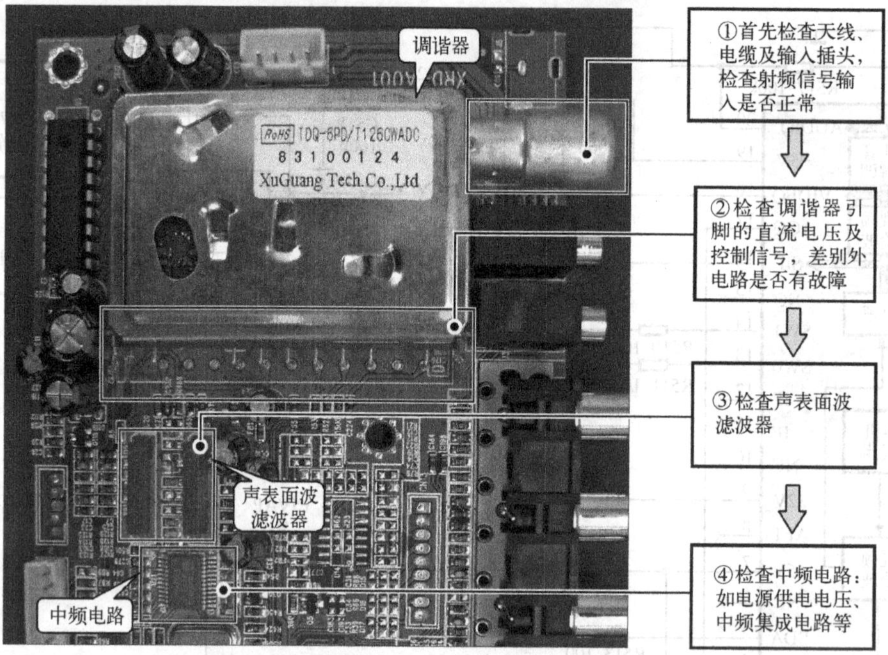

图 3-9 调谐器和中频电路的故障检修流程

任务 2.1 调谐器及中频电路的检测实训

2.1.1 分立式调谐器和中频电路的检测实训

操作训练 1：调谐器的检测

在对调谐器进行检测之前应首先检查天线、电缆、输入插头等插接是否良好。确认射频信号输入正常，然后检查调谐器各引脚的直流电压及由微处理器送来的控制信号是否正常，判别故障是否是由外电路引起的。如果外部均正常，而调谐器输出的中频信号不正常，则应更换调谐器。

（1）检测调谐器 U1 的⑦脚电源供电是否正常，如图 3-10 所示，正常情况下应能检测到 5V 电压。

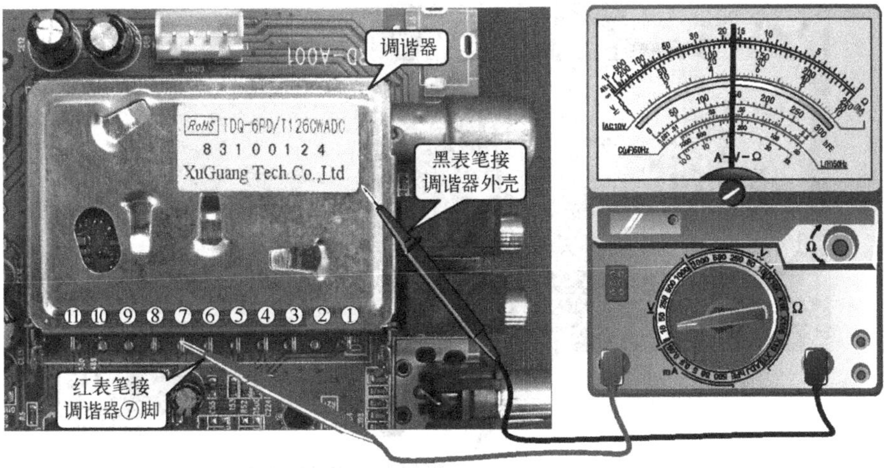

图 3-10　检测调谐器 U1 的⑦脚电源供电

（2）检查调谐器 U1 的⑪脚 IF 端输出的中频信号波形是否正常，如图 3-11 所示。

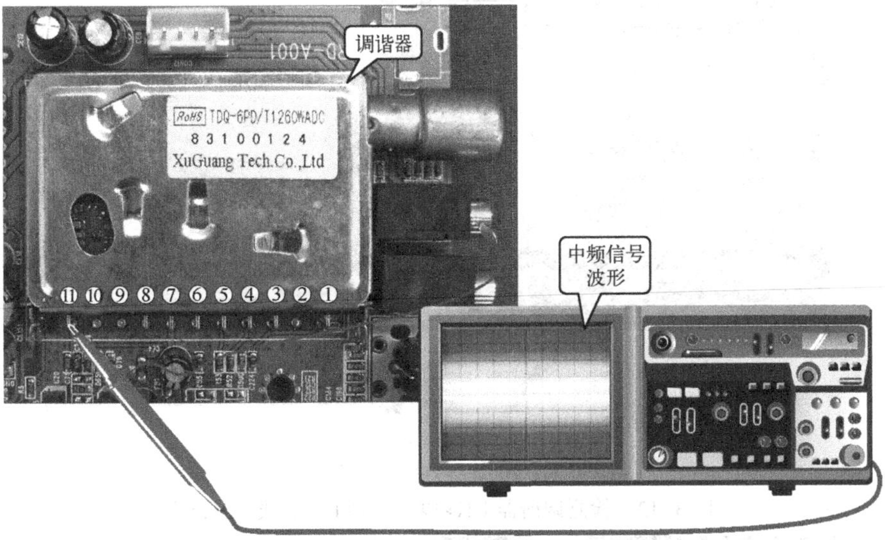

图 3-11　检查调谐器 U1 的⑪脚 IF 端中频信号输出波形

（3）检测调谐器 U1④脚（SCL 端）、⑤脚（SDA 端）的 I^2C 总线信号波形，如图 3-12 所示。

若经检测调谐器的供电、I^2C 总线信号等工作条件均正常，其 IF 端无信号输出时，则表明调谐器内部可能已损坏，应整体更换。

操作训练 2：声表面波滤波器的检测实训

检测声表面波滤波器的好坏，可采用万用表笔轻触法进行判断：若用表笔轻触其输出端引脚时，电视机屏幕有噪波干扰，表明中频电路工作正常；若用表笔轻触声表面波滤波器输入端时，无噪波干扰，表明声表面波滤波器不良或损坏。

也可用示波器直接测量图像中频滤波器 U20（MVF38A2Dc）、伴音中频滤波器 U19（AF38A2Dc）的输入和输出信号，当输入正常而无输出信号时，表明声表面波滤波器已损坏，需更换。

（1）检测图像中频滤波器 U20（MVF38A2Dc）④脚、⑤脚输出的图像中频信号，如图 3-13 所示。

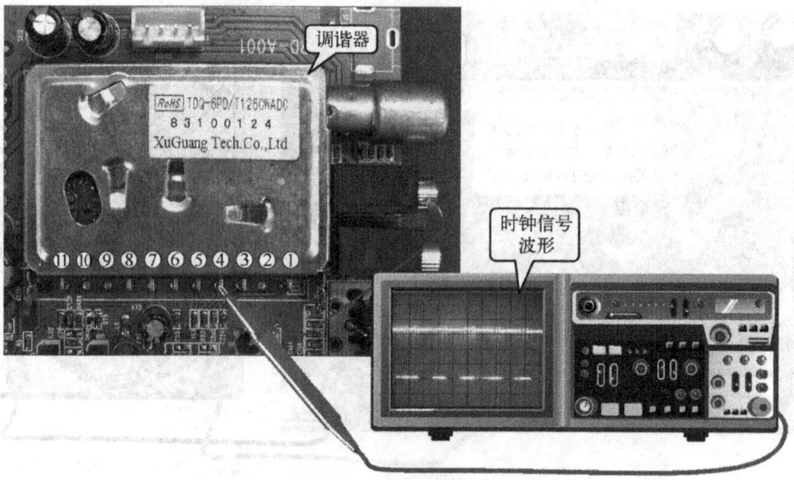

（a）检测调谐器 U1④脚的时钟信号波形

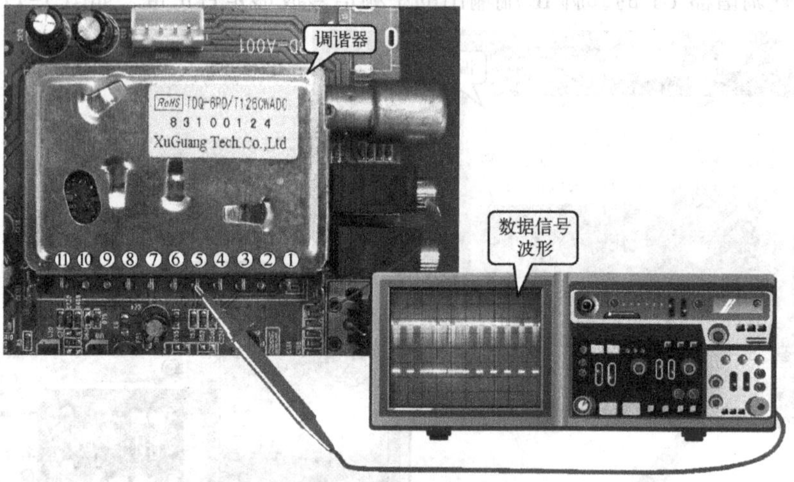

（b）检测调谐器 U1⑤脚的数据信号波形

图 3-12 检测调谐器 U1④脚、⑤脚 I^2C 总线信号波形

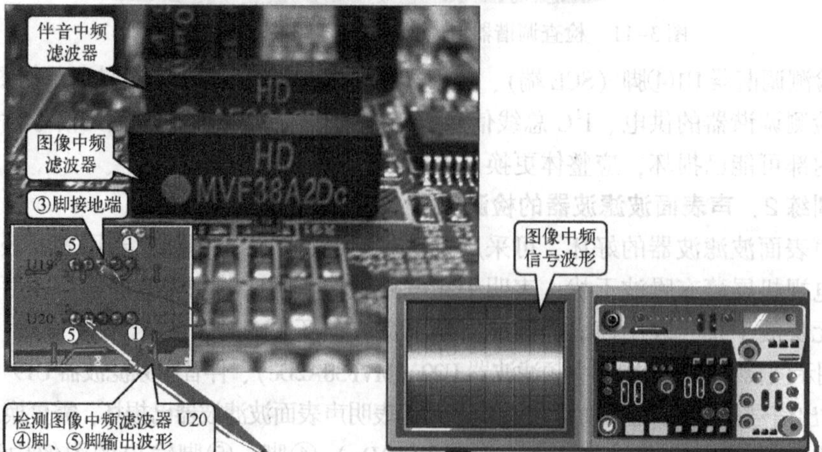

图 3-13 检测 U20（MVF38A2Dc）输出的图像中频信号

(2) 检测伴音中频滤波器 U19（AF38A2Dc）④脚、⑤脚输出的伴音中频信号，如图 3-14 所示。

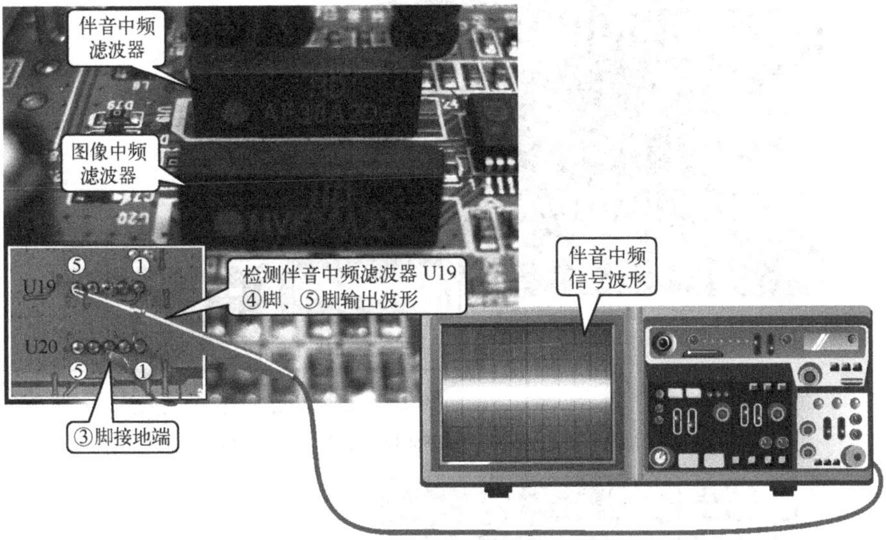

图 3-14　检测 U19（AF38A2Dc）④脚、⑤脚输出的伴音中频信号

操作训练 3：中频电路的检测实训

由调谐器输出的中频信号（IF）送入中频集成电路 TDA9886TS 进行处理后，输出第二伴音中频信号、视频信号和音频信号，因此，若中频电路有故障往往会引起伴音和图像均不正常。判别该集成电路是否正常，可重点检查其电源供电电压及其相关输出引脚的信号波形两方面。

(1) 检查电源供电电压。中频电路中的集成电路和晶体管放大器需要一定的工作电压才能正常工作，此时，可用万用表检测 TDA9886TS ⑳脚的电源供电端的供电是否正常，如图 3-15 所示，正常情况下应能检测到 5V 电压。

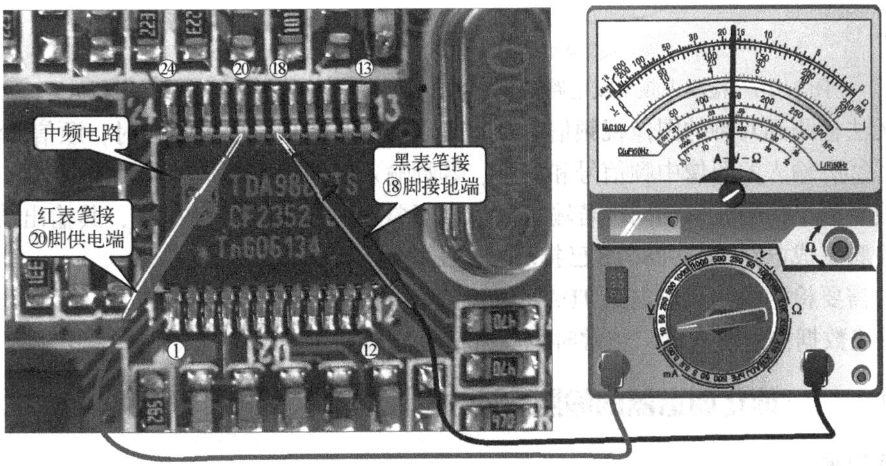

图 3-15　检测 TDA9886TS ⑳脚的电源供电端的供电电压

(2) 若供电正常，首先检测该集成电路输出端信号是否正常，若输出正常则表明该集成电路工作正常。如图 3-16 所示，即检测中频集成电路 TDA9886TS ⑰脚的图像视频信号及⑫

脚输出的第二伴音中频信号。

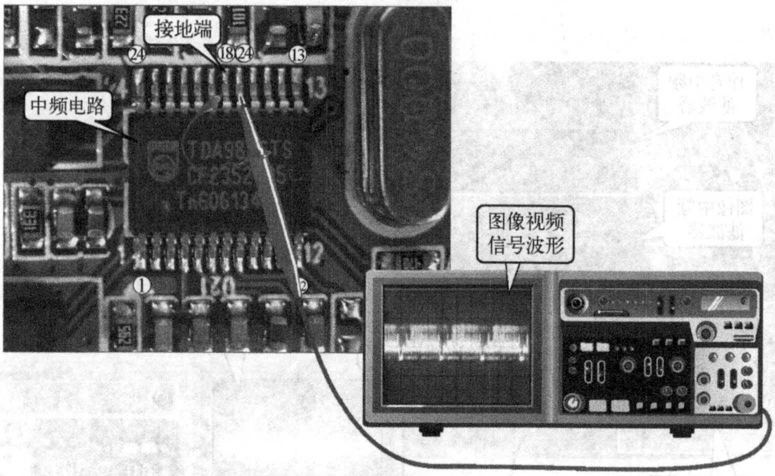

（a）检测中频集成电路 TDA9886TS ⑰脚的图像视频信号

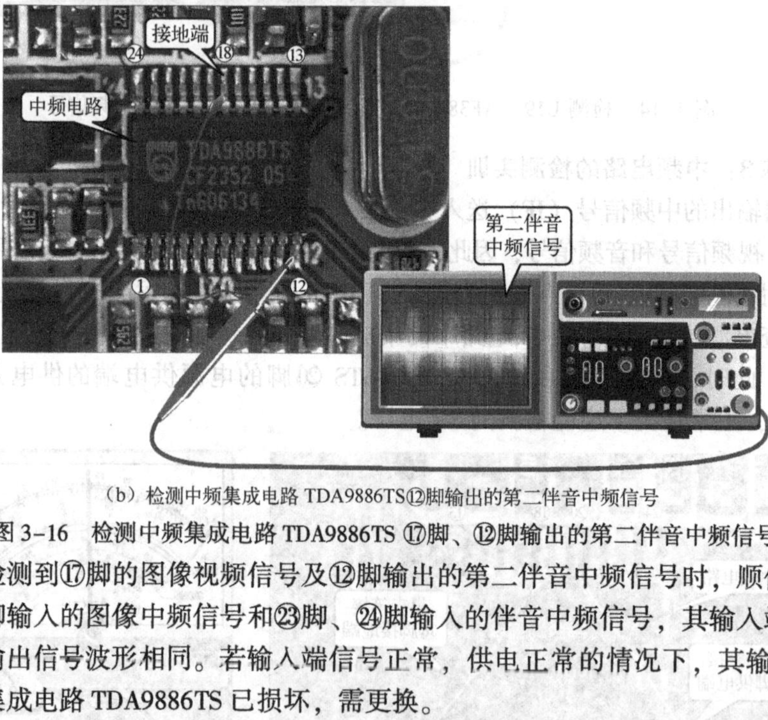

（b）检测中频集成电路 TDA9886TS⑫脚输出的第二伴音中频信号

图 3-16　检测中频集成电路 TDA9886TS ⑰脚、⑫脚输出的第二伴音中频信号

若无法检测到⑰脚的图像视频信号及⑫脚输出的第二伴音中频信号时，顺信号流程检测其①脚、②脚输入的图像中频信号和㉓脚、㉔脚输入的伴音中频信号，其输入端信号与声表面波滤波器输出信号波形相同。若输入端信号正常，供电正常的情况下，其输出端无信号，则表明中频集成电路 TDA9886TS 已损坏，需更换。

（3）需要检测中频集成电路 TDA9886TS 的⑪脚为其 I^2C 总线时钟信号输入端，⑩脚为其 I^2C 总线数据信号输入端，正常时也应有信号波形输入。

2.1.2　一体化调谐器的检测实训

操作训练：

一体化调谐器损坏往往会引起伴音和图像不正常。怀疑调谐器有故障时，应先检查整机控制功能是否正常、遥控开/关机是否正常、功能切换是否正常、菜单能否正常调整等。具体检修流程如图 3-17 所示（以长虹 LT3788 型液晶电视机为例）。

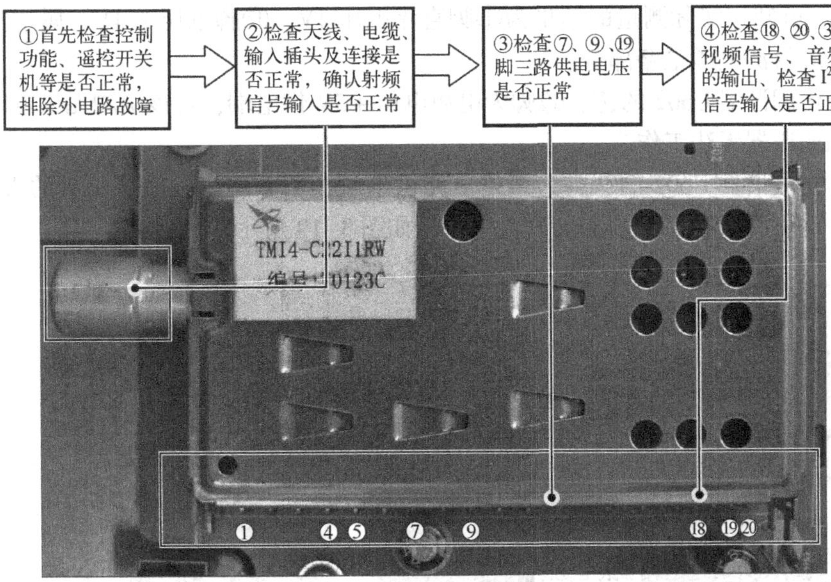
①首先检查控制功能、遥控开关机等是否正常，排除外电路故障
②检查天线、电缆、输入插头及连接是否正常，确认射频信号输入是否正常
③检查⑦、⑨、⑲脚三路供电电压是否正常
④检查⑱、⑳、③、④脚视频信号、音频信号的输出、检查I²C总线信号输入是否正常
TMI4-C22I1RW
① ④ ⑤ ⑦ ⑨ ⑱ ⑲ ⑳

图3-17　一体化调谐器的故障检修流程

（1）一体化调谐器U602（TMD4-C22IP1RW）的①、⑰脚为AGC（自动增益控制）端，正常时，用万用表检测这两个引脚应有一定的直流电压值，如图3-18所示。

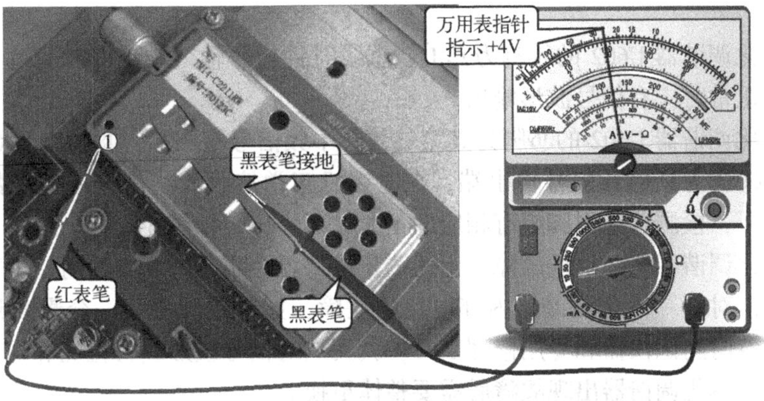

（a）①脚直流电压的检测

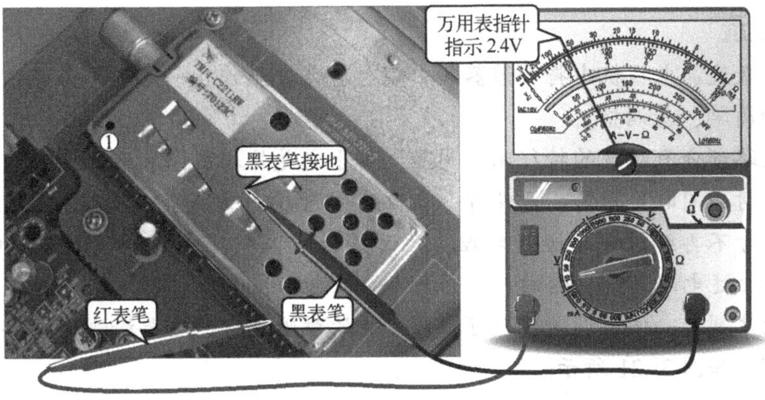

（b）⑰脚直流电压的检测

图3-18　调谐器AGC端直流电压的检测（以①脚为例）

由图 3-18 可知，实际测量的结果为①脚直流电压 4V，⑰脚电压 2.4V，属正常。若该电压不正常，应检测电源电路部分。

（2）一体化调谐器 U602 的⑦、⑲脚为电源电压 +5V 供电端，若该引脚无供电电压输入将导致一体化调谐器无法工作。

（3）一体化调谐器 U602 的⑨脚为调谐电路供电端，用万用表检测该引脚的直流电压，正常情况下，该引脚应有 33V 左右的直流电压，如图 3-19 所示。

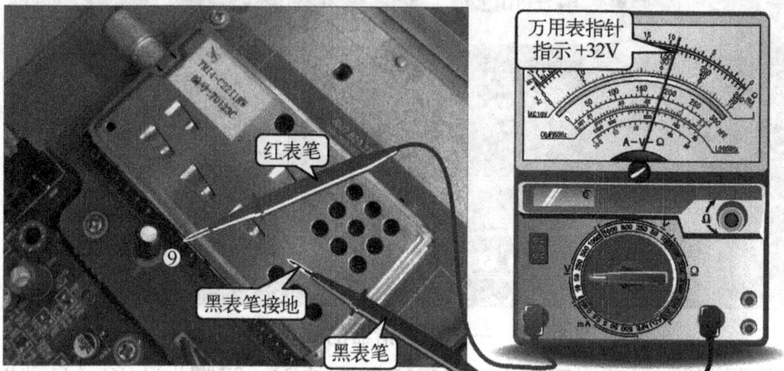

图 3-19　调谐器⑨脚调谐电压的检测

（4）一体化调谐器 U602 的④脚为其 I^2C 总线时钟信号输入端，⑤脚为其 I^2C 总线数据信号输入端，正常时应有信号波形输出。

（5）一体化调谐器 U602 的⑯脚为其第二伴音中频信号检测端，⑱脚为其 CVBS（视频）信号输出端，⑳脚为其伴音信号输出端。在电视机正常接收天线信号或有线数字电视信号时，正常情况下，检测这些引脚应有相应的信号波形输出，如图 3-20 所示。

如果一体化调谐器内部出现故障，上述测量结果就会出现异常，此时，就需要对其进行修理和更换，但对于一体化调谐器内部电路的故障，如果检修不当，会影响整机的频率特性。如果没有专门测试仪器和专用修理工具，就无法对信号波形进行检测和识别，因此，在一般情况下，一体化调谐器出现故障后需要整体更换。

要点提示

目前，多数液晶电视机中将调谐器和中频电路部分制作在一起，称为一体化调谐器，使整机电路更加简单，易调整。

一般该电路部分有故障的特征比较明显，由于它是处理图像和伴音信号的公共通道，因此，出现故障时会同时无图像、无伴音。当改变信号输入方式，例如，用 DVD 机输入信号时，音视频信号不再经该部分进行处理，此时若正常，即可表明电视机其他电路部分均正常，故障是由上述电路部分引起的。

通过检测法判断一体化调谐器即可按照上述的步骤进行，主要检测其主要引脚的电压和波形参数即可，如图 3-21 所示。

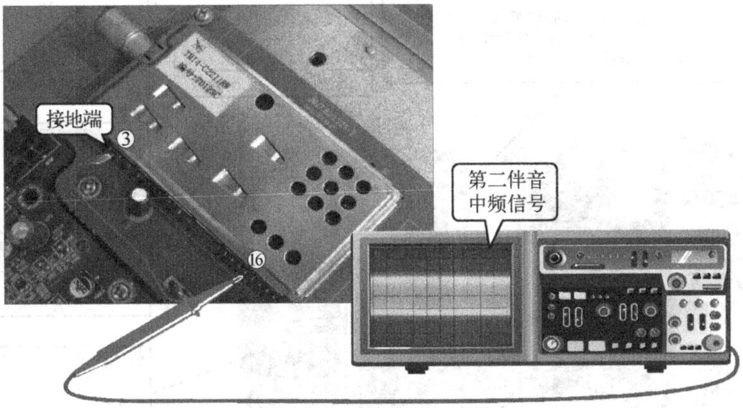

（a）检测一体化调谐器 U602⑯脚的第二伴音中频信号波形

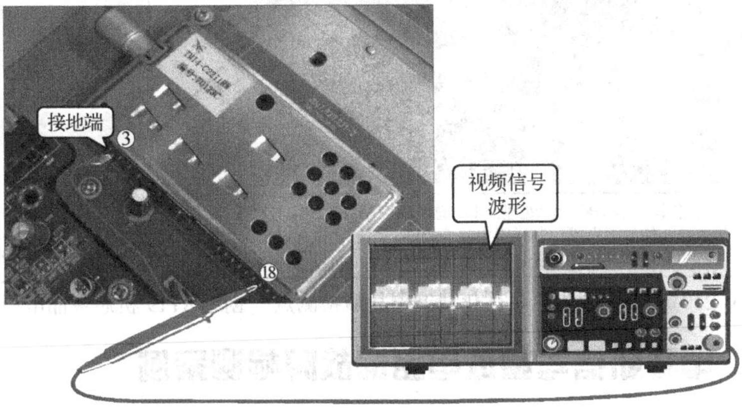

（b）检测一体化调谐器 U602⑱脚的 CVBS（视频）信号波形

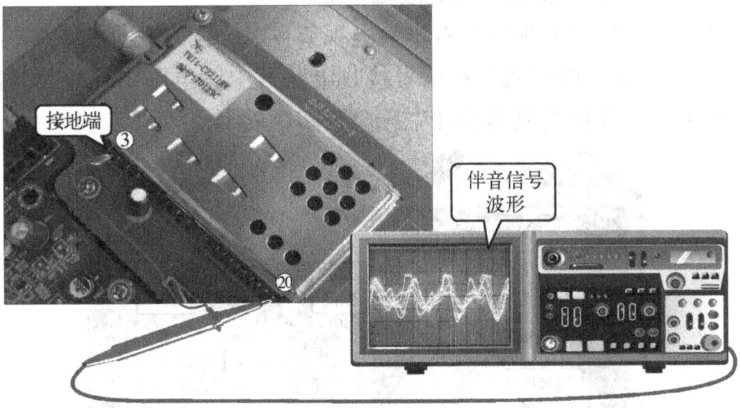

（c）检测一体化调谐器 U602⑳脚的伴音信号波形

图 3-20　主要输出信号波形的检测

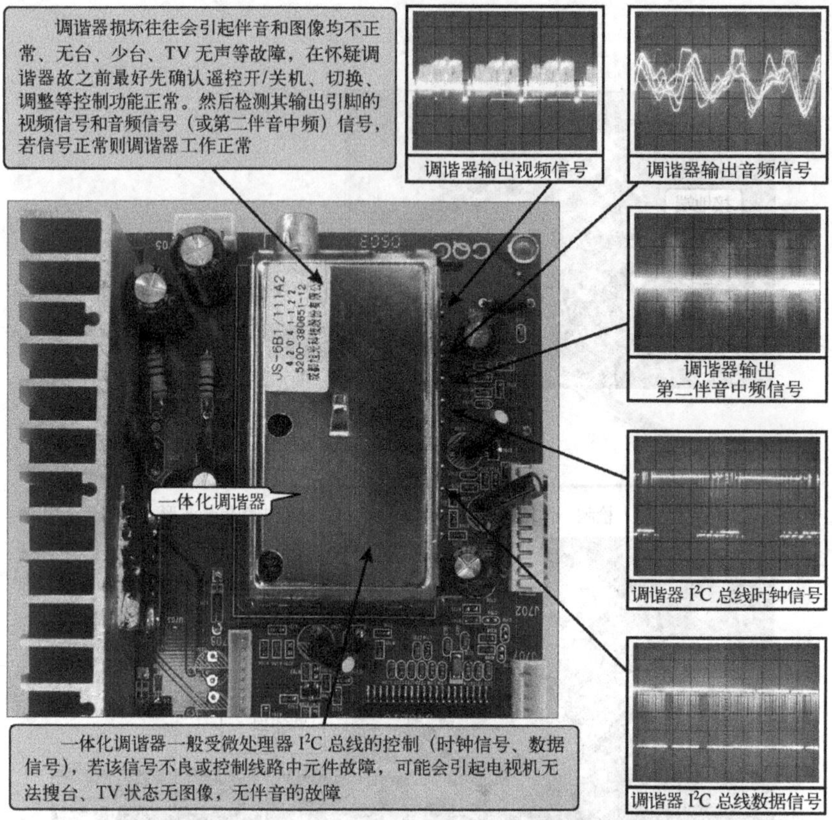

调谐器损坏往往会引起伴音和图像均不正常、无台、少台、TV无声等故障，在怀疑调谐器故之前最好先确认遥控开/关机、切换、调整等控制功能正常。然后检测其输出引脚的视频信号和音频信号（或第二伴音中频）信号，若信号正常则调谐器工作正常
调谐器输出视频信号
调谐器输出音频信号
调谐器输出
第二伴音中频信号
一体化调谐器
调谐器 I²C 总线时钟信号
一体化调谐器一般受微处理器 I²C 总线的控制（时钟信号、数据信号），若该信号不良或控制线路中元件故障，可能会引起电视机无法搜台、TV 状态无图像，无伴音的故障
调谐器 I²C 总线数据信号

图 3-21　典型电视机中一体化调谐器故障检测点（创维 8TT9 机芯液晶电视机）

任务 2.2　电视机信号接收电路的故障检测案例

案例训练 1：电视机信号接收电路的故障检测

康佳 LC-TM2018 型液晶电视机收看本机电视节目时，出现花屏的故障，接收 DVD 机输入信号时正常，初步怀疑是电视机电视信号接收电路及中频电路出现故障，图 3-22 所示为康佳 LC-TM2018 液晶电视机的调谐器和中频电路实物外形。

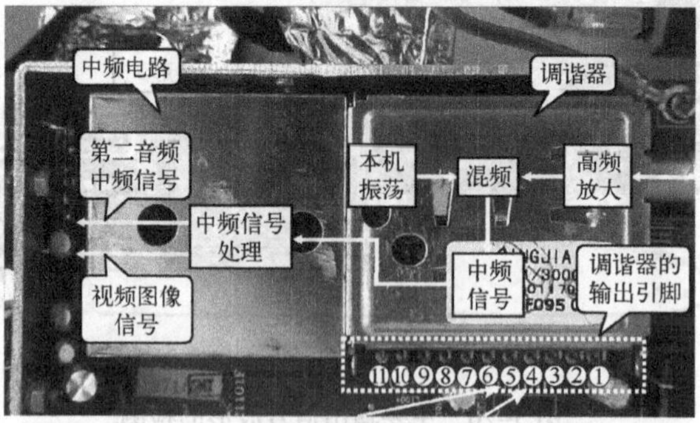

图 3-22　康佳 LC-TM2018 液晶电视机的调谐器和中频电路实物外形

康佳 LC-TM2018 型液晶电视机中调谐器和中频电路为两个独立的电路单元，图 3-23 所示为调谐器和中频电路，该调谐器工作是由 I²C 总线进行控制的，由数字电路板中的 CPU 为其提供 I²C 总线信号，分别送到调谐器的④脚、⑤脚。

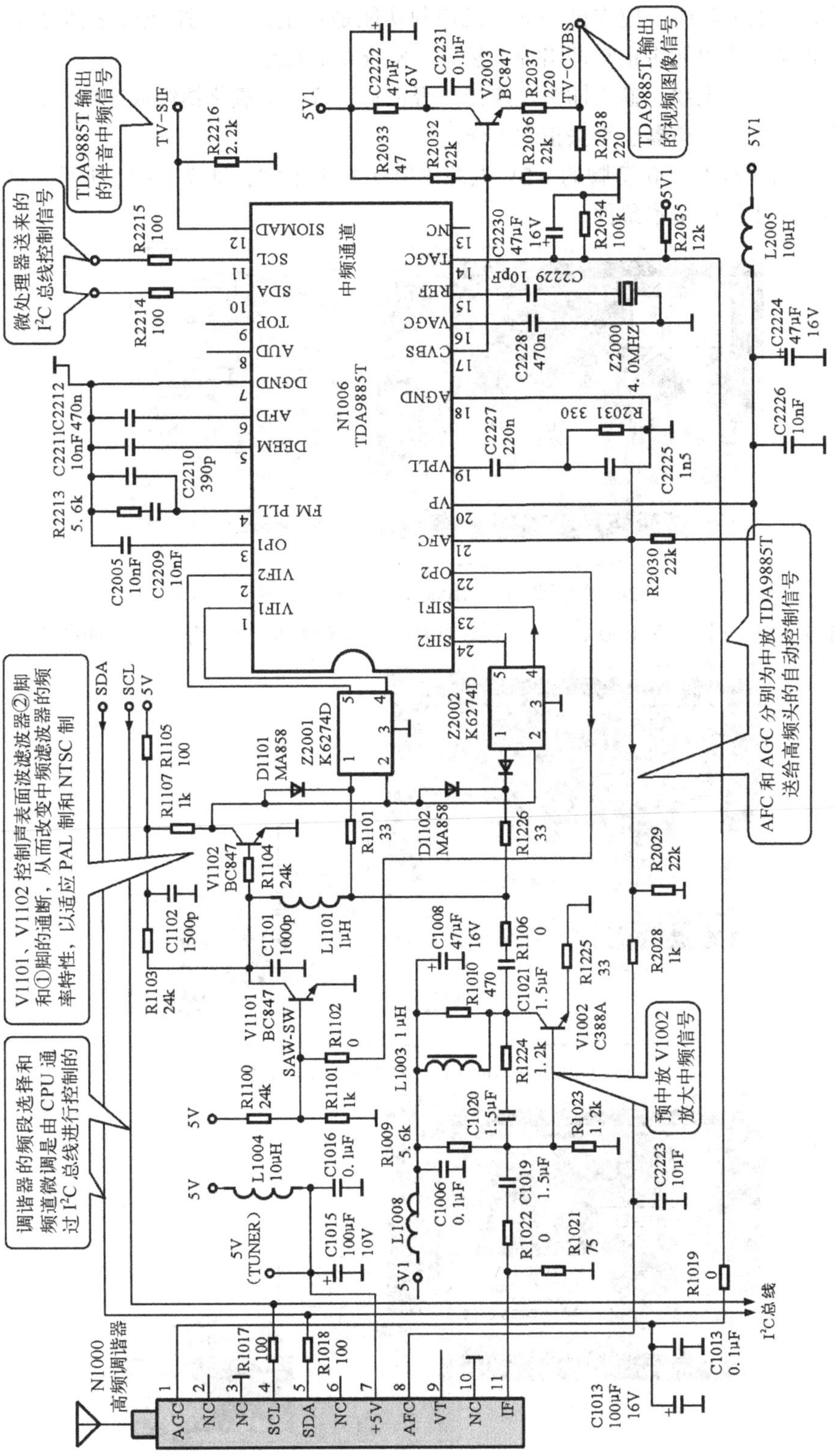

图 3-23　康佳 LC-TM2018 液晶电视机的调谐器和中频电路

怀疑调谐器有故障时，应先试一下整机控制功能是否正常、遥控开/关机是否正常、功能切换是否正常、菜单能否正常调出等。然后再检查以下几点。

（1）检查天线、电缆、输入插头及连接是否正常。若插头氧化锈蚀或连接不良将导致射频信号输入不正常，调谐器也无法正常工作。

（2）检测调谐器 N1000 ⑦脚的 +5V 电源供电压是否正常，如图 3-24 所示。该工作电压是调谐器正常工作的基本条件。

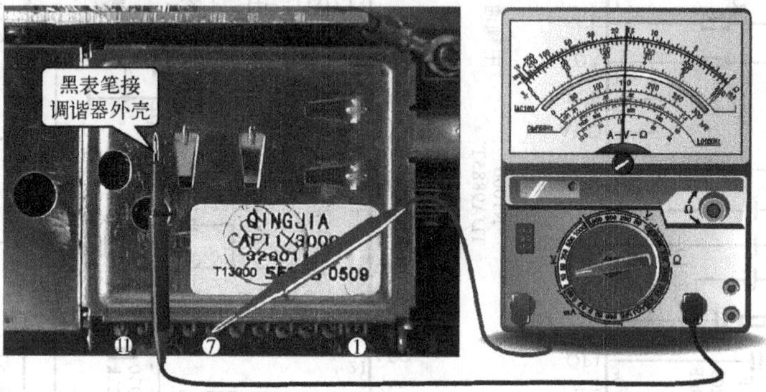

图 3-24　检测调谐器 N1000⑦脚的 +5V 电源供电压

（3）继续检测调谐器 N1000 ④脚、⑤脚的 I^2C 总线控制信号是否正常，如图 3-25 所示。

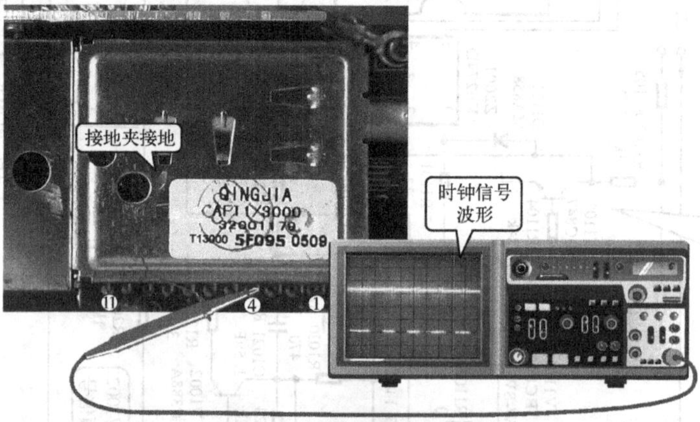

（a）检测调谐器 N1000④脚 I^2C 总线时钟信号波形

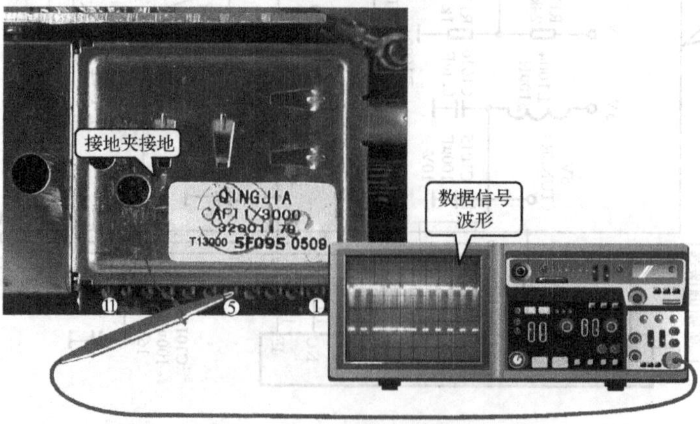

（b）检测调谐器 N1000⑤脚 I^2C 总线数据信号波形

图 3-25　检测调谐器 N1000 I^2C 总线控制信号

(4) 经检查调谐器输入端信号正常，调谐器各引脚的直流电压及控制信号也正常，而检测其⑪脚输出信号波形异常，怀疑调谐器内部有损坏或性能不良元件，整体更换后故障排除。

案例训练 2：中频电路的故障检测

康佳 LC-TM3008 型液晶电视机收看本机电视节目图像伴音良好，但使用 AV 接口输入 DVD 音视频节目时，其音像均正常。

由前述故障现象可知，电视机图像和伴音均不正常，表明可能为该电视机处理信号的公共通道部分故障，而经 AV 接口注入信号后声像均正常，又表明主电路板中的音频信号处理电路及图像处理电路部分基本正常，由此推断为电视机信号接收电路或中频电路有故障应重点检查。图 3-26 所示为康佳 LC-TM3008 液晶电视机的调谐器和中频电路实物外形。

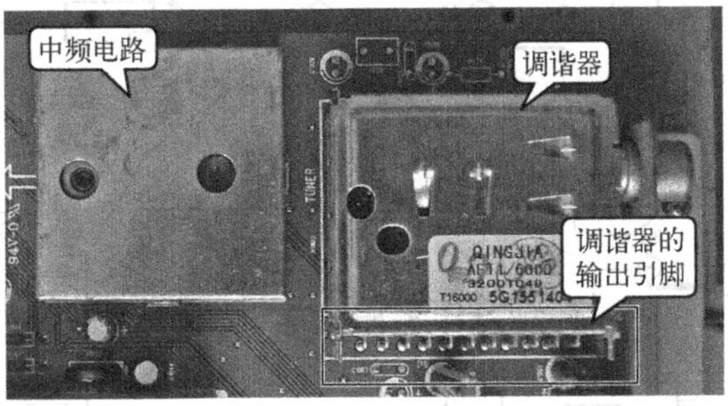

图 3-26　康佳 LC-TM3008 液晶电视机的调谐器和中频电路实物外形

康佳 LC-TM3008 液晶电视机的电视机信号接收及中频电路原理图如图 3-27 所示。由调谐器接收的电视机信号经其⑪后输出中频信号（IF），该信号首先经预中放 V1000 放大后由其集电极输出，分别经图像声表面滤波器和伴音声表面滤波器后，输出图像中频和伴音中频信号并送往中频电路 N1010（TDA9808T）中，经中频电路进行视频检波和伴音解调后输出音频信号和视频信号并送往后级电路中。

图像和伴音均不正常，通常是由公共通道有故障引起的。重点检测预中放 V1000、图像中频滤波器 Z1001、伴音中频滤波器 Z1000 和中频信号处理电路 N1010 等部分。

(1) 检测预中放 V1000 的好坏，可用示波器直接测量 V1000 的输入和输出信号。检测方法如图 3-28 所示。

经检测，发现预中放 V1000 的输入信号正常，而无输出信号，则表明预中放可能损坏，更换后，发现故障排除。

要点提示

调谐器和中频电路发生故障往往会引起伴音和图像均不正常。一般可用 DVD 机作为信号源从 AV 端子输入 AV 信号观看节目，如果图像正常，而本机接收电视天线信号或有线节目无图、无声，则表明调谐器或中频电路有故障，此时可按以下方法进行检测。

1. 检查调谐器及端子电路

检查天线、电缆、输入插头，判别射频信号输入是否正常，再检查调谐器各引脚的直流电压及控制信号，判别外电路是否有故障。如果外部电路正常，调谐器输出不正常，则应更换调谐器。

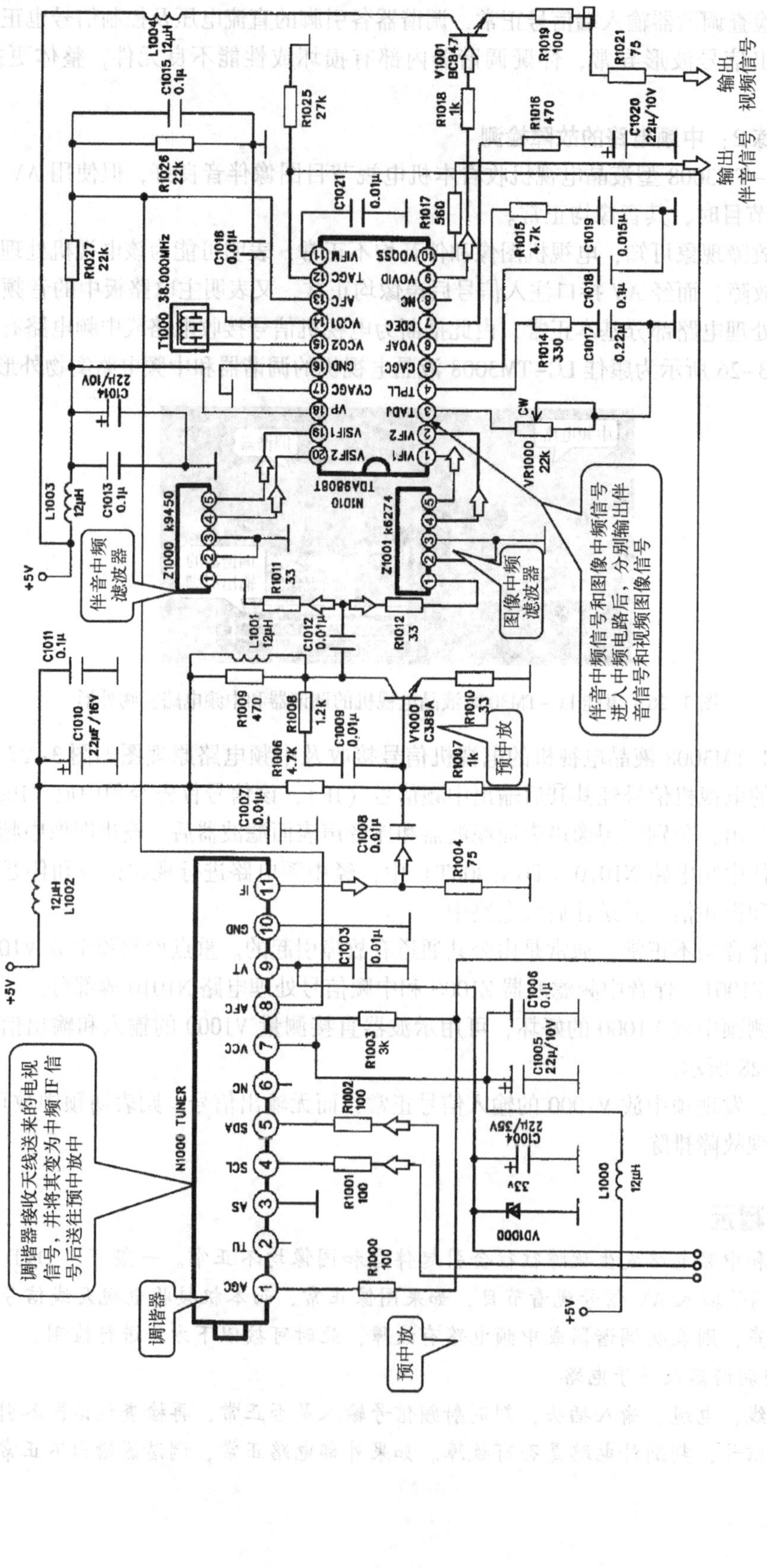

图 3-27 康佳 LC-TM3008 液晶电视机的电视信号接收及中频电路原理图

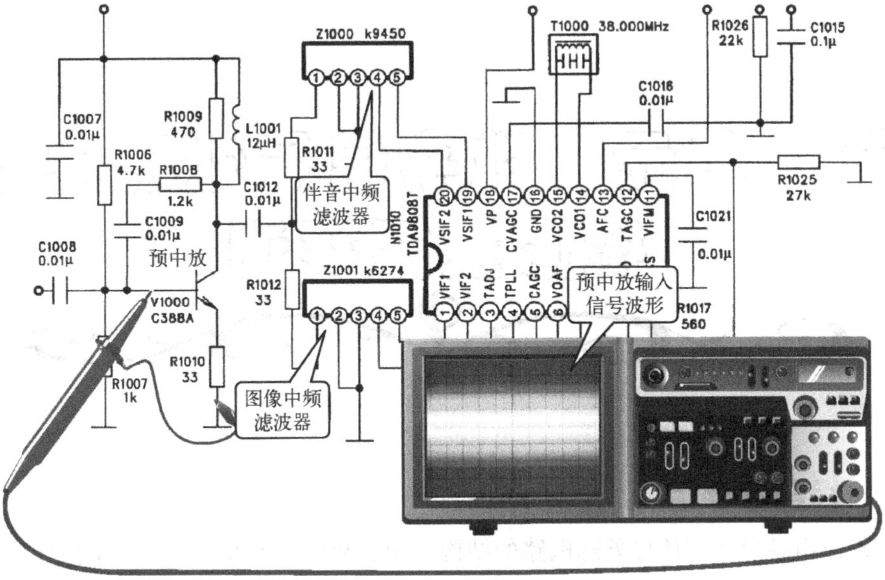

(a) 预中放 V1000 输入波形

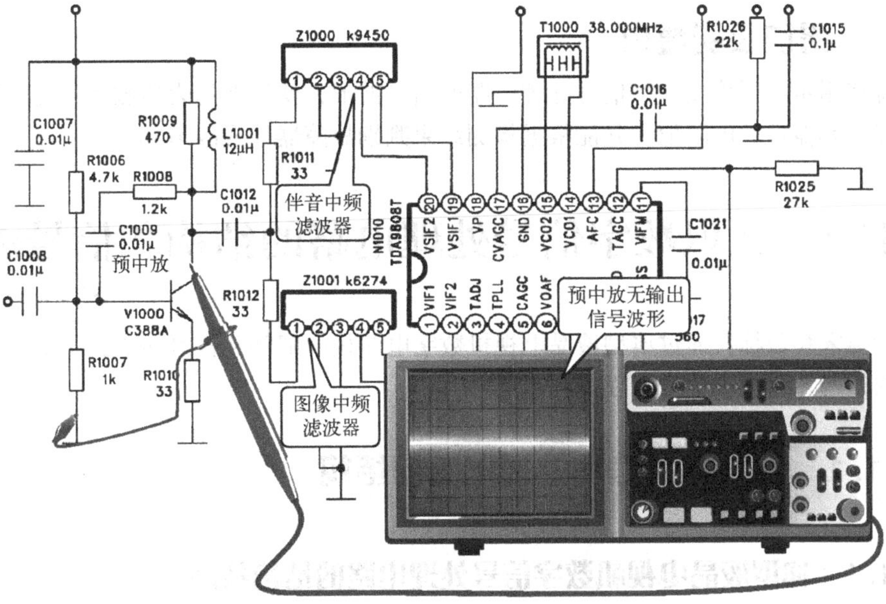

(b) 预中放 V1000 输出波形

图 3-28　预中放 V1000 输入/输出波形

2. 检查中频电路

中频电路发生故障往往会引起伴音和图像均不正常，根据维修经验其故障原因可能有几个方面：

(1) 电源供电失常；

(2) 中频集成电路故障；

(3) 预中放和声表面波滤波器故障。

第 4 单元　数字信号处理电路检修技能实训

综合教学目标

了解液晶电视机数字信号处理电路的结构、功能和信号流程，掌握数字信号处理电路的常见故障和检测方法。

岗位技能要求

训练使用示波器检测数字信号处理电路的信号波形，使用万用表检测各单元电路的工作电压，以及元器件的电阻值，并能根据检测结果判别故障器件或故障部位。

项目 1　认识数字信号处理电路的结构和信号流程

教学要求和目标：通过典型液晶电视机数字电路板的解剖和检测演练，了解数字信号处理电路的结构、组成和信号处理过程。

任务 1.1　了解数字信号处理电路的结构

1.1.1　典型液晶电视机数字信号处理电路的结构特点

图 4-1 所示为典型液晶电视机的数字图像信号处理电路部分，该电视机的数字信号处理电路主要是由数字信号处理芯片 U10（SPV7050P）、程序存储器 U5（EN25T80）、用户存储器 U9（24LC32）、晶体、驱动信号输出接口等部分构成的。

1. 数字信号处理芯片

数字信号处理芯片 SPV7050 是一个超大规模的集成电路，具有 128 个引脚，内部集成有切换电路、A/D 转换、数字图像处理、格式变换、音频处理及微处理器等部分，其实物外形如图 4-2 所示。

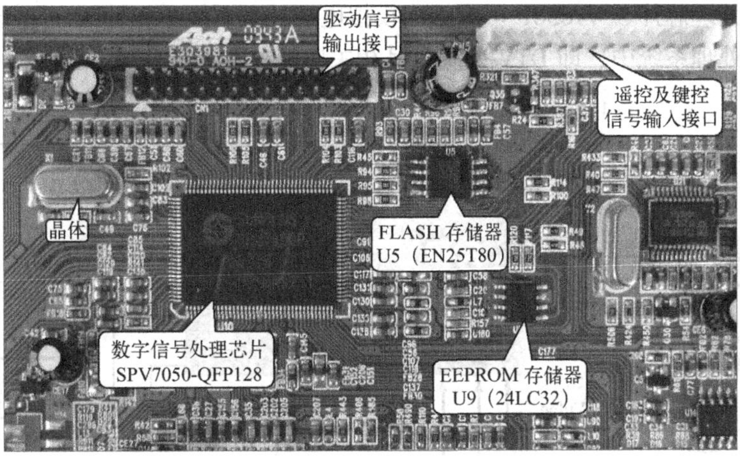

图 4-1　典型液晶电视机的数字图像信号处理电路

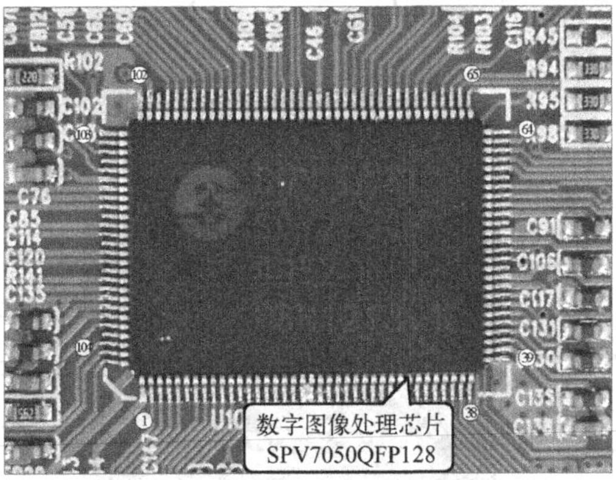

图 4-2　数字信号处理芯片 SPV7050P 实物外形

SPV7050P 是一种具有音视频解码功能的数字信号处理芯片，其内部结构如图 4-3 所示，其内部集成有接口电路、视频解码电路、音频编码器、伴音信号处理电路、输入缓冲器、存储器、二维去交织处理、图像缩放处理、彩色图像处理、字符混合、屏显信号形成、DMA、RAM/ROM、LVDS TX 低压差动信号发送、CPU 等电路。

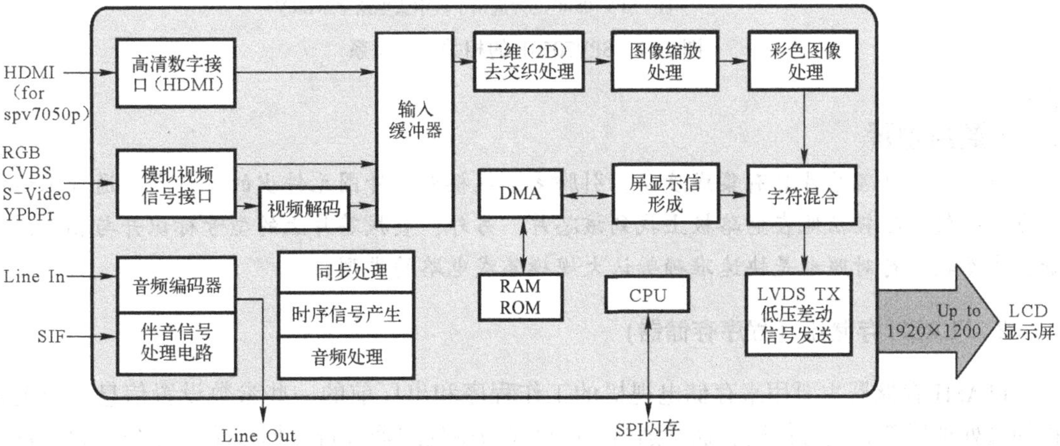

图 4-3　数字信号处理芯片 SPV7050P 的内部结构

数字信号处理芯片 SPV7050P 可应用于模拟电视处理系统中，即 ATV 系统；也可应用于数字电视信号处理系统中，即 DTV 系统，其相关电路关系如图 4-4 所示。

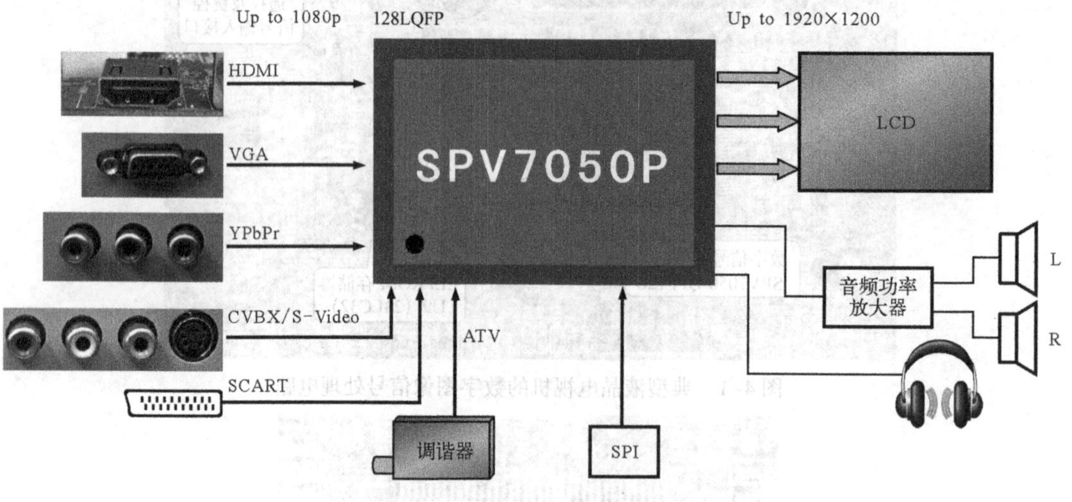

(a) SPV7050P 芯片应用于模拟式电路中（ATV）

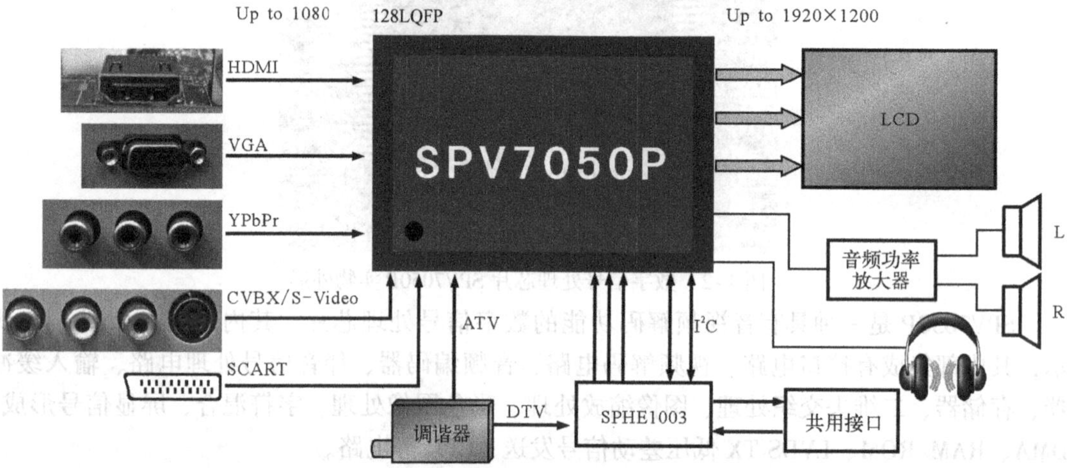

(b) SPV7050P 芯片应用于数字式电路中（DTV）

图 4-4　SPV7050P 的相关电路关系

要点提示

数字信号处理芯片具有集成度高、引脚多、规模大、外围元件少的等特点，通过上述的特点，一般可很轻松地在电路板上找到该芯片。另外，查找芯片上的型号标识并与相关图纸资料中参数进行对照也是快速准确辨认大规模集成电路的类型。

2. FLASH 存储器（程序存储器）

FLASH 存储器主要用来存储电视机的工作程序和出厂前的一些参数设置信息，与电视机的微处理器部分配合使用，通常通过 I^2C 总线与微处理器进行数据传输。FLASH 存储器又称为程序存储器，其内部存储信息一般为不可更改的数据信息，本机采用型号为 EN25T80

芯片作为程序存储器，图 4-5 所示为其实物外形。

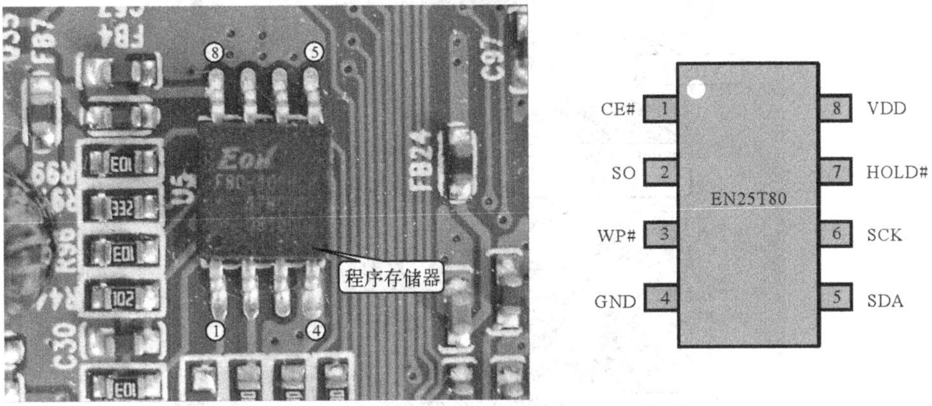

图 4-5　程序存储器 EN25T80 实物外形

3. EEPROM 存储器（用户存储器）

EEPROM 存储器作为一种电可改式存储器，其主要用来存储用户在使用过程中的操作信息，如搜索频道信息、电视机色度亮度调整信息等，因此，也称为用户存储器。一般也是 I^2C 总线与微处理器进行数据传输，图 4-6 所示为用户存储器 24LC32 的实物外形。

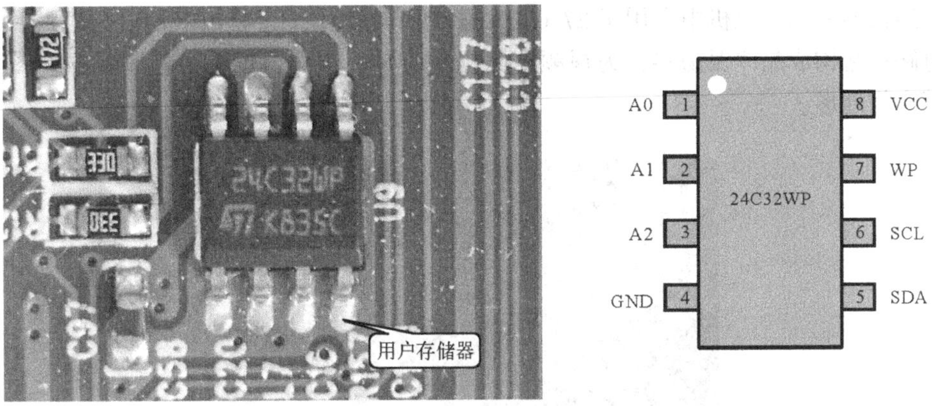

图 4-6　用户存储器 24LC32 的实物外形

知识扩展

程序存储器与用户存储器在电视机中均用来与微处理器配合工作，并通过 I^2C 总线与微处理器进行数据的传输。

图像数据存储器用来与数字图像处理电路相配合，通过多根数据总线和地址总线来实现图像信息的存储与调用。图 4-7 所示为康佳 TM2018 型液晶电视机的数字图像信号处理电路，该机采用的数字图像信号处理电路型号为 PW1306，图像存储器型号为 26LV800 BTC-55。

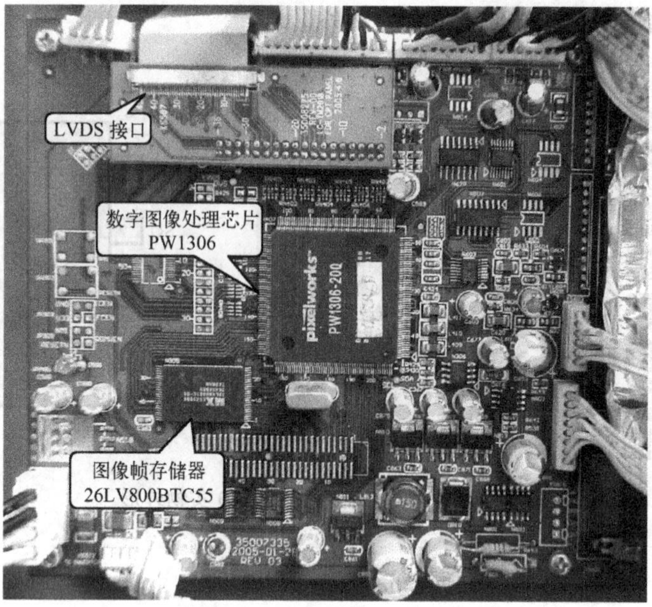

图 4-7 康佳 TM2018 型液晶电视机中的数字图像处理电路

4. 晶体

上述典型液晶电视机中采用了 27.000MHz 的石英晶体，它与数字信号处理芯片内部的振荡电路一起构成晶体振荡器，为视频电路提供时钟，因而，也称为视频晶振。图 4-8 所示为其实物外形。

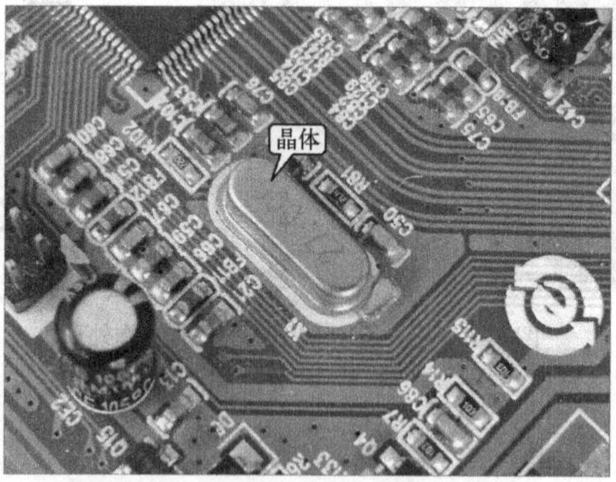

图 4-8 27.000MHz 晶体实物外形

5. 驱动信号输出接口

液晶电视机接收的各种信号经数字信号处理电路处理和转换后，最终由驱动输出接口输出驱动信号，并通过数据线将该接口与液晶板组件接口进行连接，实现数据传输。图 4-9 所示为该典型液晶电视机中的驱动信号输出接口及其背部引脚焊点。

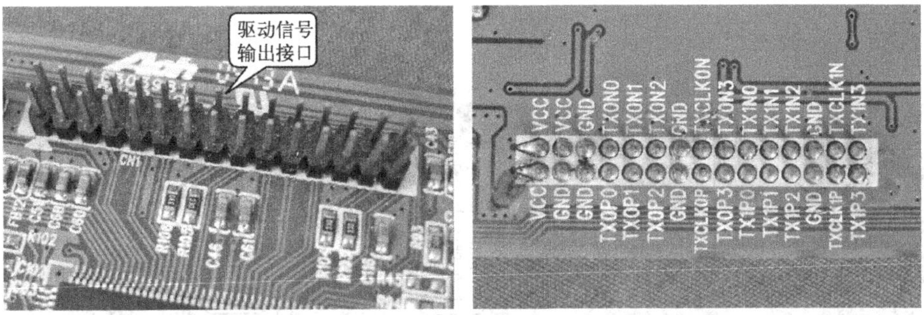

图 4-9　典型液晶电视机中的驱动信号输出接口及其背部引脚焊点

6. 键控及遥控信号输入接口

由于微处理器部分集成于该电路板中的数字信号处理芯片中，因此，由操作显示电路板及遥控接口电路送来的键控信号、遥控信号也送入该芯片中，图 4-10 所示为键控及遥控信号输入接口，若电视机出现操作功能或遥控功能失常时，可重点检测该接口部分关键信号进行判断。

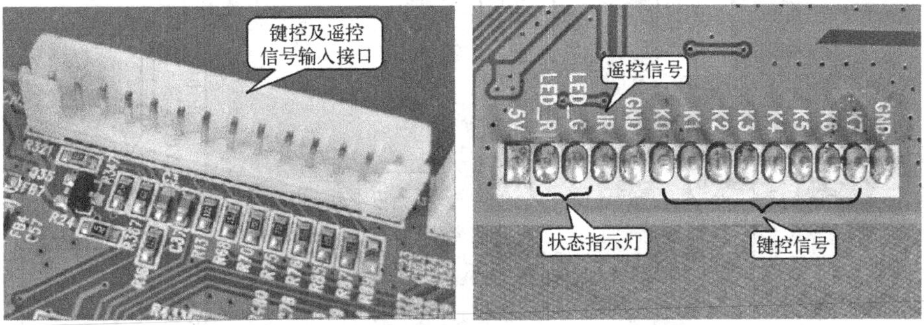

图 4-10　键控及遥控信号输入接口

1.1.2　长虹 LT3788 型液晶电视机的数字信号处理电路的结构特点

除上述典型液晶电视机的数字信号处理电路的结构形式外，在有些液晶彩色电视机中，数字图像处理芯片、微处理器芯片及音频信号处理部分为独立电路单元，并由特定的芯片实现处理视频、音频和控制功能。

图 4-11 所示为长虹 LT3788 型液晶电视机的数字信号处理电路部分，使用的数字图像信号处理电路型号为 MST5151A，微处理器型号为 MM502，电路板左侧为音频信号处理电路部分。

对于这种结构的数字信号处理电路，数字图像处理芯片专门用于处理视频图像信号，微处理器芯片则主要是液晶彩色电视机的控制核心，整机动作都是由该电路输出控制指令进行控制，进而实现电视机的操作和控制功能。

在维修实践中，积累并熟记一些典型数字图像处理芯片的型号，能够在最短时间内找到这些芯片，对提高维修效率有很大帮助。例如，常见的数字图像处理器有 PW1306、FLI2200、FLI2310、PW1231、PW1232、PW181、MST5151A 等。

在液晶电视机中，系统控制电路是以微处理器（CPU）为核心的控制电路，不同机芯和型号的液晶电视机中采用的微处理器集成电路芯片也不一样，常见的集成芯片主要有 PIC16F72、MM502 等，还有些机型中微处理器与数字信号处理电路集成在一起。

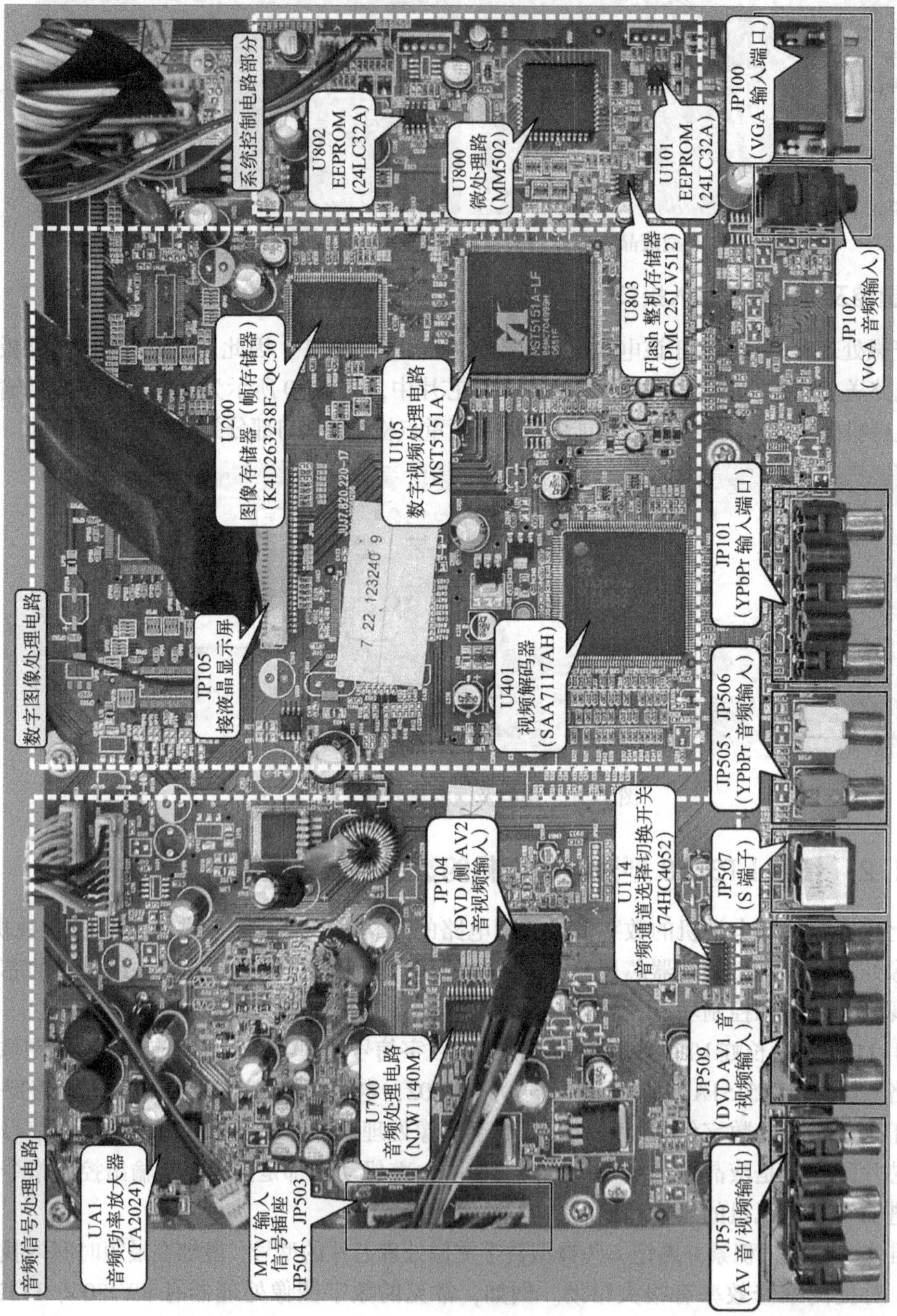

图 4-11 长虹 LT3788 型液晶电视机的数字信号处理电路

1. 数字图像处理电路

长虹 LT3788 型（LS10 机芯）液晶电视机的数字图像处理电路是由视频解码电路 U401（SAA7117AH）、数字视频处理电路 U105（MST5151A）、图像存储器 U200（K4D263238F-QC50）、液晶屏驱动接口等部分组成的，如图 4-12 所示。

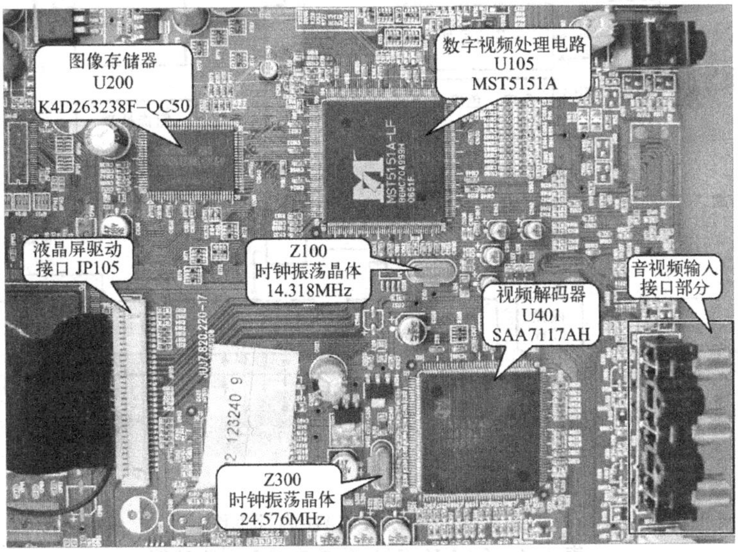

图 4-12　数字图像处理电路板实物图

（1）视频解码器 U401（SAA7117AH）

长虹 LT3788 型液晶电视机采用 SAA7117AH 为视频解码电路。该解码电路是一种数字视频信号解码器，由本机接收的视频信号和外部输入的视频信号（包括 S—视频端子送的亮度和色度信号）都送到该电路中。首先经切换处理，然后进行 A/D 变换，再进行数字视频（解码）处理，经处理后输出 8 路并行数字分量视频信号。支持 NTST/PAL/SECAM 三种制式的视频输入信号，可提供 10 位的 A/D 转换，具有自动颜色校正、全方位的亮度、对比度和色饱和度的调整等功能。图 4-13 所示为在电路板上的实物外形，图 4-14 所示为其内部框图。

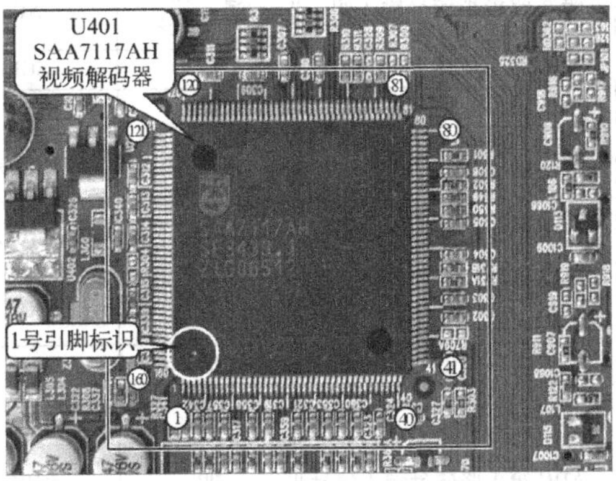

图 4-13　SAA7117AH 在电路板上的实物外形

该电路可适用于长虹 CHD－2 机芯彩电，以及 LS10 机芯液晶彩电等系列机型中，具有较高的性能和较低的温度漂移特性。SAA7117AH 集成电路各引脚功能参见表 4-1。

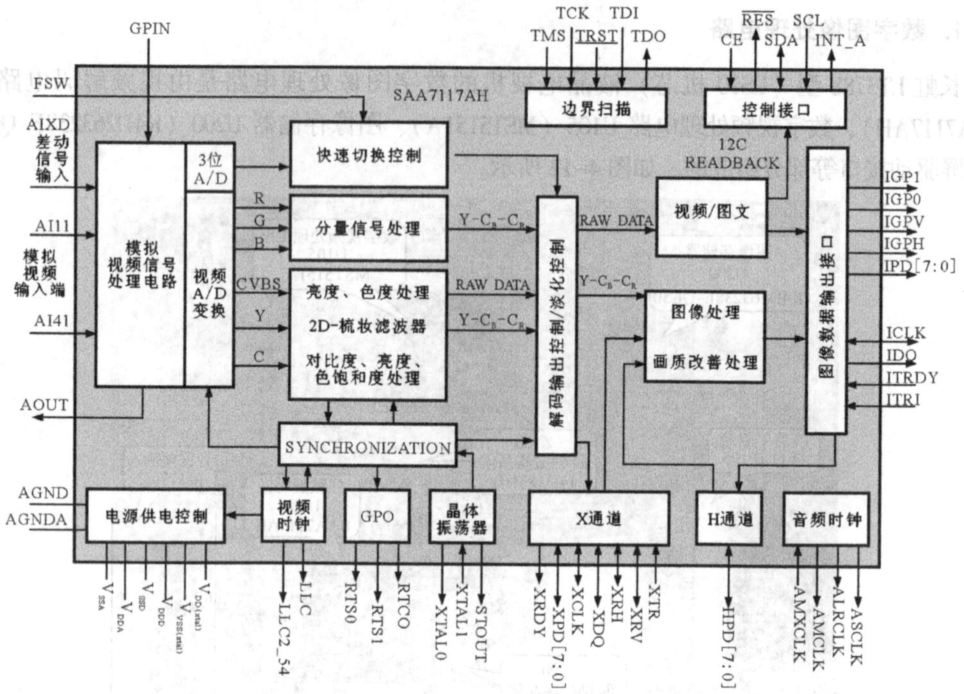

图 4-14　SAA7117AH 内部框图

表 4-1　SAA7117AH 集成电路各引脚功能

引脚号	名　称	引脚功能	引脚号	名　称	引脚功能
②⑤⑦⑩	AI41 - AI44	第 4 路模拟信号输入组	㊵㊶(157)	VDDAC18 VDDAA18	模拟 1.8V 供电端
③④⑫ ⑳㉘㉟㊳	AGND VSSA	地	㊹	CE	IC 复位信号输入
⑥	AI4D	ADC 第 4 路微分输入信号	㊻(59)(73)(95) (114)(136)(151)	VDDD (MTD33)	数字 3.3V 供电端
⑧⑨⑯ ⑰㉔㉕ ㉜㉝㊲	VDDA	模拟 3.3V 供电端	㊿(65)(101) (106)(132)(142)	VDDD (MTD18)	数字 1.8V 供电端
⑪⑬⑮⑱	AI31 - AI34	第 3 路模拟信号输入组	(52)～(58) (60)～(62)(64)	NC	空脚
⑭	AI3D	ADC 第 3 路微分输入信号	(66)	SCL	I^2C 总线时钟信号输入
⑲㉓	AI21、AI23	第 2 路模拟信号输入组	(66)	SDA	I^2C 总线数据输入/输出
㉑	AI22	第 2 路模拟信号输入（AV1 色度输入信号）	(71)	RCTO	实时控制输出（未使用）
㉒	AI2D	ADC 第 2 路微分输入信号	(75)	ALRCLK	音频左/右时钟信号输出（未使用）
㉖	AI24	第 2 路模拟信号输入（侧置 AV2 色度输入信号）	(76)	AMXCLK	音频控制时钟输出（未使用）
㉗	AI11	第 1 路模拟信号输入	(84)	ICLK	视频时钟输出
㉙	AI12	第 1 路模拟信号输入（AV1 的 Y/V 输入信号）	(90)	IGPV	视频场同步信号输出
㉚	AI1D	ADC 第 1 路微分输入信号	(91)	IGPH	视频行同步信号输出
㉛	AI13	第 1 路模拟信号输入（TV 输入的 IF 信号）	(155)(156)	XTALI XTALO	晶振接口
㉞	AI14	第 1 路模拟信号输入（侧置 AV2 Y/V 输入信号）	(92)(93)(94)(97) (98)(99)(100)(102)	IPD7 - IPD0	视频信号输出端口

（2）数字视频处理器 U105（MST5151A）

图 4-15 所示为长虹 LT3788 型液晶电视机中数字视频处理电路 U105（MST5151A）的实物外形，该电路是一种具有多功能的高画质数字视频处理芯片，主要应用于液晶电视机和显示器产品上。

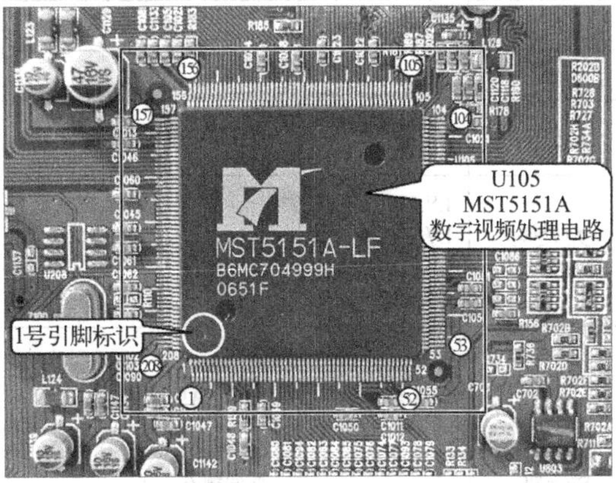

图 4-15　MST5151A 集成电路实物外形

MST5151A 集成电路功能强大，几乎拥有所有应用于图像捕捉、处理及显示时钟控制等方面的功能，内置增益、对比度、亮度、色饱和度、色调、肤色校正调节等电路，且具有抗电磁干扰和低功耗等特点。其各引脚功能含义参见表 4-2。

表 4-2　MST5151A 集成电路各引脚功能

引脚号	名称	引脚功能	引脚号	名称	引脚功能
模拟信号输入端口			时钟合成和电源		
⑳㉑	BIN1M BIN1P	Pb 模拟信号输入（YPbPr）	(202)(203)	XIN，XOUT	晶振接口
㉒	SOGIN1	Y 同步信号（YPbPr）	④⑩	AVDD－DVI	DVI 3.3V 电源
㉓㉔	GIN1M GIN1P	Y 模拟信号输入（YPbPr）	⑫	AVDD－PLL	PLL 的 3.3V 电源
㉕㉖	RIN1M RIN1P	Pr 模拟信号输入（YPbPr）	⑰㉞	AVDD－ADC	ADC 3.3V 电源
㉗㉘	BIN0M BIN0P	Pb 模拟信号输入（YPbPr）	㊾	AVDD－APLL	音频 PLL 的 1.8V 电源
㉙㉚	GIN0M GIN0P	Y 模拟信号输入（VGA）	(109)	AVDD－PLL2	PLL2 的 3.3V 电源
㉛	SOG IN0	Y 同步信号（VGA）	(204)	AVDD－MPLL	PLL 的 3.3V 电源
㉜㉝	RIN0M RIN0P	Pr 模拟信号输入（VGA）	(86)(102)(113) (125)(139)(154)	VDDM	存储器 2.5V 电源
㊲	AVSYNC	ADC 场同步信号输入	(66)(162)(182)	VDDP	数字输出 3.3V 电源
㊱	AHSYNC	ADC 行同步信号输入	(63)(79)(131) (156)(173)(185)(195)	VDDC	数字核心 1.8V 电源
DVI 输入端口			①⑦⑬⑯	GROUND	接地
②③⑤ ⑥(207)(208)	DA0＋，DA0－ DA1＋，DA1－ DA2＋，DA2－	DVI 输入口	㉟㊿(64)(65) (80)(87)(103)(108) (114)(126)(132)(140)	GROUND	接地
⑧⑨	CLK＋，CLK－	DVI 时钟输入信号	(155)(157)(159)(163) (172)(183)(184)(194) (205)(206)	GROUND	接地
⑪	REXT	外部中断电阻	MCU		
⑭	DVI－SDA	DDC 接口 串行数据信号	(67)	HWRESET	硬件重启 恒为高电平输入
⑮	DVI－SCL	DDC 接口 串行时钟信号	(72)－(75)	DBUS	与 MCU 的数据通信输入/输出

续表

引脚号	名称	引脚功能	引脚号	名称	引脚功能
LVDS端口			(68)	INT	MCU中断输出
(164)(165)	LVACKM LVACKP	低压差分时钟输入	帧缓存器接口		
(160)(161)(166)(168) (167)(169)(170)(171)	LVA3PLVA3M LVA2PLVA2M LVA1PLVA1M LVA0PLVA0M	低压差分数据输出	(169)～(169) (169)～(169)	MADR [11：0]	地址输出
视频信号输入			(101)(133)	DQM [1：0]	数据输出标识
(66)	VI－CK	视频信号时钟输入	(81)(100)(134)(153)	DQS [3：0]	数据写入使能端
(41)－(48) (54)－(61)	VI－DATA	视频信号（Y、U、V）数据输入	(104)	MVREF	参考电压输入
数字音频输出			(105)	MCLKE	时钟输入使能端
(188)	AUMCK	音频控制时钟信号输出	(106) (107)	MCLKZ MCLK	时钟补充信号 时钟信号输入
(189)	AUSD	音频数据信号输出	(112) (115)	RASZ CASZ	行址开关（恒为低） 场址开关（恒为低）
(190)	AUSCK	音频时钟信号输出	(82)～(85) (88)～(99) (135)～(138) (141)～(152)	MDATA [31：0]	数据输入输出端
(191)	AUWS	选择输出端	(110)(111)	BADR [1：0]	层选地址

2. 系统控制电路

图4-16所示为长虹LT3788液晶电视机的系统控制电路，该电路主要是由微处理器U800（MM502）、11.0592MHz晶体、用户存储器U802（24LC32A）、Flash整机控制存储器U803（PMC25LV512）、操作按键信号输入接口JP702及遥控信号输入接口JP701等构成的。

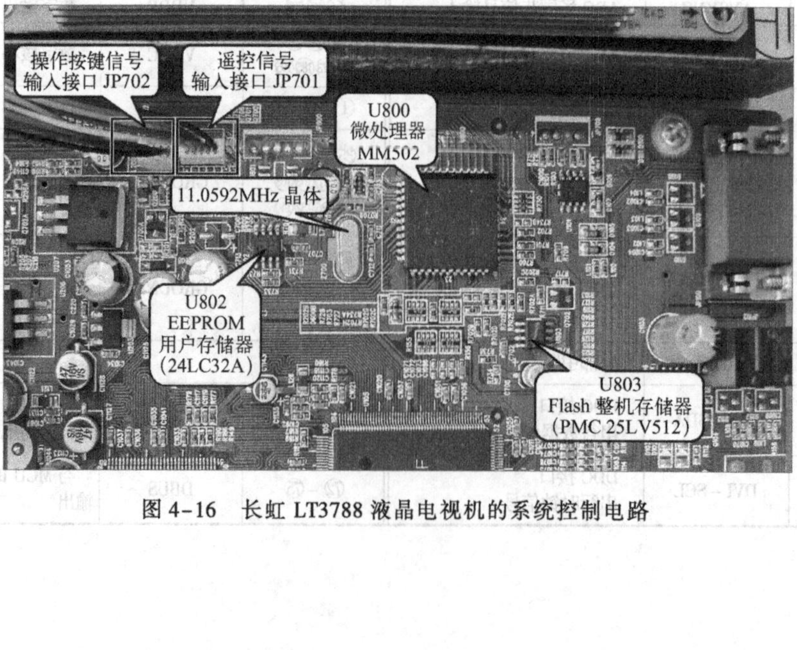

图4-16 长虹LT3788液晶电视机的系统控制电路

该电路的控制信息几乎都是由微处理器 U800（MM502）进行输出的。MM502 是一种目前专门为液晶电视机、显示器等平板产品开发的大规模集成微处理器，该集成电路内置 8051 内核、128KB 的可编程内存（FLASH-ROM），且可为其他 IC 提供时钟信号，具有低功耗、数字输入信号和 DVI 信号界面等特点。该集成电路各引脚功能参见表 4-3。

表 4-3 微处理器 MM502 各引脚功能

引脚号	名称	引脚功能	引脚号	名称	引脚功能
①	DA2(LED R)	待机红灯控制	㉚	P6.4(BKLON)	背灯开关端口
②	DA1(LED G)	开机绿灯控制	㉛	P6.5(STANDBY)	开机电源打开端口
③	DA0(ALE)	MCU 总线 ALE	㉜	P6.6(SPISI)	DDC 数据输入端口
④	VDD3	3.3V 内核供电	㉝	P6.7(SPICE#)	FLASH 使能端口
⑤⑥	HSDA2/HSCL2	I^2C 总线 2 的数据/时钟信号	㉔	P1.6(SPISO)	DDC 数据输出端口
⑦	RST	IC 复位端	㉕	P1.7(SPISCK)	DDC 时钟输入端口
⑧	VDD	+5V 供电端	⑰⑱⑳㉑	P1.0 - P1.3 (BUD0 - BUD3)	DDR 总线输出信号
⑩	VSS	地	㉒	P1.4(WRZ)	MCU 总线 WRZ
⑪⑫	X2、X1	晶振端口	㉓	P1.5(RDZ)	MCU 总线 RDZ
⑬	ISDA	主 I^2C 总线数据输入/输出	㉞	DA6(RST MST)	主 IC(MST5151A)复位控制信号输出
⑭	ISCL	主 I^2C 总线时钟信号输出	㉟	DA7(RSTn)	解码器(SAA7117AH)复位控制信号输出
⑨	P6.3(DPF Ctrl)	DPF 制式打开端口	㊱	P4.0(H PLUG)	HDMI 制式打开端口
⑮	P4.2(P EN)	上屏电压控制端	㊲	P4.1(PLUG VGA)	VGA 制式打开端口
⑯	P6.2(DPF - IR)	DPF 遥控信号输出端口	㊳㊴	DA8(A - SW0) DA9(A - SW1)	音频选择输出信号
⑲	MIR	遥控输入信号	㊵	DA5(MUTE)	静音控制信号
㉖㉗	P6.0(KEY1) P6.1(KEY0)	按键输入信号	㊶㊷	MT SW0,1	主调谐器控制信号
㉘㉙	MRXD,MTXD	程序读写端口	㊸㊹	PT SW0,1	子调谐器控制信号

3. 音频信号处理电路

长虹 LT3788 型液晶电视机的音频信号处理电路是由独立的音频信号处理芯片（NJW1142）、音频功率放大器（TA2024）等部分构成的，其结构及信号流程将在后面的章节中具体介绍，这里不再重复。

任务 1.2 掌握数字信号处理电路的信号处理过程

1.2.1 典型液晶电视机数字信号处理电路的信号处理过程

在前述的典型液晶电视机中，其数字信号处理电路是一种将视频处理、音频处理、微处理器集于一体电路，其核心为超大规模集成电路 SPV7050P 芯片。图 4-17 所示为该部分电路的电路原理图，由该图中芯片 SPV7050P 各引脚标识也可以了解其功能特性。

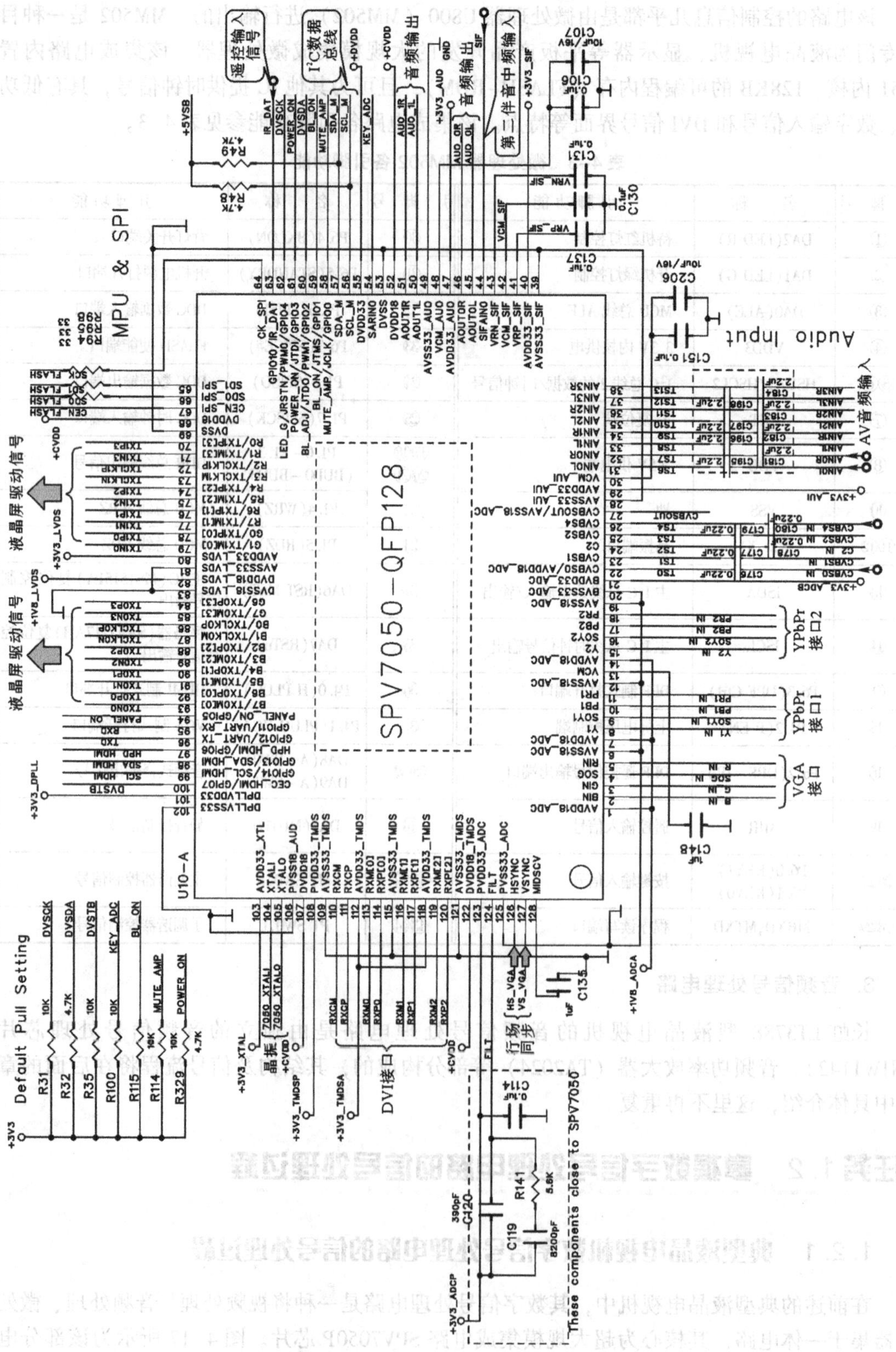

图 4-17 典型数字信号处理电路原理图

如图 4-17 所示，数字信号处理芯片 U10（SPV7050-QFP128）是一种具有音视频解码和数字处理功能的数字信号处理芯片，主要应用于液晶电视机和显示器产品上，其具体信号流程如下。

（1）图像处理信号流程

U10（SPV7050-QFP128）具有多种信号输入接口，能够接收多种格式的视频信号，如下所示：

① 由调谐器及中频电路输出的视频图像信号经㉖脚送入数字信号处理芯片 U10 中；

② 由 AV 接口送来的复合视频图像信号经㉒脚送入数字信号处理芯片 U10 中；

③ 由分量视频接口 YPbPr 送来的分量视频信号经切换电路后，经⑧、⑩、⑪脚和⑮、⑰、⑱脚送入数字信号处理芯片 U10 中；

④ 由 S 端子输入的亮度和色度信号经㉓、㉔脚送入数字信号处理芯片 U10 中；

⑤ 由 VGA 接口送来的 RGB 及行场同步信号经②、③、⑤脚和⑫⑥、⑫⑦脚送入数字信号处理芯片 U10 中；

⑥ 由 HDMI 接口送来的数字图像信号经⑪⓪、⑪⑪脚，⑪⑬、⑪⑭脚，⑪⑯、⑪⑰脚，⑪⑲、⑫⓪脚送入数字信号处理芯片 U10 中；

上述各种信号送入数字信号处理芯片中后，经接口电路选择切换、视频解码、缓冲器处理、二维去交织处理、图像缩放处理、彩色图像处理、字符混合等处理，再经 LVDS TX 低压差动信号发送电路后由⑨③～⑧④脚、⑦⑨～⑦⓪脚输出液晶屏驱动信号，再经数据驱动线送往液晶屏组件。

（2）音频信号处理

① 来自调谐器的第二伴音中频信号，经㊹脚送入 U10 中，经其内部音频编码器及伴音信号处理电路处理后，分别由㊺、㊻脚，㊿、51脚输出左右声道音频信号（L、R），经音频输出电路送往音频功率放大器中。

② 由 AV 接口输入的音频信号经㉛、㉜脚送入 U10 中；

③ 由分量视频输入接口（YPbPr）输入的音频信号经切换选择后，经㉟、㊱脚送入 U10 中；

④ 由 VGA 音频输入接口输入的音频信号经㊲、㊳后送入 U10 中。

（3）微处理器部分

① U10 的⑩④、⑩⑤脚外接 27.000MHz 晶体，用于产生视频时钟信号；

② U10 的63脚为遥控信号输入端；

③ U10 的54脚为键控信号输入端；

④ U10 的56、57脚为 I^2C 总线控制端（SCL_M、SDA_M），该电路的 EEPROM 存储器通过该总线与数字信号处理芯片中的微处理器部分进行数据传输；

⑤ U10 的64、65脚为另一组 I^2C 总线控制端（SCK_FLASH、SDA_FLASH），该电路的 FLASH 存储器通过该组总线与内部微处理器进行数据传输。

（4）电源供电部分

U10（SPV7050-QFP128）采用 3.3V 和 1.8V 两组供电方式：

其中，㉑脚、㉙脚、㊵脚、㊼脚、⑩①脚、⑩③脚、⑩⑧脚、⑪②脚、⑫③脚为 3.3V 供电端；

①脚、⑦脚、⑭脚、82脚为 1.8V 供电端。

1.2.2 数字图像处理芯片与微处理器芯片独立的数字信号处理电路

在长虹 LT3788 型液晶电视机的数字图像信号处理电路，其数字图像信号处理电路型号为 MST5151A，微处理器型号为 MM502。在分析该类数字图像处理芯片与微处理器芯片独立的数字信号处理电路时，可分别对其视频信号处理电路和系统控制电路进行单独分析。

1. 视频信号处理电路流程

图 4-18 所示为该液晶电视机的视频信号处理电路流程图。

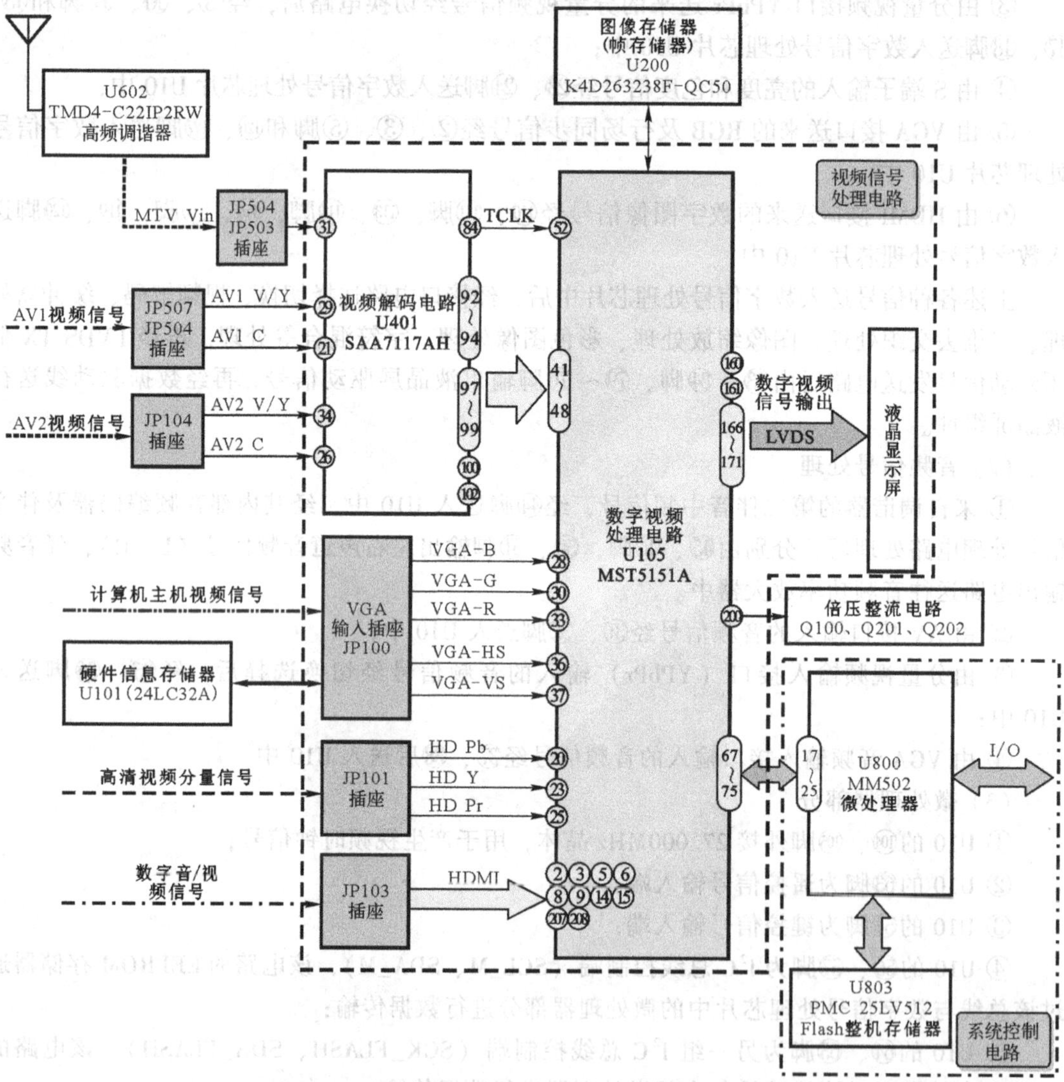

图 4-18 长虹 LT3788 型液晶电视机视频信号处理电路流程图

整个信号的处理过程根据其处理方式的不同大致分可为两个部分。高频调谐器接收的视频图像信号和 AV1、AV2 的视频信号经视频解码电路 U401 解码后送入数字视频处理电路 U105 进行数字图像处理。计算机显卡 VGA 的视频信号和高清视频（分量视频）信号直接送入数字视频处理电路 U105 进行信号切换、A/D 变换再进行数字图像处理。

（1）经视频解码电路后送入数字视频处理电路的视频信号流程

① 由高频调谐器输出的视频全电视信号 MTV Vin，经插件 JP504 送入 SAA7117AH 的㉛脚。

② 由 AV1 的视频信号 AV1 Vin 或 S 端子的亮度信号 AV1 Yin，经插件 JP509 或 S 端子 JP507 送入 SAA7117AH 的㉙脚，S 端子的色度信号 AV1 Cin，经 JP507 送入 SAA7117AH 的㉑脚。

③ AV2 的视频信号 AV2 Vin 经插件 JP104 后送入 SAA7117AH 的㉞、㉖脚。

上述三组视频信号在 SAA7117AH 中进行 AV 切换、A/D 变换、梳状滤波、解码和格式变换，由92～94、97～100、102脚输出数字信号送往数字视频处理电路 U105（MST5151A）的㊶～㊽脚进行视频信号处理。

同时，SAA7117AH 的84脚输出视频时钟信号送往 U105（MST5151A）的㊾脚。

（2）直接送入数字视频处理电路的视频信号流程

直接送入数字视频处理电路 MST5151A 的视频信号也有三路：

① 由计算机主机经 VGA 插座 JP100 后输出 VGA－B、VGA－G、VGA－R、VGA－HS、VGA－VS 后分别送入 U105（MST5151A）的㉘、㉚、㉝、㊱、㊲脚。

② 高清视频分量信号经插座 HP101 后输出 HD Pb、HD Y、HD Pr 送入⑳、㉓、㉕脚。

③ 数字音视频信号（HDMI）经插座 JP103 后输入四组差分数据信号直接送至 U105 的②、③、⑤、⑥、⑧、⑨、⑭、⑮、207、208脚。

上述三组信号直接送入数字视频信号处理电路后经 AV 切换，A/D 变换，数字变频处理，图像缩放处理，对比度、亮度、色度、色调控制，肤色校正等，将不同输入格式的数字视频信号变成统一的上屏信号格式后，由 MST5151A 的160～171脚输出，经插件 JP105 送往液晶显示屏，驱动显示屏显示各种图像信号。

2. 系统控制电路流程

图 4-19 所示为微处理器各控制端口功能。

（1）遥控接收和 LED 显示电路

图 4-20 是遥控接收和 LED 显示电路，U800 的①、②脚为指示灯控制端。其中，①脚为绿色指示灯控制；②脚为红色指示灯控制。信号经 Q700、Q701 驱动 LED 显示管，遥控接收的信号经 JP701④脚输出送往 CPU 电路。

该电路中，当电视机处理待机状态时，②脚输出 3.3V 高电平，①脚输出 0V 低电平，通过 Q700、Q701 放大，JP701 的②脚控制红色指示灯点亮，JP701③脚绿色指示灯不亮；当按下开机键或遥控开机时，②脚输出 0V 低电平，①脚输出 3.3V 高电平。此时，红色指示灯熄灭，绿色指示灯被点亮。

（2）键控信号输入电路

图 4-21 所示为由 U800 控制的键控信号输入电路，该电路主要是由微处理器 U800 的㉖、㉗脚，电阻器 R719、R718、C716、C715、L702、L703 及键控信号输入插座 JP702 等构成的。

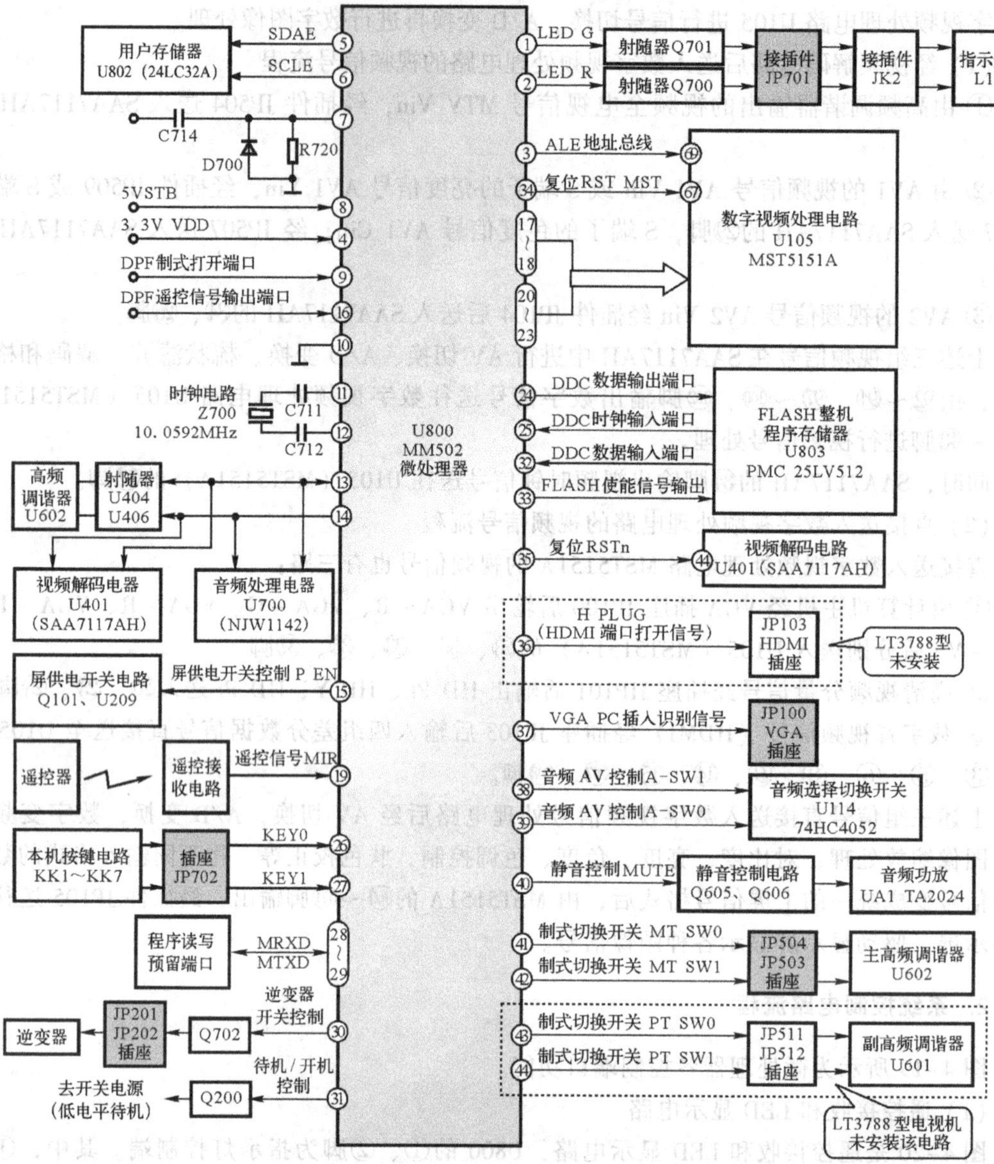

图4-19 微处理器各控制端口功能

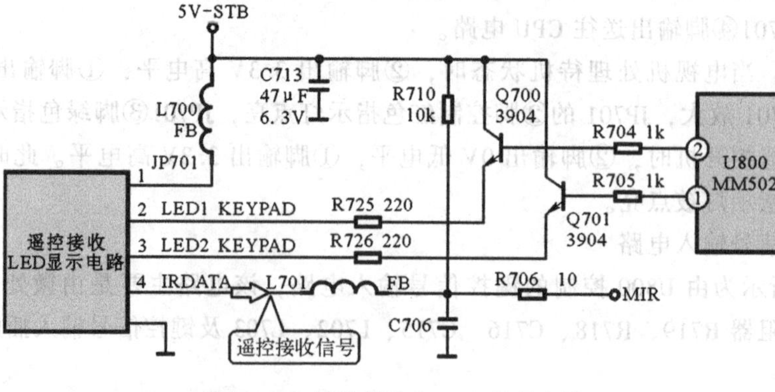

图4-20 遥控接收和LED显示电路

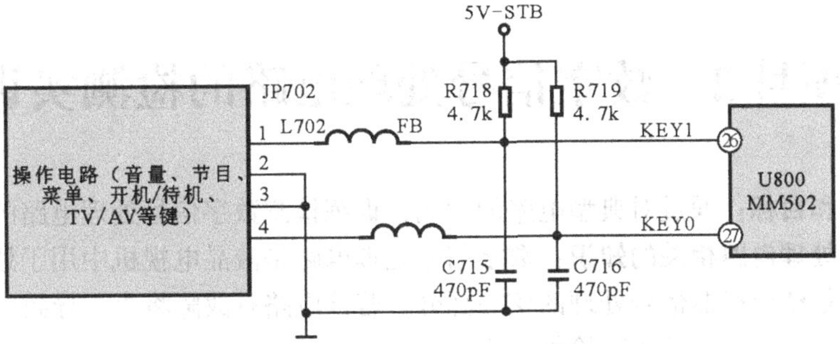

图 4-21　由 U800 控制的键控信号输入电路

操作电路上的音量 +/-、节目 +/-、菜单、开/待机和 AV/TV 切换操作键信号通过 JP702 的①、④脚送给 U800。

（3）屏电源控制电路

微处理器 U800（MM502）的⑮脚为液晶屏电源控制端，该控制电路结构如图 4-22 所示。

双场效应管 U209③脚输入 12V 电压，①脚输入 5V，U209⑤～⑧脚输出 5V 电压。当电视机开机时，U800 的⑮脚输出高电平 4.8V，Q101 导通，驱动电路开始工作；当电视机待机时，U800 的⑮脚输出低电平，Q101 截止，驱动电路停止工作。

（4）逆变器开关控制电路

微处理器 U800（MM502）的㉚脚为逆变器开关控制端，该控制电路结构如图 4-23 所示。

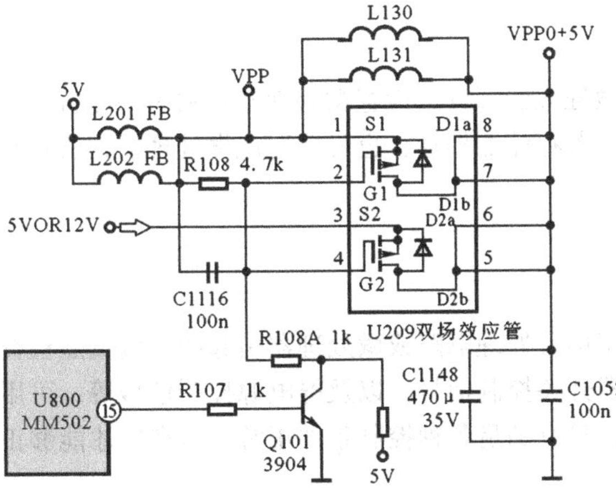

图 4-22　液晶屏电源控制电路结构

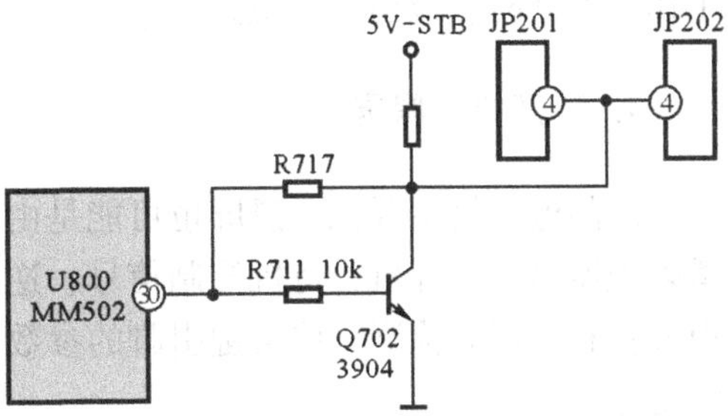

图 4-23　逆变器控制电路结构

当电视机进入开机状态时，微处理器 U800（MM502）的㉚脚输出低电平，经 Q702 反向放大后输出到逆变器驱动信号插座 JP201 及 JP202 的④脚，驱动逆变器进入工作状态，将 24V 电压变成几千赫兹的高压交流电压，为背光灯供电，液晶屏被点亮。

项目2　数字信号处理电路的检测实训

教学要求和目标：通过对典型电路的检测，训练检测数字信号处理电路的操作技能。

数字信号处理电路相关的知识：数字信号处理电路是液晶电视机中用于处理音、视频信号的电路，它是整个机器信号处理的核心部分。若该电路有故障将直接导致电视机无法正常工作，下面介绍一下常见的故障检修流程。

根据信号类型大致可分为以下四种。

1. 有声音无图像或图像异常

液晶电视机出现伴音正常，图像异常的故障原因主要是视频信号处理电路、屏线或液晶屏本身有故障。由于图像异常种类较多如花屏、白屏、偏色等，在检修时，重点检测视频通道中的各种集成电路、屏线等易损部位。

2. 有图像无伴音

在图像正常的前提下，伴音异常多为音频信号处理通道有故障引起的，检测的重点应放在音频信号处理电路。

在检修前应排除扬声器损坏、接插件不良等因素。否则，盲目检测或拆焊集成电路，可能会造成二次损坏，产生更复杂的问题。

3. 遥控及操作按键异常

电视机遥控及按键失灵时，应重点检测微处理器部分，检查微处理器相关引脚能否接收各种人工指令，并输出相应控制信号。另外，若存储器损坏，也可能造成微处理器无法正常工作，检修时，应当注意检查。

4. 不开机、黑屏

液晶电视机不开机、黑屏也可能是由数字信号处理电路或微处理器引起的，应重点检查微处理器输出的开机、待机控制信号、逆变器开关控制信号，以及屏电源控制信号等，可用视波器和万用表检测这些关键引脚的参数值，只有满足各种控制条件正常，电视机才能够正常工作。

在对电视机类电子产品进行检修时，首先选择一台良好的DVD机作为信号源，为待测电视机注入音/视频信号，即连接液晶电视机的AV1输入接口，连接好信号电缆线后，使DVD机播放测试光盘（含标准彩条信号、标准音频信号等），如图4-24所示。下面即可根据具体的故障表现，检测相应的电路部分。

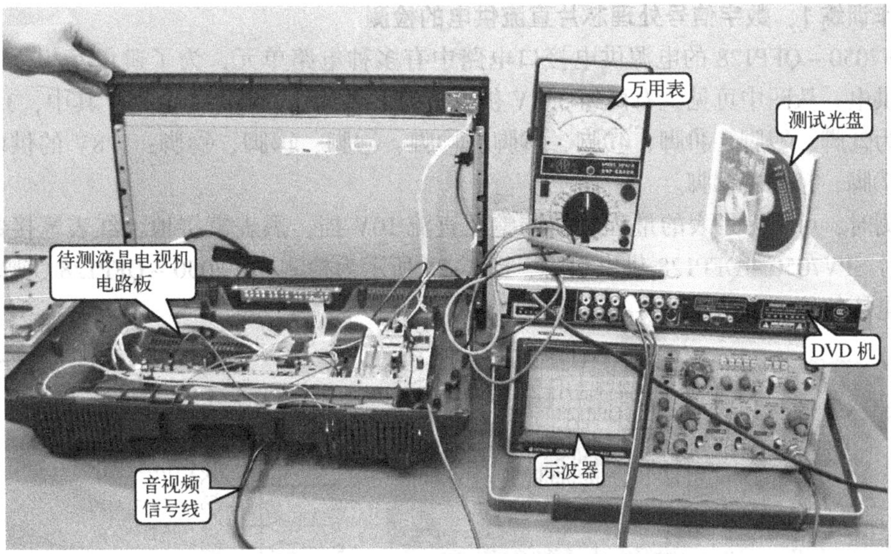

图 4-24　为待测机器注入音视频信号

任务 2.1　数字信号处理芯片的检测实训

2.1.1　数字图像信号处理电路检测训练

图 4-25 所示为一种典型液晶电视机的数字信号处理电路，其采用数字信号处理芯片型号为 SPV7050 - QFP128，该电路具有 128 个引脚。

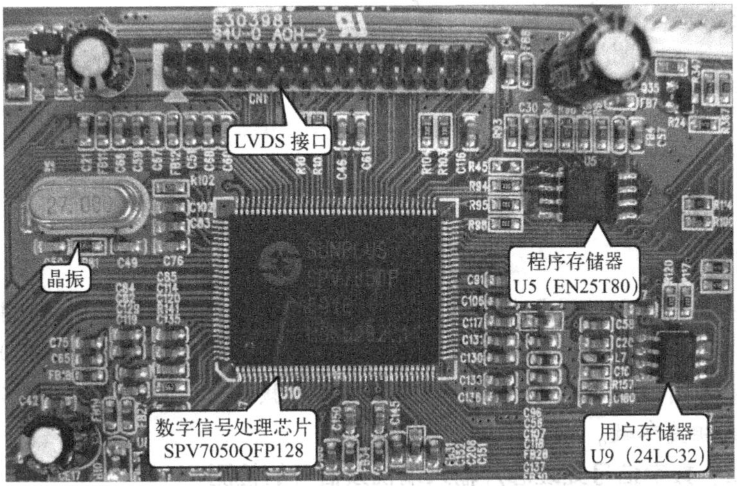

图 4-25　典型液晶电视机的数字信号处理电路

该典型液晶电视机的数字信号处理电路为一种将视频、音频、控制等集于一体的超大规模集成电路。对该类集成式的数字信号处理电路的检测，可对其输入，以及输出的视频/音频信号、控制信号（遥控/键控信号）、供电电压、晶振信号等工作条件进行检测，从而确定故障部位，排除故障。

操作训练 1：数字信号处理芯片直流供电的检测

SPV7050 - QFP128 的电源供电接口电路中有多种电路单元，为了避免互相干扰，对它们分别供电。从图中可见，有两组 3.3V 供电电路和两组 1.8V 供电电路，其中，3.3V 的供电引脚为㉑脚、㉙脚、㊵脚、㊼脚、(101)脚、(103)脚、(108)脚、(112)脚、(123)脚；1.8V 的供电引脚为①脚、⑦脚、⑭脚、(82)脚。

检测时，可将万用表的量程旋钮调整至直流 10V 挡，黑表笔接地，红表笔接数字信号处理芯片 SPV7050 - QFP128 供电引脚，图 4-26 所示为检测 SPV7050 - QFP128 ①脚 1.8V 供电引脚电压的检测方法。

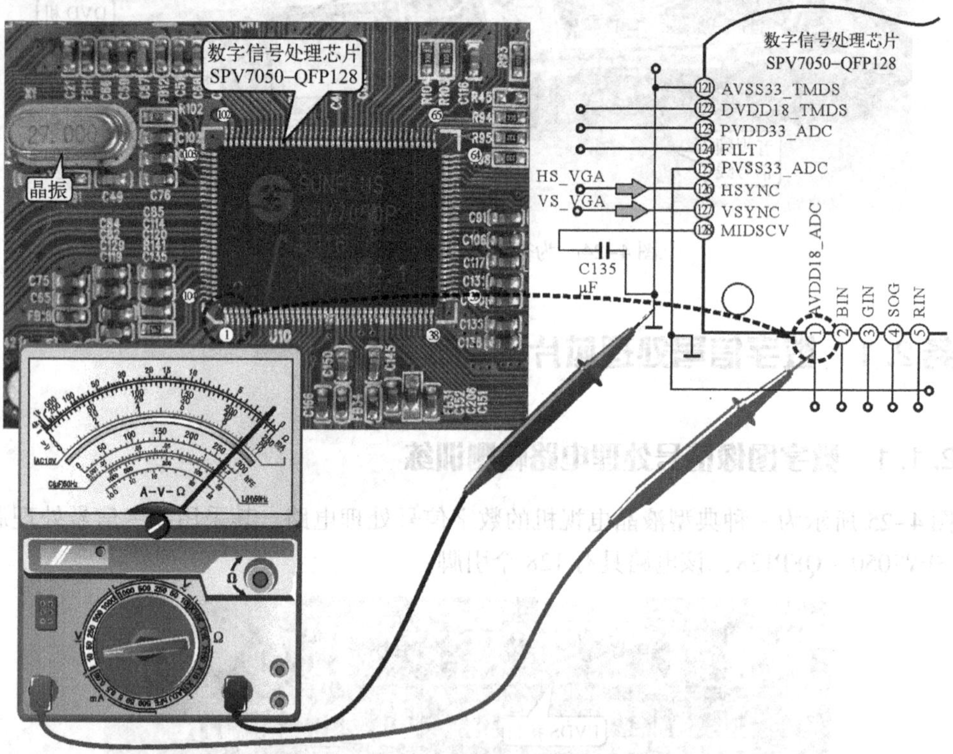

图 4-26 检测 SPV7050 - QFP128 ①脚 1.8V 供电引脚电压

要点提示

对于上述一类的超大规模集成电路进行检测时，由于集成电路的引脚比较密集，检测时稍不注意可能导致表笔打滑，引起集成电路引脚间短路，导致烧坏芯片，因此，对其进行通电测试时，可参考前述的电路原理图，找到该脚的外接电阻或电容器件，用万用表测试外围器件的电压值或相关参数。

操作训练 2：数字信号处理芯片输入端视频信号的检测

(1) 由中频电路输出的视频图像信号经 C180 送入数字信号处理芯片 SPV7050 - QFP128 的㉖脚。在对该信号进行检测时，由于 SPV7050 - QFP128 引脚分布较为密集，因此，在用示波器检测其输入波形时，可将示波器探头接在与该引脚连接的电容 C180 上，如图 4-27 所示。

正常情况下，在电视机由调谐器接收电视信号时，应能够在上述部位测得图中所示的视频图像信号波形。

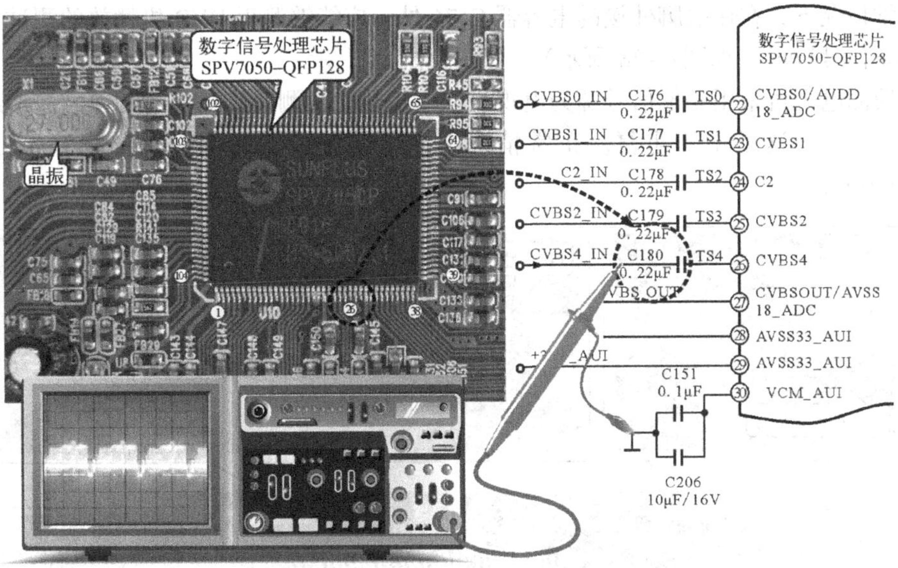

图 4-27　检测数字信号处理电路㉖脚输入的视频图像信号波形

（2）同时，数字信号处理芯片 SPV7050 - QFP128 还可接收由外部接口输入的视频信号，其中，由 VGA 接口输入的 R、G、B 视频信号由②脚、③脚、⑤脚输入；Y、Pr、Pb 分量视频信号由⑧脚、⑩脚、⑪脚、⑮脚、⑰脚、⑱脚输入；AV 接口输入的视频信号由㉒脚输入。

在对液晶电视机上述信号进行检测之前，应分别对应各接口连接相应设备作为信号源，再分别进行检测。例如，检测 AV 接口输入的音视频信号时，需使用 DVD 机作为信号源，为液晶电视机注入音/视频信号，即将 DVD 机与液晶电视机的 AV 输入接口进行连接，连接好数据线后，使 DVD 机播放测试光盘（含标准彩条信号、标准音频信号等）。

接着，可将示波器探头分别接在数字信号处理芯片 SPV7050 - QFP128 的㉒脚外围电路上的 C176 电容上，接地夹接调谐器外壳，图 4-28 所示为检查㉒脚输入的视频信号。

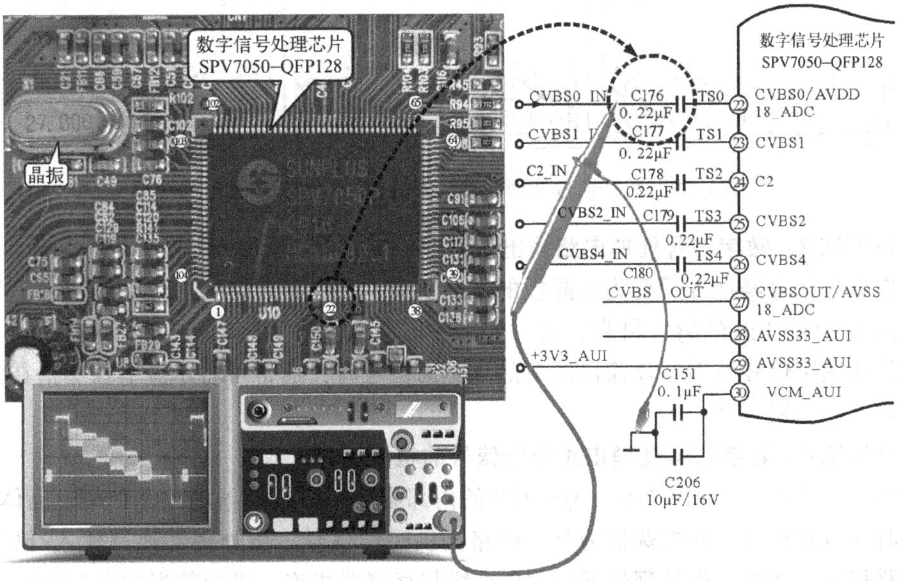

图 4-28　检测数字信号处理电路㉒脚输入的视频信号波形

正常情况下，在该引脚外接的电容器 C176 处，应能够测得 DVD 机播放的测试光盘中的标准彩条信号波形（如图 4-28 所示）。

该液晶电视机采用其他信号源为电视机注入信号时，测其相关引脚的信号波形的方法与上述方法相同，这里不再重复。正常情况下，测得各种状态下输入的视频信号波形如图 4-29 所示。

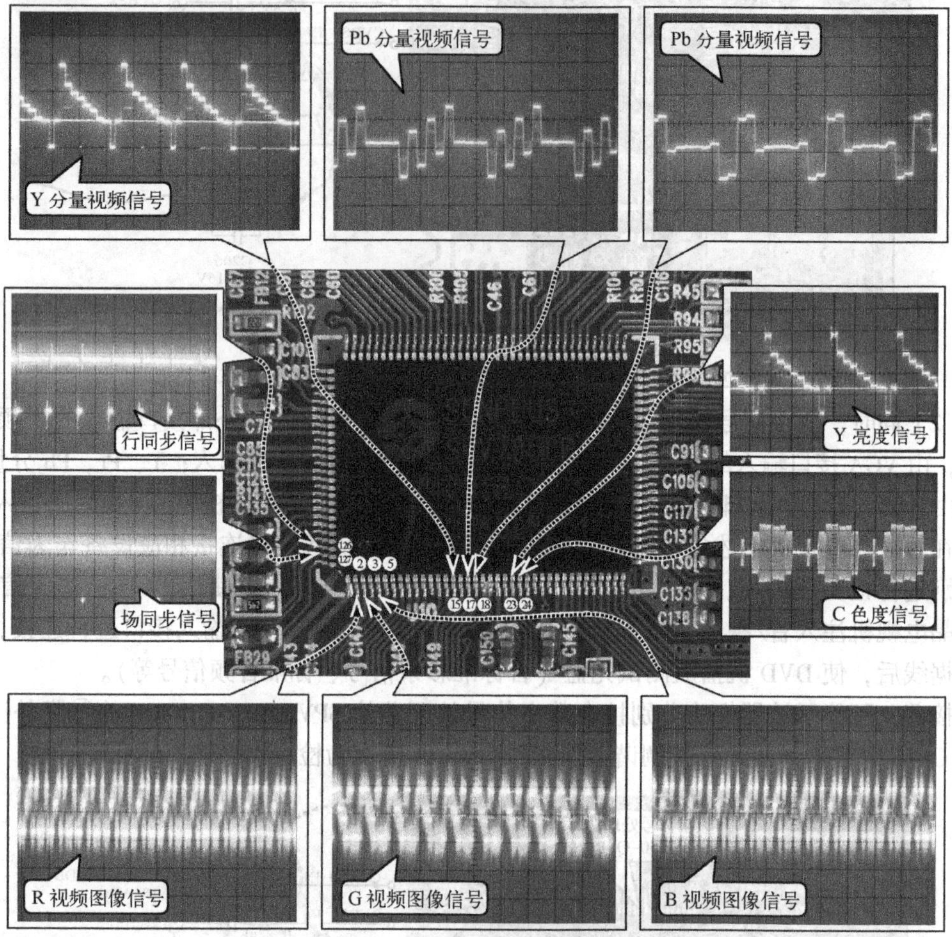

图 4-29　数字信号处理电路输入信号的检测部位和信号波形

操作训练 3：数字信号处理电路输出信号（LVDS）的检测

图像数据信号经处理后变为液晶板的低压差分 LVDS 驱动信号，分别从数字信号处理芯片 SPV7050 - QFP128 的93～84脚、79～70脚输出两组液晶屏驱动信号。

在检测数字信号处理芯片输出的液晶屏驱动信号时，通常可将示波器探头搭在驱动信号输出接口上，如图 4-30 所示。

操作训练 4：数字信号处理电路控制信号的检测

数字信号处理芯片 SPV7050 - QFP128 的内部集成了微处理器电路，其中，晶体 X1 与芯片内的时钟电路构成晶体振荡器为整个电路提供时钟信号，微处理器通过输入/输出接口与外部电路相连。此外，微处理器通过 I^2C 总线与存储器相连，进行数据的存取和控制。

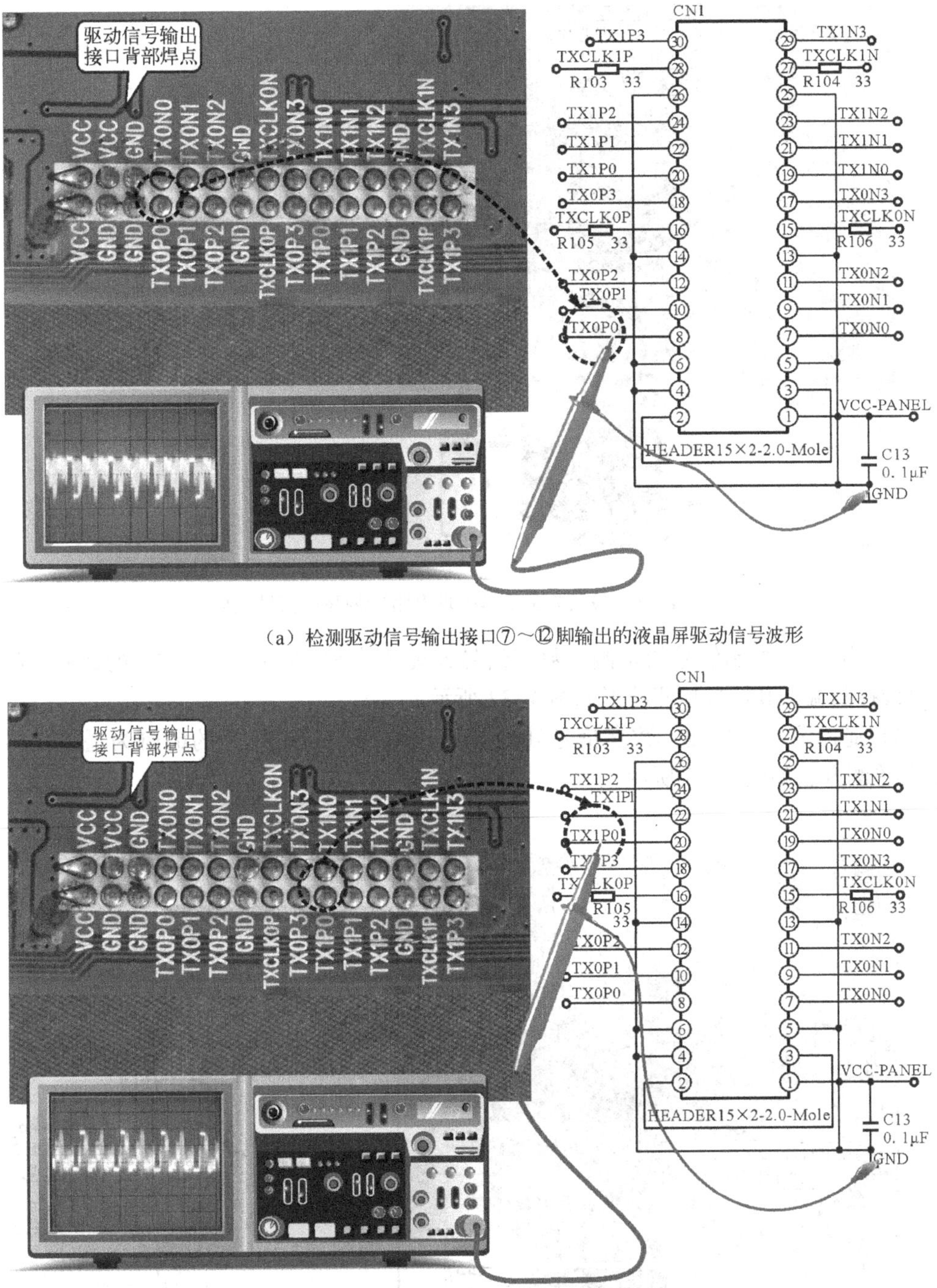

（a）检测驱动信号输出接口⑦～⑫脚输出的液晶屏驱动信号波形

（b）检测驱动信号输出接口⑦～⑫脚输出的液晶屏驱动信号波形

图 4-30　检测数字信号处理芯片输出的液晶屏驱动信号波形

（1）晶振信号的检测。数字信号处理芯片 SPV7050 - QFP128 的⑩脚、⑩脚外接 27MHz 晶体，检测时，可将示波器探头搭在这两个引脚的外围电容器 C50、C49 引脚上，测试晶振信号波形，如图 4-31 所示。

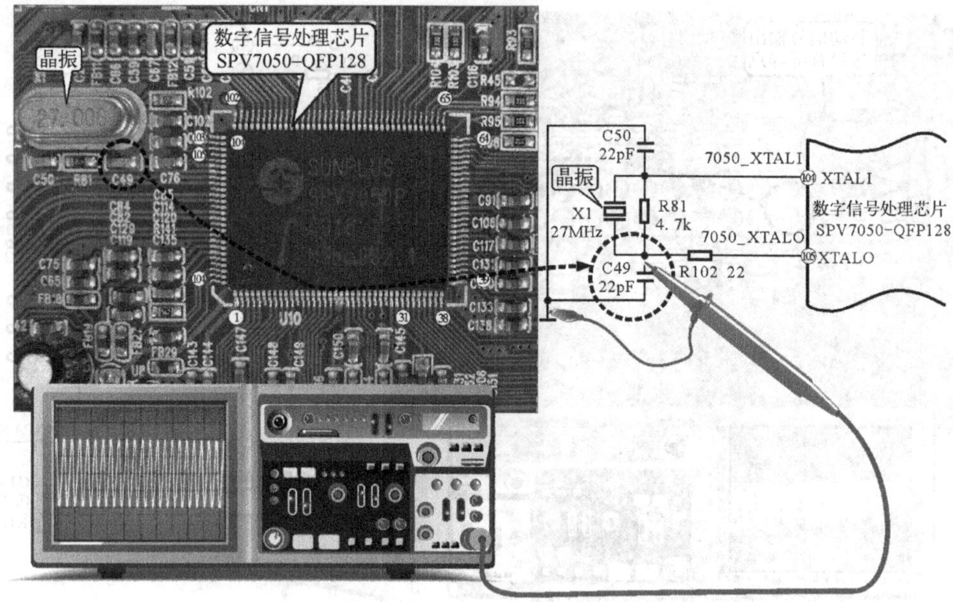

图 4-31　检测数字信号处理电路⑩⑤脚晶振信号波形

（2）I^2C 总线控制信号的检测。数字信号处理芯片 SPV7050 - QFP128 的56脚、57脚为 I^2C 总线控制端，其信号检测波形如图 4-32 所示。

（3）遥控信号的检测，数字信号处理芯片 SPV7050 - QFP128 的63脚为遥控信号输入端，其检测方法如图 4-33 所示。

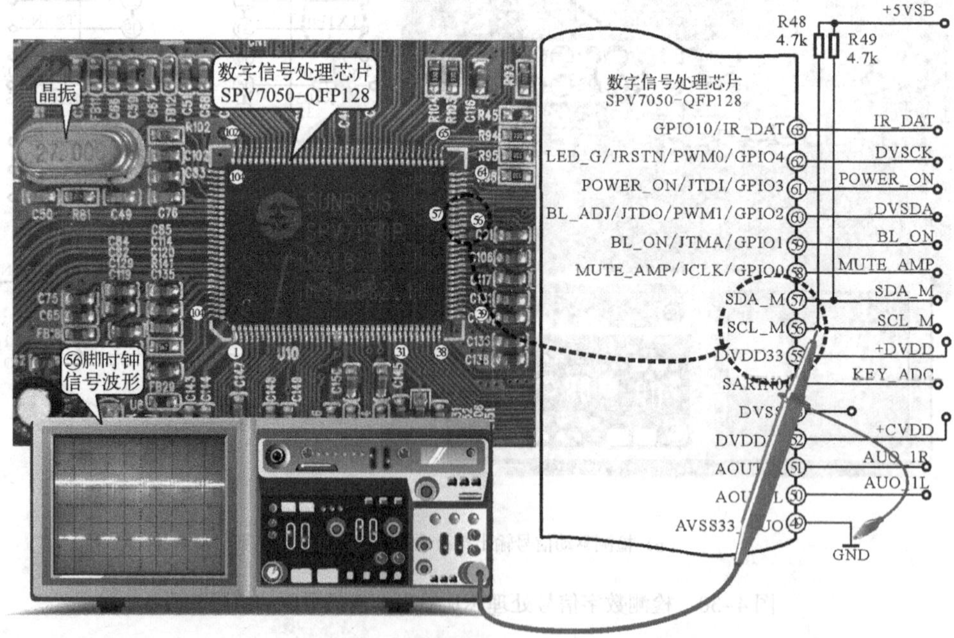

（a）检测数字信号处理电路56脚时钟信号波形

图 4-32　检测数字信号处理电路56脚、57脚 I^2C 总线控制信号波形

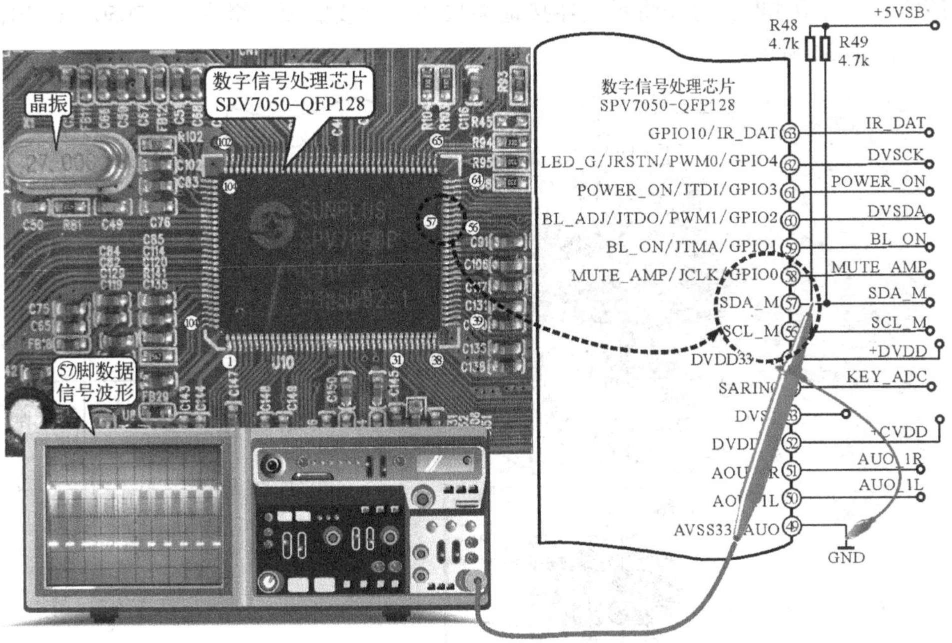

（b）检测数字信号处理电路57脚数据信号波形

图 4-32　检测数字信号处理电路56脚、57脚 I^2C 总线控制信号波形（续）

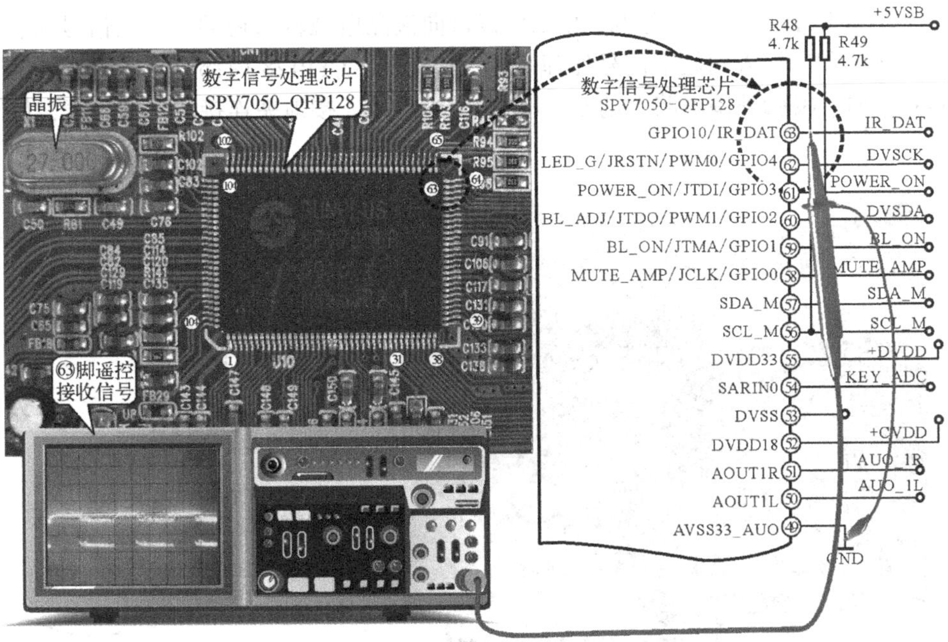

图 4-33　检测数字信号处理电路63脚遥控接收信号信号波形

2.1.2　音频信号的检测训练

操作训练 1：输入音频信号的检测

(1) 由中频电路输出的第二伴音信号送入数字信号处理芯片 SPV7050 - QFP128 的44脚。

在对该信号进行检测时，可先将示波器接地夹接地，示波器探头搭在 SPV7050 - QFP128 的㊹脚上，如图 4-34 所示。

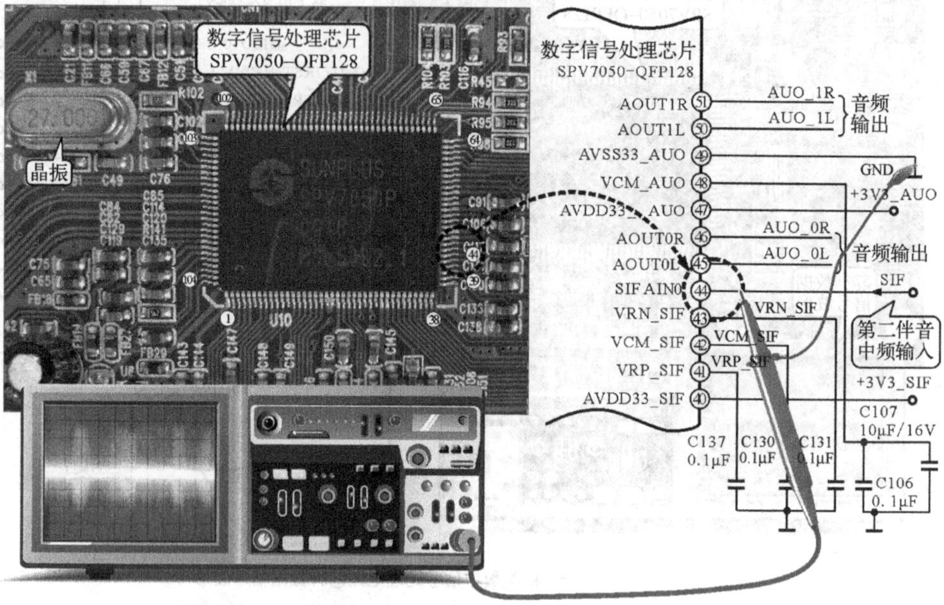

图 4-34 检测数字信号处理电路㊹脚输入的第二伴音信号波形

（2）若使用 DVD 作为信号源，由 AV 接口向液晶电视输入视频、音频信号时，其音频信号由㉛脚、㉜脚输入到数字信号处理芯片 SPV7050 - QFP128 内部。检测时，可将示波器探头接在㉛脚、㉜脚外围电路上的 C195、C181 电容上，接地夹连接调谐器外壳，如图 4-35 所示。

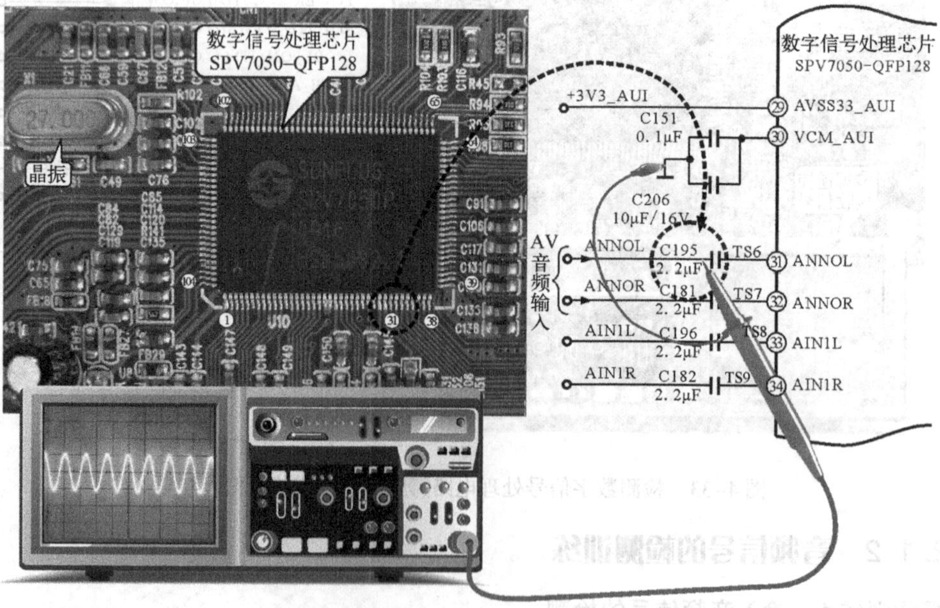

图 4-35 检测数字信号处理电路㉛脚输入的音频信号波形

操作训练 2：输出音频信号的检测

来自外部接口及本机接收的音频信号经数字信号处理芯片 U10（SPV7050 - QFP128）处理后，分别由其㊺脚、㊻脚、㊿脚、51脚输出两组左右声道音频信号并送往后级电路中，正常情况下，在上述引脚处应能测得输出的音频信号，如图 4-36 所示。

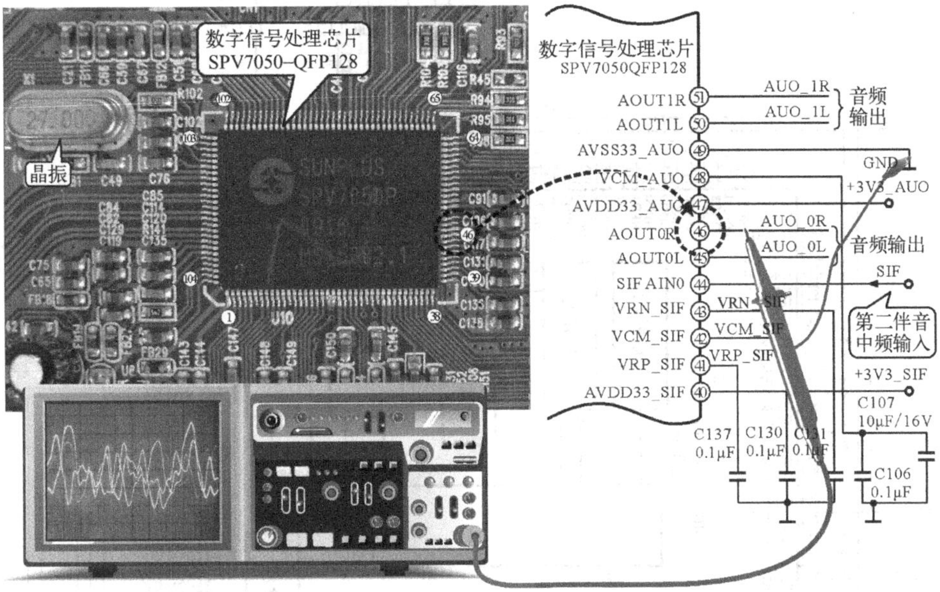

图 4-36　检测数字信号处理信号㊻脚输出的音频信号波形

任务 2.2　数字图像处理芯片与微处理器芯片的检测实训

长虹 LT3788（LS10 机芯）型液晶电视机的数字信号处理电路属于数字图像处理芯片与微处理器芯片独立的电路形式，下面以该电路为例介绍其基本的检修方法。

2.2.1　视频信号处理电路的检测训练

操作训练 1：视频解码电路 SAA7117AH 的检测方法

由 AV1 输入接口插座送来的视频信号首先送入视频解码电路 U401（SAA7117AH）的㉙脚、㉑脚，经 SAA7117AH 内部进行解码、A/D 变换、亮度、色度、梳状滤波等处理后由92～94脚、97～99脚、100、102脚输出数字视频信号，其电路原理图如图 4-37 所示。

（1）检查视频信号处理电路是否正常，可通过检测其视频输入/输出端的信号波形进行比较判断。首先用示波器检测输入端㉙脚的信号波形，如图 4-38 所示。若在 S 端子处注入信号，在㉑脚出应能检测到色度信号波形。

（2）输入的模拟信号经集成电路内部处理后，由92～94脚、97～99脚、100、102脚输出数字视频信号，用示波器检测时可测得数字视频信号的波形，如图 4-39 所示（以检测97脚为例，其他引脚检测方法及信号波形与之相同）。

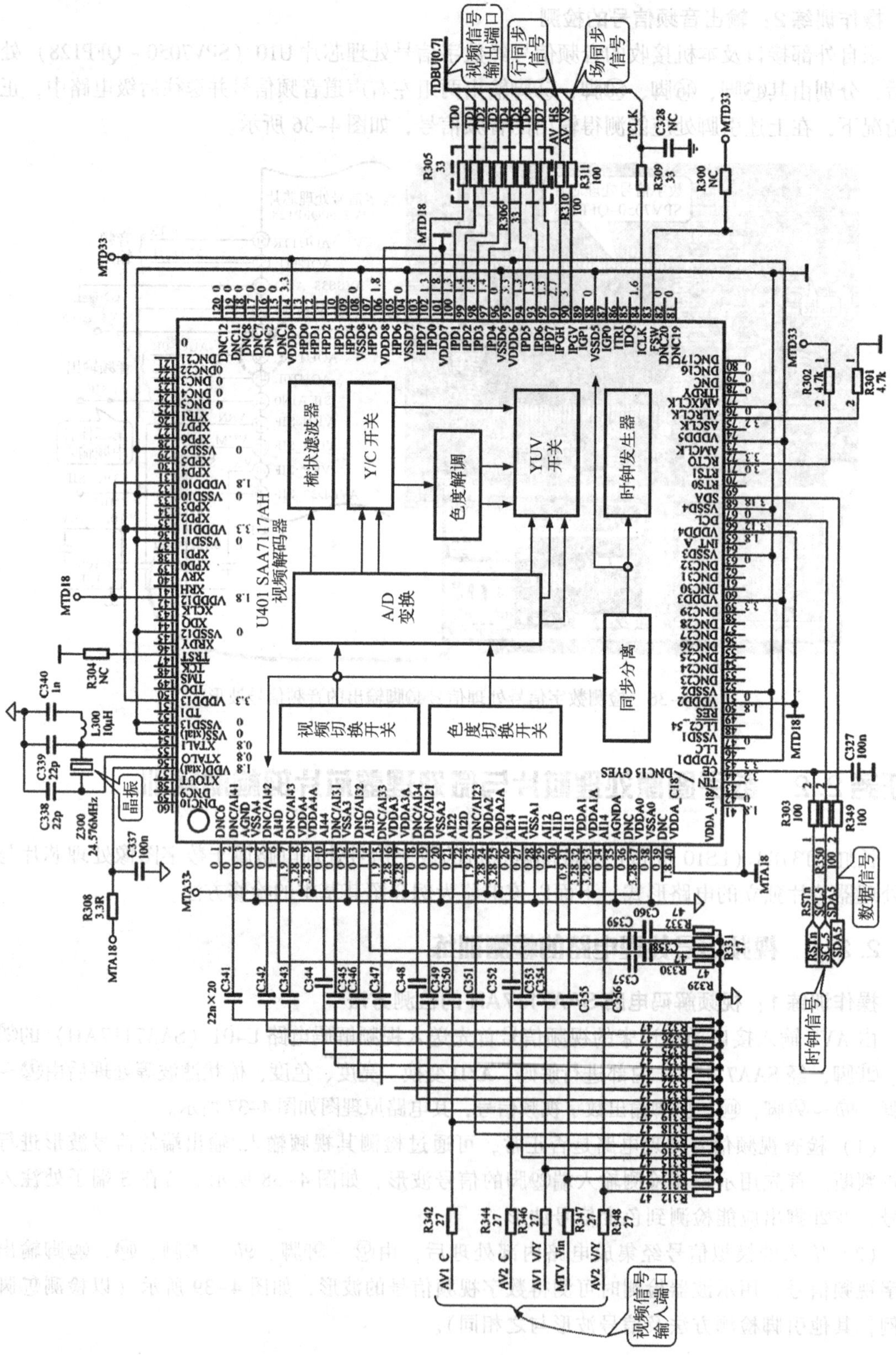

图 4-37 视频解码电路 U401（SAA7117AH）电路原理图

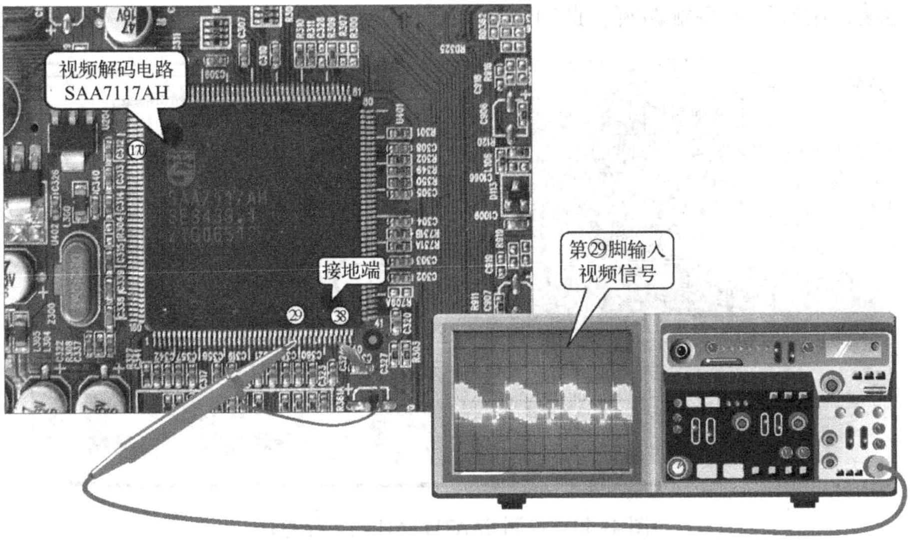

图 4-38　检测 SAA7117AH 输入端㉙脚模拟视频信号波形

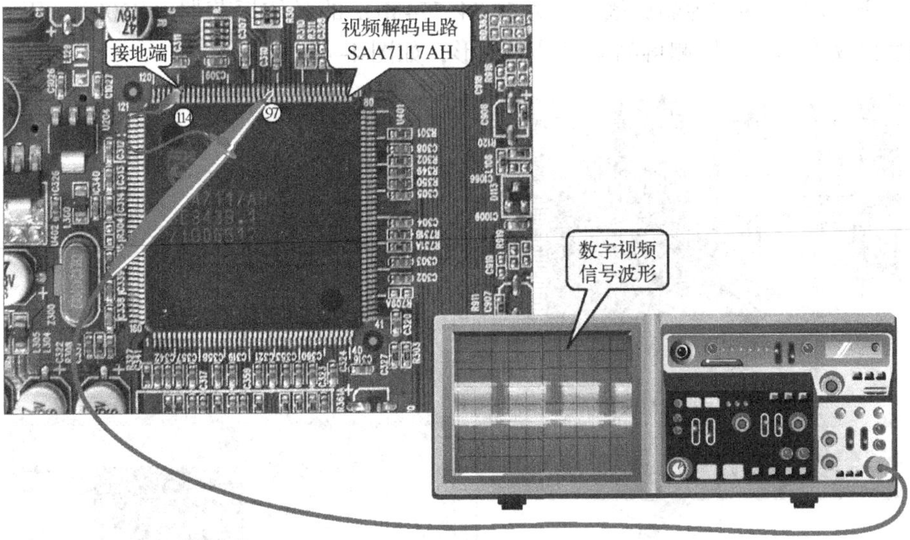

图 4-39　检测 SAA7117AH 输出的数字视频信号波形

注意：在实际维修过程中，对于引脚较密集的集成电路用示波器表笔直接检测可能会引起引脚间短路打火而导致集成块损坏，因此，可首先在示波器表笔探头上装入大头针或针头再进行测量。

若 SAA7117AH 输入的视频信号正常，而输出的视频信号不正常，则可能是 SAA7117AH 工作条件（工作电压、晶振信号及 I^2C 总线信号等）或电路本身损坏，还应继续对其工作条件进行检测。

（3）对供电电压进行测量，SAA7117AH 有两组供电电压，其中，⑧、⑨、⑯、⑰、㉔、㉕、㉜、㉝脚为模拟 +3.3V 供电端，㊵、㊶、157脚为模拟 +1.8V 供电端，分别用万用表检测这些引脚的工作电压，以测㉝脚 +3.3V 为例，将万用表调至直流 10V 挡，用黑表笔连接接地端，用红表笔接触㉝脚，此时万用表显示的数值为 3.4V，正常，如图 4-40 所示。

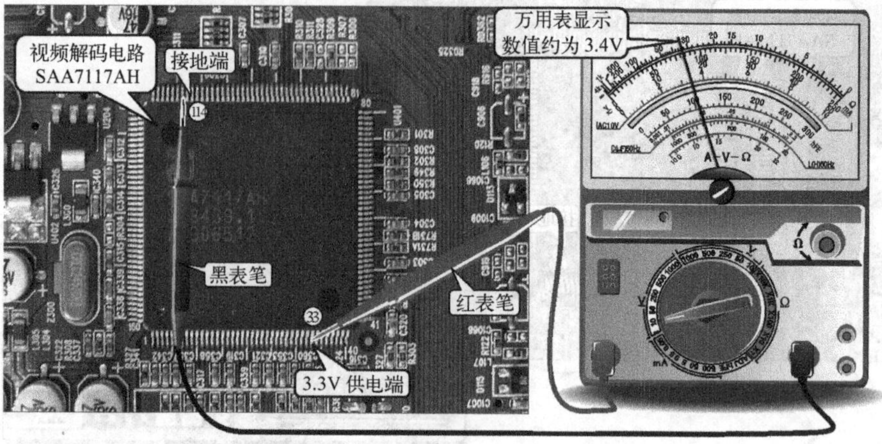

图 4-40　检测 SAA7117AH 的工作电压

（4）晶振信号也是该集成电路的标志性信号，若无该信号 SAA7117AH 无法正常工作。SAA7117AH 的⑮⑤、⑮⑥脚为晶振接口，外接 24.574MHz 的晶体振荡器（Z300），用示波器的探头接触⑮⑤或⑮⑥脚时可以测得晶振信号的波形，如图 4-41 所示。

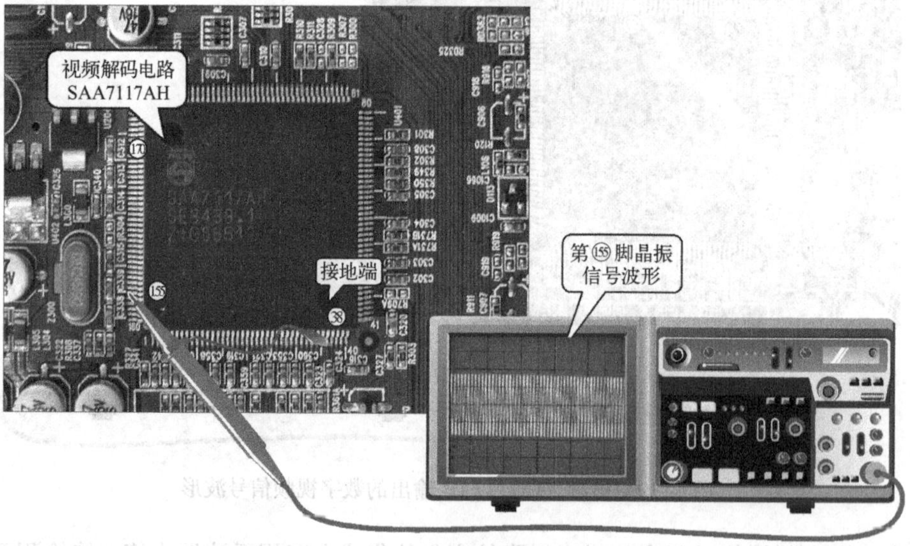

图 4-41　检测 SAA7117AH 的晶振信号波形

（5）同时，SAA7117AH⑥⑥、⑥⑧脚的 I^2C 总线信号也是集成电路正常工作的重要条件，如图 4-42 所示。

上述几种工作条件都正常的情况下，SAA7117AH 才能够正常工作，输出正常的信号波形。

操作训练 2：数字视频处理电路 MST5151A 的检测

数字视频处理电路 MST5151A 是用于处理数字视频信号的关键电路，它直接与液晶屏驱动数据线连接，将处理后的数字信号由屏线送往液晶屏驱动电路中，若该电路不正常，将引

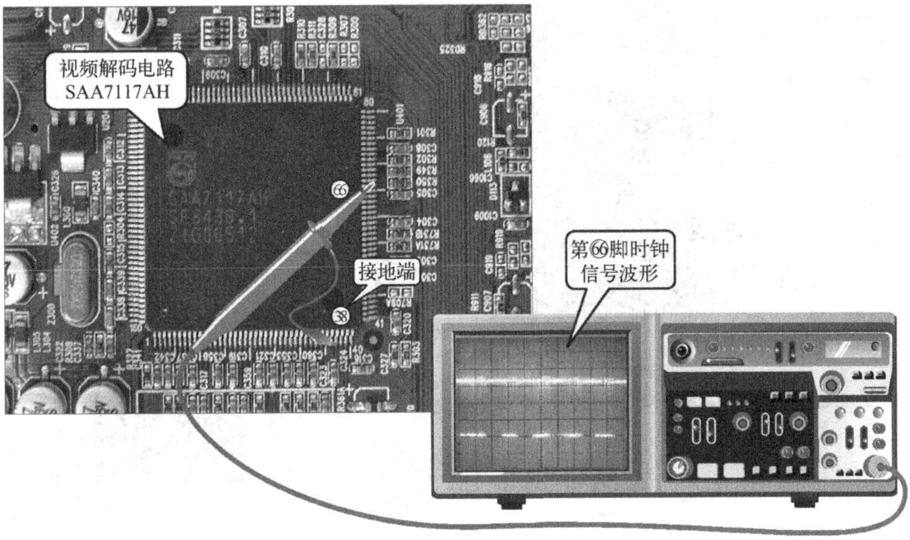

（a）⑯脚 I^2C 总线时钟信号输入

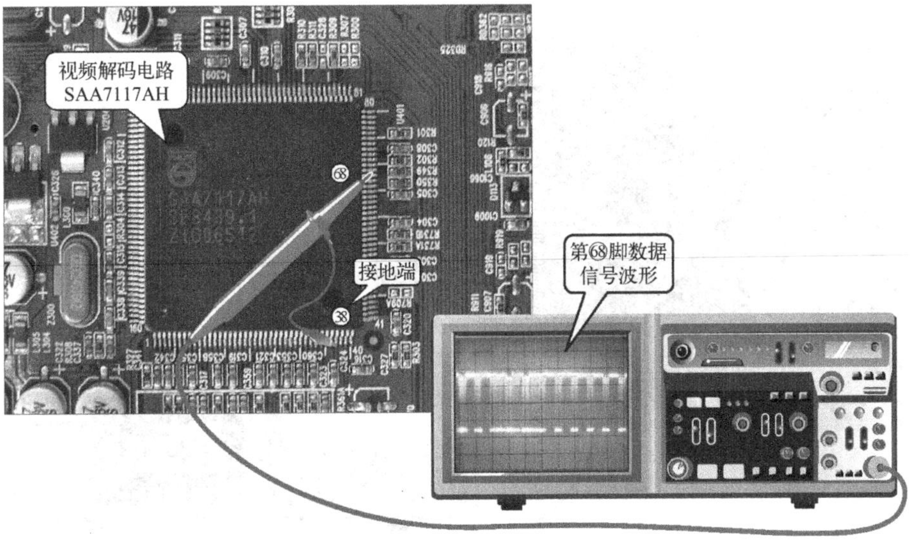

（b）⑱脚 I^2C 总线数据信号输入 / 输出

图 4-42　SAA7117AH 的 I^2C 总线信号波形

起电视机图像显示不良或无图像的故障。

由 AV1 通道送入的视频信号经视频解码电路处理后，经 MST5151A 的㊶～㊽脚送入数字视频处理电路中，经集成电路内部处理后由⑯⓪、⑯①、⑯⑥～⑰①脚输出低压差分数据信号值送往液晶屏驱动电路。

（1）首先，检测数字视频处理电路 MST5151A 输入的数字视频信号是否正常，如图 4-43 所示（以测㊶脚为例，其他引脚信号波形及检测方法与之相同）。

（2）若输入的视频信号不正常，则证明前级电路有故障，若输入的视频信号正常，则接下来可检测其输出的信号是否正常，如图 4-44 所示（以测⑯⓪脚为例）。

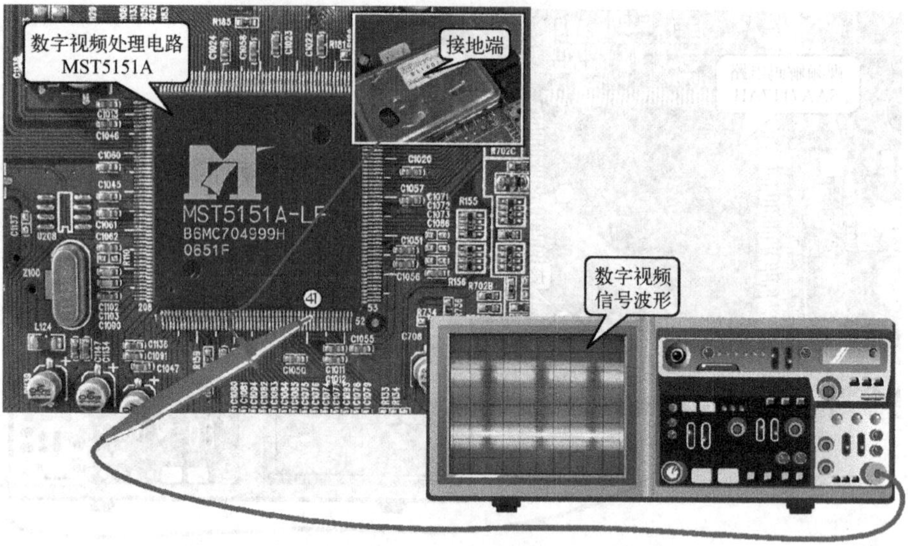

图 4-43　MST5151A 输入的数字视频信号波形的检测

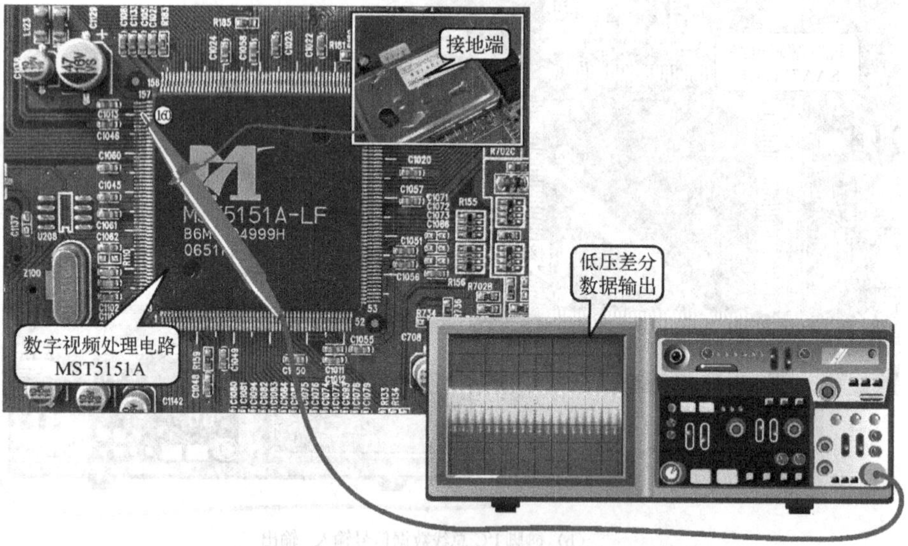

图 4-44　检测 MST5151A 输出端信号波形

若数字视频处理电路输入信号正常，而输出信号不正常，此时，不能直接判断集成电路本身故障，还应检查其工作条件是否正常，如工作电压、晶振信号、MCU 数据信号与存储器接口信号等。

（3）检测 MST5151A 的工作电压，该集成电路的⑥③、⑦⑨、⑬①、⑮⑥、⑰③、⑱⑤、⑲⑤脚为+1.8V 数字核心电源供电源，用万用表直流 10V 挡检测，如图 4-45 所示，测得其电压约为 1.8V，正常。

（4）检查 MST5151A 晶振信号波形，MST5151A 的⑳②、⑳③脚为晶振接口，其外接 14.318MHz 的晶体振荡器（Z200），用示波器检测这两脚任意引脚，正常情况下应能检测到晶振信号波形，如图 4-46 所示。

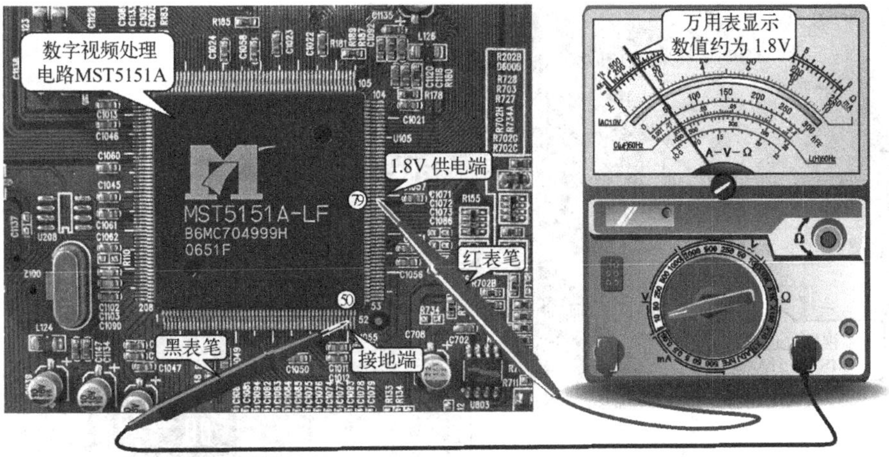

图 4-45　检测 MST5151A 的工作电压

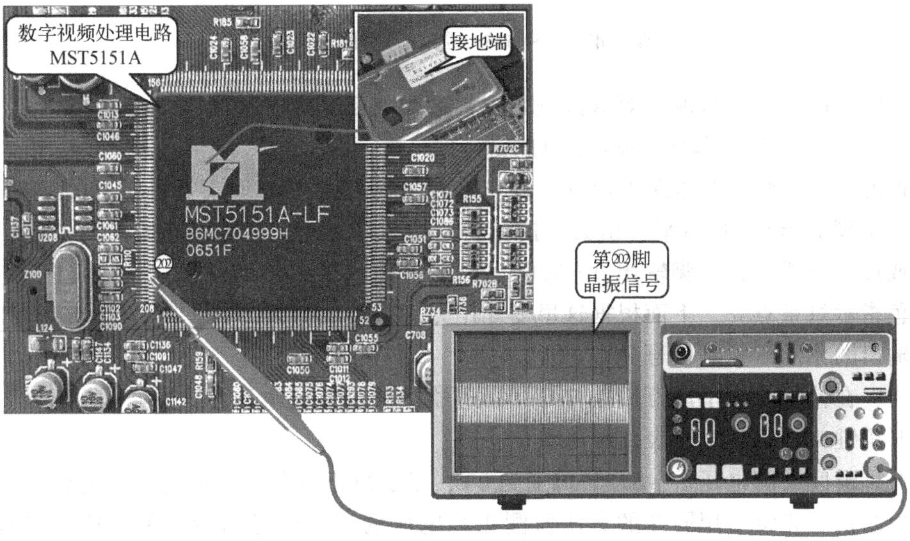

图 4-46　检测 MST5151A 的晶振信号

（5）MST5151A 的⑫～⑮脚为与 MCU 的数据通信输入/输出引脚，正常情况下，这些引脚也应有相关的信号波形输出，如图 4-47 所示。

若晶振信号不正常，则可能是由于 MST5151A 本身或外接晶体损坏造成的。可以用替换法来判断晶体的好坏，用同型号晶体进行代换，若更换后电路还是无法正常工作，在供电电压和输入信号都正常的情况下，若输出信号仍不正常，则可能 MST5151A 本身损坏。

2.2.2　系统控制电路的检测训练

操作训练 1：系统控制微处理器工作条件的检测

根据前面电路分析可知，长虹 LT3788（LS10 机芯）型液晶电视机的系统控制电路主要是由微处理器 MM502、11.0592MHz 振荡晶体（Z700）和整机存储器构成的。微处理器 MM502 为电路核心，也是整机的控制核心，检查系统控制电路是否正常，可以通过检测其

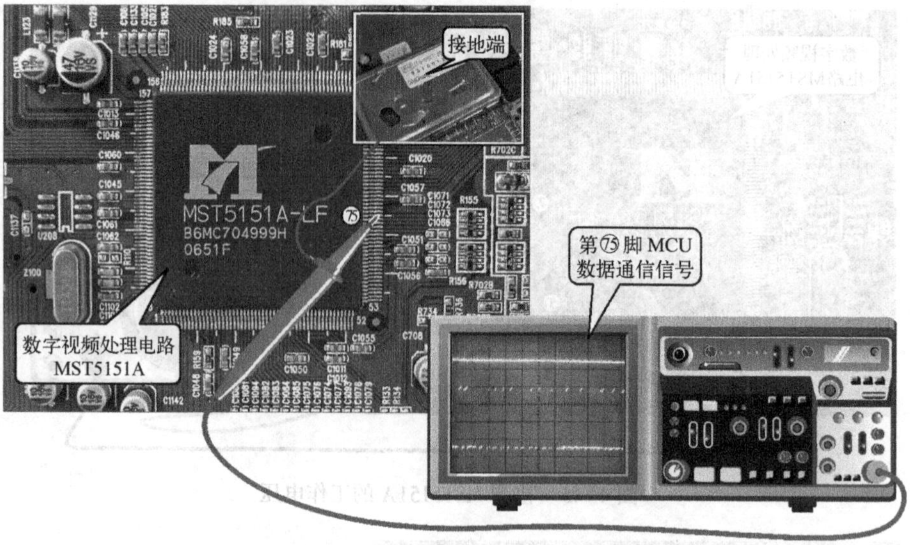

图 4-47 MST5151A⑫～⑮引脚信号波形

各关键引脚的电压或信号波形等参数是否正常进行判断。

（1）①脚、②脚指示灯控制电路的检测

根据前述指示灯控制电路的原理，当电视机处于待机状态时，微处理器②脚输出 3.3V 高电平，①脚输出 0V 低电平，由②脚控制红色指示灯点亮，③脚绿色指示灯不亮；当按下开机键或遥控开机时，②脚输出 0V 低电平，①脚输出 3.3V 高电平。此时，红色指示灯熄灭，绿色指示灯被点亮。下面根据这里变化用万用表检测微处理器①脚、②脚的电压判断微处理器输出的指示灯控制信号是否正常。

首先，在待机状态下用万用表检测微处理器②脚的直流电压，如图 4-48 所示，在按下遥控器开机键时，观察万用表指针的变化。

在开机瞬间②脚电压由 +3.3V 跳变到 0V，指示灯由红色变为绿色，说明微处理器②脚输出的控制信号正常。用同样的方法监测①脚电压的变化即可判断出①脚控制信号是否正常，这里不再重复。

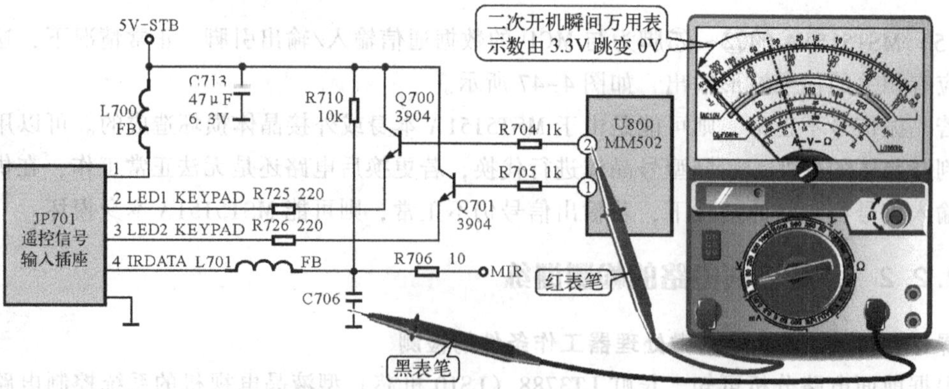

（a）微处理器 MM502②脚电压检测示意图

图 4-48 检测微处理器②脚的直流电压

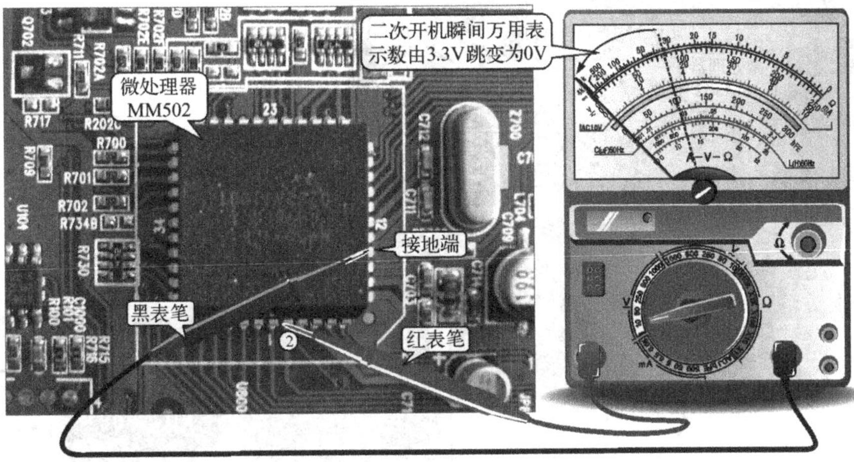

（b）微处理器 MM502②脚电压的检测

图 4-48　检测微处理器②脚的直流电压（续）

（2）④、⑧脚供电电压的检测

微处理器的④脚为 +3.3V 电源供电端，⑧为 +5V 电源供电端。供电电压正常是微处理器正常工作的前提条件。用万用表直流 10V 挡检测④脚电压值，如图 4-49 所示。

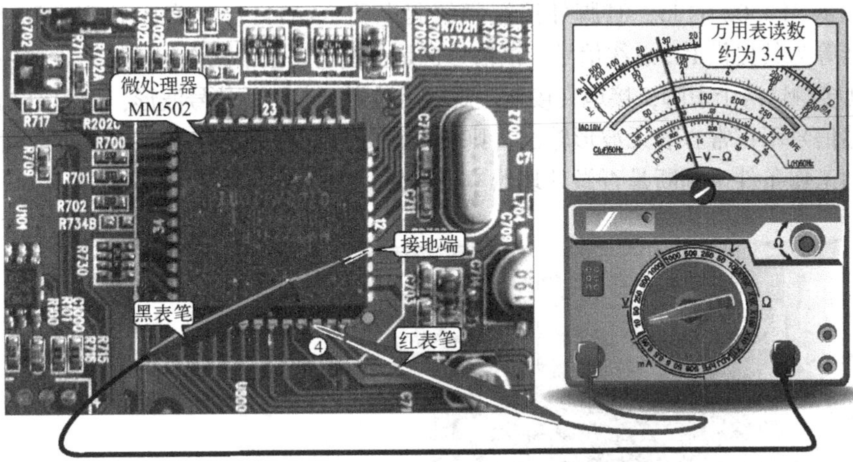

图 4-49　微处理器 MM502 供电电压的检测

同样，用万用表检测⑧脚电压，若供电引脚电压不正常，则应重点检查电源电路部分。

（3）⑦脚复位信号的检测

微处理器 MM502 的⑦脚为复位输入端，常态为高电平，开机瞬间低电平复位，若用示波器探头接该脚，在开机瞬间应有高电平到低电平的跳变过程。

（4）⑪脚、⑫脚晶振信号的检测

微处理器的⑪、⑫脚外接 11.0592MHz 的振荡晶体 Z700，该晶体与微处理器内部的振荡器组成晶振电路，为微处理器提供工作所必须晶振信号。正常情况下，用示波器检测这两个引脚的信号波形应由正弦信号波形输出，如图 4-50 所示（以测⑪脚为例）。

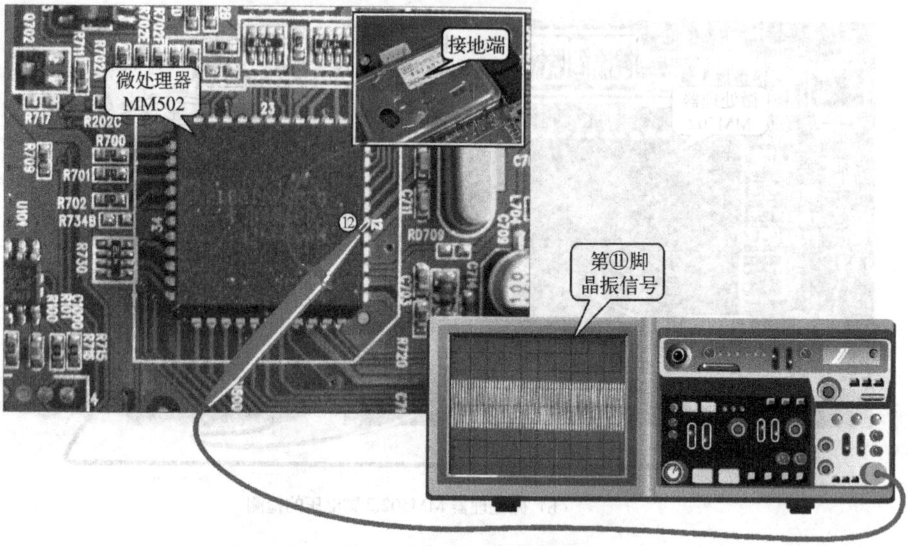

图 4-50 检测微处理器的晶振信号

若该信号不正常，则应重点检测时钟振荡晶体是否正常，该晶体正常工作时，两引脚应分别有 1.4V 和 1.5V 电压。

操作训练 2：⑬、⑭脚 I^2C 总线信号的检测

微处理器 MM502 的⑬、⑭脚外接视频解码电路 SAA7117A、音频处理电路 NJW1142、高频调谐器等为其提供 I^2C 总线信号，该信号也是上述电路正常工作的基本条件之一。用示波器探头分别接触这两个引脚，接地夹接地，观察示波器屏幕上的信号波形，如图 4-51 所示。

若上述信号不正常，或无波形输出，则可能微处理器没有工作，可进一步检测其他关键引脚波形和工作条件来判断是否微处理器本身损坏。

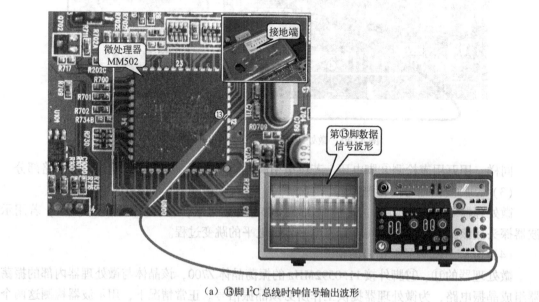

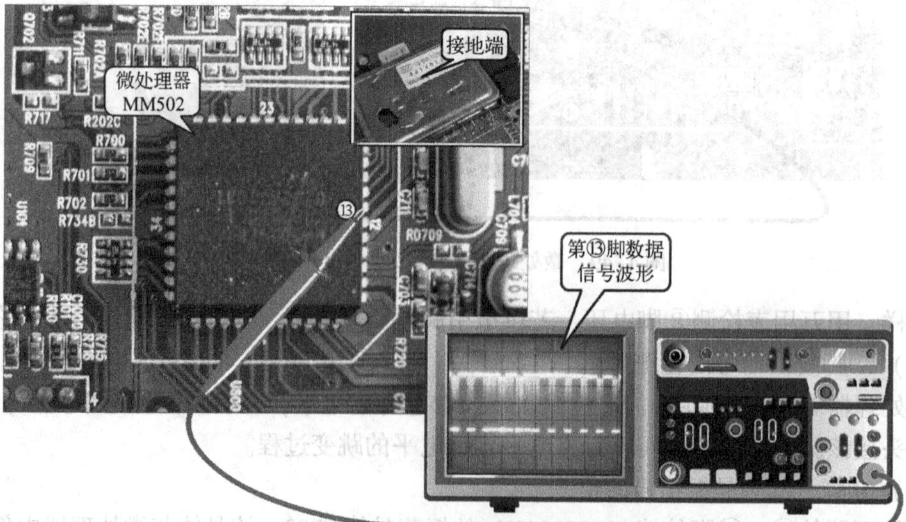

（a）⑬脚 I^2C 总线时钟信号输出波形

图 4-51 微处理器 I^2C 总线信号输出波形的检测

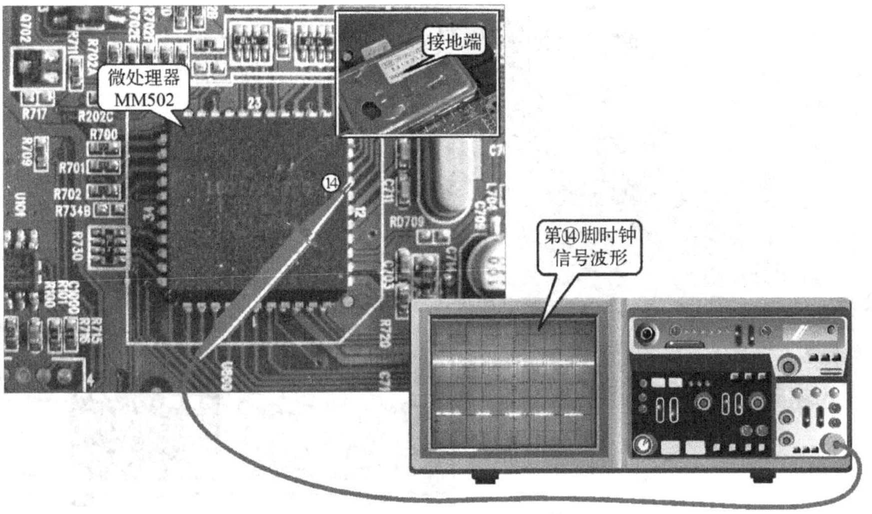

（b）⑭脚 I^2C 总线数据输入 / 输出波形

图 4-51　微处理器 I^2C 总线信号输出波形的检测（续）

操作训练 3：⑮脚屏电源控制端的检测

微处理器 MM502 的⑮脚为屏电源控制端，电视机在工作状态时，该脚应输出高电平（约 4.8V），一般可用万用表直接检测，如图 4-52 所示。

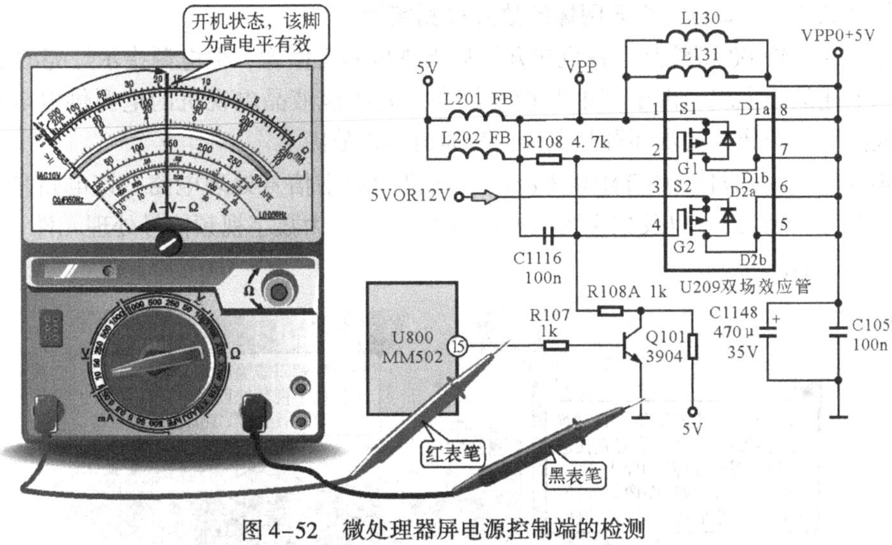

图 4-52　微处理器屏电源控制端的检测

操作训练 4：⑲脚遥控信号输入端的检测

微处理器 MM502 的⑲脚为遥控信号输入端。操作遥控器的音量（+/-）、频道调节（+/-）按钮时，发出的红外遥控信号经遥控接收电路处理后送入微处理器的⑲脚，被微处理器识别后转换成相应的地址码，从存储器中取出相应的控制信息，去执行相应的程序。正常情况下，操作遥控器时该引脚应有遥控信号显示，如图 4-53 所示。

若该信号不正常除检测微处理器本身外，还应进一步检查遥控器及遥控接收电路部分是否有故障。

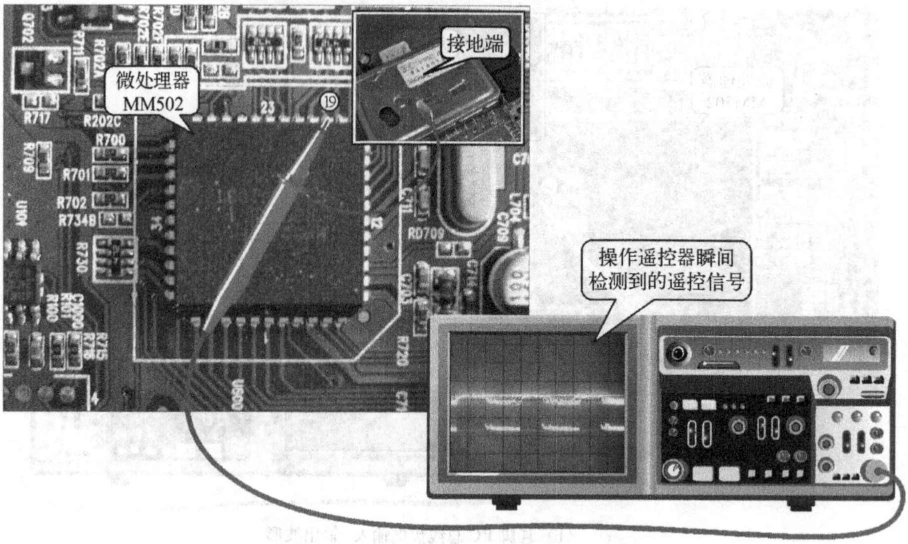

图 4-53　微处理器遥控信号输入端的检测

任务 2.3　数字信号处理电路的故障检测实训

案例训练 1：液晶电视机无图像的故障检测实例

康佳 LC-TM3008 型液晶电视机在开机后出现屏幕无图像，但电源指示灯亮的故障。

根据上述故障表现，由于其电源指示灯亮，表明该液晶电视机的电源供电电路基本正常，但液晶屏无图像，初步怀疑是视频信号通道出现故障。

图 4-54 所示为康佳 LC-TM3008 液晶电视机的数字信号处理电路，该电路采用的数字视频处理器为 PW1231，以及数字图像处理器 PW113 作为数字视频信号处理元件，其信号流程如图 4-55 所示。

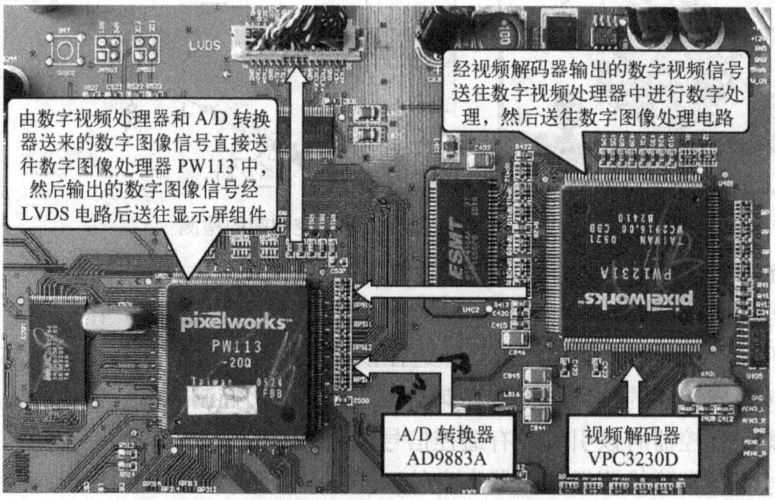

图 4-54　康佳 LC-TM3008 液晶电视机的数字信号处理电路

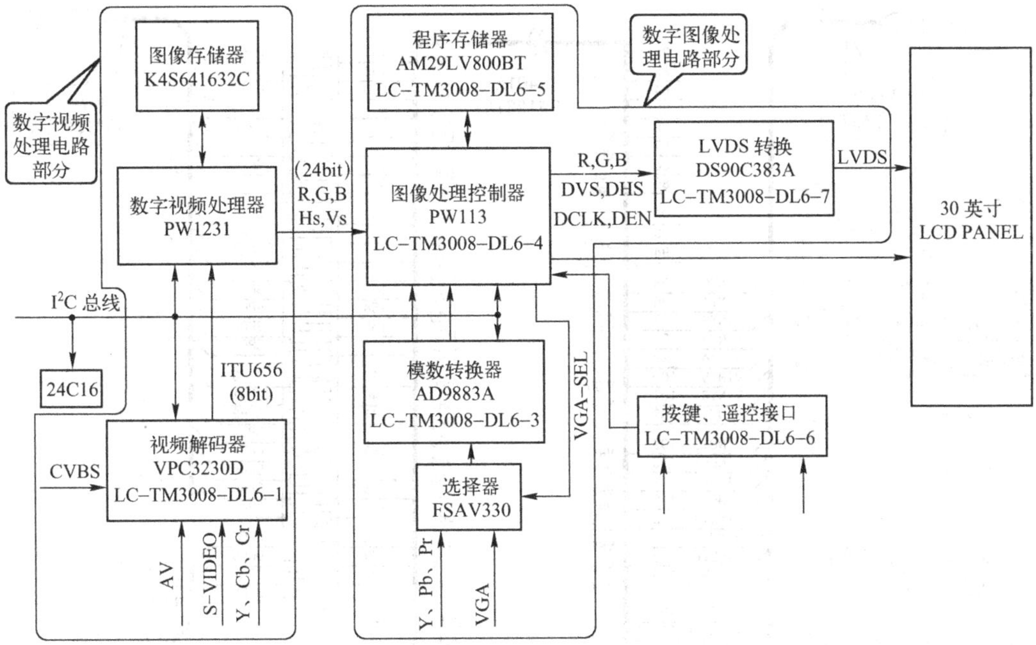

图 4-55　康佳 LC-TM3008 液晶电视机的数字信号处理电路信号流程

液晶电视机无图像，且工作状态指示灯闪亮的故障现象时，应重点检查数字信号处理电路中的 2.5V、3.3V 供电、输入/输出信号波形、晶体及相关控制信号波形。

(1) 首先检测数字图像处理器 PW1231 输入/输出信号是否正常，数字视频处理器 PW1231 可接收由视频解码器送来的数字视频信号（该电路还可以接收由 A/D 转换器送来的数字 R、G、B 信号，以及 DVI 接口送来的数字视频信号等），并进行数字处理，然后输出数字图像信号，送往数字图像处理器中，其输入和输出接口电路如图 4-56 所示。

经检测，发现该电路输入信号正常，而无输出信号。因此，根据检修流程继续检测其外围供电电压。

(2) 检测数字图像处理器 PW1231 的电源供电引脚的电压值是否正常，PW1231 内部有多种信号处理电路，其供电电源有多种，分别为 3.3V、2.5V 等，用来防止信号的相互干扰，图 4-57 所示为数字视频处理器 PW1231 的供电接口部分电路。

图 4-58 所示为检测数字图像处理器 PW1231 ⑦脚 2.5V 供电电压。

经检测，其外围供电正常，顺流程检测电路板中的晶体是否起振。

(3) 检查晶体输出的晶振信号是否正常，即检测数字图像处理器 PW1231 的与晶体连接引脚的信号波形，根据芯片 PW1231 的微处理器接口电路，如图 4-59 所示，其⑪⑦、⑪⑧脚为晶振信号端。

将示波器接地夹接地，探头搭在 PW1231 的⑪⑦、⑪⑧脚，如图 4-60 所示。

(4) 检测后发现，PW1306 晶振信号的波形正常，继续检测⑫⑤、⑫⑥脚 I²C 总线控制信号，如图 4-61 所示。

如上述检测过程中出现异常情况时，应先检查芯片外围的元器件及相关电路，如果外围元器件及电路都正常，再怀疑芯片本身。

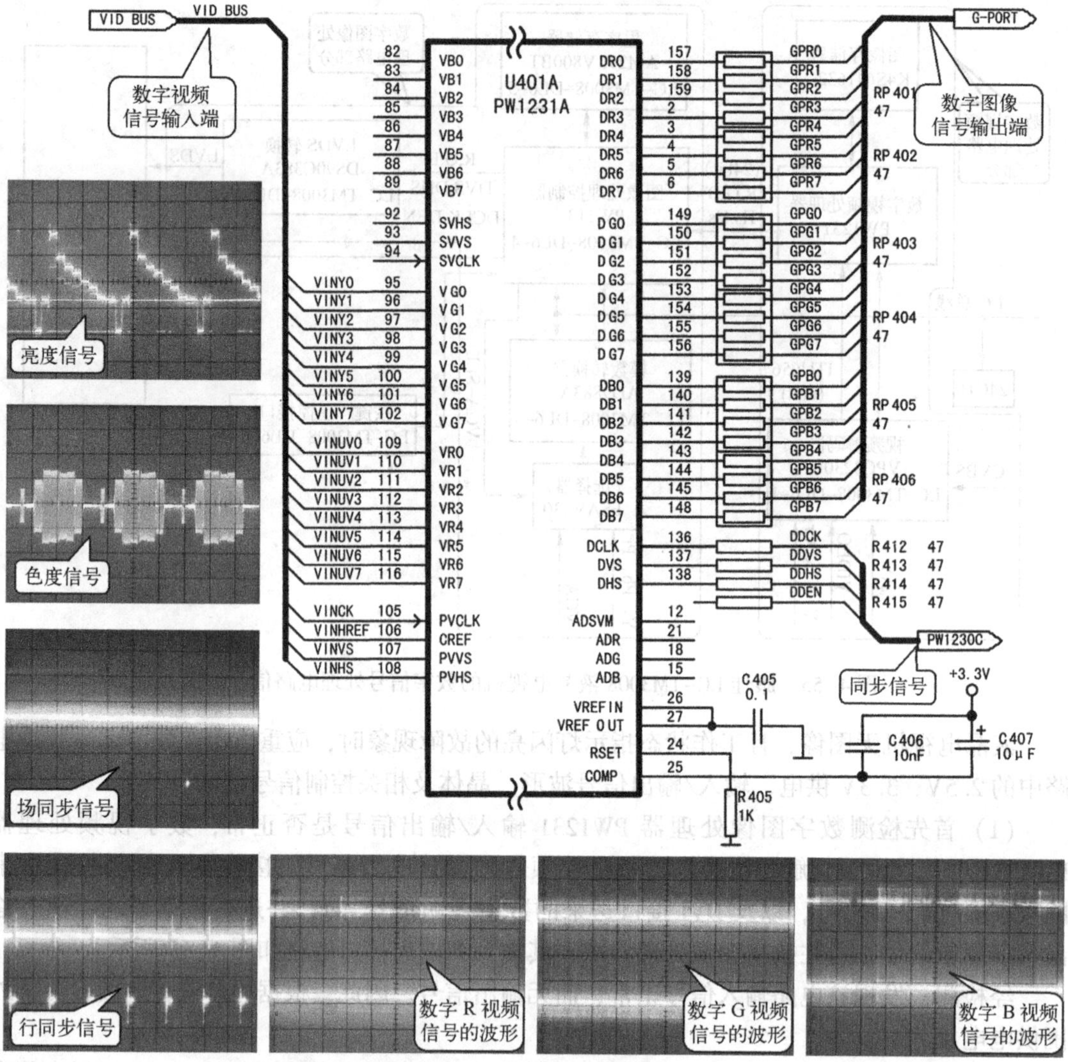

图 4-56 数字图像处理器 PW1231 其输入和输出接口电路

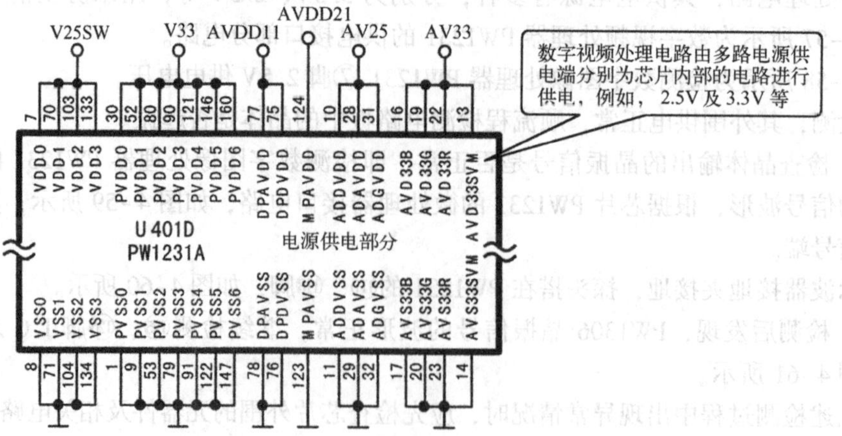

图 4-57 数字视频处理器 PW1231 的供电接口部分电路

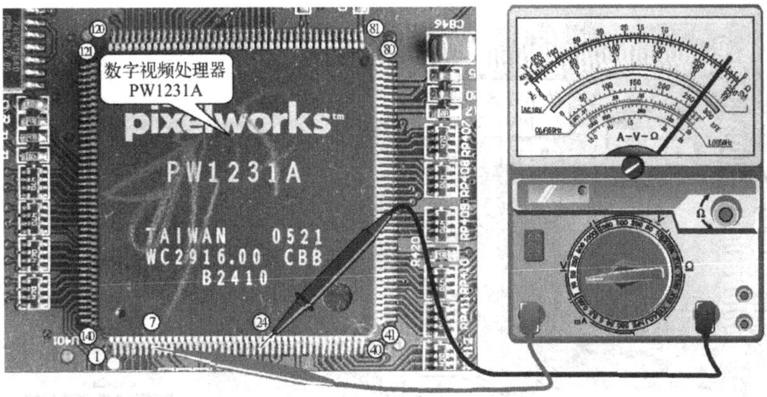

图 4-58　检测调谐器 N1000 ⑦脚的 +2.5V 电源供电压

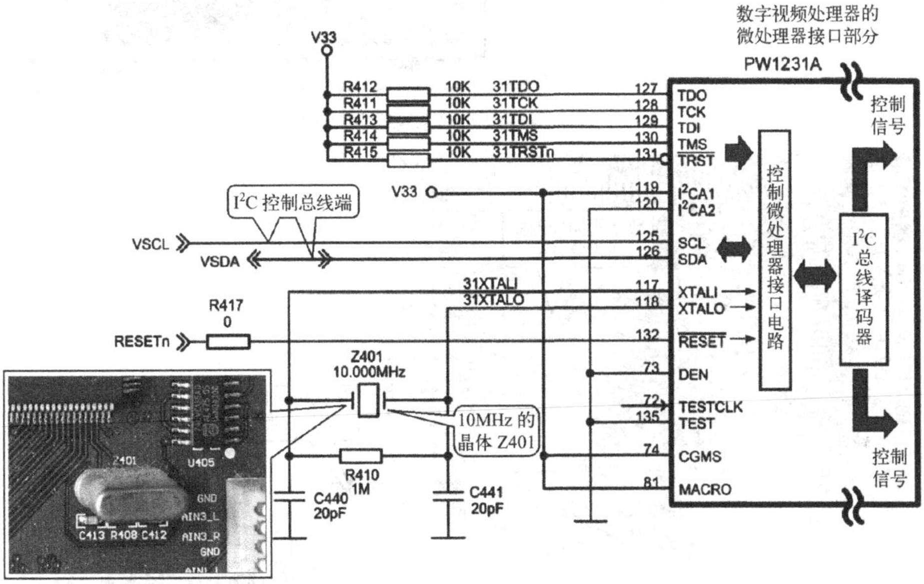

图 4-59　PW1231 的微处理器接口电路

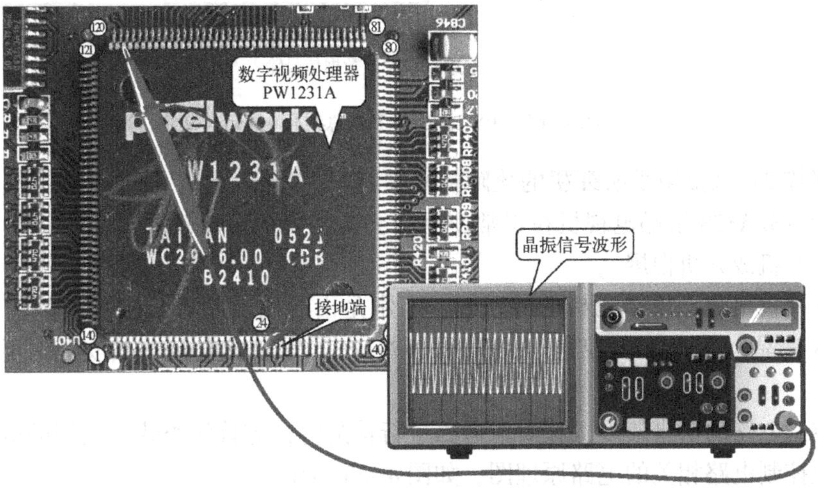

图 4-60　检测 PW1231 的晶振信号波形

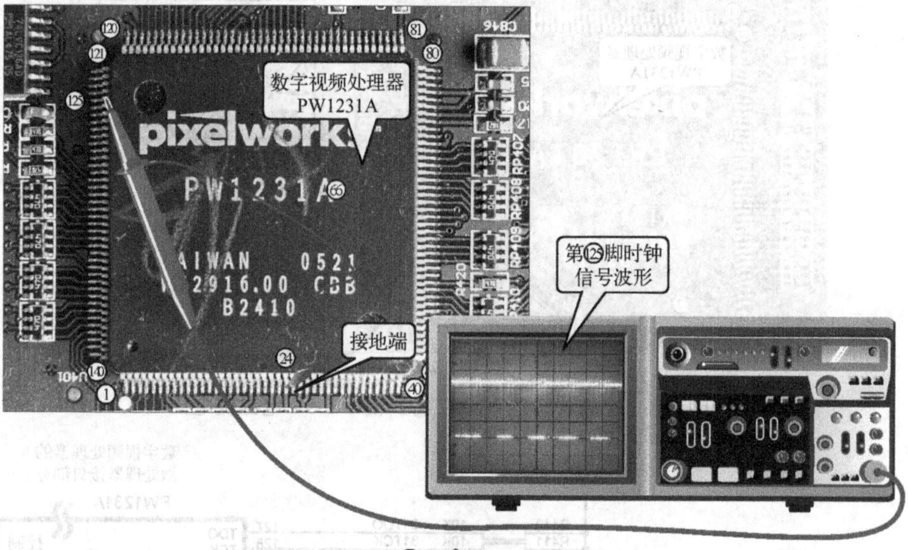

(a) ⑫⑤脚 I^2C 总线时钟信号输入

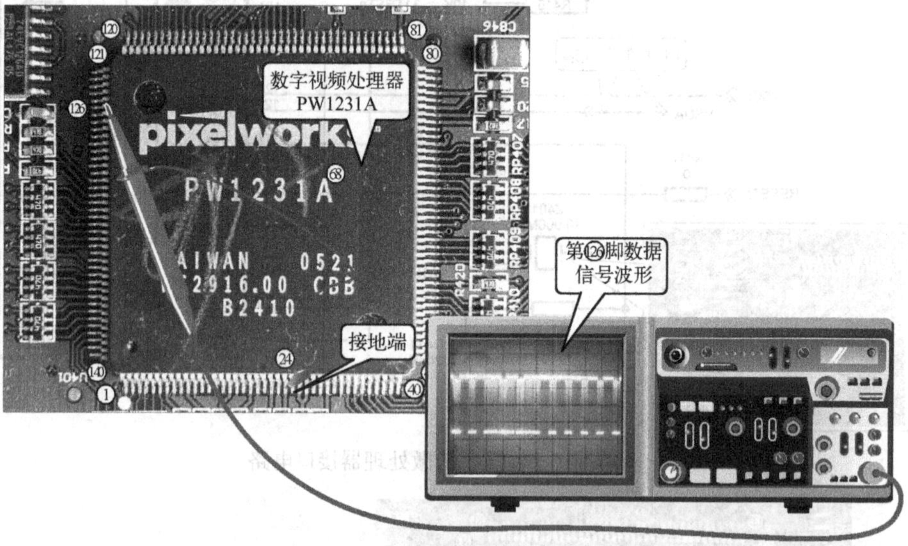

(b) ⑫⑥脚 I^2C 总线数据信号输入/输出

图 4-61　PW1306 的 I^2C 总线信号波形

案例训练 2：液晶电视机死机的故障检修实例

康佳 LC-32AS28 液晶电视机在正常使用中会突然无规律出现死机故障，且有时正常关机后，无法开机或开机白屏。

液晶电视机出现无规律死机的故障时，通常是由控制电路部分出现故障引起的，康佳 LC-32AS28 液晶电视机系统控制电路采用 W79E632 型集成电路，其实物外形如图 4-62 所示。

由于控制电路的引脚较多，在对该电路进行检测时，应首先查找该机型的电路图纸，并找到与系统控制电路相关的电路原理图，如图 4-63 所示。

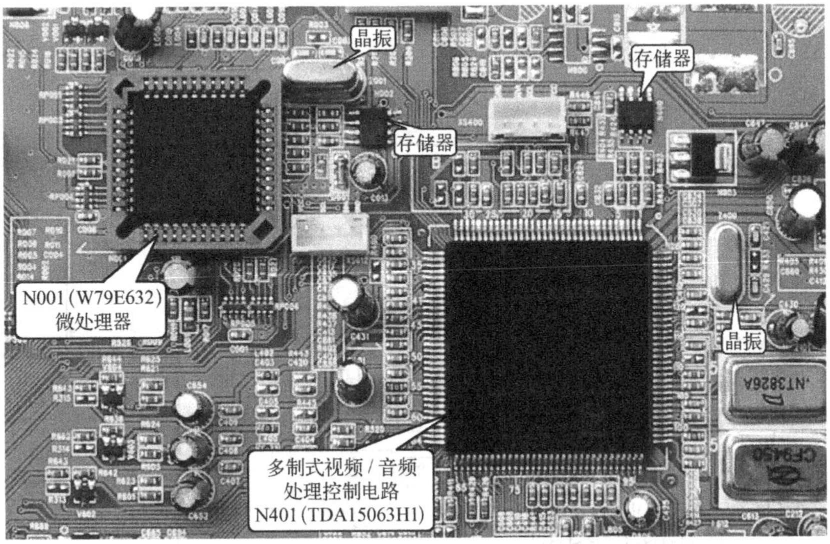

图 4-62　康佳 LC-32AS28 液晶电视机系统控制电路实物外形

对于控制电路部分的故障，微处理器（CPU）芯片本身损坏的概率很小，通常是由其外围电路及为系统控制电路提供工作条件的电源电路、复位电路等故障引起的。对于该类故障，首先应了解微处理器的各引脚功能，找到其相关外围元件，才能有针对性地检测和判断相关引脚的信号或电压是否正常。

其信号流程如下：

① 微处理器 W79E632 有三组 I^2C 总线控制信号，一组是由㊲、㊳脚输出的数据和时钟信号，该信号被送往多制式视频/音频处理控制电路 N401（TDA15063H1）中；一组是由⑱、⑲脚输出的数据和时钟信号；另一组为⑬、⑭脚，用来控制视频处理芯片等电路的工作状态，并对存储器 N002 进行写入和读取数据操作。

② 微处理器 W79E632 的㉔～㉚脚为键控信号输入端，这 7 个引脚分别与操作显示电路板上的控制键相连，每只引脚外接电源开关，当按压该开关时液晶电视机处于工作状态，再次按压时液晶电视机处于关机状态；另外一只引脚接 OSD 菜单，以及功能调节键。

④ 接通电源后，+5V 供电电压经 L001 输入到微处理器的㊹脚，为微处理器的工作提供工作电压。

⑤ W79E632 内部的时钟发生器电路通过⑳、㉑脚外接晶体 Z001，以及电容 C002 和 C003 产生时钟振荡信号，为微处理器提供时钟信号。

⑥ W79E632 的⑩脚为复位信号输入端。正常时，在开机的瞬间有一个复位信号输入，使内部的随机存储器、计数器等电路进行清零复位。

判断集成芯片是否正常，可首先检查上述主要信号是否正常。

(1) 根据检修流程，首先检查微处理器芯片的供电电压。参照图 4-57 及对电路的分析可知，主电源输出的 5V 电压直接加到微处理器的㉟脚和㊹脚，为微处理器内部的控制电路、存储器和时钟振荡电路，以及输入/输出接口电路供电，该电压正常是微处理器正常工作的首要条件。

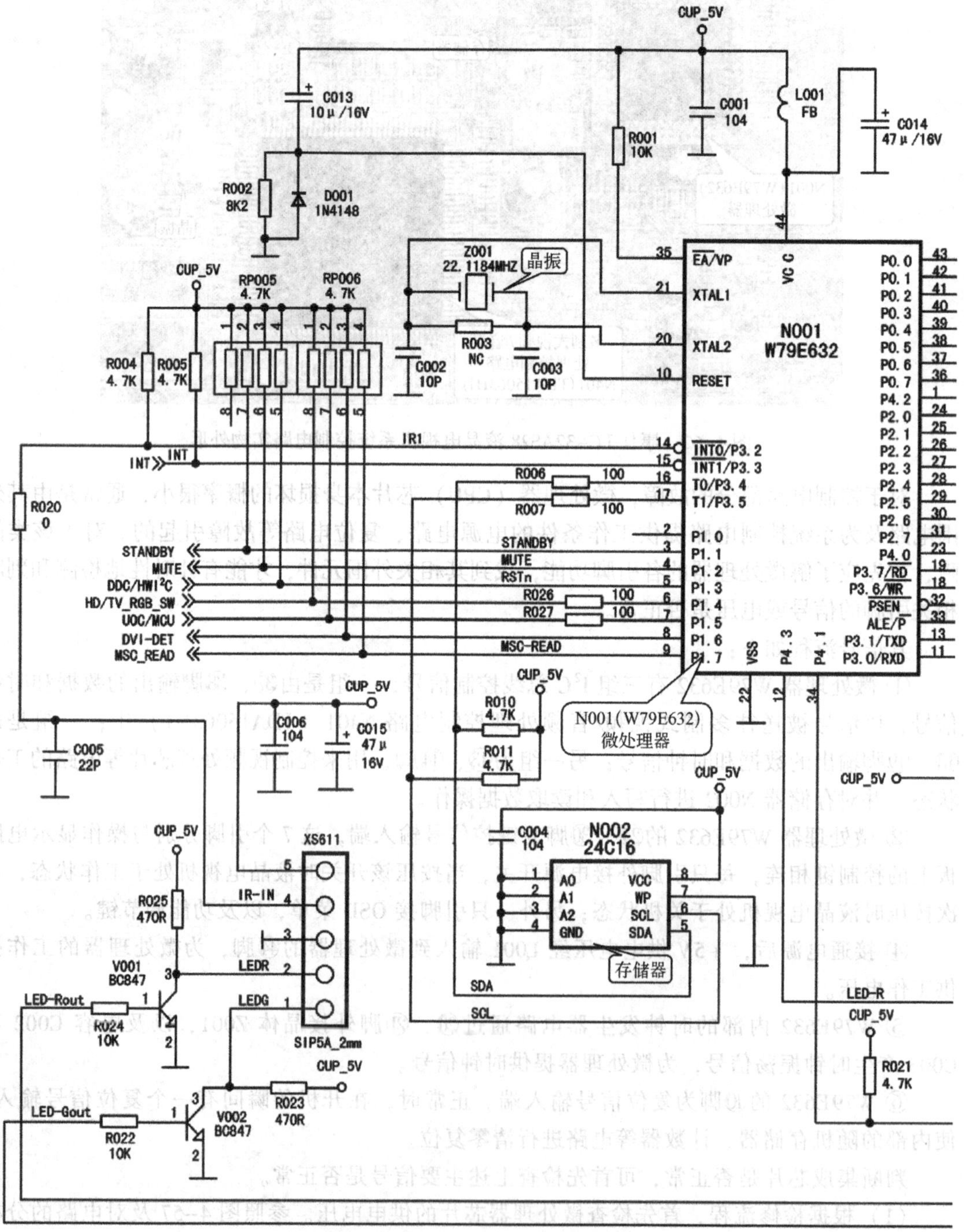

(a) 康佳 LC-32AS28 液晶电视机系统控制电路

图 4-63 康佳 LC-32AS28 液晶电视机系统控制电路

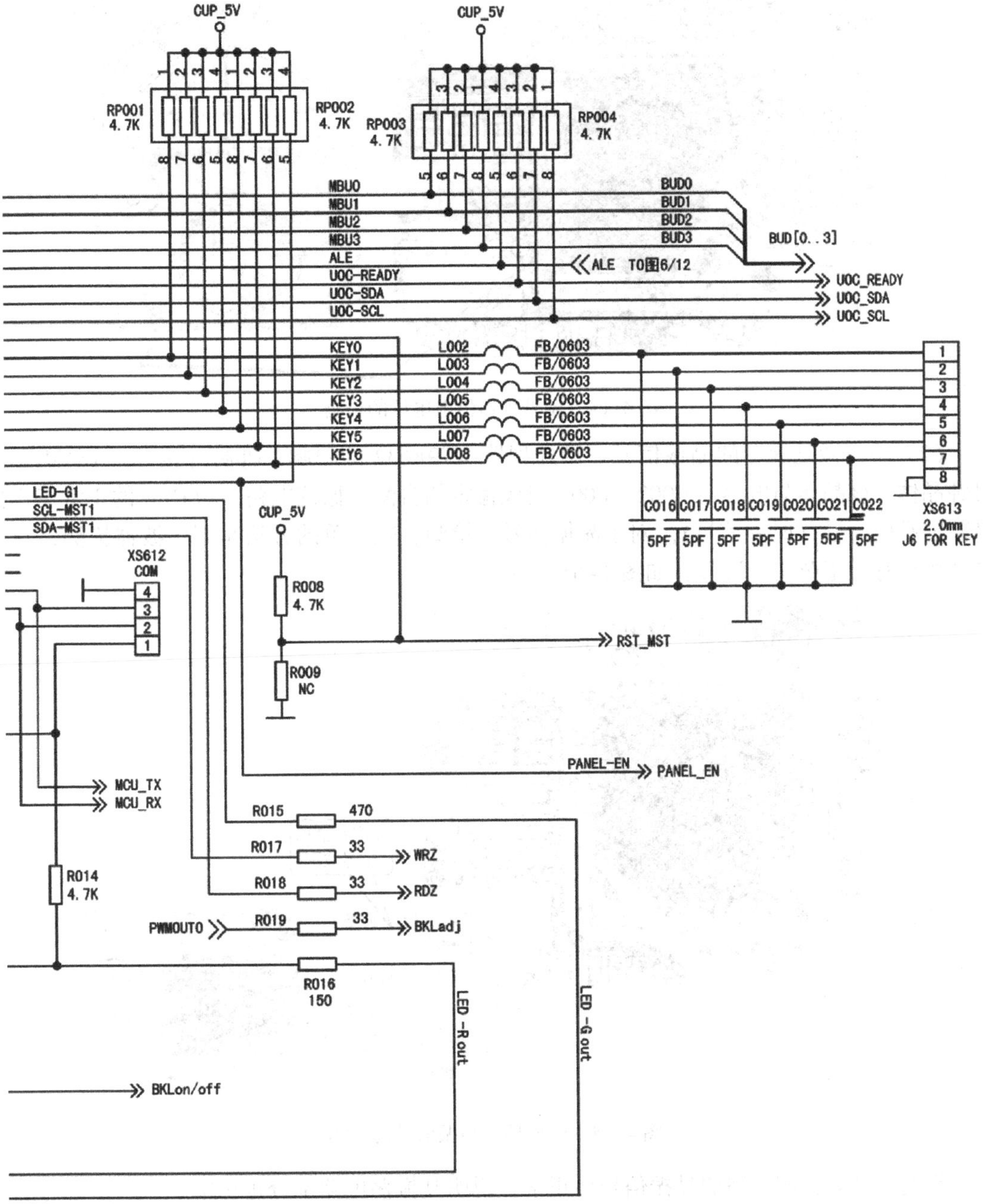

(b) 康佳 LC-32AS28 液晶电视机系统控制电路

图 4-63　康佳 LC-32AS28 液晶电视机系统控制电路（续）

电压通常使用万用表进行测量，首先将万用表量程置于直流 10V 挡，然后将黑表笔接地，红表笔接微处理器 IC501 的㊹脚，如图 4-64 所示。

观察万用表读数约为 5V，说明微处理器的工作电压正常。接下来应继续检测其他工作条件。

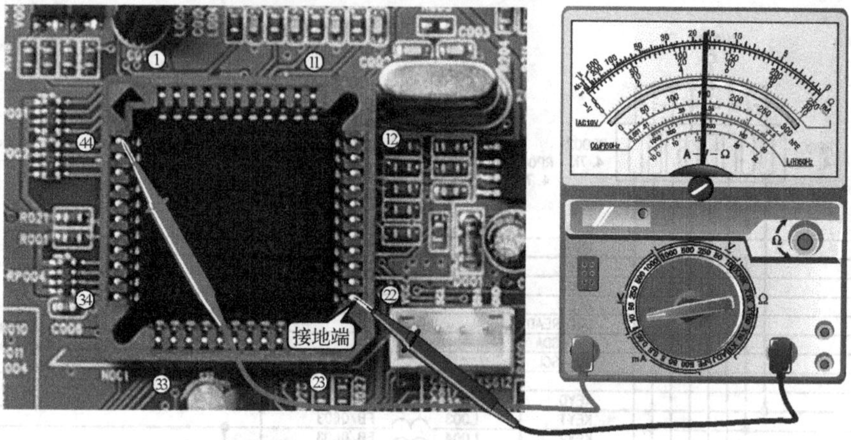

图 4-64　微处理器供电电压的检测

（2）检查微处理器的晶振信号。微处理器 W79E632 的⑳脚、㉑脚外接 22.1184MHz 的时钟晶体，该晶体与电容器 C002、C003 组成稳定的自激式振荡电路，为 CPU 的正常工作提供基准晶振信号（时钟信号）。对于晶振信号的检测，较简单的方法是用示波器检测，观察在开机后有无正弦信号波形，如图 4-65 所示。

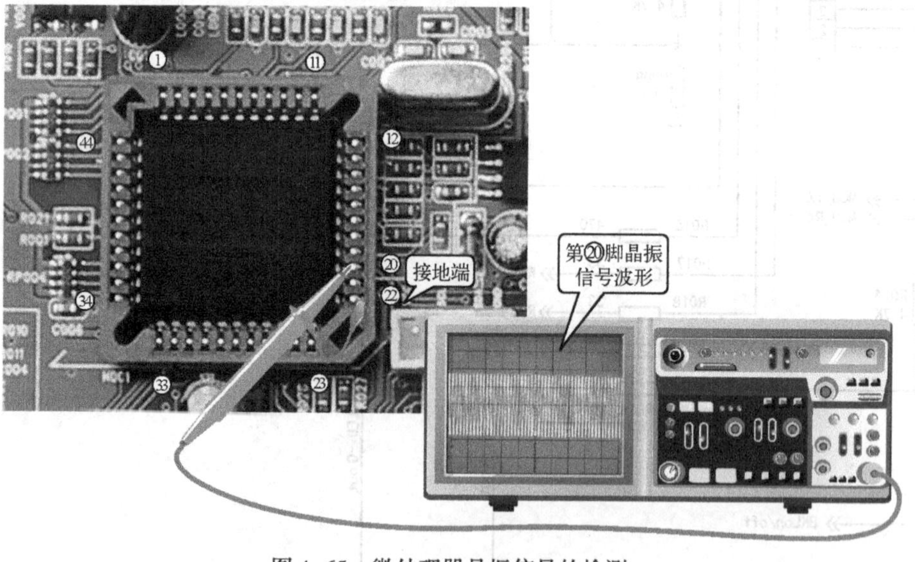

图 4-65　微处理器晶振信号的检测

经检测可知，该电路的晶振信号也正常，说明其振荡电路部分也正常。

（3）微处理器复位信号的检测。复位信号是微处理器电路芯片除供电电压和晶振信号外的另一个重要工作条件。对照其电路图纸及引脚功能分析可知，W79E632 的⑩脚为该微处理器芯片的复位端，其外围的复位电路由 C013、R002、D001 等元器件组成。

检测复位信号时，可用万用表监测微处理器 W79E632 ⑩脚电压在开机瞬间的变化。开机后能测到稳态的高电平（接近 +5V），如图 4-66 所示。

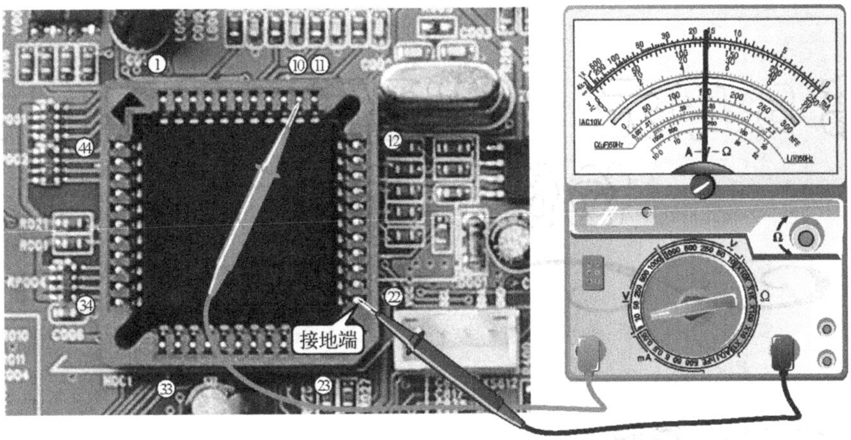

图 4-66　复位信号的检测

如果复位端电压失常，则应重点检测复位电路中的主要组成元件，如电容器 C013、R002、二极管 D001，更换不良的元器件后故障排除。

要点提示

集成芯片型号不同，其外接晶体的谐振频率也不相同，且有时在示波器屏幕上没有明显的正弦信号波形显示，只有一条水平亮带，一般该波形也属于正常波形；有时微调示波器的同步旋钮和时间轴旋钮即可得到规则的正弦波信号，如图 4-67 所示。如果波形有些失真也不影响芯片正常工作。

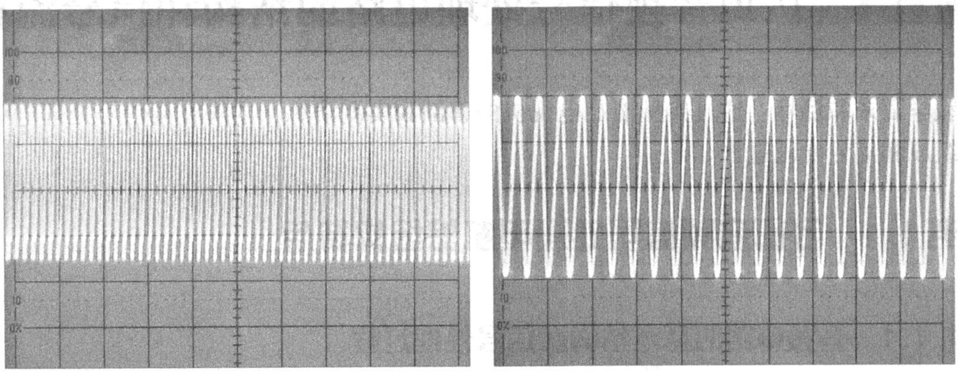

图 4-67　不同频率的晶振信号

第 5 单元　音频信号处理电路检修技能实训

综合教学目标

了解液晶电视机音频信号处理电路的结构、功能和信号处理过程，掌握音频信号处理电路的常见故障和检测方法。

岗位技能要求

训练使用示波器检测音频信号处理电路关键测试点的信号波形，训练使用万用表检测各单元电路的工作电压，以及主要元器件的电阻值，并能根据检测结果判别电路和器件是否有故障。

项目 1　认识音频信号处理电路的结构和信号流程

教学要求和目标：通过典型液晶电视机的解剖和实测演练，了解音频信号处理电路的结构、组成和信号处理过程。

任务 1.1　了解音频信号处理电路的结构特点

1.1.1　音频电路的基本结构和信号处理过程

图 5-1 所示为典型液晶电视机音频信号电路的方框图，图中示出了音频信号的处理过程。来自天线（或有线电视）的射频电视信号中包含伴音和图像两种信息。这两种信息都调制在射频载波上。在调谐器中先对射频载波进行选频放大，然后与本振信号混频取其差频信号，将射频载波变成中频载波，载波中调制的伴音和图像信息内容不变，调谐器输出的是中频信号。中频信号经预中放后由两个声表面波滤波器将伴音中频和图像中频分离，并分别送到中频集成电路中进行视频检波和伴音解调，并检出视频图像信号和第二伴音中频信号(6.5MHz)。

中频电路输出的第二伴音中频送到音频信号处理集成电路 N2000 中进行鉴频处理，解出伴音音频信号，外部设备输入的音频（L、R）信号也送到 N2000 中，本机接收的音频信号和 AV 输入的音频信号在 N2000 中进行切换和数字音频处理，然后经 D/A 转换器再变成模拟信号输出。N2000 输出的音频信号再送到音频功率放大器 N2001 中进行放大，最后再去驱动扬声器发声。

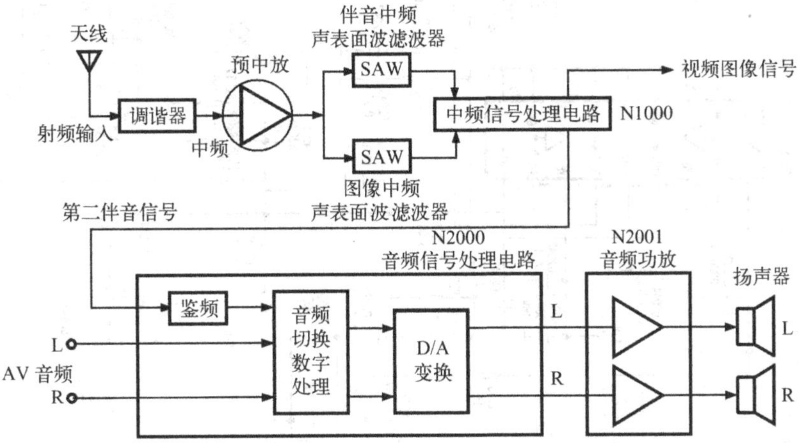

图 5-1　典型液晶电视机音频信号电路的方框图

图 5-2 是康佳 2008 的音频信号处理电路的原理图。它主要是由 MSP3463G 数字音频处理器和音频功率放大器 TDA1517P 等部分构成的。来自中频电路 TDA9808 的伴音中频信号送到 N2000 MSP3463G 的㊿脚，该信号在集成电路中进行解调，将伴音音频信号从载波中解调出来，然后进行数字音频处理，经处理后再经 D/A 变换器变成模拟音频信号（L，R）再经滤波器后送到功率放大器 TDA1517P 的输出端①、⑨脚。TDA1517P 是一个音频功率放大器，它将双声道音频信号放大到足够的功率，分别由④、⑥脚输出，驱动扬声器。

1.1.2　典型液晶电视机音频信号处理电路的组成

图 5-3 所示为典型液晶彩色电视机的音频信号处理电路的实物外形，由图可知，该部分主要是由音频功率放大器 U3（CD1517CP）、音频通道选择开关 U114（74HC4052）、扬声器接口 CON12 等组成的。

1. 音频功率放大器

音频功率放大器通常是一个独立的集成电路，将前级的音频信号处理电路送来的音频信号进行功率放大后输出，用于驱动扬声器发声。

图 5-4 所示为典型液晶电视机的音频功率放大器电路的实物外形，该电路的型号为 CD1517CP，其共有 18 个引脚。

音频功率放大器 CD1517CP 是一种 2×6W（两声道）立体声功率放大器，具有两种结构形式，如图 5-5 所示，其中图 5-5（a）所示为⑨脚的音频功率放大器 CD1517CP 的引脚结构，图 5-5（b）所示为 18 脚的音频功率放大器 CD1517CP 的引脚结构，它的⑩～⑱脚都是接地。

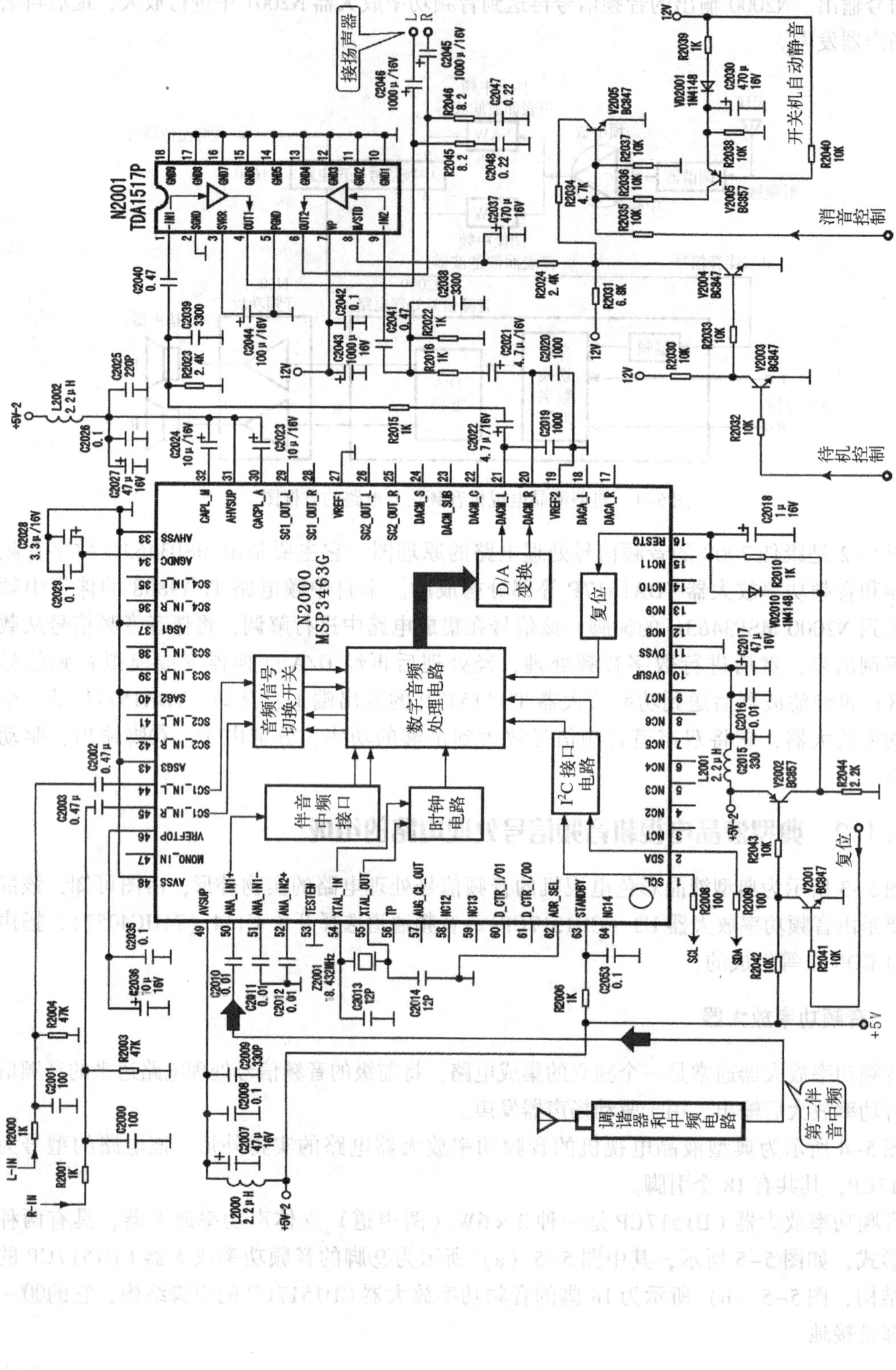

图 5-2 音频信号处理电路原理图（康佳 2008）

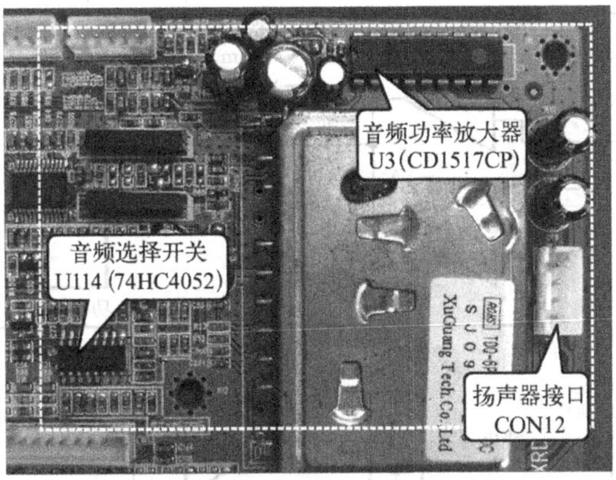

图 5-3　典型液晶电视机的音频信号处理电路的实物外形

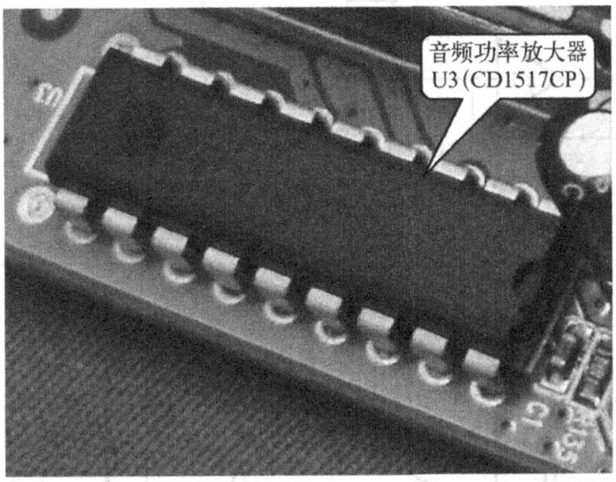

图 5-4　典型液晶电视机的音频功率放大器集成电路的实物外形

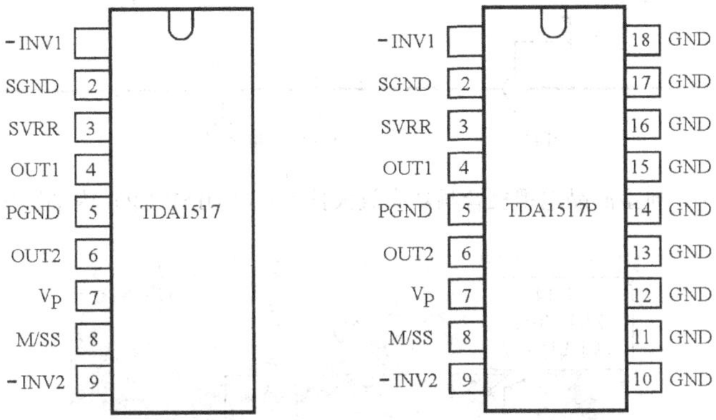

（a）9 脚引脚图　　（b）18 脚引脚图

图 5-5　两个不同引脚的音频功率放大器

图 5-6 所示为音频功率放大器 CD1517CP 内部结构框图，该电路是一种专门为音频设备设计的功率放大器，共有 9 只引脚。

2. 音频切换选择开关

音频信号选择开关的主要是用于将各接口送入的音频信号选择出预输出的一路，图 5-7 所示为音频切换开关 U14（74HC4052）实物外形。

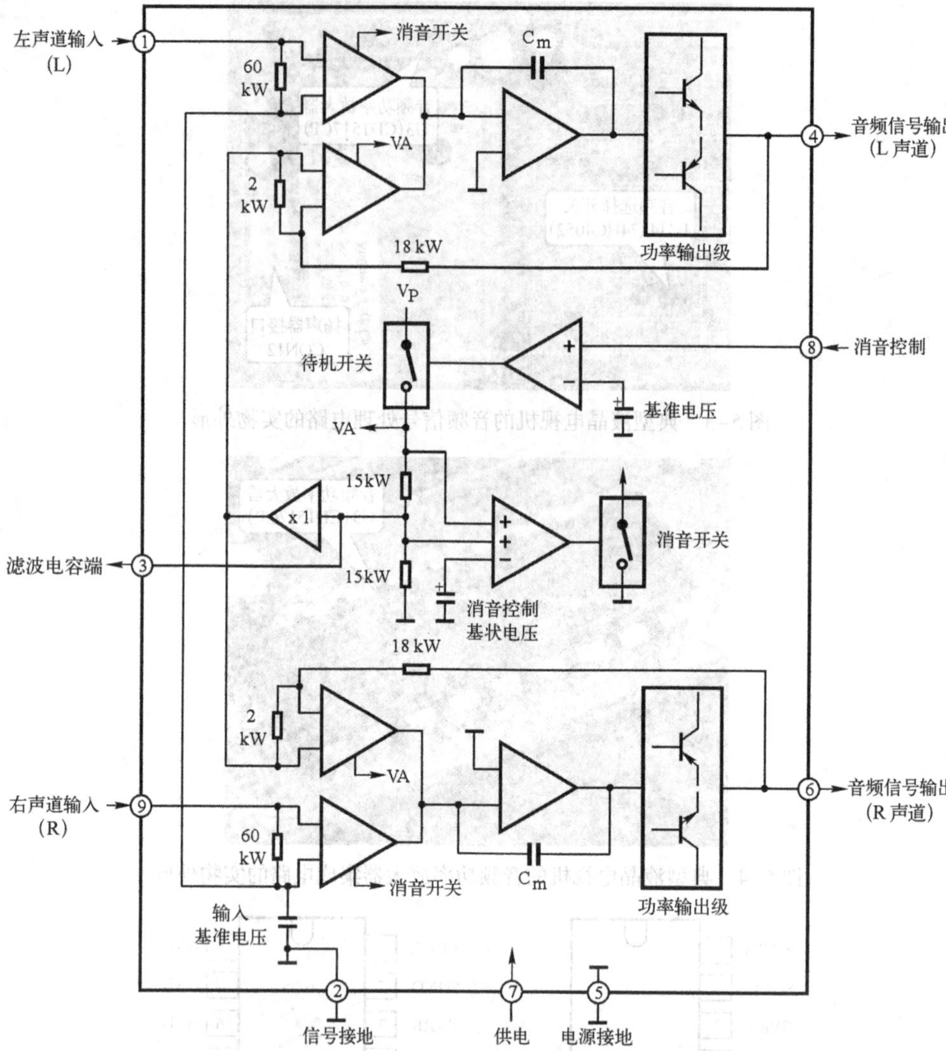

图 5-6 典型液晶电视机音频功率放大器 U3（CD1517CP）内部结构框图

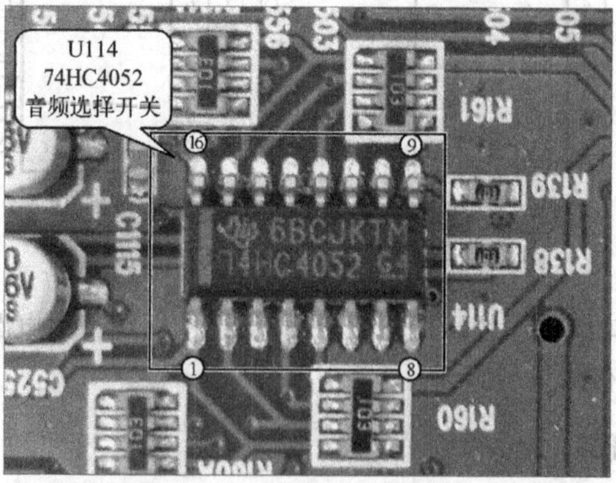

图 5-7 音频切换开关 U14（74HC4052）实物外形图

图 5-8 所示为音频切换开关 U114（74HC4052）的内部结构框图，该电路主要用于切换音频信号，外部音频设备输入的音频信号（L、R 声道）分别接到①脚、②脚、④脚、⑤脚、⑪脚、⑫脚、⑭脚、⑮脚，以上信号在其内部经切换处理后，分别由③脚和⑬脚输出两路的音频信号，并送往音频处理电路。切换的控制信号加 U114（74HC4052）到⑩、⑨、⑥脚。

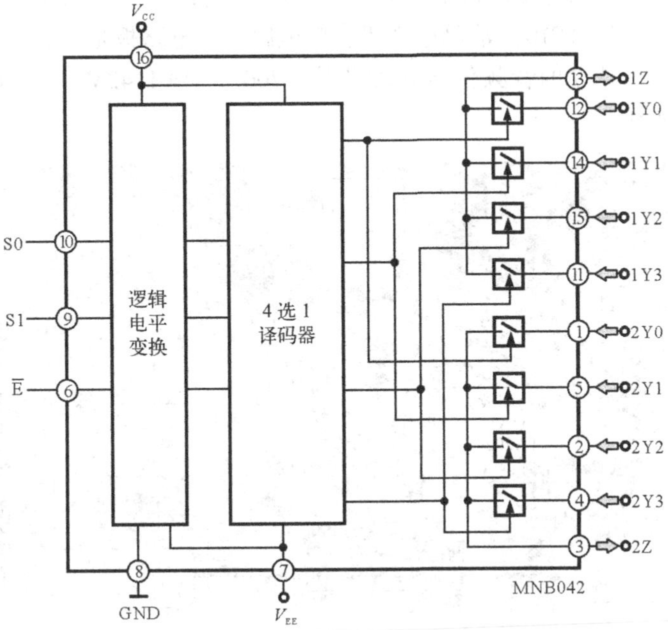

图 5-8　典型音频切换开关 U114（74HC4052）内部结构框图

3. 扬声器接口

扬声器接口是音频功率放大器与扬声器进行连接的插件，图 5-9 所示为典型液晶电视机电路板中的音频扬声器接口，该接口共有四个针脚。

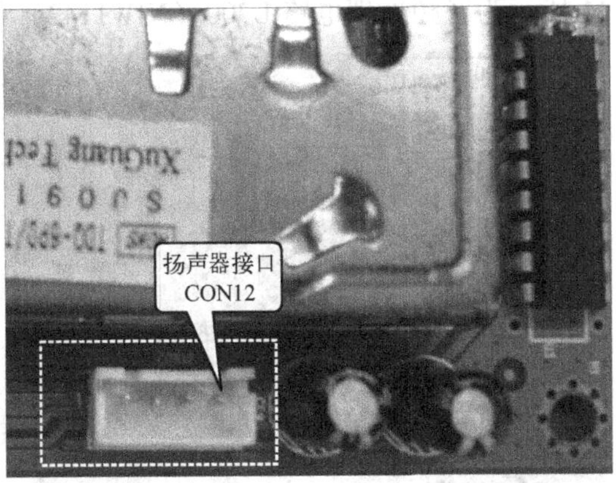

图 5-9　典型液晶电视机电路板中的音频扬声器接口

任务 1.2 音频电路的结构特点和识别方法

1.2.1 音频信号处理电路在主板上的位置

由于液晶彩色电视机的设计和需求不同，其音频电路所采用的部件数也不同，图 5-10 所示为长虹 LT3788 型（LS10）液晶电视机音频电路，该电路板是由音频信号选择切换开关 U114（74HC4052）、独立的音频信号处理芯片 U700（NJW1142M）、音频功率放大器 UA1（TA2024）等组成的。

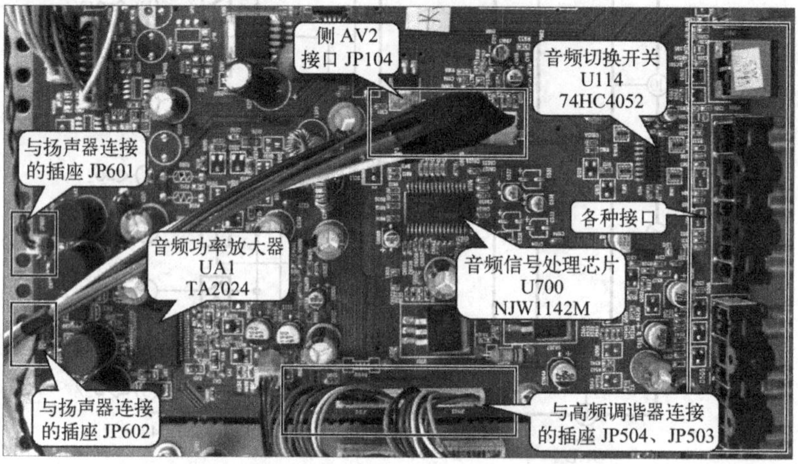

图 5-10 长虹 LT3788（LS10）液晶电视机音频电路

1.2.2 音频系统中的单元电路

1. 音频信号处理芯片 U700（NJW1142）

图 5-10 所示为长虹 LT3788 型液晶电视机中，采用独立的集成电路 NJW1142 作为本机的音频处理电路，图 5-11 所示为音频处理电路 U700（NJW1142）的实物外形图，

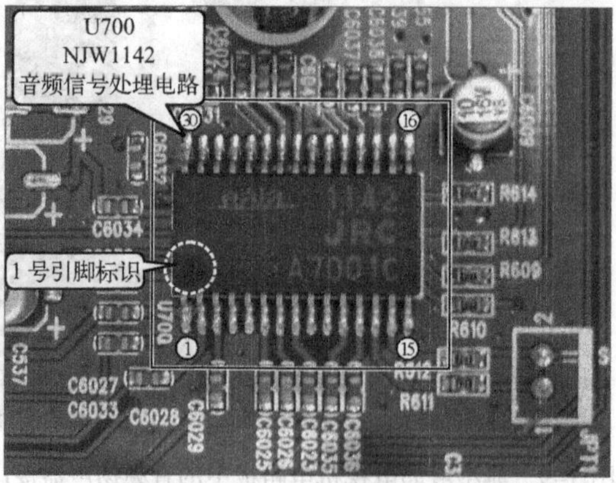

图 5-11 长虹 LT3788 型 NJW1142 实物外形图

NJW1142 是一种声音处理电路，它拥有全面的音频信号处理功能，能够进行音调、平衡、音质、静音和 AGC 等的控制，图 5-12 所示为 NJW1142 的内部结构框图。

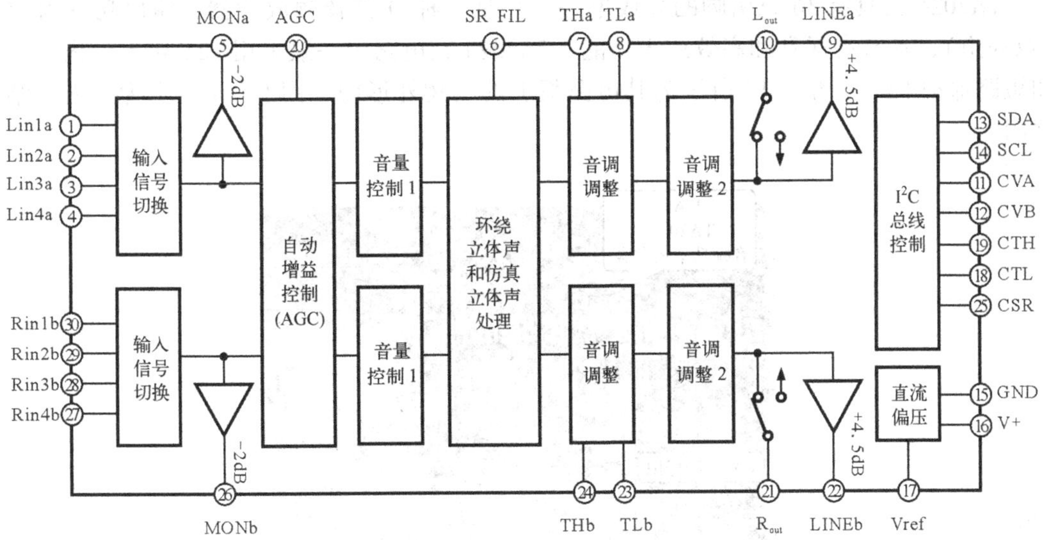

图 5-12　长虹 LT3788 型 NJW1142 内部结构框图

NJW1142 主要应用于长虹 LS10 机芯液晶系列电视机中，采用 LQPF 封装技术，内置 5V 调节电压、短路与过热保护及供电电压保护电路，其各引脚功能参见表 5-1。

表 5-1　长虹 LT3788 型 NJW1142 集成电路各引脚功能

引脚号	名　称	引脚功能	引脚号	名　称	引脚功能
①	Lin1a	音频输入 1a	⑯	V +	+9V 供电端
②	Lin2a	音频输入 2a（DMP 左声道）	⑰	Vref	参考电压端
③	Lin3a	音频输入 3a（数字信号输出左声道）	⑱	CTL	噪声抑制端（低音）
④	Lin4a	音频输入 4a	⑲	CTH	噪声抑制端（高音）
⑤	MONa	音频监控输出 a	⑳	AGC	AGC 滤波
⑥	SR - FIL	环绕滤波端	㉑	R_{out}	耳机右声道信号输出
⑦	THa	左声道高音滤波端	㉒	LINEb	扬声器右声道信号输出
⑧	TLa	左声道低频滤波端	㉓	TLb	右声道低音滤波端
⑨	LINEa	扬声器左声道信号输出	㉔	THb	右声道高音滤波端
⑩	L_{out}	耳机左声道信号输出	㉕	CSR	噪声抑制（环绕控制）
⑪	CVA	噪声抑制端（左声道音量与平衡）	㉖	MONb	音频监控输出 b（AV1 右声道输出信号）
⑫	CVB	噪声抑制端（右声道音量与平衡）	㉗	Rin4b	音频输入 4b（TV 右声道）
⑬	SDA	I^2C 总线数据输入	㉘	Rin3b	音频输入 3b（数字信号输出右声道）
⑭	SCL	I^2C 总线时钟信号输入	㉙	Rin2b	音频输入 2b（DMP 右声道）
⑮	GND	地	㉚	Rin1b	音频输入 1b（AV1 右声道）

2. 音频功率放大器 UA1（TA2024）

TA2024 为具有 36 只引脚的集成电路，它是一种 D 类音频放大器，输出功率为 15W（双通道），具有高保真和高效放大功能。TA2024 在电路中一般采用 12V 供电，内置过热和短路保护电路，图 5-13 所示为其电路板上的实物外形图，图 5-14 所示为其内部结构框图。

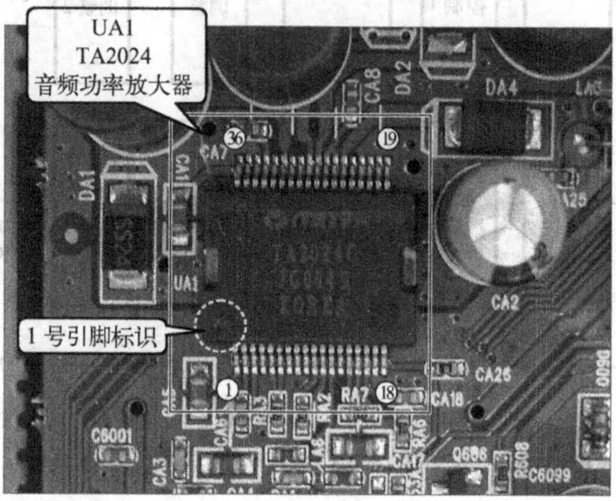

图 5-13 TA2024 电路板上的实物外形图

TA2024 集成电路作为伴音功放电路使用范围较广，主要可应用于长虹 LP06 机芯、LP09 机芯和 LS10 机芯液晶系列电视机中，其各引脚功能参见表 5-2。

表 5-2 TA2024 各引脚功能

引脚号	名 称	引脚功能	引脚号	名 称	引脚功能
①	5VGEN	5V 电压调节端	⑬㉑㉓㉜㉞	NC	空脚
②③	DCAP2、DCAP1	外接电容充/放电端	⑯	BIASCAP	输入偏置电压端
④	V5D	数字直流 5V	⑱	SLEEP	IC 睡眠控制端
⑤⑧⑰	AGND	模拟地	⑲	FAULT	过热保护输出端
⑥	REF	内部参考电压	⑳㉟	PGND	电源地
⑦	OVERLOADB	过流输出端	㉒	DGND	数字地
⑨	V5A	模拟直流 5V	㉔㉗㉘㉛	OUTP2、OUTM2 OUTP1、OURM1	左右通道放大器输出端，为桥式信号对
⑩⑭	OAOUT1、OAQOT2	左右声道输出端	㉕㉖㉙㉚	VDD	供电端（12V）
⑪⑮	INV1、INV2	左右声道输入端	㉝	VDDA	模拟供电端（12V）
⑫	MUTE	静音控制输入端	㊱	CPUMP	外接电容充电端

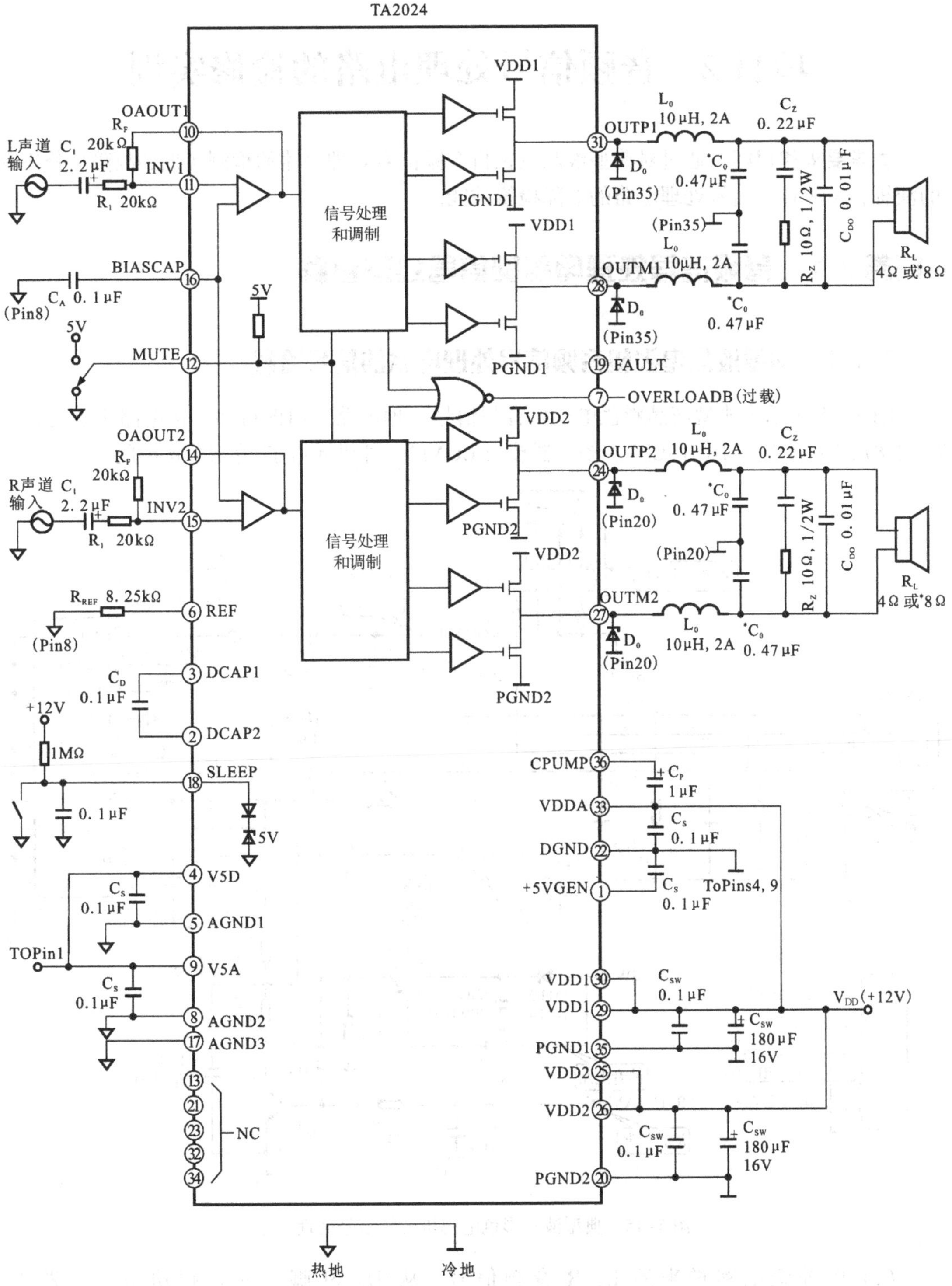

图 5-14　TA2024 内部结构框图

另外，在液晶电视机中应用较多的音频功率放大器除 TA2024 外，还有 PT2330 功率放大器。

项目 2　音频信号处理电路的检修实训

教学要求和目标：通过对典型液晶电视机音频信号处理电路的检测实训和故障检修案例的演练，掌握音频信号处理电路的故障检修技能。

任务 2.1　音频信号处理电路的信号处理过程

2.1.1　典型液晶电视机音频信号处理电路的信号流程

图 5-15 所示为典型液晶彩色电视机音频信号处理电路。由图可知，该电路主要是由音频功率放大器 U3（CD1517CP）、扬声器接口 CON12、耳机插口 J7 等部分构成的。

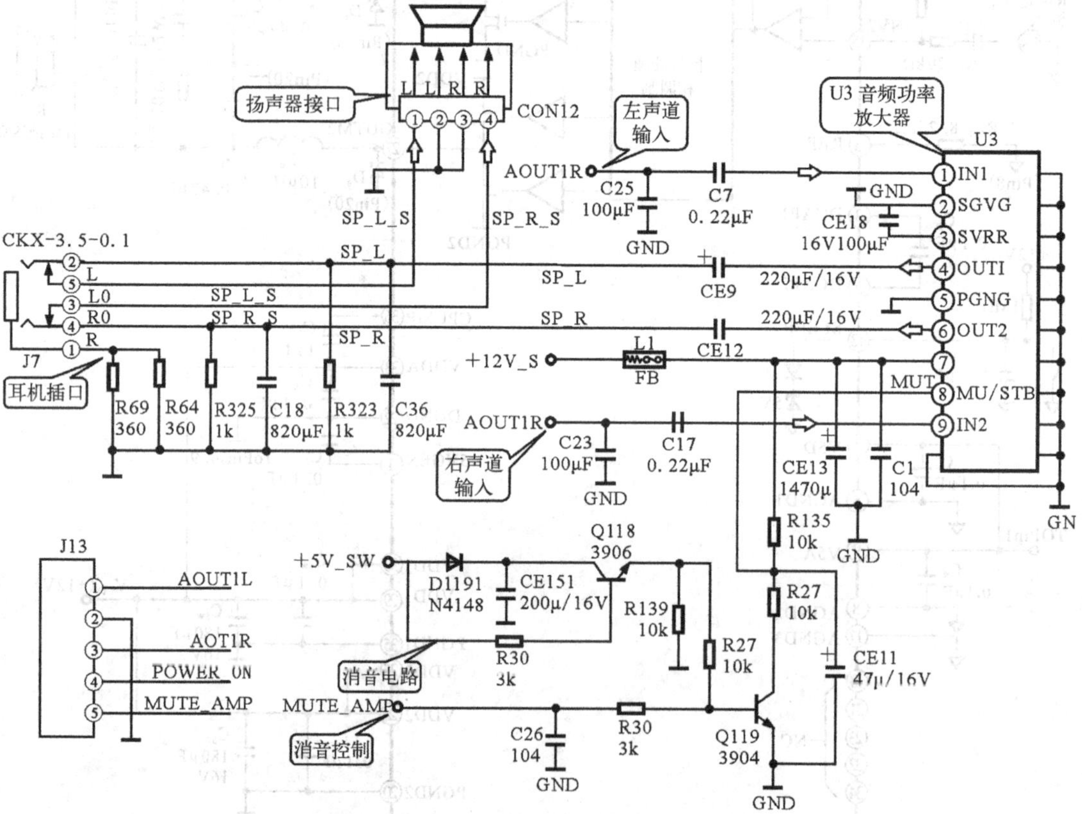

图 5-15　典型液晶彩色电视机音频信号处理电路

（1）由前级电路送来的 L、R 音频信号，从①、⑨脚送入音频功率放大器 U3（CD1517CP）中，在其内部进行放大后，分别由④、⑥脚输出 L、R 音频信号，经耳机接口 J7，再经扬声器接口 CON12 的①脚和④脚，驱动扬声器发声。

（2）由微处理器送来的消音控制信号经 Q119 后，送入音频功率放大器 U3（CD1517CP）

的⑧脚，用来实现液晶电视机的消音功能。

2.1.2　长虹 LT3788 型液晶电视机音频信号处理流程

图 5-16 所示为长虹 LT3788 型液晶电视机音频信号处理流程示意图，各种音频信号经接口送入液晶电视机后的信号流程，整个信号处理过程可大致分为两个部分，即信号输入、信号处理和输出。

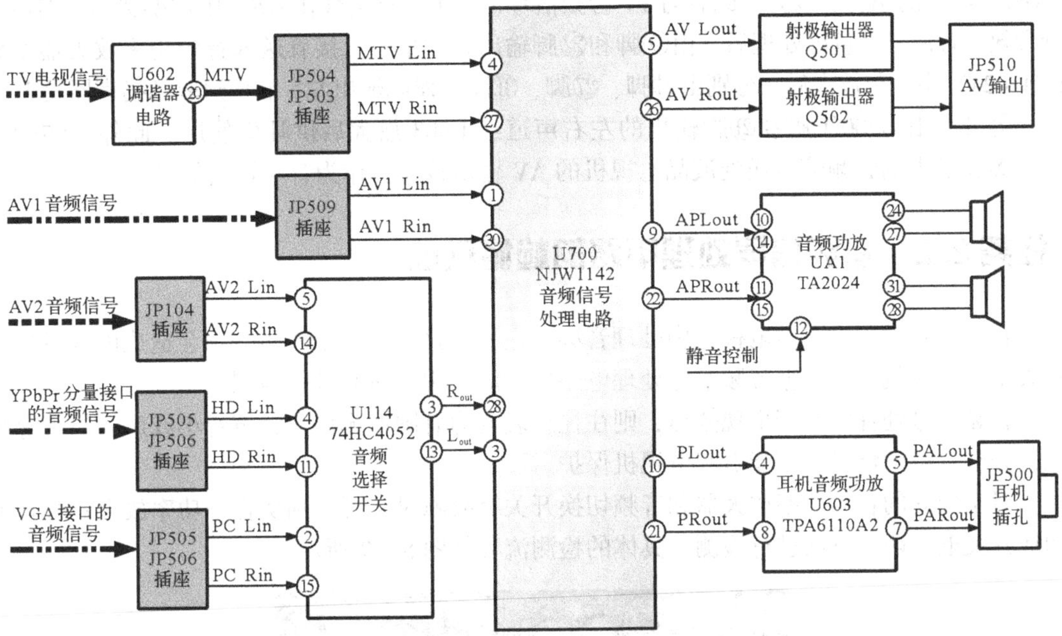

图 5-16　长虹 LT3788 型液晶电视机音频信号处理流程示意图

1. 音频信号的输入

该机型液晶电视机的音频信号输入通道，大致可分为六路（图 3－14 中的虚线输入），各路信号具体输入过程如下：

（1）TV 音频信号输入：电视信号经由调谐器解调出 TV－V 伴音信号后由⑳脚输出（MTV Lin、MTV Rin），经插件 JP504、JP503 后送至数字信号处理电路板（以下简称数字板）上的音频处理电路 U700（NJW1142）的④脚、㉗脚。

（2）AV1 音频信号输入：由 DVD 机等设备送来的音频信号（AV1 Lin、AV1 Rin）经接口插件后，直接送至数字板上的音频信号处理电路 U700（NJW1142）的①脚、㉚脚。

（3）AV2 音频信号输入：在液晶电视机的后壳的侧面也有一组音视频输入端口，可用于连接 DVD 等设备，由该接口设备的音频信号（AV2L、AV2R）经插件 JP104 后，直接送至数字板上的音频信号处理电路 U114（74HC4052）的⑤脚、⑭脚。

（4）YPbPr 分量接口的音频信号输入：高清分量视频设备输出的音频信号（HD Lin、HD Rin）经 YPbPr 分量设备输入端口（JP505、JP506）后送至音频选择开关 U114（74HC4052）的④脚、⑪脚。

（5）VGA 音频信号输入：由计算机输出的音频信号（PC Lin、PC Rin）经插座 JP102

输入后送至音频选择开关 U114（74HC4052）的②脚、⑮脚。

2. 音频信号的处理和输出

由图 3－14 可知，AV2 音频信号、VGA 接口的音频信号、YPbPr 分量接口的音频信号，都需要首先送入音频选择开关电路 U114（74HC4052），经其内部选择后，分别由其③脚、⑬脚输出左、右声道信号（R_{out}、L_{out}），这两个信号再送入音频信号处理电路 U700（NJW1142）的㉘脚、③脚。此后与 TV 音频信号、AV1 音频信号在 U700 中切换选择，然后进行音效、音调、音量等处理后，由⑨脚和㉒脚输出音频信号，接着送入音频功率放大器 UA1（TA2024）中进行放大后，分别由㉔脚、㉗脚、㉛脚、㉘脚输出左、右声道驱动扬声器发声。

另外，由 U700①脚和㉑脚输出的左右声道经 U603 放大后供耳机使用。此外，U700⑤脚、㉖脚输出的音频信号送到液晶电视机的 AV 输出接口，作为音频输出信号。

任务 2.2　音频信号处理电路的检修实训

音频信号处理电路是电视机中处理音频的主要电路，若发生故障，则会造成电视机的声音失常，这时就需要根据音频信号处理电路的故障表现，对其进行检测。

音频信号处理电路若出现故障，则往往会表现为有图像无伴音、声音小或声音失常等情况，如有过载的情况还可能引起电视机保护。

对于独立的音频功率放大器和音频切换开关有故障时，可分别从音频功率放大器和音频切换开关电路两个方面进行检测，具体的检测流程如图 5-17 所示。

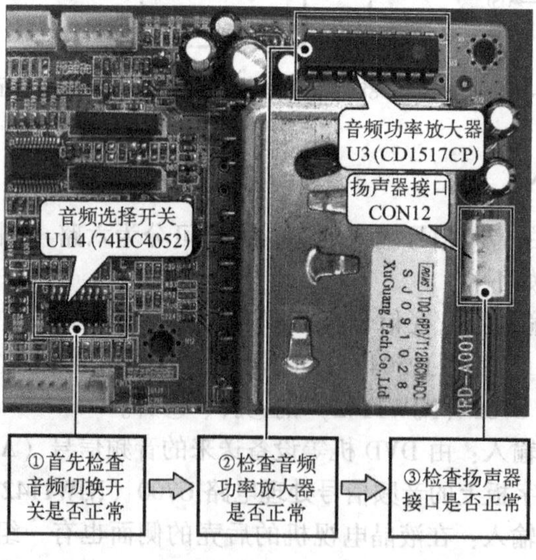

图 5-17　音频信号处理电路检修测流程图

2.2.1　音频信号处理电路的检测训练

操作训练 1：音频功率放大器的检测

判断音频功率放大器 U3（CD1517CP）是否正常，可首先检测其左右声道的音频输入信号是否正常，若输入信号正常，则可接着检测输出端的音频信号是否正常；若输入正常，输出不正常，则作为音频功率放大器本身故障。对于该电路的检测，主要是通过检测其信号波形和供电电压，来确定故障部位，从而排除故障。

（1）检测音频功率放大器 U3（CD1517CP）的⑦脚供电电压是否正常，如图 5-18 所示，正常情况下应能检测到 +12V 电压。

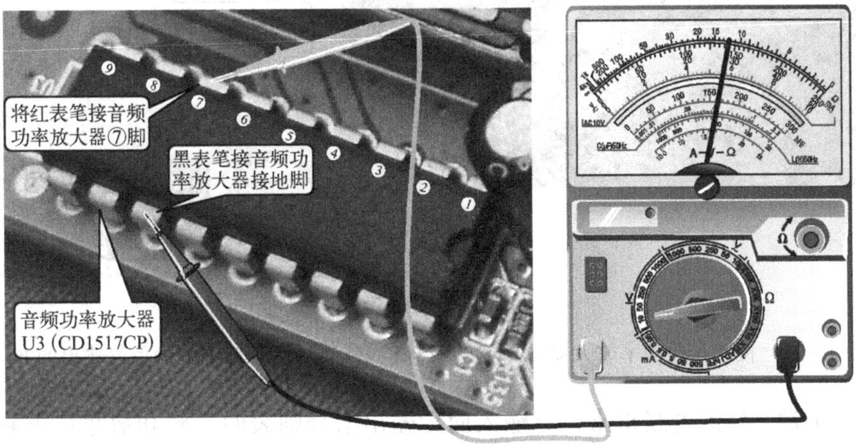

图 5-18　检测音频功率放大器 U3（CD1517CP）的⑦脚电源供电

（2）检测音频功率放大器 U3（CD1517CP）①脚、⑨脚输入的音频信号波形是否正常，如图 5-19 所示。

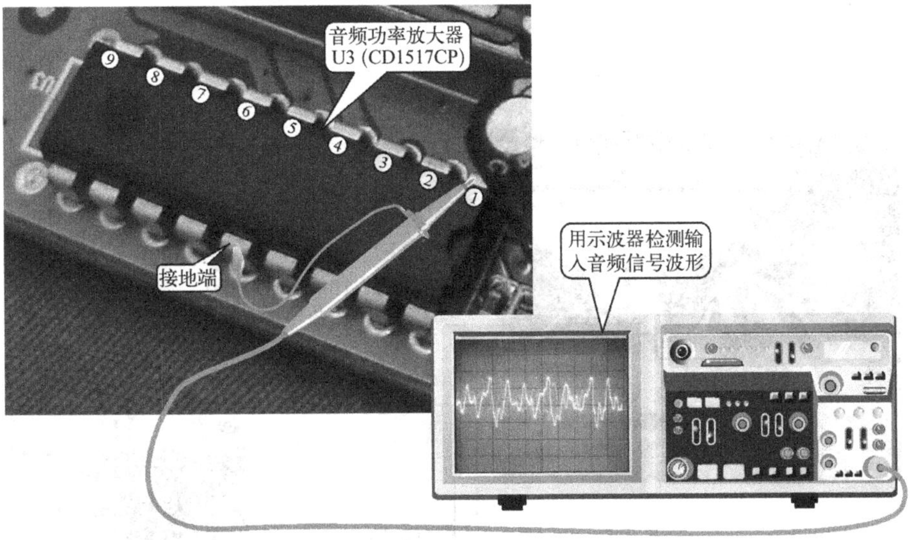

图 5-19　检测音频功率放大器 U3（CD1517CP）①脚、⑨脚输入信号波形

（3）检测音频功率放大器 U3（CD1517CP）④脚、⑥脚输出的音频信号波形是否正常，如图 5-20 所示。

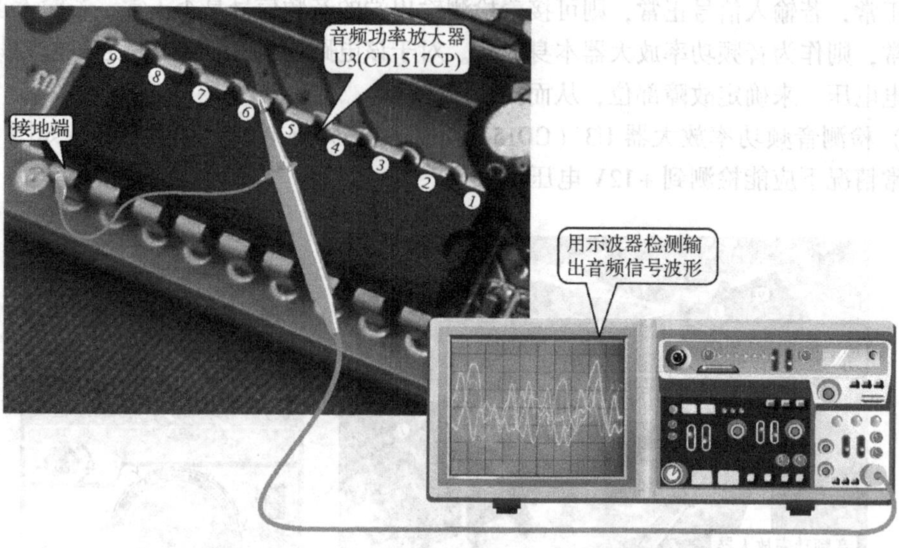

图 5-20 检测音频功率放大器 U3（CD1517CP）④脚、⑥脚输出音频信号输出的波形

如供电正常，外围电路正常，有输入而无输出信号则表明音频功放集成电路损坏，应更换。

操作训练 2：扬声器的检测

判断怀疑扬声器是否损坏，可首先检测音频功率放大器的输出端信号波形是否正常，若输出正常，而扬声器声音仍不正常时，则需要对扬声器接口及扬声器本身进行检查。

（1）检测扬声器引脚处信号波形是否正常，如图 5-21 所示，正常情况下应有以下的信号波形。

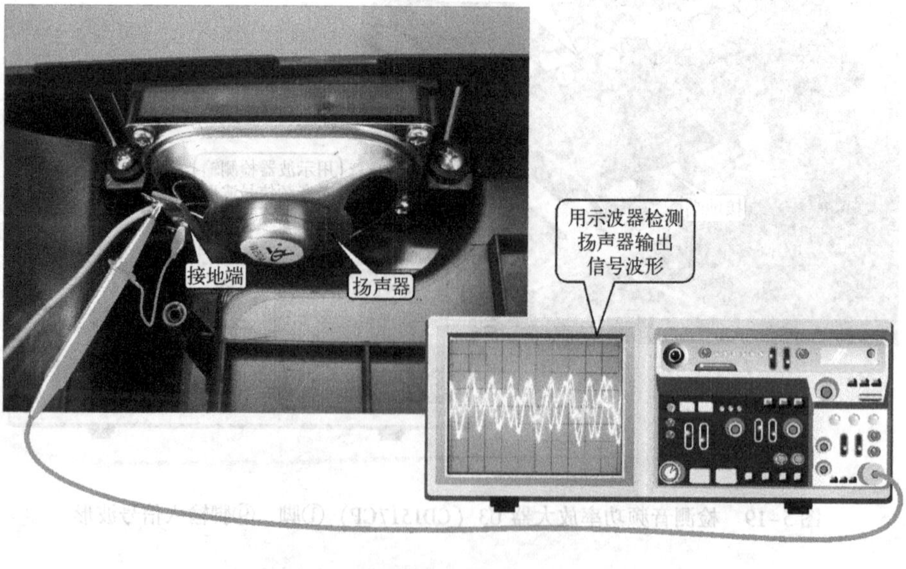

图 5-21 检测扬声器输出音频信号波形

(2) 如音频功放有输出，而扬声器端子无信号，则扬声器接口或引线不良，应检查或更换。

技能扩展

除音频功放系列其外，还有专门的音频信号处理电路。图 5-22 所示为长虹（LT4019P）音频信号处理电路，音频功率放大器与音频处理电路的检测基本相同，主要是检测其输入/输出端的音频信号波形好坏。一般在输入端有信号，而输出端无信号时，应检测其供电电压是否正常，若供电电压正常，则说明音频处理电路损坏，需要更换。

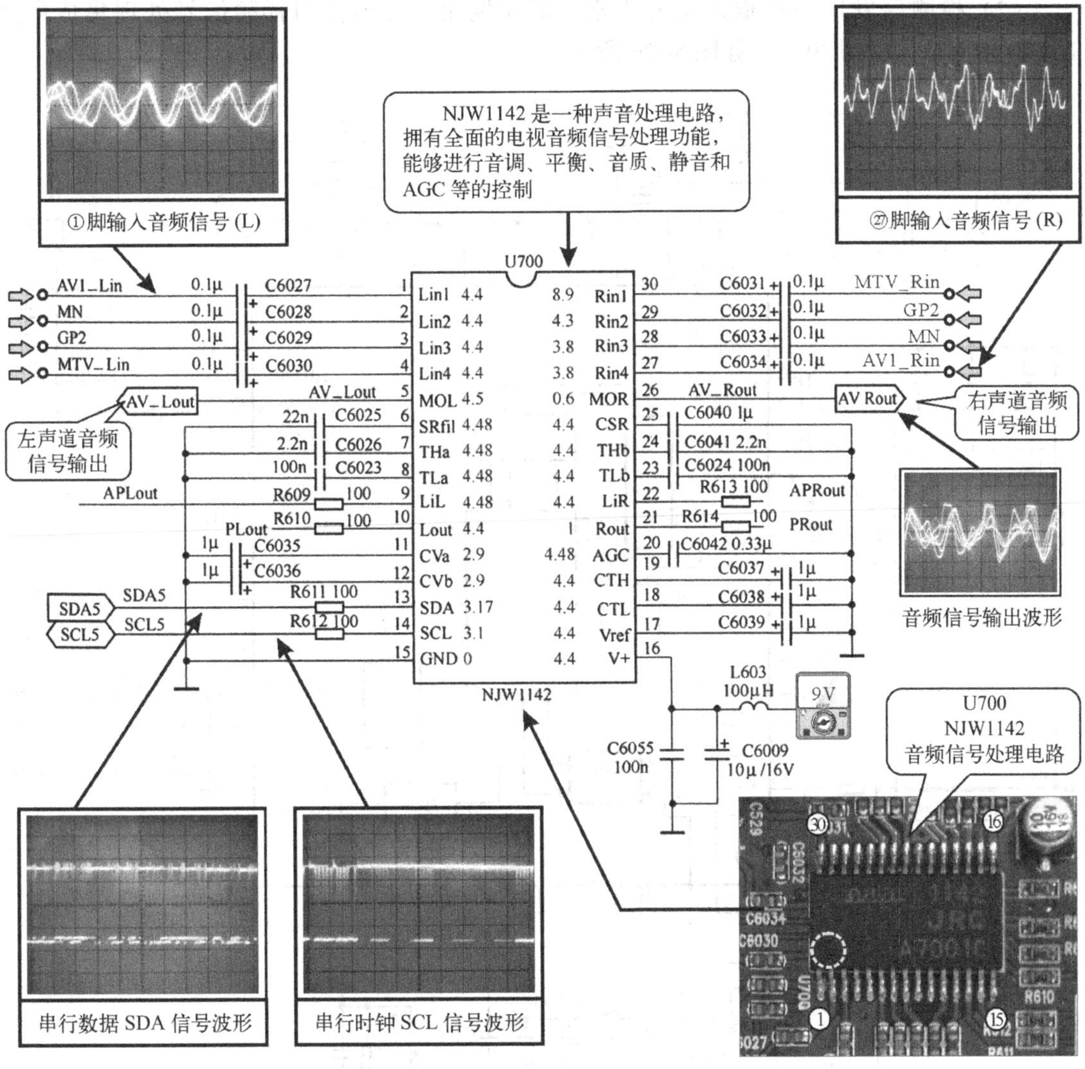

图 5-22　检测长虹（LT4019P）音频信号处理电路

2.2.2　音频信号处理电路的故障检测实例

案例训练 1：数字音频信号处理电路的检测实例

康佳 LC-TM2018 型液晶电视机接收有线电视节目及 DVD 机播放光盘节目时，图像正常，但扬声器完全无声。初步怀疑是彩色电视机电视音频信号处理通道出现故障。

图 5-23 所示为康佳 LC-TM2018 液晶电视机的音频信号处理电路，该电路主要是由数字音频信号处理电路 N2000（MSP3463G）、音频功率放大器 N2001（TDA1517）及外围电路等部分构成的。在检修时，可从以上两个电路入手，进行重点检测。

（1）对于音频信号处理电路 N2000 应首先检测⑳脚和㉑脚输出信号，图 5-24 所示为检测音频信号处理集成电路⑳脚输出端波形，若有波形，则说明输出正常。

（2）经检测发现无音频信号输出。此时，应重点检测㊿脚输入的第二伴音中频信号，如图 5-25 所示。

（2）检测后发现㊿脚输入信号正常，而无输出，应再检测音频信号处理集成电路 N2000 的 +5V 电源供电端，如图 5-26 所示。

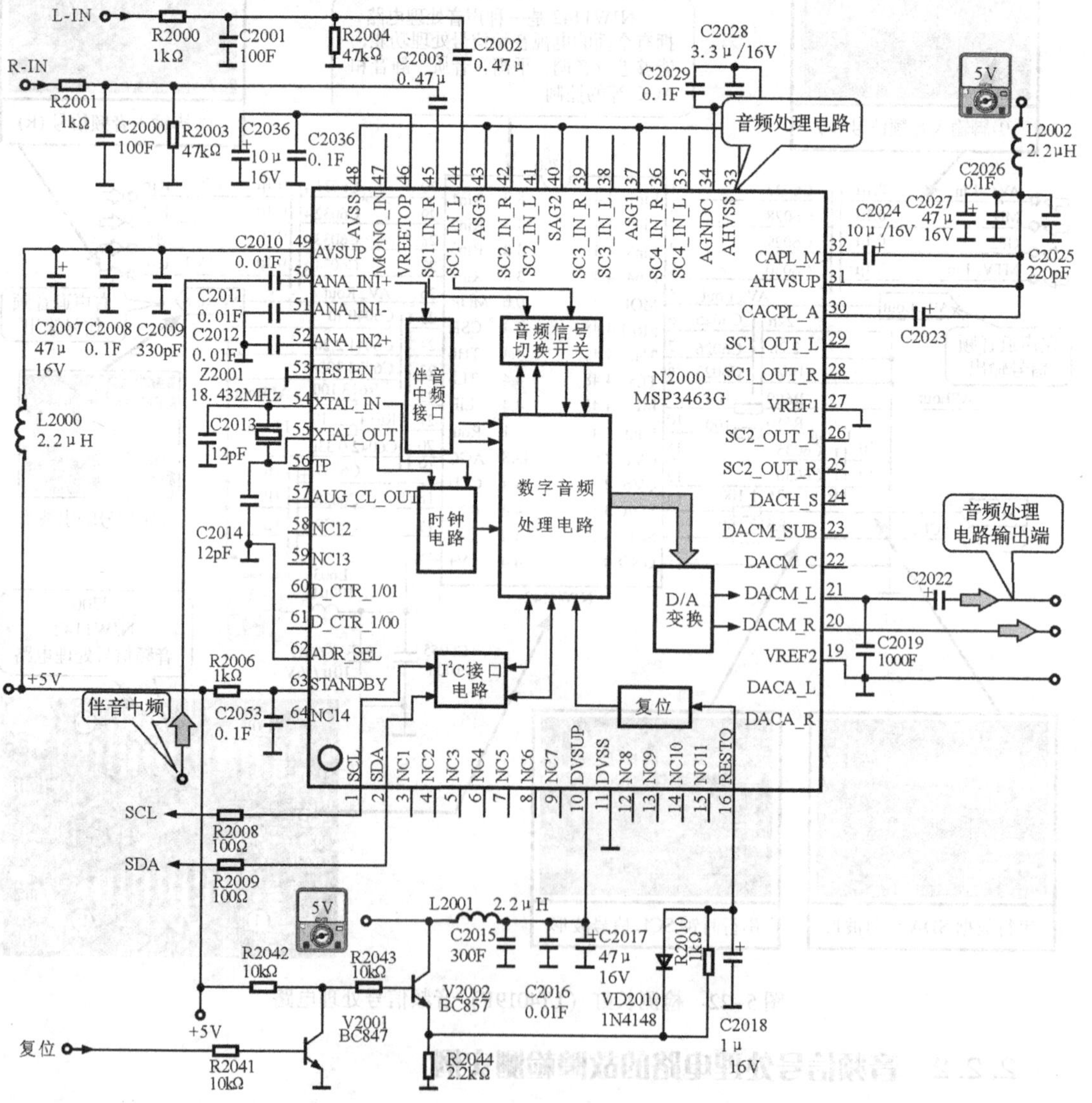

图 5-23 康佳 LC-TM2018 音频信号处理电路

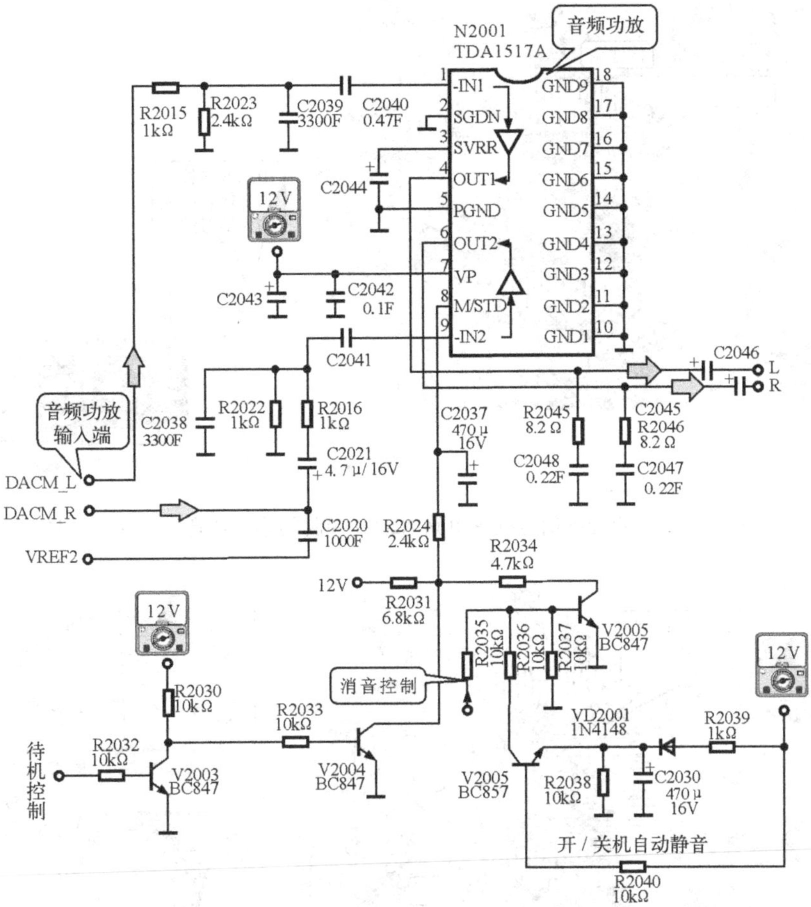

图 5-23　康佳 LC-TM2018 音频信号处理电路（续）

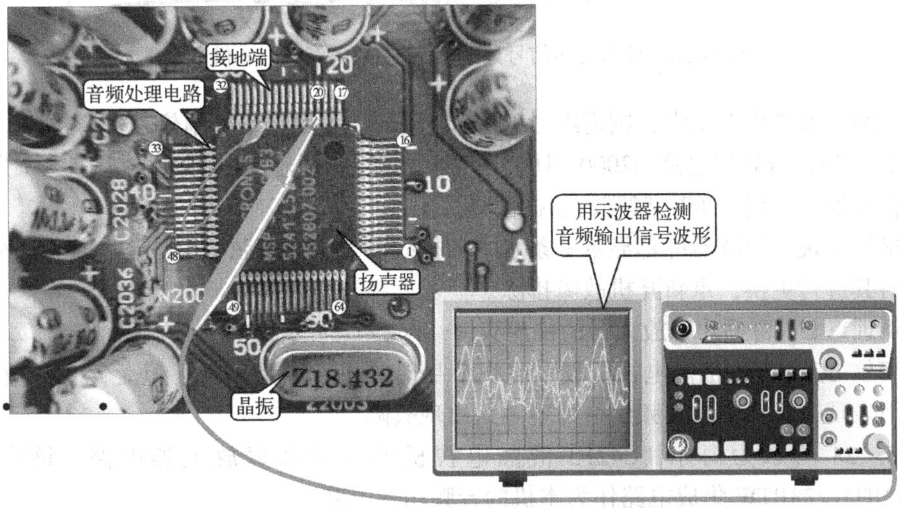

图 5-24　检测音频信号处理电路 N2000⑳脚的音频输出端波形

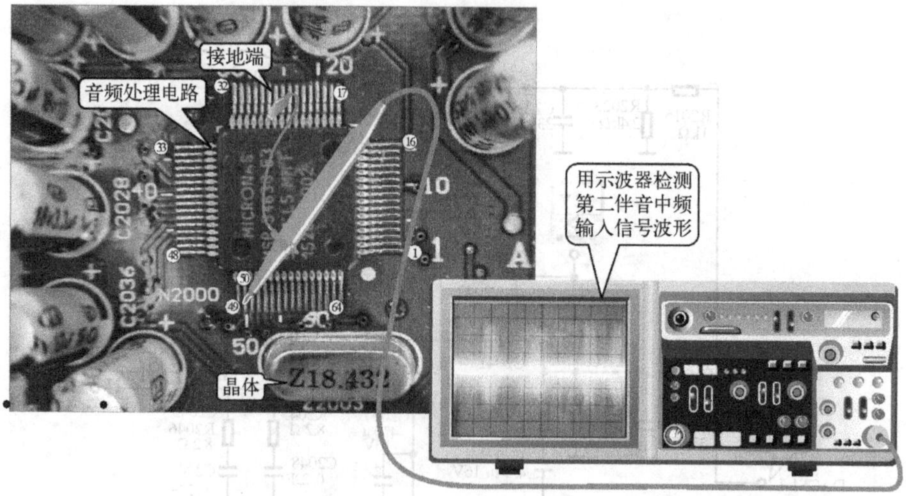

图 5-25 检测音频信号处理电路 N2000 ㊿脚的第二伴音中频输入信号

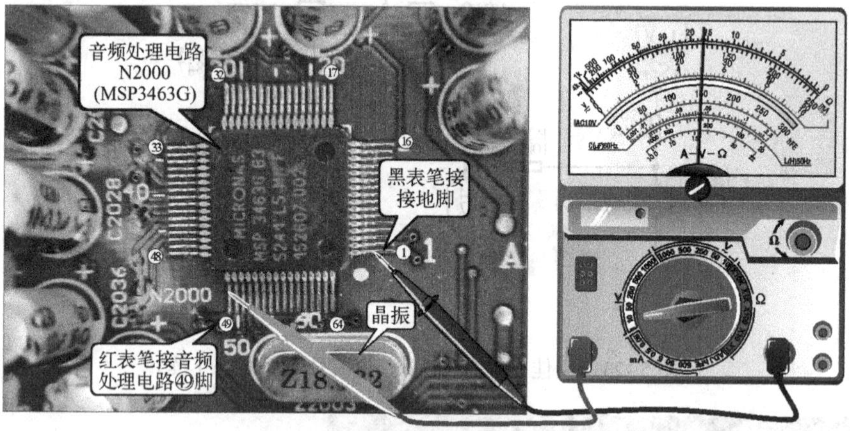

图 5-26 检测音频信号处理电路 N2000 ㊾脚 +5V 供电电压

经检测，发现供电正常，则需继续对其晶振信号、I^2C 总线控制信号进行检测。

（3）音频信号处理电路 N2000 ⑭脚、⑮脚为晶振信号输入/输出端，图 5-27 所示为检测音频信号处理电路 N2000 ⑭脚的晶振信号。

经检测发现，示波器屏幕显示一条水平扫描线，无上述正弦信号波形，怀疑是外接晶体损坏，对其进行更换，重新开机故障排除。

案例训练 2：音频功率放大器的检测实训

用海尔 LU42F3 型液晶电视机收看电视节目时，出现图像正常、但无伴音的故障现象，根据故障表现初步怀疑是音频信号处理电路出现故障。

图 5-28 所示为海尔 LU42F3 液晶电视机的音频功率放大器电路，该电路采用 TDA8932BTW/33BTW 集成电路作为本机的音频功放电路。

如图 5-28 所示，左声道音频信号 AMP_LIN 分别经过 R92、C63 进入音频功率放大器 A1（TDA8932BTW/33BTW）的②脚，右声道音频信号 AMP_RIN 经过 R140、C73 后进入音频功率放大器 A1⑭脚，经放大处理后，音频信号 L 由㉗脚和㉚脚输出，音频信号 R 由㉒脚和⑲脚输出。

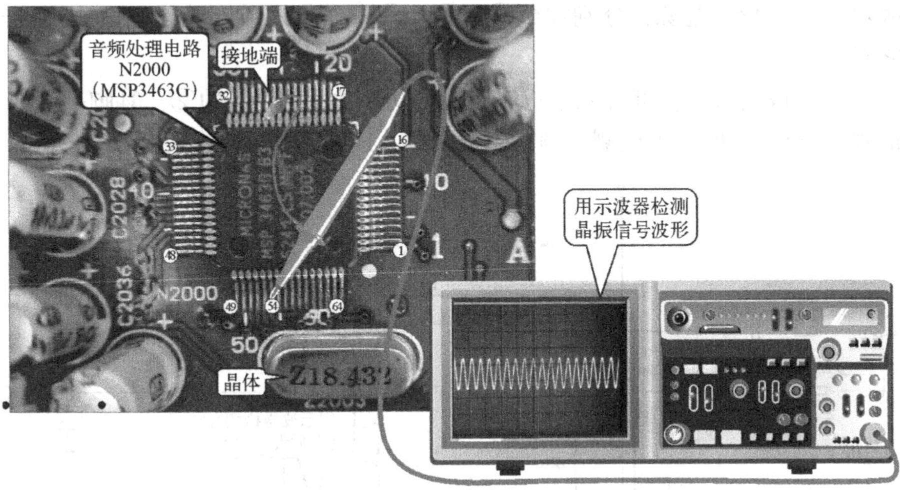

图 5-27　检测音频信号处理电路 N2000 ㊿脚的晶振信号

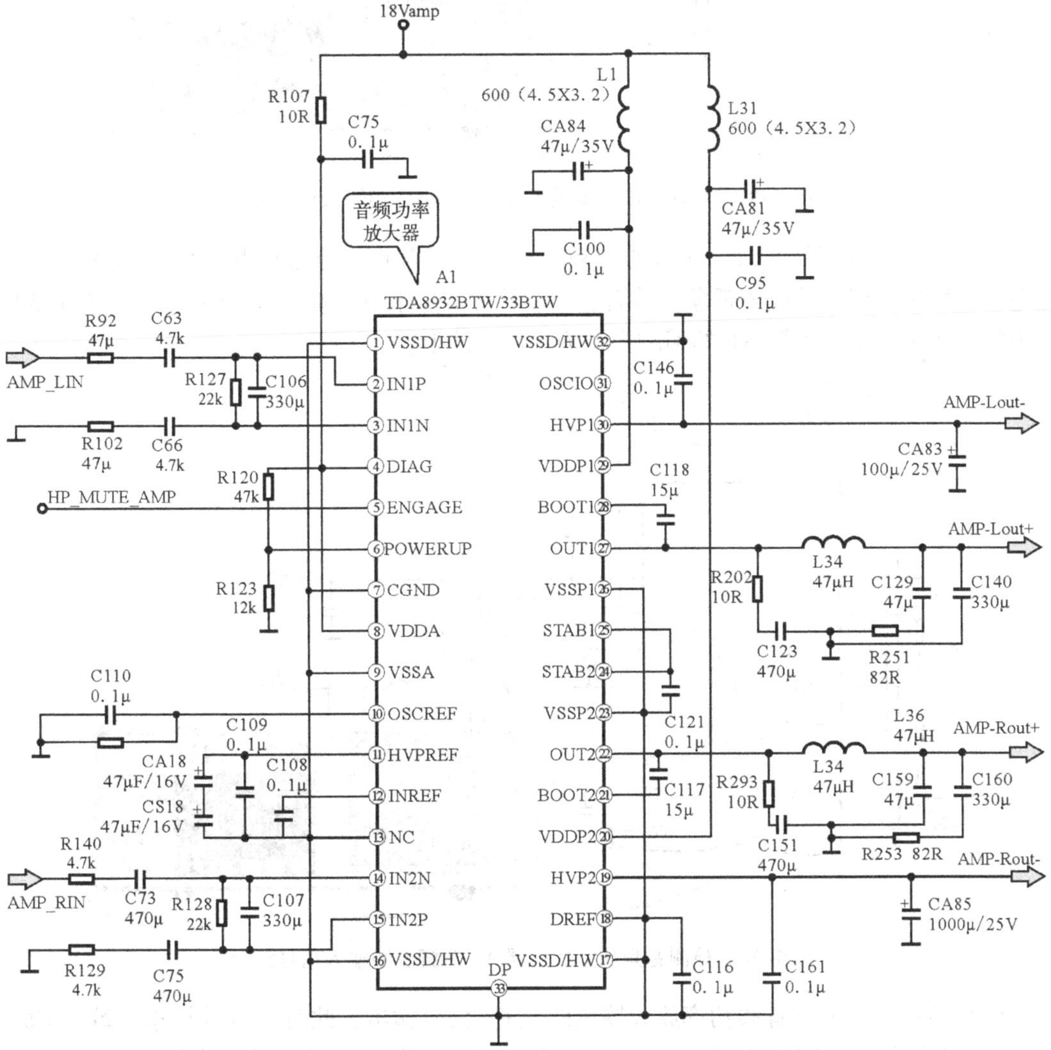

图 5-28　海尔 LU42F3 型液晶电视机音频功率放大电路

音频功放需要18V电源，分别加到⑧、⑳、㉙脚，若该引脚无供电电压，将导致音频功放电路不工作。

(1) 在检测该电路时，可首先用示波器检测功率放大器A1的②、⑭脚是否有L、R音频输入信号，图5-29所示为检测音频功率放大器A1的②脚音频输入信号波形。

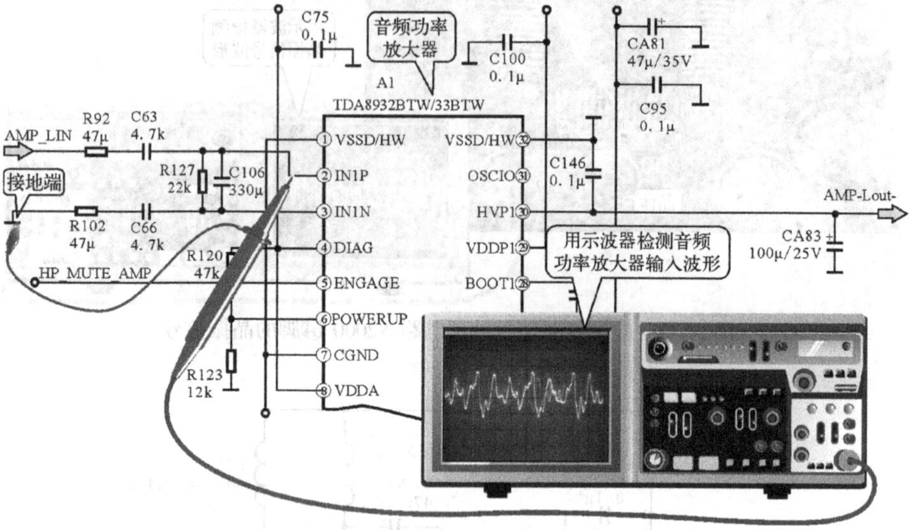

图5-29 检测音频功率放大器A1 ②脚音频输入信号波形

(2) 检测后发现②、⑭脚输入的音频信号正常，因此，排除是由前级电路损坏导致液晶电视机出现无伴音的故障现象。接着，继续检测㉗脚和㉚脚输出的音频信号，图5-30所示为检测音频功率放大器A1的㉚脚音频输出信号波形。

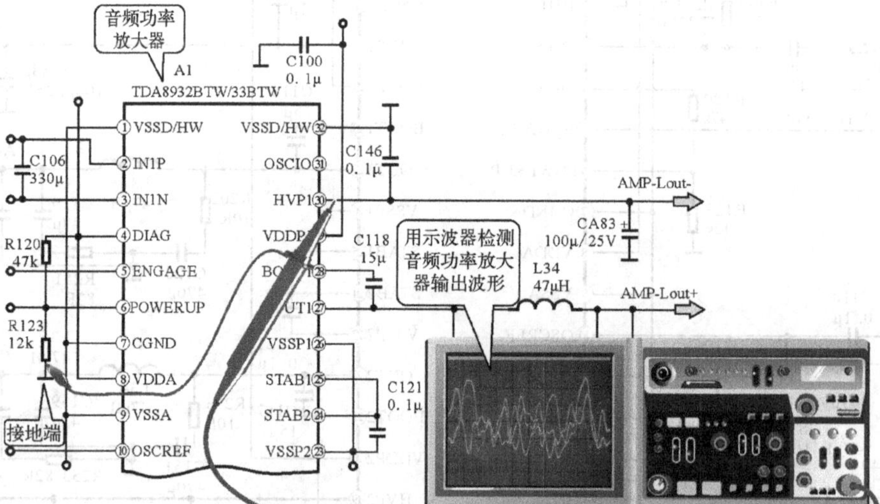

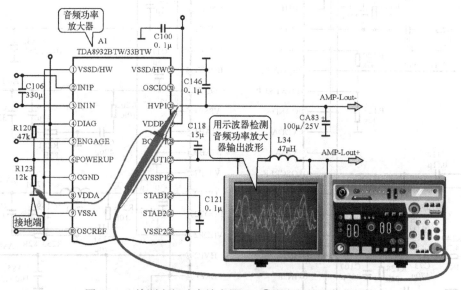

图5-30 检测音频功率放大器A1 ㉚脚音频输入信号波形

(3) 经检测，发现音频功率放大器A1无音频信号输出，此时，需对其⑧、⑳、㉙脚的供电电压继续检测，图5-31所示为检测音频功率放大器A1 ⑧脚的供电电压。

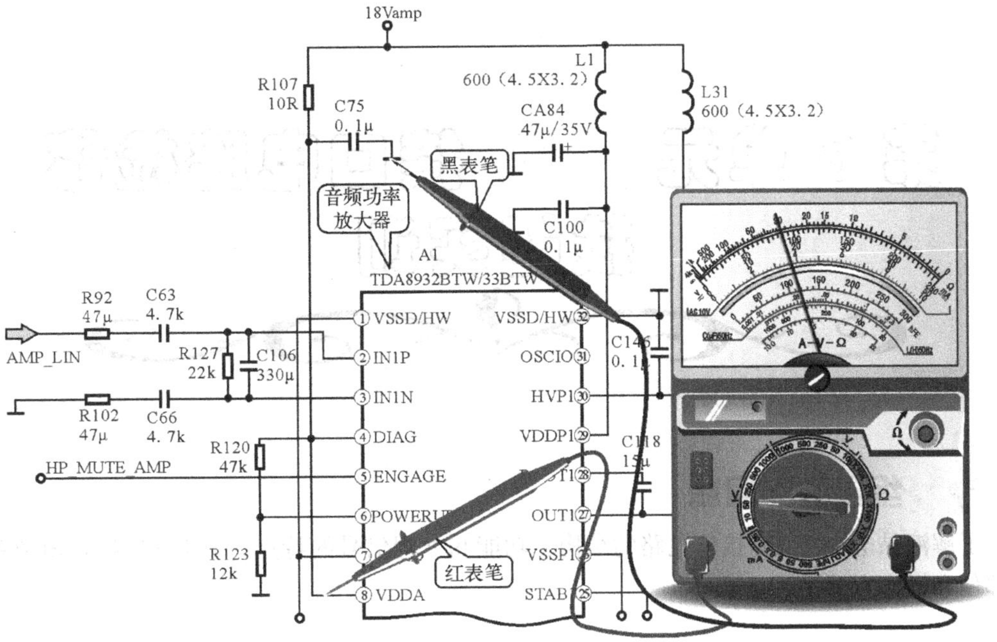

图 5-31　检测音频功率放大器 A1 ⑧脚的供电电压

经检测，其各供电引脚的电压均正常，因此，怀疑是音频功率放大器 A1 本身损坏，采用同型号的芯片进行更换后，故障排除。

第6单元 AV接口电路检修技能实训

综合教学目标

了解液晶电视机AV接口电路的结构、功能和处理信号的特点，掌握AV接口电路的检测部位和操作方法。

岗位技能要求

训练使用示波器检测AV接口的各种性能信号波形，训练使用万用表检测接口电路的工作电压和相关元器件的电阻值，并能根据检测结果判别电路和元器件是否有故障。

项目1 了解AV接口电路的结构特点和相关信号

教学要求和目标： 通过典型的液晶电视机的解剖和实测训练，了解AV接口电路的结构特点和相关信号的种类。

任务1.1 了解AV接口电路的结构特点

1.1.1 液晶电视机AV接口的种类和功能

液晶电视机的各种接口常位于电视机背面下部，图6-1所示为典型液晶电视机接口部分的实物外形。

通过不同的接口可实现电视机与不同设备之间的连接，如VCD/DVD机、录像机、电视机顶盒、游戏机、计算机等设备。

1. 射频输入（RF IN）接口

液晶电视机的RF射频输入接口实际上是调谐器的信号输入接口，也称为TV接口。由电视天线所接收的信号或有线电视信号均通过该接口送入电视机中，图6-2所示为典型液晶电视机背部的TV接口。

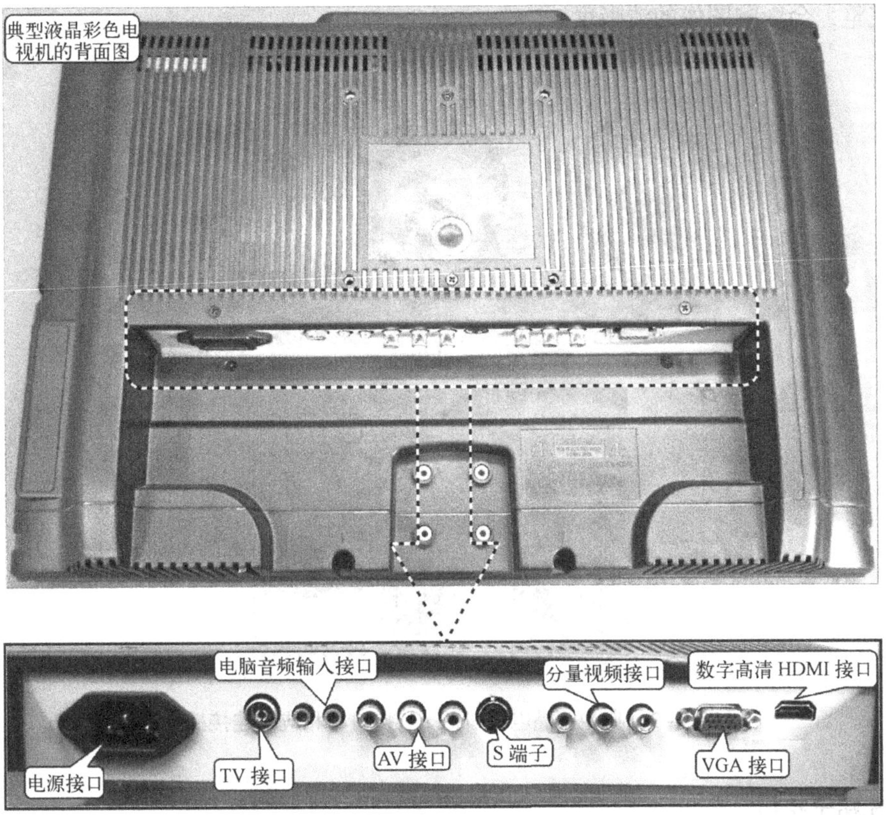

图 6-1　液晶电视机接口的实物外形

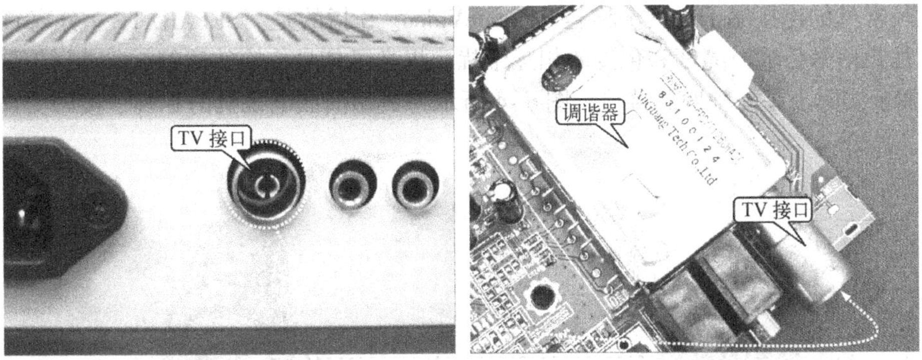

图 6-2　典型液晶电视机背部的 TV 接口

2. AV 接口电路

AV 接口是连接音频和视频信号的插口，是每台电视必备的接口之一。AV 接口一般有三个输入端，分别为音频接口（红色与白色为左右声道输入端）和视频接口（黄色输入端），如图 6-3 所示。

AV 接口中的视频信号是将亮度与色度复合的视频信号，所以，需要借助视频解码或梳状滤波器进行亮度和色度分离，再进行解码、图像处理和图像显示。由于亮度和色度信号的分离不完整，会影响图像的清晰度。

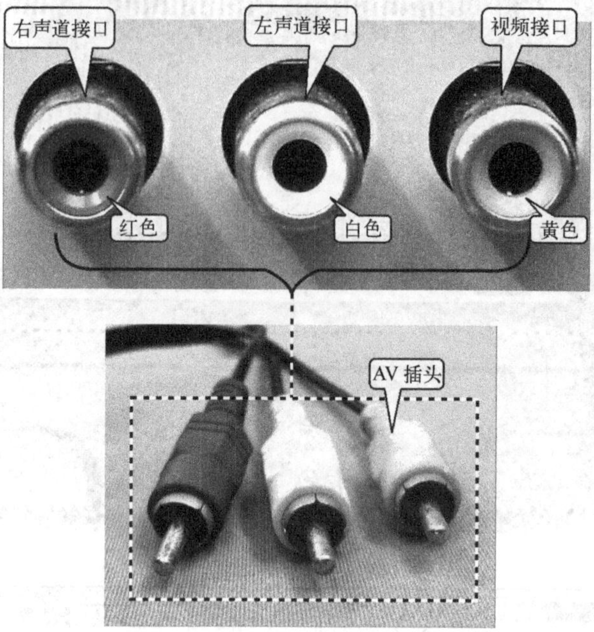

图 6-3　典型液晶电视机的 AV 接口与相应的连接插头

3. S 端子接口

S 端子接口是一种视频的专业标准接口，采用亮度和色度信号分离传输的方式，是电视机中比较常见的连接端子，其全称是 SeparateVideo。S 指的是“SEPARATE（分离)”，避免了复合视频信号传输时亮度和色度的相互干扰，提高了信号传输的质量。

S 端子实际上是一种四芯接口，图 6-4 所示为典型液晶电视机的 S 端子接口实物外形。

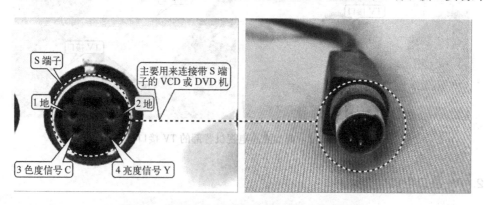

图 6-4　典型液晶电视机的 S 端子接口实物外形

电视机可以通过 S 端子接口与带有该接口的 DVD、PS2、XBOX、NGC 等视频和游戏设备进行相互连接。

1.1.2　了解高清视频接口电路的结构

1. HDMI 接口

HDMI 即高清晰度多媒体接口（High Definition Multimedia Interface）是一种全数字化视频和音频传送接口，可以传送无压缩的数字音频信号及数字视频信号，图 6-5 所示为典型液晶电视机中的 HDMI 接口及其各引脚排列顺序。

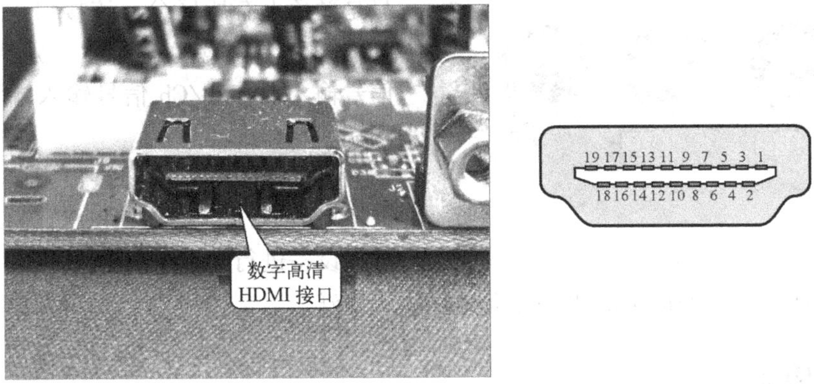

图 6-5　典型液晶电视机中的 HDMI 接口及其各引脚排列顺序

HDMI 可以同时传送音频和视频信号，采用一条多芯电缆即可进行传输。HDMI 不仅可以满足目前最高画质 1080P 的分辨率，还能支持 DVD Audio 等最先进的数字音频格式，支持八声道 96kHz 或立体声 192kHz 数码音频传送。电视机中的 HDMI 接口一般可用于与带有 HDMI 接口的数字机顶盒、DVD 播放机、计算机、电视游戏机、数码音响等设备进行连接。

知识扩展

HDMI 在引脚上和 DVI（一种典型的数字视频接口）兼容，只是采用了不同的封装。与 DVI 接口相比，HDMI 可以传输数字音频信号 HDMI。

HDMI 接口引脚端子定义及其与 DVI 接口端子的对应关系参见表 6-1。

表 6-1　HDMI 接口引脚端子定义及其与 DVI 接口端子的对应关系

HDMI 接口引脚号	DVI 接口引脚号	引脚名称	HDMI 接口引脚号	DVI 接口引脚号	引脚名称
H1	D2	TMDS　DATA2 +	H11	D22	TMDS　DATA　CLOCK 屏蔽
H2	D3	TMDS　DATA2 屏蔽	H12	D24	TMDS　DATA　CLOCK -
H3	D1	TMDS　DATA2 -	H13		CEC
H4	D10	TMDS　DATA1 +	H14		Reserved（保留 N. C）
H5	D11	TMDS　DATA1 屏蔽	H15	D6	SCL（DDC 时钟线）
H6	D9	TMDS　DATA1 -	H16	D7	SDA（DDC 数据线）
H7	D18	TMDS　DATA0 +	H17	D15	DDC/CEC GND
H8	D19	TMDS　DATA0 屏蔽	H18	D14	+5V 电源线
H9	D17	TMDS　DATA0 -	H19	D16	热插拔检测
H10	D23	TMDS　DATA　CLOCK +			

2. 分量视频信号接口

高清视频图像信号常采用分量视频的传输方式，该方式用三个通道进行传输，即亮度信号（Y）、R-Y色差信号（Pr/Cr）和B-Y色差信号（Pb/Cb）。在电视机的接口也设有相应的高清分量视频接口（三个插口）。

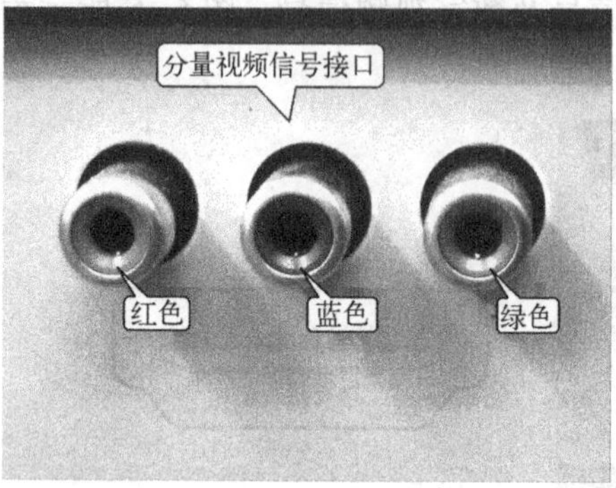

图6-6 典型液晶电视机的分量视频信号输入接口

图6-6所示为典型液晶电视机的分量视频信号输入接口，外形与AV接口基本相同，只是颜色上有所区分，该接口一般从左到右分别为红色、蓝色、绿色，分别对应Pr/Cr信号输入端、Pb/Cb信号输入端和Y信号输入端。

电视机的分量视频接口主要用于与带有该接口的DVD、PS2、XBOX、NGC等视频和游戏设备进行连接，其画质较S端子输入方式要好。

知识扩展

（1）电视信号的扫描和显示分为逐行和隔行显示，一般来说，分量接口上面都会有几个字母来表示逐行和隔行的。用YCbCr表示的是隔行，用YPbPr表示则是逐行，如果电视只有YCbCr分量端子的话，则说明电视不能支持逐行分量，而用YPbPr分量端子的话，便说明支持逐行和隔行两种分量。

（2）在彩色电视机中通常用YUV来表示其视频中的亮度和色度信号，其中，“Y”代表亮度，“U”和“V”代表色度（也可用“C”表示），用于描述信号的图像色调及饱和度，分别用Cr和Cb表示。其中，Cr反映了红色部分与亮度值之间的差值，而Cb反映的是蓝色部分与亮度值之间的差值，即色差信号，也称为分量信号（Y、R-Y、B-Y）。

1.1.3 了解计算机VGA接口

目前，很多液晶电视机也可以作为计算机显示器使用，通常设有与可以与计算机主机直接连接的VGA接口，图6-7所示为典型液晶电视机中的VGA接口实物外形。

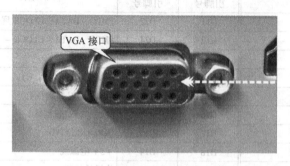

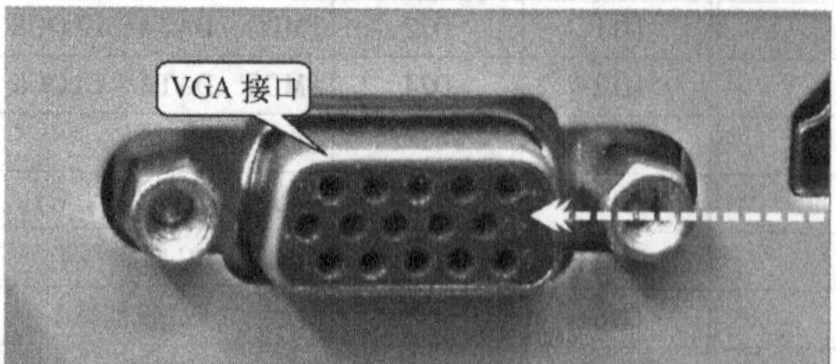

图6-7 典型液晶电视机中的VAG接口实物外形

VGA 接口又称为 D - Sub 接口，是一种用于传输模拟视频信号的接口，它是一种 D 型接口，多用于连接计算机主机。该接口共 15 针，其各针脚功能可参见表 6-2。

表 6-2　VGA 接口各引脚功能

VGA 接口	针　脚	功　　能	针　脚	功　　能
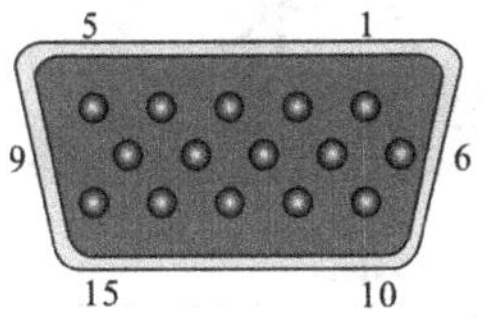	①	视频 - 红色	⑨	DDV +5V
	②	视频 - 绿色	⑩	接地
	③	视频 - 蓝色	⑪	接地
	④	空脚	⑫	SDA
	⑤	接地	⑬	行同步信号
	⑥	红 - 接地	⑭	场同步信号
	⑦	绿 - 接地	⑮	SCL
	⑧	蓝 - 接地		

另外，根据液晶电视机品牌和型号的区别，其设置的接口类型和数量也存在差异，例如，图 6-8 所示为长虹液晶彩色电视机的接口外形；图 6-9 所示为康佳液晶电视机 TM3008 的接口外形。

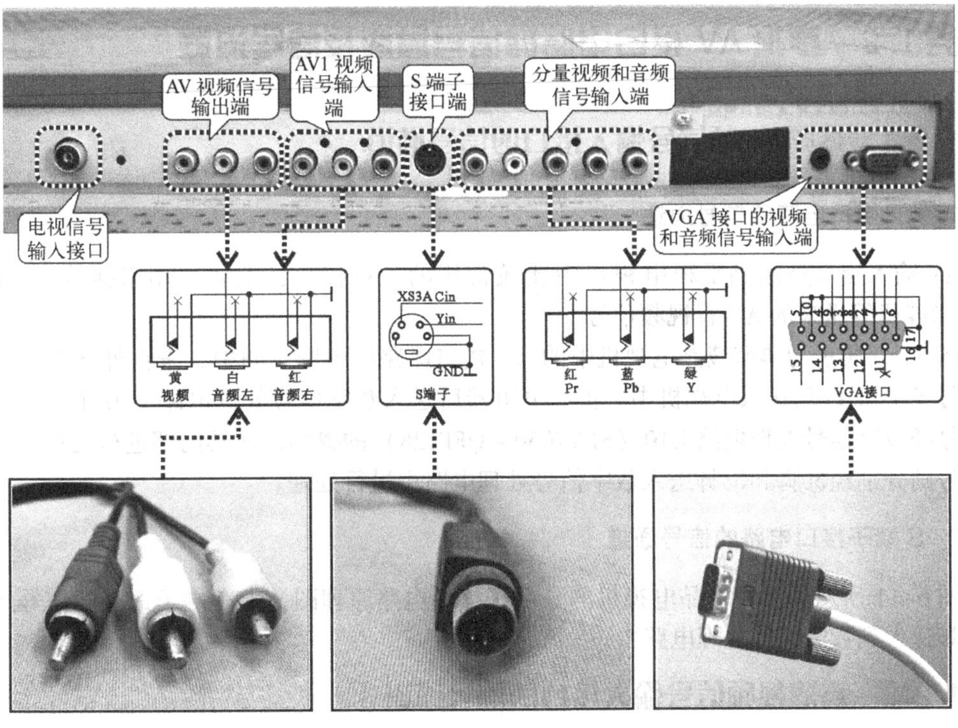

图 6-8　长虹液晶彩色电视的接口外形

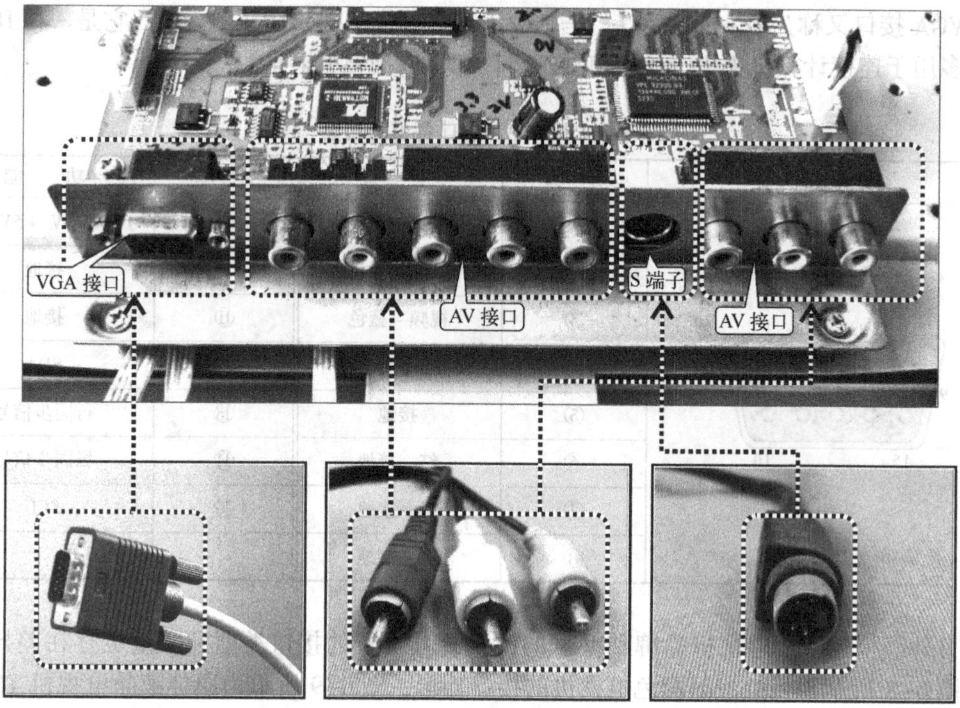

图 6-9 康佳液晶电视机 TM3008 的接口外形

任务 1.2 掌握 AV 接口电路的信号通道及信号流程

1.2.1 音频/视频信号输入接口的信号通道

1. AV 接口电路的信号通道

AV 输入接口是液晶平板电视机中比较常用的一种接口，主要是用来接收由 VCD 或 DVD 影碟机等送来的 AV 音视频信号。

图 6-10 所示为典型液晶电视机中的 AV 接口电路原理图。图中，来自外部设备的音视频信号经接口 J3 后送入电视机中，再经电阻器后送入数字信号处理电路 U10 中。其中，视频信号经数字信号处理电路 U10（SPV7050 - QFP128）的㉒脚送入其内部进行处理；左右声道信号则分别经㉛脚和㉜脚送入数字信号处理电路中进行处理。

2. S 端子接口电路的信号通道

图 6-11 所示为典型液晶电视机的 S 端子接口电路原理图，由 S 端子送来的信号经㉓脚和㉒脚送入到数字信号处理电路中。

1.2.2 高清视频信号输入接口的信号通道

1. 数字高清 HDMI 接口电路的信号通道

图 6-12 所示为典型液晶电视机的 HDMI 接口电路原理图。该接口主要是将外部高清设

备送来音视频信号送入电视机中。

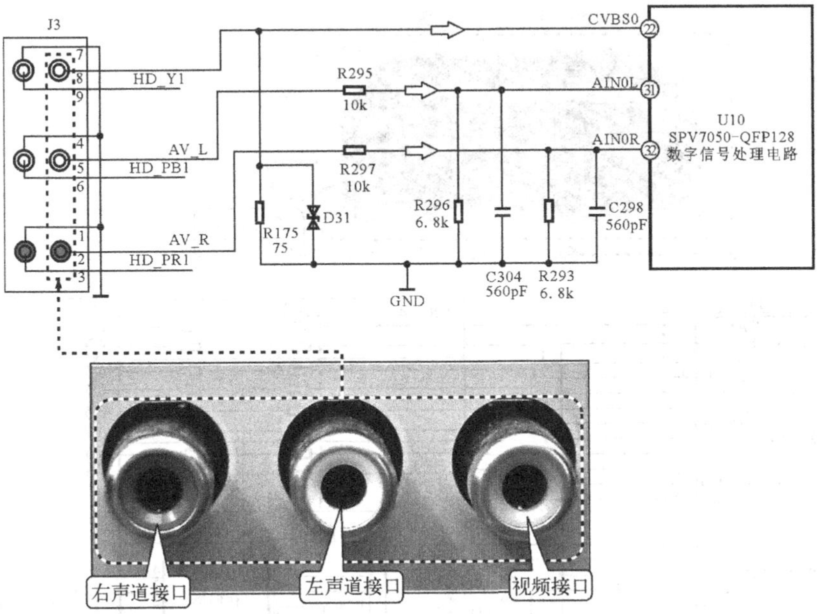

图6-10 典型液晶电视机中的AV接口电路

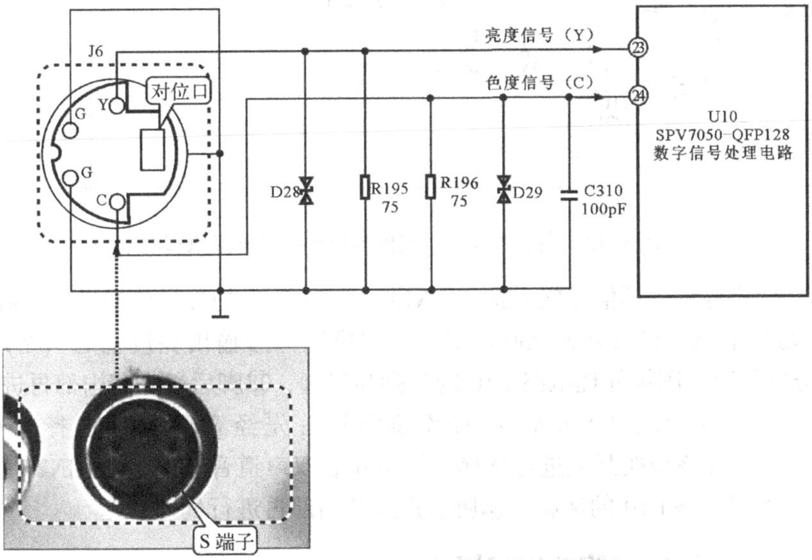

图6-11 典型液晶电视机的S端子接口电路原理图

该电路中，HDMI接口的①～⑨脚、⑩脚、⑫脚分别为视频数据信号和数据时钟信号端，该信号经排电阻器后送入后级数字图像处理电路U10中进行处理。⑮、⑯脚分别为I^2C总线时钟和数据信号端，受微处理器的控制。

2. 分量视频信号接口电路的信号通道

图6-13所示为典型液晶电视机分量视频信号接口电路原理图，该接口将外部设备输入

的分量视频信号传送到数字信号处理电路中。

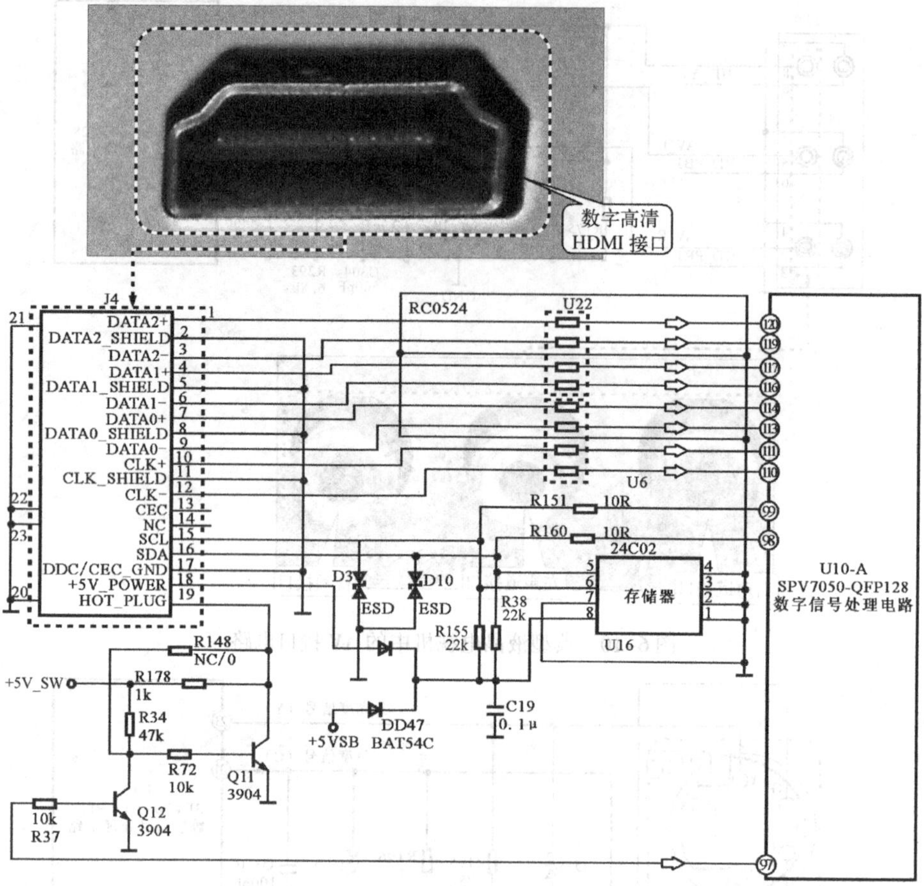

图 6-12 典型液晶电视机的 HDMI 接口电路原理图

由图可知，由分量视频信号输入接口 CN13、CN14 输入的分量信号经接口后首先送入视频信号选择切换电路 U12（P15V330）中，经切换选择后输出亮度信号（Y）、色差信号（Pr、Pb）分别经数字图像处理电路 U10 的⑮脚和⑰脚、⑱脚后送入其内部再进行处理。

同时，由接口 CN13、CN14 输入的音频信号首先经音频信号选择切换电路 U14（74HC4052）中，经该切换开关进行选择后输出左右双声道音频信号（AIN2R、AIN2L）分别经数字图像处理电路 U10 的㊱脚、㉟脚后送入其内部再进行处理。

1.2.3 VGA 接口电路的信号通道

图 6-14 所示为典型液晶电视机 VGA 接口电路原理图。由电脑主机显卡输出的模拟视频信号经 VGA 数据线后传送至 VGA 接口电路部分。

由图可知，来自显卡的模拟视频信号经 VGA 接口的①脚、②脚、③脚后送入电视机电路中，分别经电容器 C168、C210、C167 耦合后，送往数字信号处理电路的⑤、③、②脚中；同时行、场同步信号经由接口的⑬、⑭引脚送往数字信号处理电路中的⑫⑥和⑫⑦脚中。

另外，该接口的⑫脚和⑮脚为 I^2C 总线控制端（SDA 和 SCL 信号），受微处理器的控制；其⑨脚为 +5V 供电端。

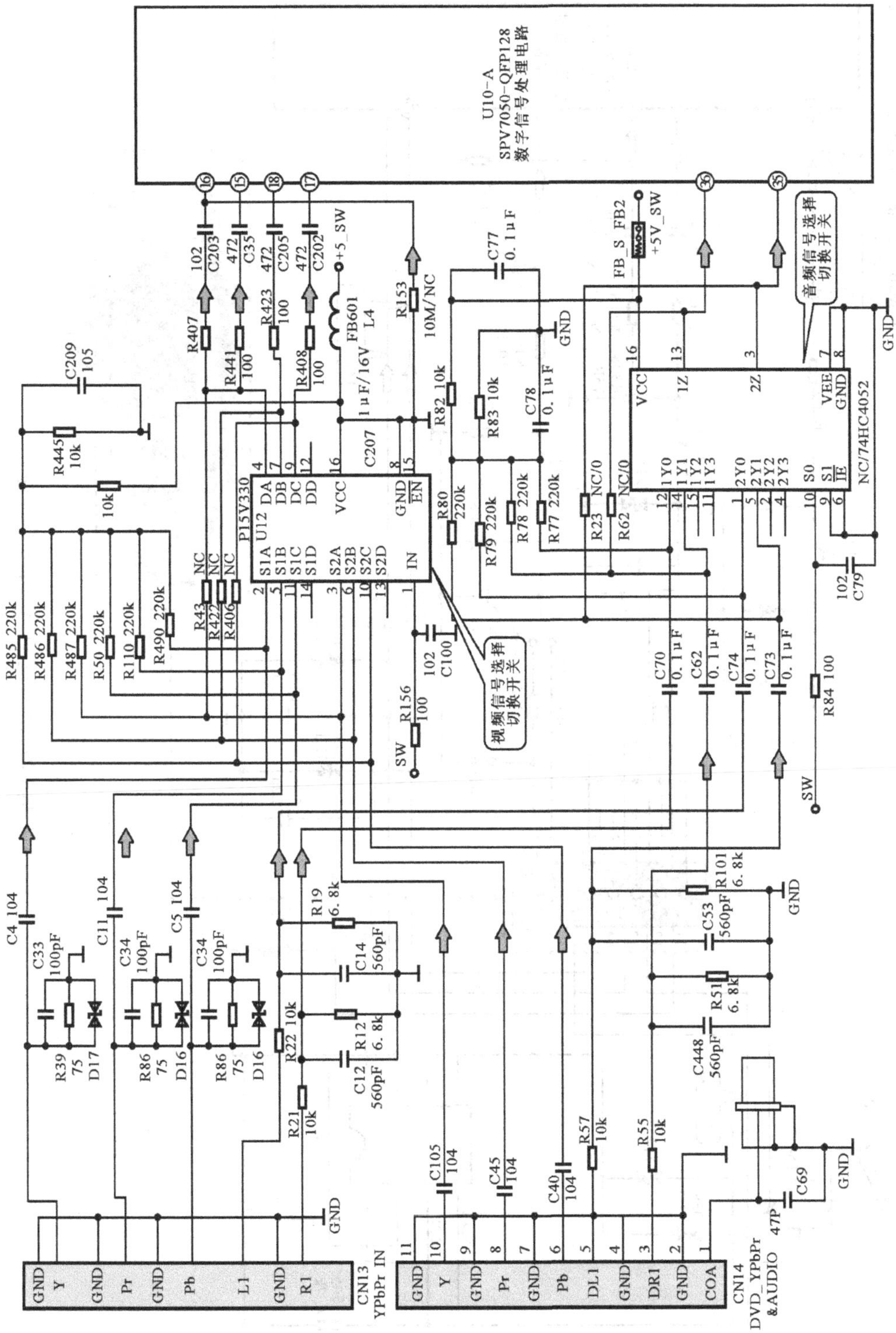

图 6-13　典型液晶电视机分量视频信号接口电路原理图

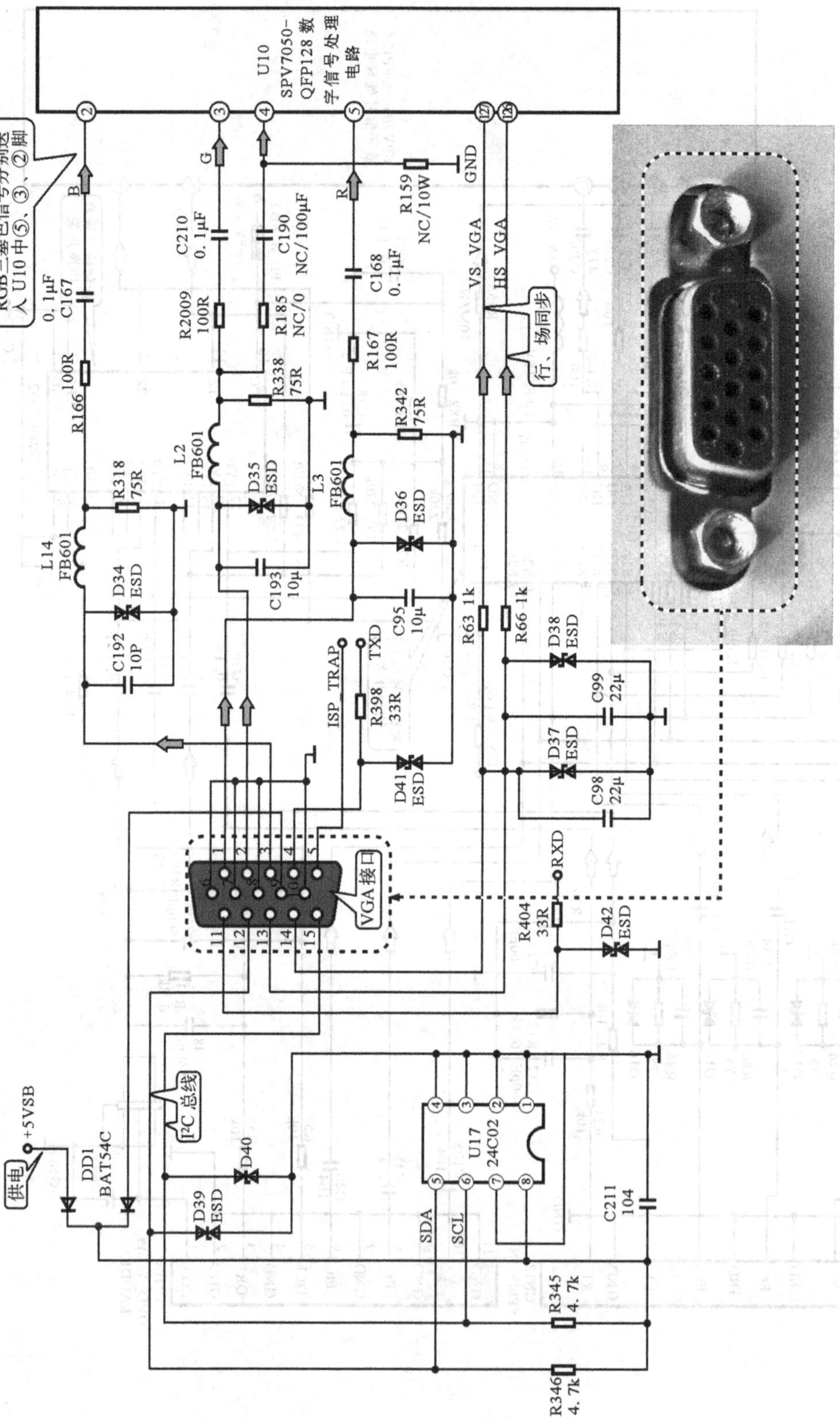

图 6-14 典型液晶电视机 VGA 接口电路原理图

项目 2　液晶电视机接口电路的检修实训

教学要求和目标： 通过典型液晶电视机接口电路的检测实训和故障检修案例的演练，掌握接口电路的故障检修技能。

任务 2.1　液晶电视机接口电路的检修方法

操作训练 1：AV 接口电路的检修方法

AV 接口是与外部音视频设备相连的接口电路，检测 AV 接口电路时，可使用 VCD 或 DVD 影碟机作为信号源，播放标准测试光盘为液晶电视机输入标准的测试信号，然后再对其进行检测和判断，如图 6-15 所示。

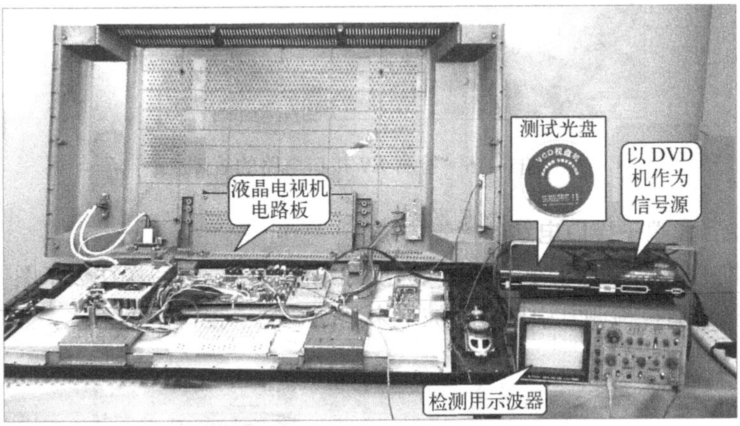

图 6-15　以 DVD 机作为信号源为电视机注入音视频信号

检测前，可首先通过观察法检查接口部分有无明显脱焊或虚焊现象，若存在上述故障应及时加焊和补焊。

若接口无明显故障，则可通过检测其接口处的信号波形判断接口的好坏。如图 6-16 所示，用示波器探头搭在视频信号输入接口上，正常时，应能够测得视频图像信号波形；将示波器探头搭在音频输入接口上，正常时，应能够测得音频信号波形。

测试条件：DVD 机播放标准测试光盘，其测得的视频信号为标准彩条信号的波形，测得的音频信号为标准音频信号波形，即正弦信号波形。

若测得波形不正常，则应重点检测连接是否正常、信号源工作状态及接口本身情况。

技能扩展

测试音频信号时应注意，若在音频输入接口上测不到音频信号时，不能立即判断接口部分有问题，需检查音频播放设备，如 DVD 机的音频信号输出是否属于双声道模式，有些 DVD 机为单声道输出模式，该类输出模式测其接口处音频信号时，只能测得一个声道有音频信号。

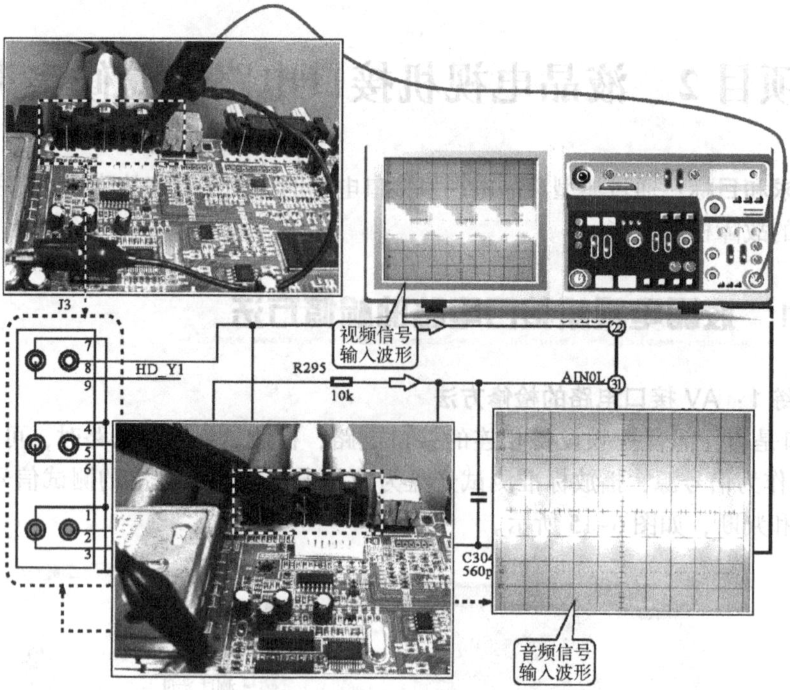

图 6-16　检测 AV 接口电路的故障

操作训练 2：S 端子接口电路的检修方法

液晶电视机的 S 端子接口可直接输入亮度和色度信号，然后送往数字图像处理电路或视频解码中，一般可通过检测其引脚信号波形来判断 S 端子接口是否正常，如图 6-17 所示。

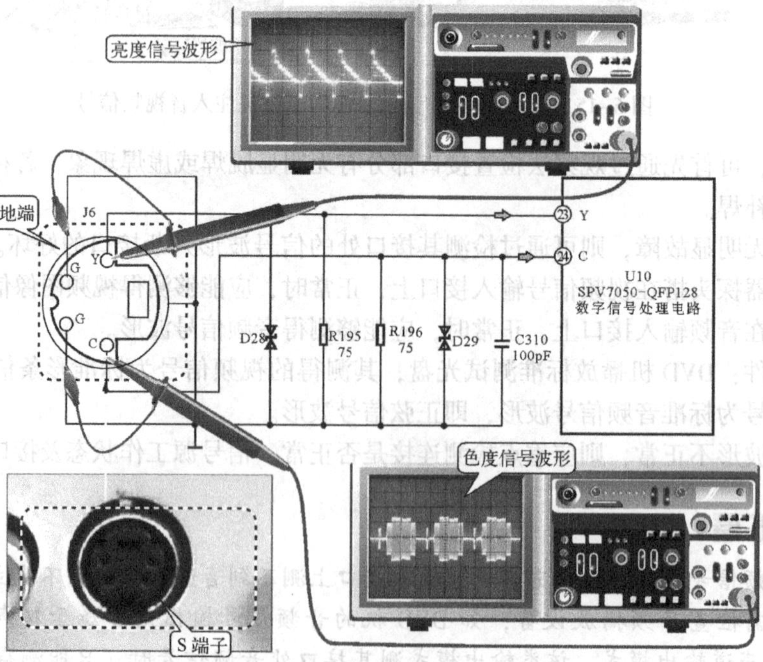

图 6-17　检测 S 端子接口电路的故障

在检测 S 端子接口时，首先经 S 端子为电视机输入信号，然后检测端子的色度信号和亮度信号，正常时应能够在接口的引脚焊点处测得上述信号波形。

操作训练 3：VGA 接口电路的检修方法

检测 VGA 接口电路，可先将电视机与计算机主机进行连接，即经 VGA 接口为液晶电视机输入视频信号，如图 6-18 所示。由于视频信号的波形与图像内容有关，需要设置一个彩色和图像内容比较丰富的图像画面或是标准彩条信号。

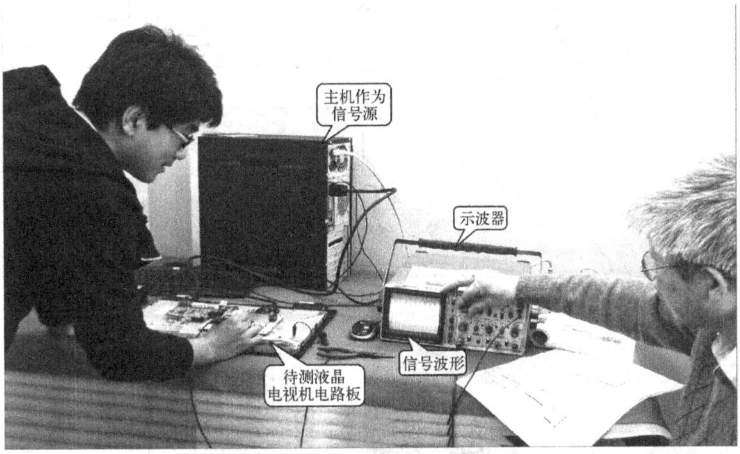

图 6-18　通过计算机主机为液晶电视机注入信号

判断 VGA 接口是否正常，即对照前述 VGA 接口各引脚功能，分别用示波器检测其主要引脚的信号波形，如 R、G、B 输入信号波形、行场同步信号波形及供电引脚电压等。

首先将示波器的接地夹接地，探头分别连接 VGA 接口的①脚、②脚、③脚的焊点处，如图 6-19 所示，正常情况下应有如图 6-19 所示的信号波形。

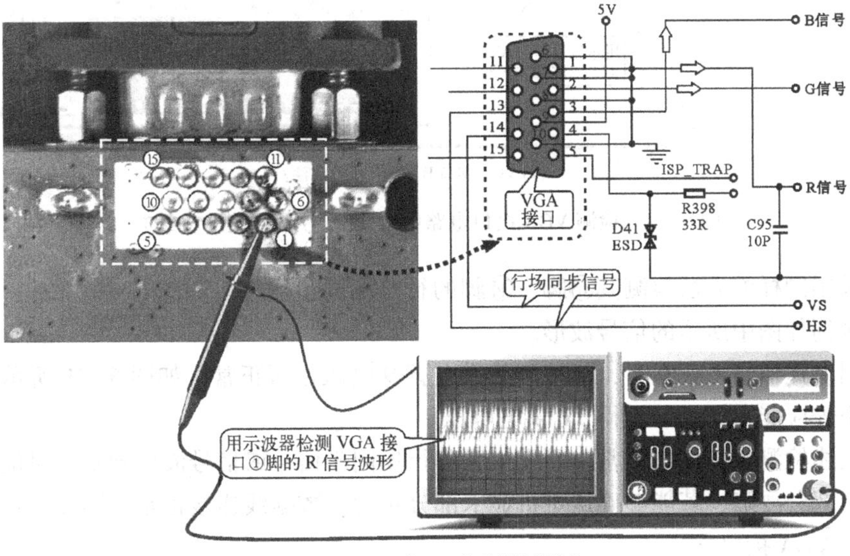

（a）VGA 接口 R 信号的检测方法

图 6-19　检测 VGA 接口电路中 R、G、B 信号波形

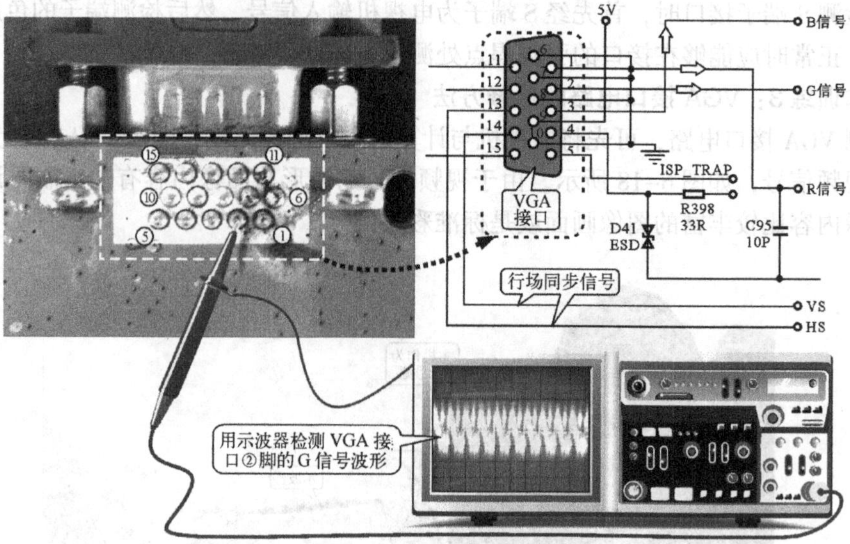

（b）VGA接口G信号的检测方法

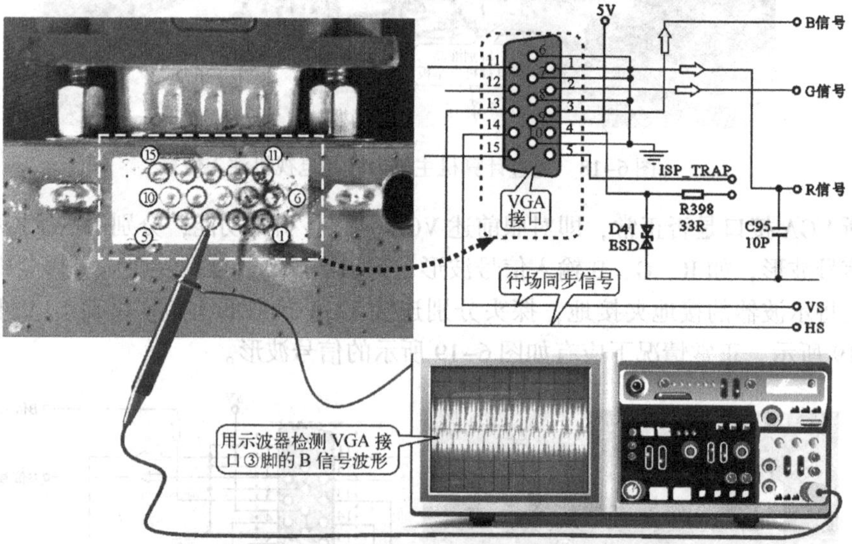

（c）VGA接口B信号的检测方法

图6-19　检测VGA接口电路中R、G、B信号波形（续）

接着采用同样的方法检测其⑬脚、⑭脚的行、场同步信号，如图6-20所示，正常情况下应能够测到如图中所示的信号波形。

若实测上述信号不正常时，应检测其供电脚⑨电压是否正常，如图6-21所示，正常情况下用万用表应能在该脚处测得5V供电电压。

若经上述检测，其供电正常，而无视频和行场同步信号或信号波形异常，可能接口部分及主机显卡部分故障，若能够确认主机显卡部分正常，数据线连接正常，则多为接口本身故障，可更换VGA接口。

操作训练4：数字高清HDMI接口电路的检修方法

检测HDMI接口电路是否正常时，可将带有HDMI接口数字机顶盒作为信号源与电视机

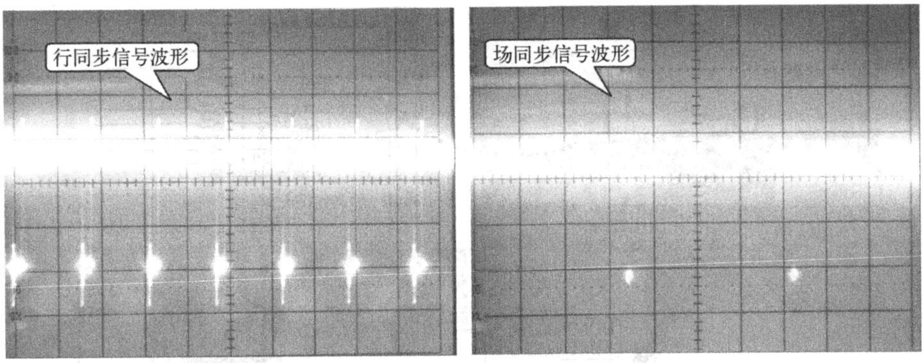

图 6-20　VGA 接口的行、场同步信号

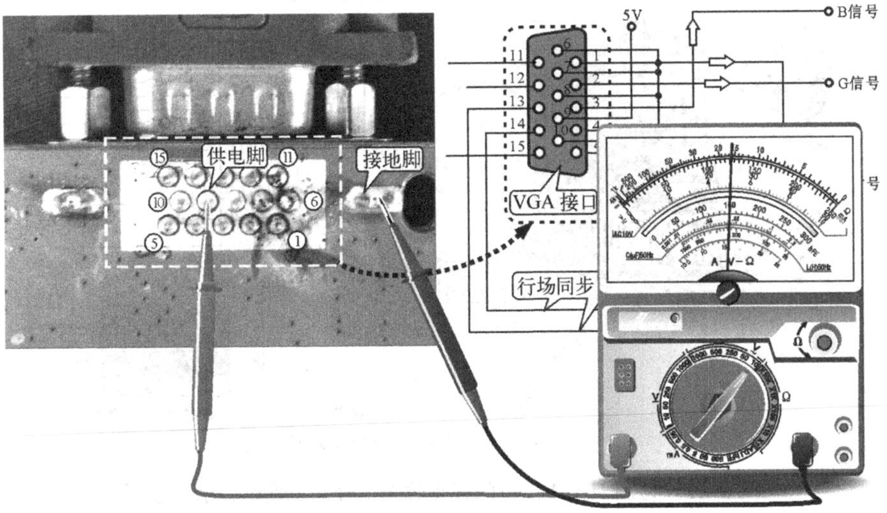

图 6-21　VGA 接口供电电压的检测

进行连接，为液晶电视机输入数字高清信号。

首先用示波器检测其①～⑨脚输入的视频数据信号和⑩脚、⑫脚的数据时钟信号是否正常，如图 6-22 所示，将示波器接地夹接地，探头分别连接该接口的①～⑨脚，观察示波器屏幕显示信号波形。

正常情况下应能测得上述信号波形，另外，该接口受微处理器的控制，用示波器检测其⑮脚、⑯脚波形，如图 6-23 所示。

在检测过程中，上述信号任何一处波形不正常，都将影响电视机通过该接口接收信号，因此，若实测过程中，无信号或信号异常，排除信号源、数据线连接情况引起的故障后，多为接口本身故障，更换即可。

操作训练 5：分量视频接口电路的检修方法

检测分量视频接口电路的故障时，可使用带有分量视频接口的 DVD 机作为信号源，通过分量视频接口为液晶电视机输入信号，并通过对接口的各个端口的测量判断接口的好坏。其具体检测方法与 AV 接口的测试方法相同，正常情况应能够在接口的三个端子上测得一个亮度信号和两个色差信号，如图 6-24 所示。

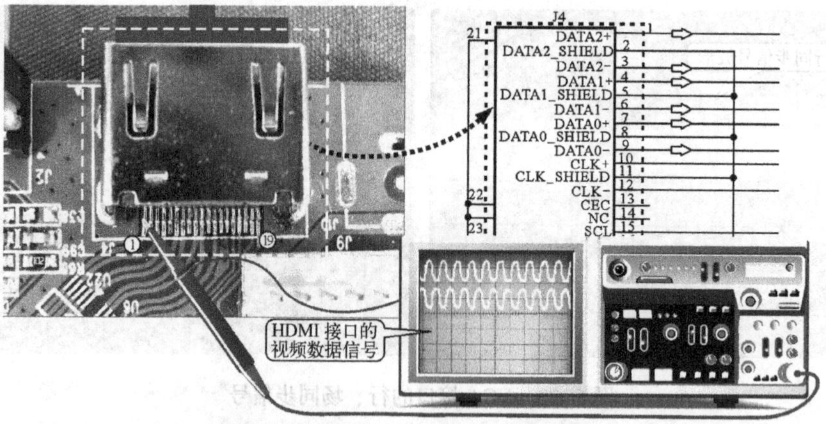

（a）用示波器检测①～⑨脚的视频数据信号

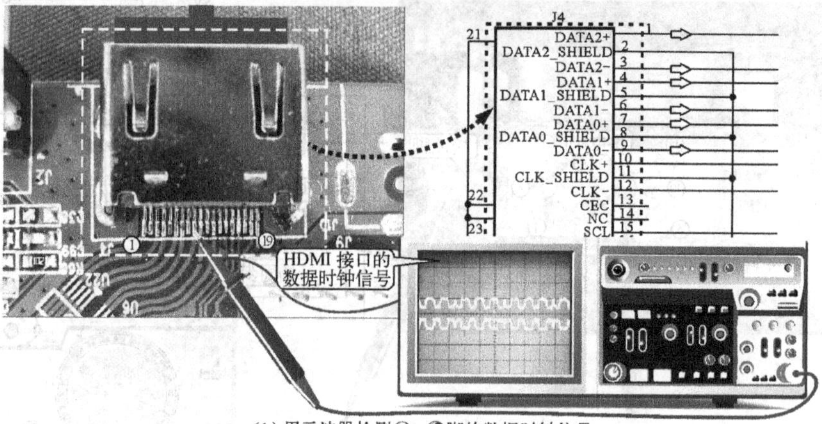

（b）用示波器检测⑩、⑫脚的数据时钟信号

图 6-22 检测 HDMI 接口的视频数据信号和数据时钟信号波形

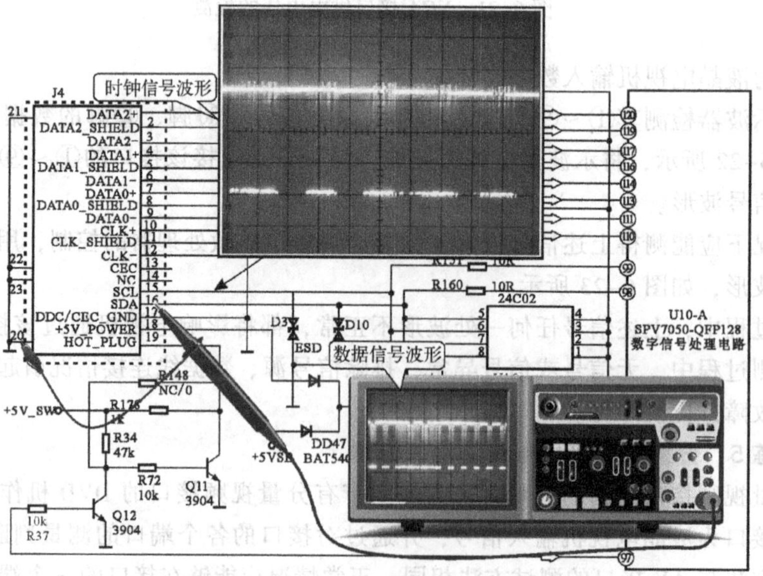

图 6-23 检测数字高清接口电路的故障

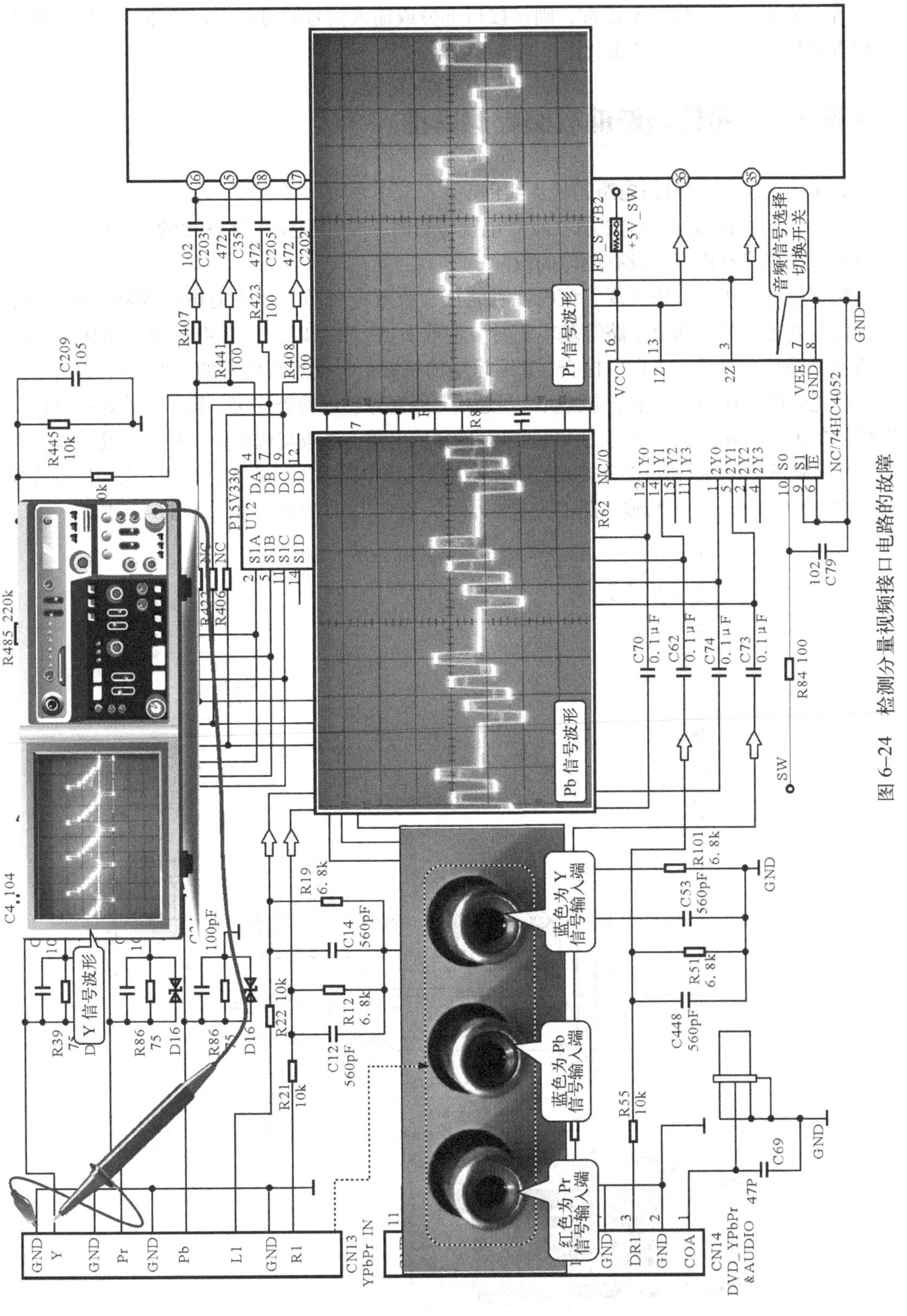

图6-24 检测分量视频接口电路的故障

若上述测得三个信号不正常，则该接口部分或输入信号源可能存在故障，应根据具体情况检查信号源、S 端子连接线及接口本身，排除故障。

任务 2.2 接口电路的故障检测实训

案例训练 1：AV 接口电路的检测实例

海信 TLM2018 型液晶电视机在收看电视节目时正常，但使用外背部的 AV 接口收看 AV 节目时，出现只有声音，没有图像的故障。

根据该电视机的故障表现，该电视机能正常收看电视节目，说明微处理器、视频解码、音频信号处理、伴音功放电路等基本正常。但收看 AV 节目时，只有声音没有图像，说明音频切换电路基本正常，重点应检查 AV 通道中的视频信号处理线路中的主要器件。

首先应查看 DVD 机与液晶电视机接口连接是否正常，经检查连接正确。接着观察电视机电路板，在 AV 接口附近由一型号为 VPC3230D 的集成电路，经查集成电路手册知，其功能为视频解码及切换开关电路，接口部分接收的信号首先送入该电路中进行处理，则接下来顺信号流程应重点检测接口部分、信号传输线路中的主要元件及 VPC3230D 集成电路，如图 6-25 所示。

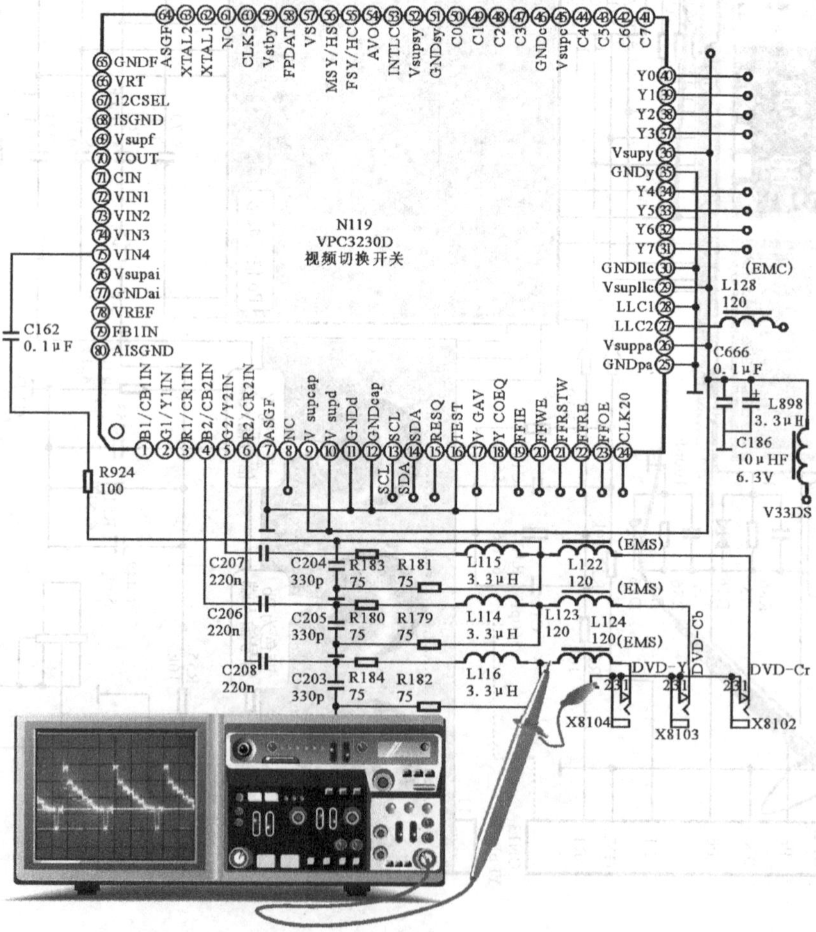

图 6-25 检测接口信号波形

经检测接口输入的信号正常，接着可检测视频切换电路的④脚、⑤脚、⑥脚，经过检测发现⑥脚无信号波形，此时，应重点检测色度信号通路中的元器件，用万用表检测电感器 L116 时，其阻值为无穷大，说明该元器件可能已断路，更换同型号、性能完好的电感器后，重新开机后，故障排除。

案例训练 2：计算机输入接口（VGA）电路的检测实例

在使用康佳液晶电视机 TM3008 收看电视节目时正常，但接入计算机主机箱上的 VGA 信号时不能正常使用。

电视机收看本机电视节目正常，则表明其主要的电路部分均能够正常工作，而采用 VGA 接口输入信号时不能正常使用，则首先应检查计算机显卡接口与液晶电视机 VGA 接口连接是否正常，电视机模式切换是否正常。若连接及电视机模式均正常，则应对该接口电路部分进行重点检测。

首先，用示波器检测其输入的 R、G、B 信号波形是否正常，如图 6-26 所示。

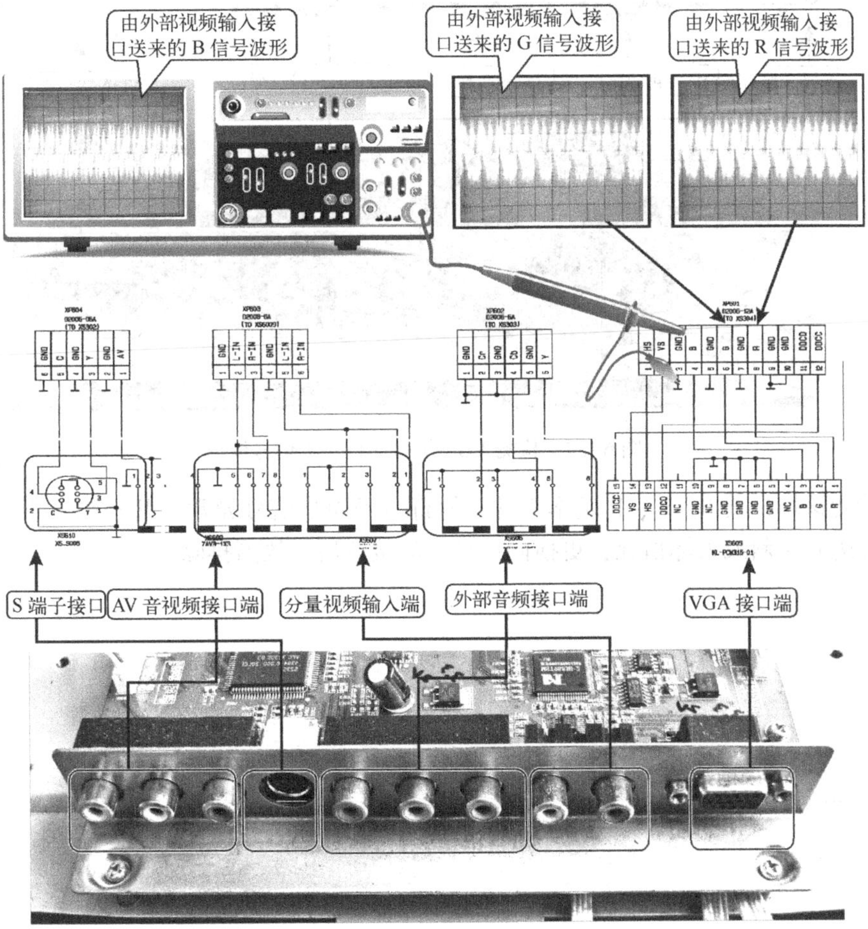

图 6-26　检测 VGA 接口电路中 RGB 信号波形

若输入的 R、G、B 信号正常的情况下，检测其行、场同步信号波形是否正常，如图 6-27 所示。

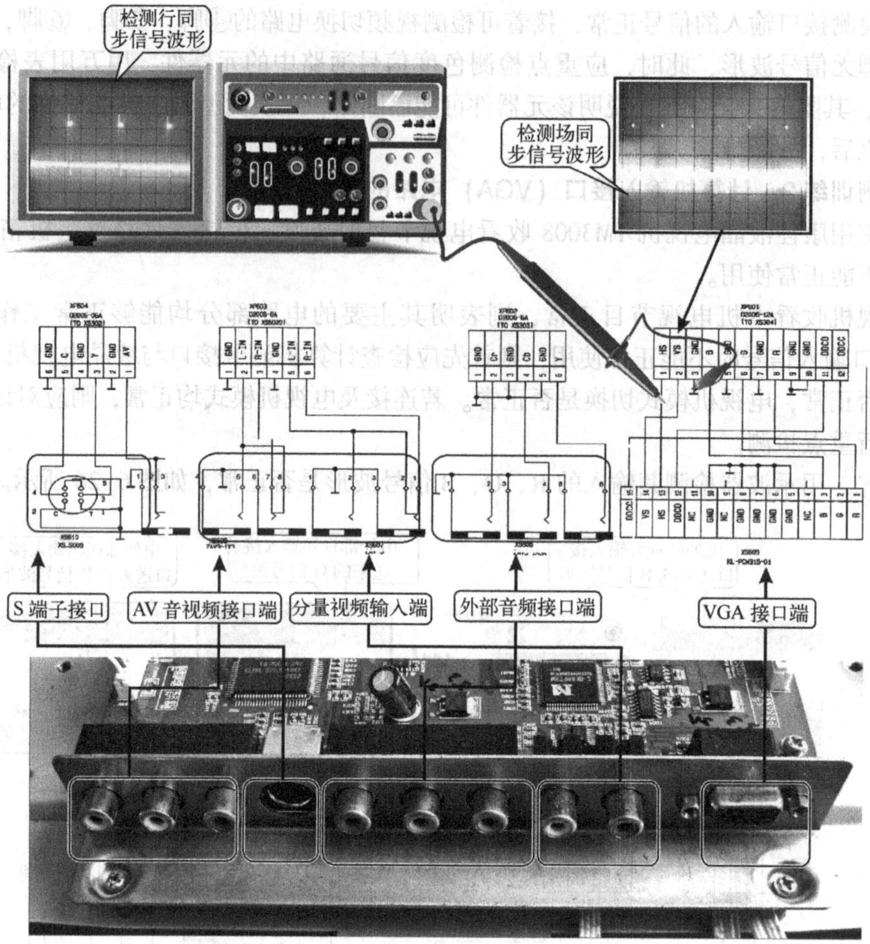

图6-27　检测VGA接口的行、场信号波形

经检测该接口处R、G、B基本正常，但行、场同步信号异常，几乎测试不到，怀疑接口内部针脚有歪斜或损坏情况，更换同样型号的接口后，故障排除。

第7单元　开关电源电路检修技能实训

综合教学目标

了解液晶电视机开关电源电路的基本结构、功能和工作原理，掌握开关电源电路的常见故障和主要元器件的检测方法。

岗位技能要求

训练使用万用表检测开关电源各主要器件的工作电压和静态电阻的操作方法，并能根据检测结构判别故障部位，学会安全操作方法。

项目1　开关电源电路的结构特点和工作原理

教学要求和目标： 通过典型液晶电视机开关电源的解剖和实训演练，了解开关电源电路的基本结构、主要组成和主要元器件的功能特点。

任务1.1　认识开关电源电路的结构和特点

1.1.1　了解开关电源电路的结构特点

图7-1所示为典型液晶电视机开关电源电路板的主要元器件，图7-2所示为电路板背部引脚焊点实例图。该液晶电视机的电源电路主要是由交流输入电路、整流滤波电路、开关振荡电路和次级输出电路构成的。

由上图可以看出，该液晶电视机的逆变器电路与开关电源电路安装在一块电路板上，在本章节中主要介绍开关电源部分，逆变器电路部分在前一章节中已详细介绍，这里不再重复。

该电视机的开关电源电路中，主要元器件包括交流220V输入插口、熔断器、热敏电阻、300V滤波电容、互感滤波器、桥式整流堆、开关晶体管、开关集成电路、光电耦合器、开关变压器、整流双二极管及次级输出滤波电容等，如图7-3所示。

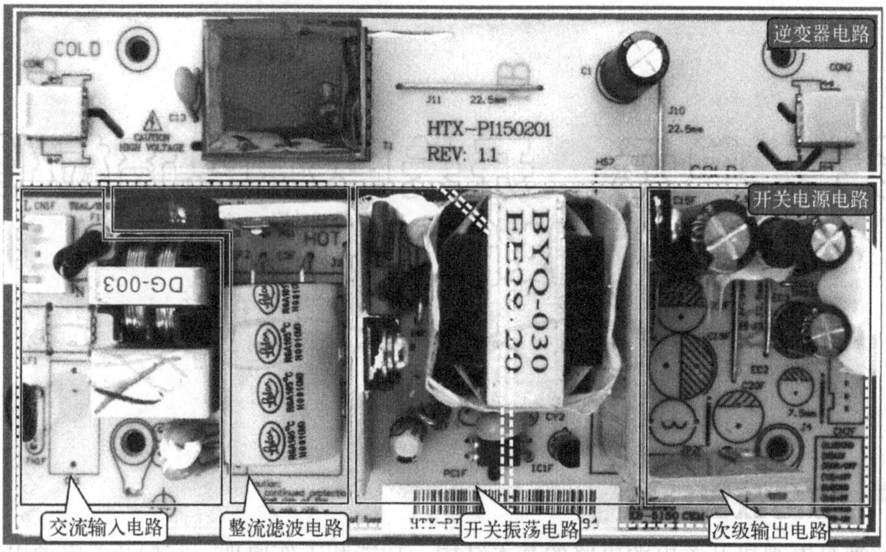

图 7-1 开关电源电路板的主要元器件

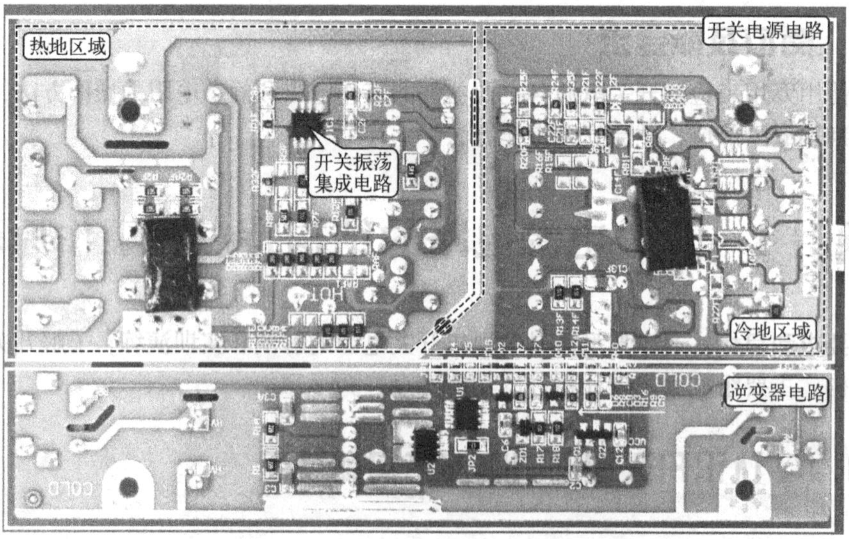

图 7-2 开关电源电路板的背部引脚焊点

知识扩展

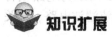

通常在开关电源电路中，把开关变压器初级绕组及之前的电路部分称为热地区域，开关变压器次级绕组及之后的电路部分称为冷地区域，在对该电路部分进行检测时，需要注意区分冷热地，即对热地区域元件进行检测时，检测仪表接地端应接热地，如300V 滤波电容的负极；对冷地区域元件进行检测时，检测仪表接地端应连接冷地，如次级输出端滤波电容的负极。在检训热区元件的信号波形时应使用隔离变压器为电源电路供电。

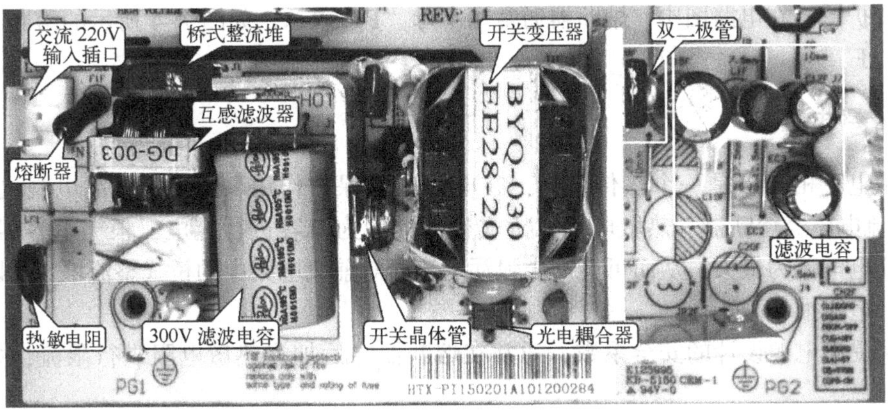

（a）开关电源电路正面元件分布图

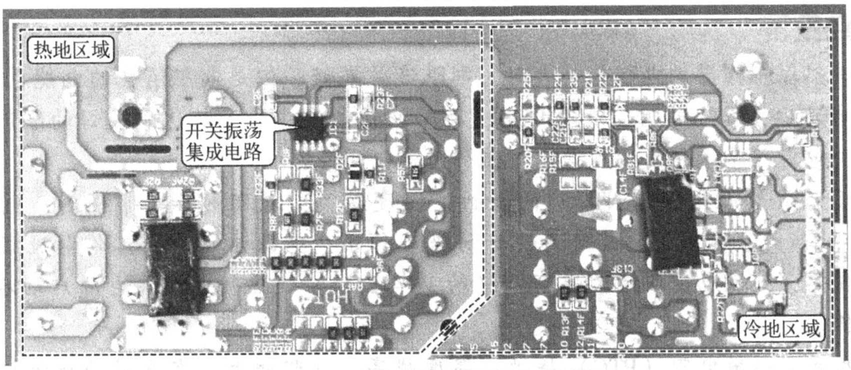

（b）开关电源电路背面元件分布图

图 7-3　开关电源电路中的主要元器件

1.1.2　开关电源主要元器件的功能和特点

1. 熔断器

熔断器又称为保险丝，是一种安装在电路中，保证电路安全运行的电器元件。当液晶电视机的电路发生故障或异常时，电流会不断升高，而升高的电流有可能损坏电路中的某些重要器件，甚至可能烧毁电路。这时熔断器就起到了重要的作用，它会在电流异常升高到一定的强度时，自身熔断切断电路，从而起到保护电路安全运行的作用。图 7-4 所示为典型液晶电视机开关电源电路中熔断器的实物外形和电路符号。

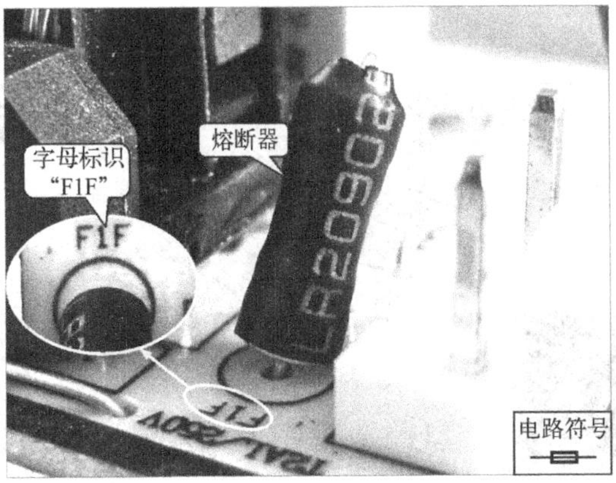

图 7-4　液晶电视机电源电路中熔断器的实物外形和电路符号

在液晶电视机的电路中，熔断器的形状一般为长方椭圆形，外部包有橡胶护罩。在电路图中，熔断器通常用字母“F”表示，如图 7-4 所示的熔断器字母符号为“F1F”。

2. 热敏电阻

热敏电阻相当于是一个热传感器，在电路中起保护作用。通常，液晶电视机开机时，220V 交流电压经熔断器、热敏电阻、桥式整流堆后为电容进行充电，根据电容器的特点，其瞬间充电电流为最大，从而可能产生浪涌电流，对前级电路中的桥式整流堆、熔断器等带来冲击，造成损坏。

为了提高电源设计的安全系数，通常在熔断器之后加入热敏电阻进行限流，如图 7-5 所示。

要点提示

一般其热敏电阻器的电阻值越大时，则限流效果好，但是电阻消耗的电能也是越大的，开关电源启动后，限流电阻已没有作用，反而浪费电力。为了既达到较好的限流效果又省电，在开关电源经常采用负温度热敏电阻作限流使用。

负温度系数热敏电阻（NTC）的特性：温度越高，电阻越小。常温时，电阻一般是 8 ～ 10Ω，比较大；开机时，就起到较好的限流作用；电源启动后，工作电流经过热敏电阻，使其发热，热敏电阻阻值大幅下降（约 1 ～ 2Ω），使热敏电阻在电源启动后，电力消耗降到最低。

正温度系数热敏电阻（PTC）特性：温度越高，电阻越大，在冰箱的压缩机启动等有应用。

3. 互感滤波器

互感滤波器由四组线圈对称绕制而成，它的作用是通过互感作用消除外电路的干扰脉冲进入液晶电视机，同时使电视机的脉冲信号不会对其他电子设备造成干扰，图 7-6 所示为互感滤波器的实物外形和电路符号。在电路中，互感滤波器通常用字母“L”表示。

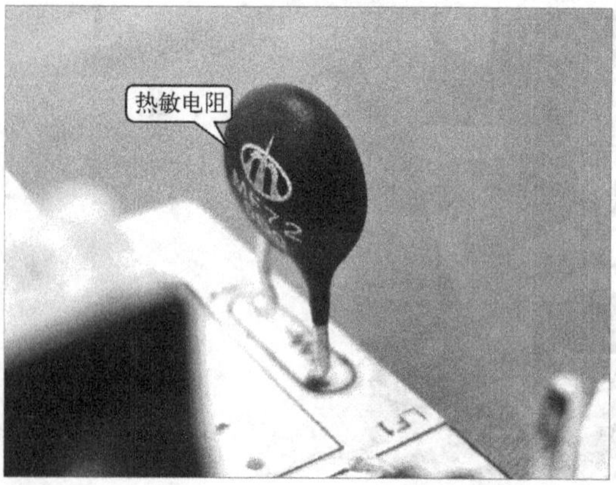

图 7-5　热敏电阻的实物外形

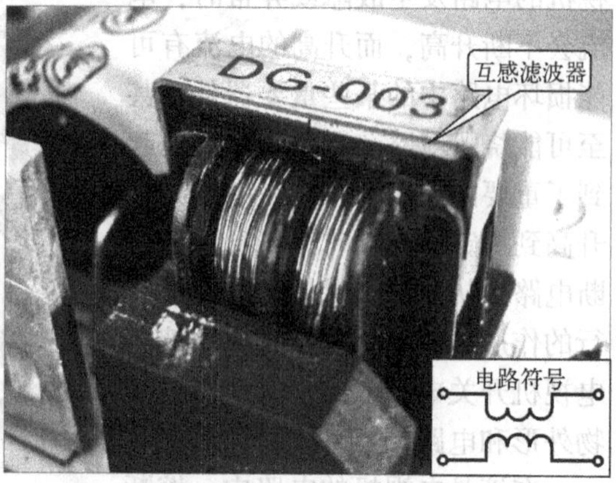

图 7-6　互感滤波器的实物外形和电路符号

4. 桥式整流堆

桥式整流堆的主要作用是将交流 220V 电压整流输出约 +300V 的直流电压，图 7-7 所示为桥式整流堆在该液晶电视机中的位置和电路符号。

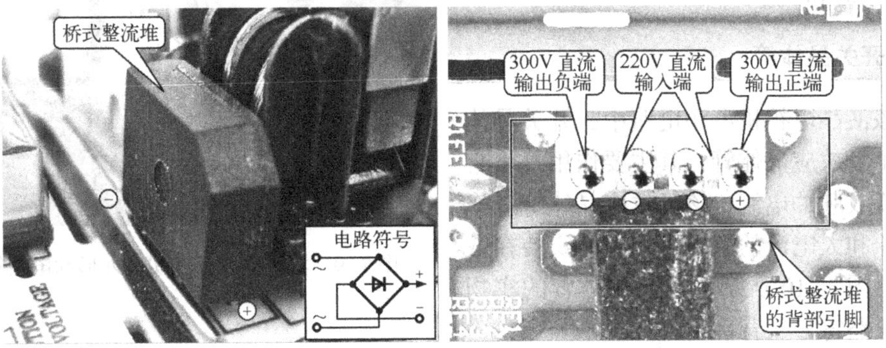

图 7-7 桥式整流堆在液晶电视机中的位置和电路符号

要点提示

桥式整流堆有四个引脚，一般其两端引脚为直流输出端，中间两个引脚为交流输入端，其外形一端为斜角形式，一般其表示直流输出正端。另外，在一些电视机电源板上有明确的输入/输出标记，如图 7-8 所示。

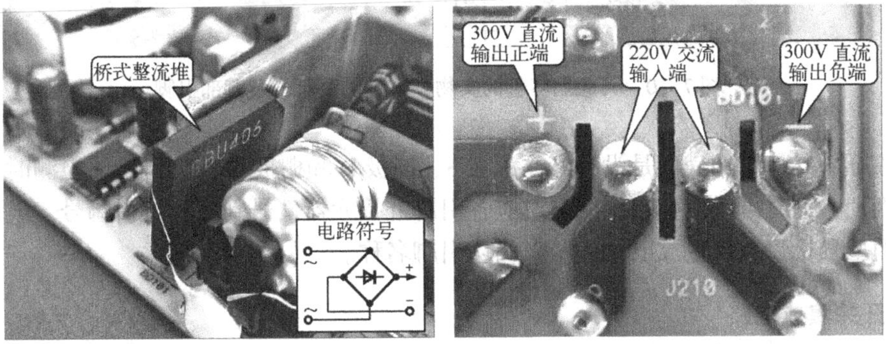

图 7-8 桥式整流堆引脚标记

5. 300V 滤波电容器

300V 滤波电容主要用于对桥式整流堆送来的 300V 直流电压进行滤波，图 7-9 所示为 300V 滤波电容的实物外形及电路符号。在电路中该器件是最容易识别的器件之一，通常它是电路中最大的电容器。

由图可知，该电容器是一种电解电容器，因为电容器上标有正、负极性，即电容器外壳上标注有“ - ”的引脚为负极性引脚，用于连接电路的低电位。

300V 滤波电容在电路中用字母“C”表示。度量电容量大小的单位是“法拉”，简称

"法"，用字母"F"表示。但实际中使用更多的是"微法"（用"μF"表示），"纳法"（用"nF"表示）或皮法（用"pF"表示）。他们之间的换算关系是 $1F=10^6\mu F=10^9 nF=10^{12}pF$。

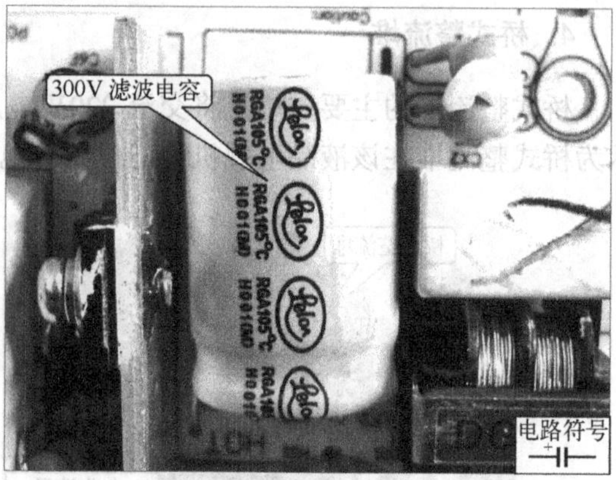

图 7-9 滤波电容器的实物外形和电路符号

6. 开关晶体管

在该液晶电视机电源电路中，开关晶体管是一个场效应晶体管，其主要作用是将直流电流变成脉冲电流，该场效应晶体管工作在高电压和大电流的条件下，因而安装在散热片上。图 7-10 所示为开关晶体管的实物外形、电路符号及背部引脚。

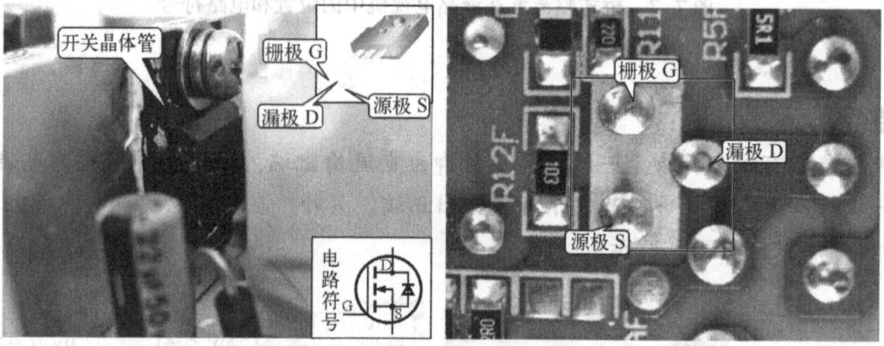

图 7-10 开关晶体管的实物外形、电路符号及背部引脚

在该开关晶体管的表面是没有标注源极 S、漏极 D 和栅极 G 的，但为了检测时方便，需要进行判别，这时可根据电路图纸，对应各引脚外接元器件号判断出该引脚号，或根据晶体管表面的型号标识查询集成电路手册来确认引脚名称。

7. 开关集成电路

图 7-11 所示为开关集成电路的实物外形和引脚标识，开关振荡和控制电路集成在其中。工作时，为开关晶体管提供驱动脉冲。该集成电路各引脚功能参见表 7-1。

表 7-1 开关集成电路各引脚功能

引 脚	名 称	功 能	引 脚	名 称	功 能
①	RT	开关振荡频率设置端	⑤	OUT	输出端（驱动 MOSFET 管）
②	COMP	电压反馈端	⑥	VCC	供电端
③	CS	电流检测端	⑦	NC	空
④	GND	接地	⑧	HV	启动端

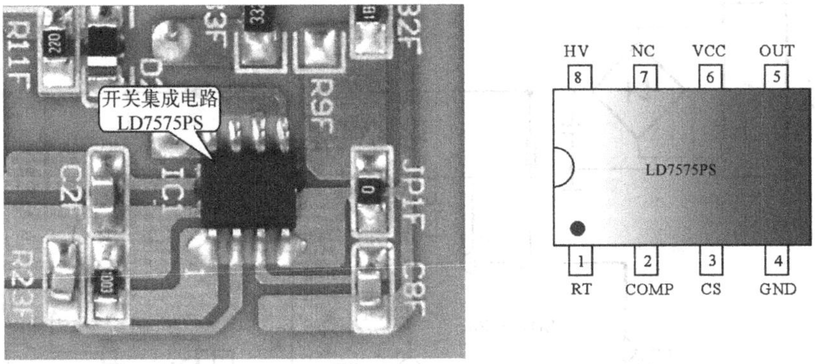

图7-11　开关集成电路的实物外形和引脚

该开关集成电路的型号为LD7575PS，其内部结构如图7-12所示。图7-13所示为该开关集成电路的典型应用。

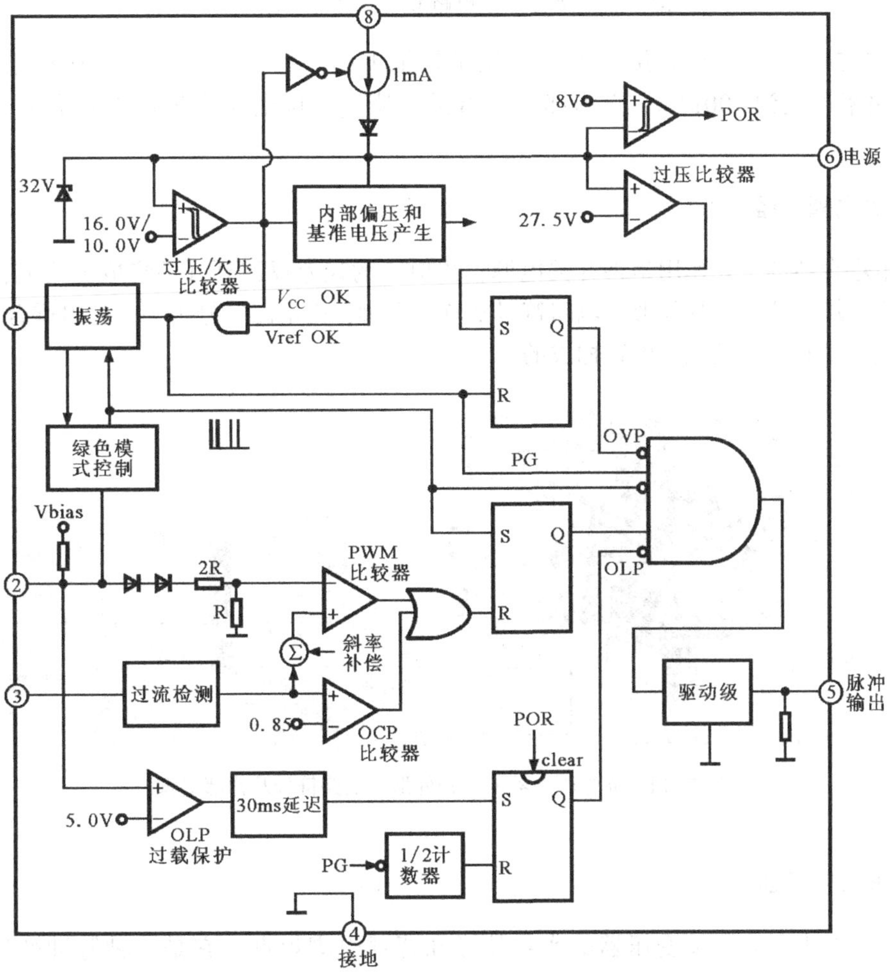

图7-12　开关集成电路LD7575PS的内部结构框图

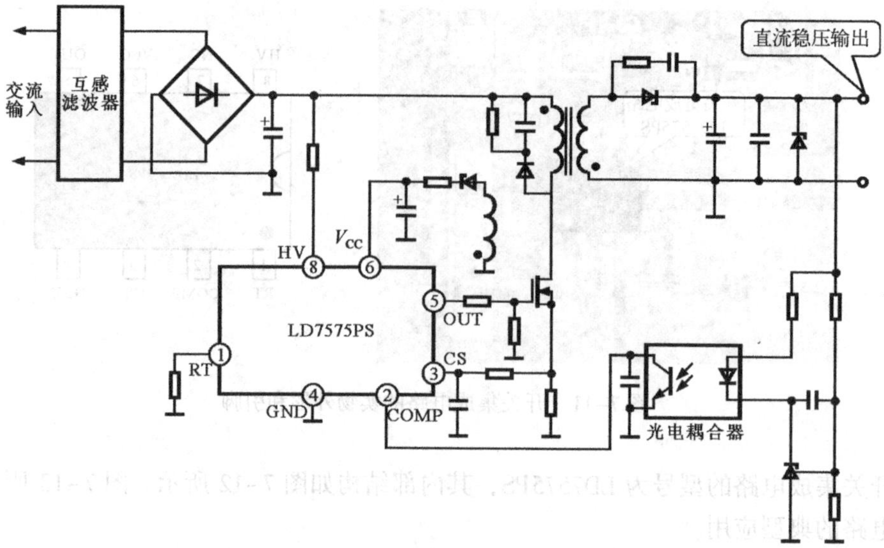

图 7-13　开关集成电路 LD7575PS 的典型应用

LD7575PS 采用高压直接启动，简化了外围电路，它在待机时的功耗小于 1W，最高工作频率可达到 300kHz。它内部主要由振荡器、复位电路、延迟电路和启动电路等构成。

8. 光电耦合器

光电耦合器的主要作用是将开关电源输出电压的误差反馈到开关集成电路上，图 7-14 所示为光电耦合器的实物外形、电路符号及背部引脚，由电路符号可知，光电耦合器是由一个光敏晶体管和一个发光二极管构成的。

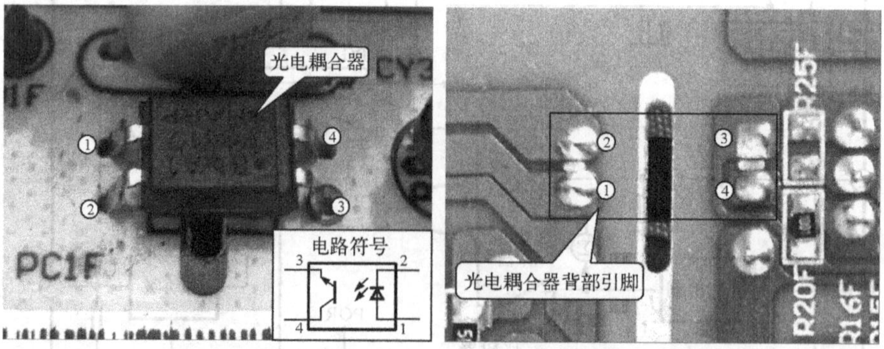

图 7-14　光电耦合器的实物外形、电路符号及背部引脚

9. 开关变压器

图 7-15 所示为开关变压器的实物外形和背部引脚焊点，它是一种脉冲变压器，其工作频率较高（1 ～ 50kHz），芯片使用铁氧体，脉冲变压器的初级绕组与开关晶体管构成振荡电路，次级与初级绕组隔离，主要的功能是将高频高压脉冲变成多组高频低

压脉冲。

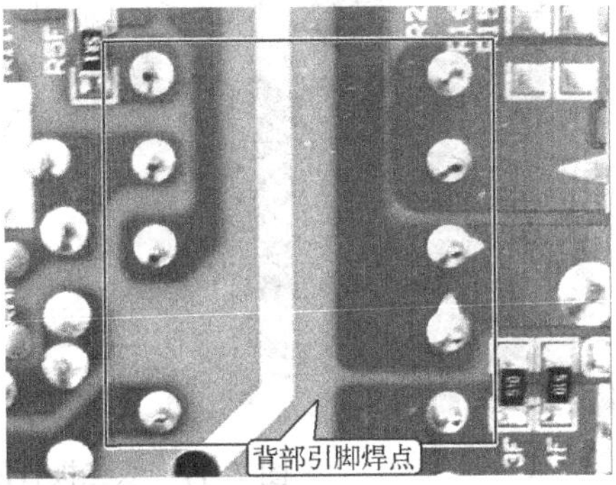

图 7-15　开关变压器的实物外形和背部引脚焊点

开关变压器是开关电源电路中具有明显特征的器件，它的初级是开关振荡电路的一部分，次级输出的脉冲信号经整流滤波后变成多组直流输出，为电视机各单元电路及元器件提供工作电压。

要点提示

根据液晶电视机的品牌或型号的不同，其开关变压器也有所不同，图 7-16 所示为长虹 LT3788 型液晶电视机开关电源电路中的开关变压器外形。

图 7-16　长虹 LT1788 型液晶电视机开关电源电路中的开关变压器外形

10. 双二极管

在该电视机的开关变压器的次级电路中，整流电路中采用了一个双二极管进行整流，图 7-17所示为双二极管的实物外形和电路符号，其主要作用是将开关变压器输出的各路交流电压整流成直流电压，因此，也将双二极管称为整流双二极管。

由图 7-17 可知，双二极管的外形类似于三极管或场效应管，但功能与三极管和场效应管不同，因此在维修液晶电视机时，一定要观察好哪些是双二极管，哪些是三极管或场效应管，以防止维修时的误操作。一般可以通过双二极管的字母标识进行判别，通常用字母“D”表示，而且通过参考电路图上的符号，就可以认清哪些是双二极管了。

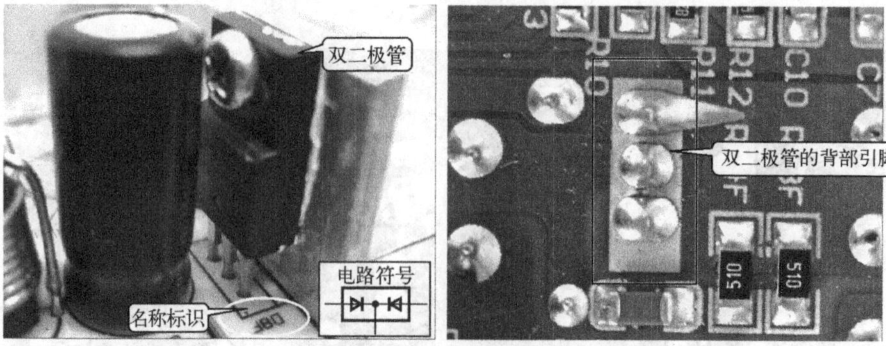

图 7-17　双二极管的实物外形和电路符号

任务 1.2　掌握开关电源电路的信号处理过程

开关电源电路是为电视机整机提供直流电压源的功能单元，图 7-18 所示为其信号处理框图。从图中可以看出，液晶电视接通电源后，交流 220V 输入电压流经交流输入电路，到达整流滤波电路，由该电路滤除干扰，并由桥式整流堆输出约 300V 的直流电压。直流 300V 为开关变压器和开关振荡电路供电，开关振荡电路将直流 300V 变成开关脉冲信号，并驱动开关变压器，经开关变压器后，由整流二极管将脉冲电压变成直流电压，再经滤波和稳压器后输出 12V、5V 的直流电压为其他电路进行供电。

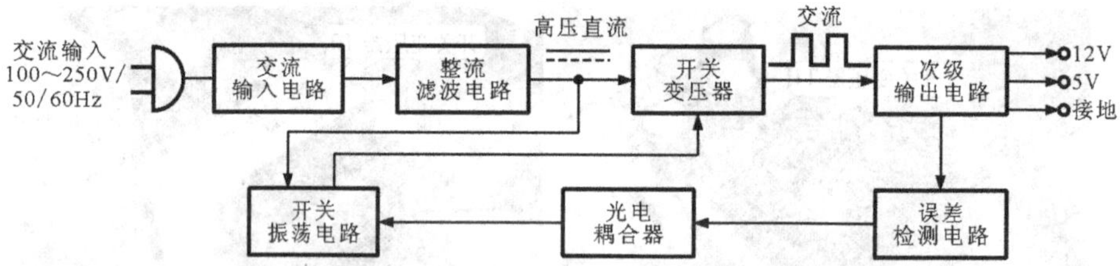

图 7-18　创维 19S19IW 型液晶电视机开关电源电路的原理简图

下面以典型液晶电视机开关电源电路为例介绍其具体的信号处理过程。

1. 创维 19S19IW 型液晶电视机的开关电源电路分析

图 7-19 所示为创维 19S19IW 型液晶电视机的开关电源电路，由图可知，该电路主要是由交流输入电路部分、整流滤波电路、开关振荡电路、次级输出电路、稳压控制电路等部分构成的。

该电路具体信号流程如下。

1）交流输入电流

交流输入电流是由熔断器 F901、互感滤波器 L902、滤波电容 C901、C902 等部分构成的，其主要功能是滤除交流电路中的噪声和脉冲干扰。

2）整流滤波电路

滤波后的 220V 交流电压由桥式整流堆 BD901 整流、滤波电容 C905 滤波后，变成约 300V 的直流电压，加到开关变压器 T901 的④脚，经初级绕组为开关振荡晶体管提供直流偏压。

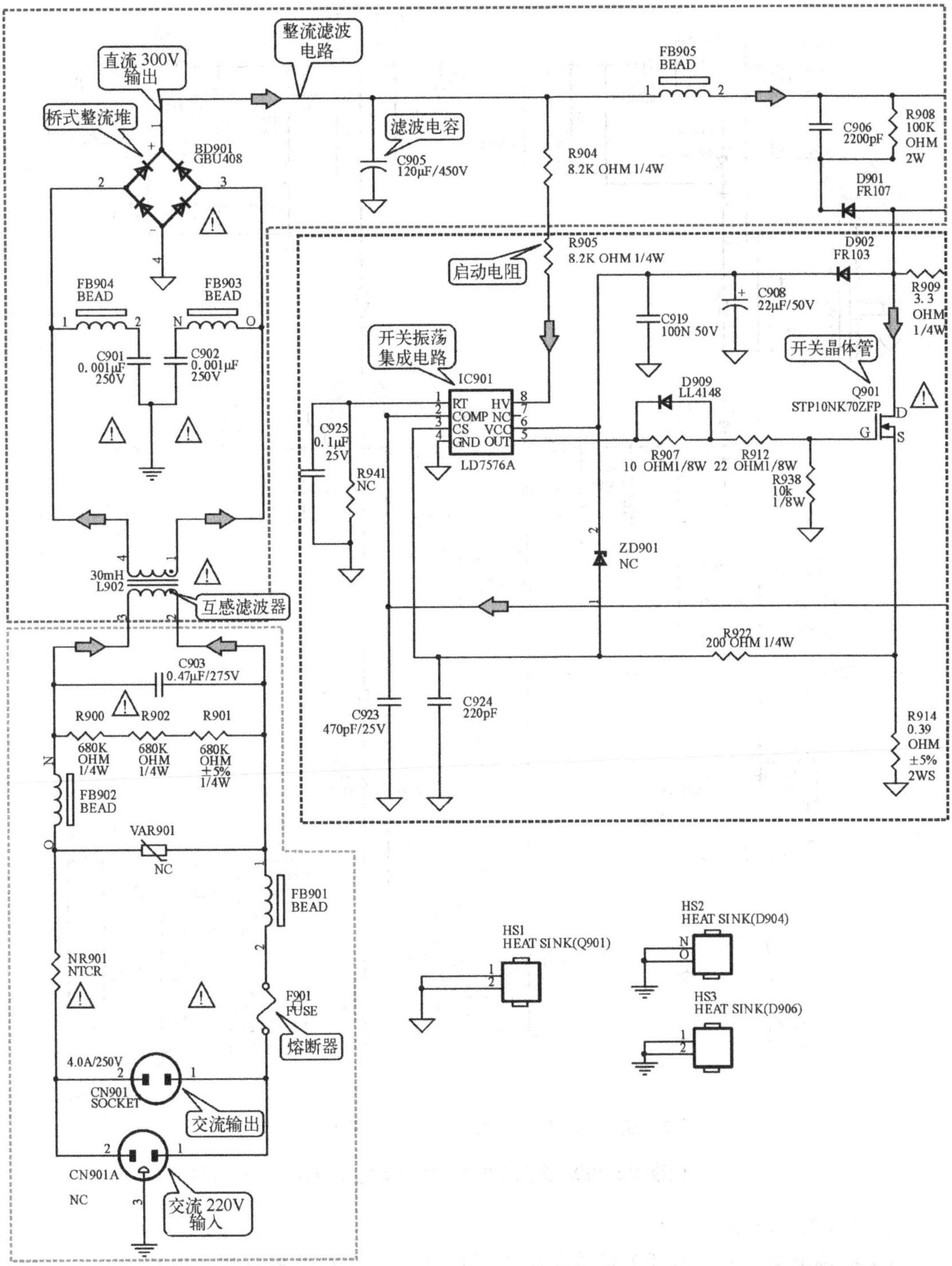

（a）创维 19S19IW 型液晶电视机的开关电源电路

图 7–19　创维 19S19IW 型液晶电视机的开关电源电路原理图

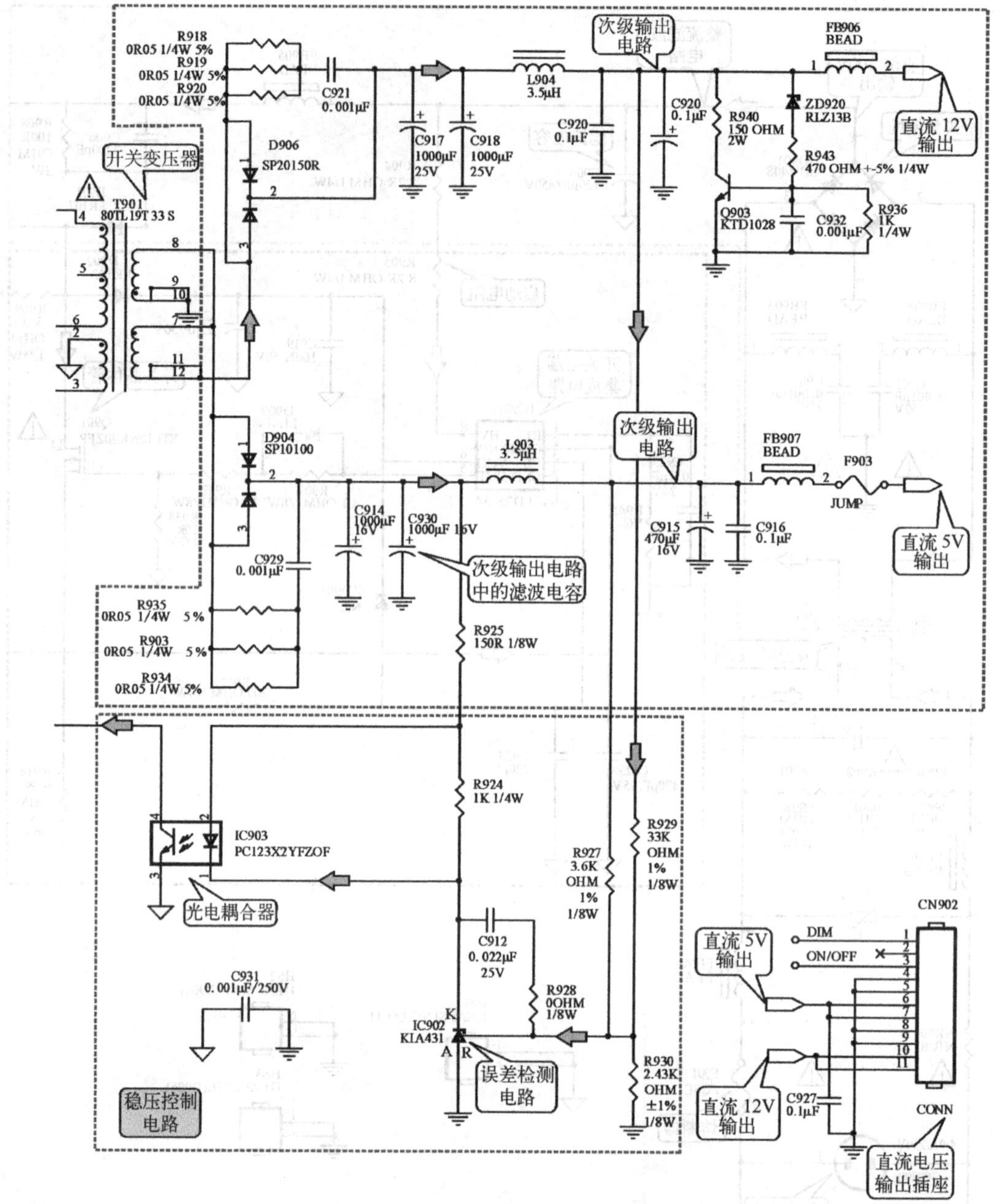

(b) 创维 19S19IW 型液晶电视机的开关电源电路（续）

图 7-19 创维 19S19IW 型液晶电视机的开关电源电路原理图（续）

3）开关振荡电路

开关振荡电路主要是由开关场效应晶体管 Q901、开关振荡控制集成电路 IC901 及相关电路构成的。开机时，由 220V 交流电压整流输出的 300V 直流电压，经开关变压器 T901 初级绕组④～⑥脚加到开关晶体管 Q901 的漏极 D。开关晶体管的源极 S 经 R914 接地，栅极 G 受开关振荡集成电路 IC901 的⑤脚控制。300V 直流电压为 IC901 的⑧脚提供启动电压，使 IC901 中的振荡器起振。IC901⑤脚为开关晶体管 Q901 的栅极 G 提供振荡信号，于是开关管

Q901 开始振荡，使开关变压器 T901 的初级线圈中产生开关电流。开关变压器的次级绕组②、③脚中便产生感应电流，③脚的输出经整流、滤波后形成正反馈电压加到 IC901 的③脚，从而维持振荡电路的工作，使开关电源进入正常工作状态。

4）次级输出电路

（1）+12V、+5V 输出电路

开关电源起振后，开关变压器 T901 的次级线圈输出开关脉冲信号，经整流滤波电路后输出 +12V 和 +5V 电压。

（2）稳压控制电路

稳压控制电路主要由 IC901、光电耦合器 IC903、误差检测电路 IC903 及取样电阻 R929、R927、R930、R928 等组成。

误差检测电路设在 +5V 的输出电路中，R929 与 R930 的分压点作为取样点。当开关变压器次级 +12V 或 +5V 输出电压升高时，经取样电阻分压加至 IC902 的 R 端电位升高，IC902 的 K 端电压则降低，使流经光电耦合器 IC903 内部发光二极管的电流增大，其发光管亮度增强，光敏三极管导通程度增强，该信号反馈到开关振荡集成电路 IC901 的②脚，其内部振荡电路降低输出驱动脉冲占空比，使开关管 Q901 的导通时间缩短，输出电压降低。如果输出电压降低则 T901 输出驱动脉冲占空比升高，这样使输出电压保持稳定。

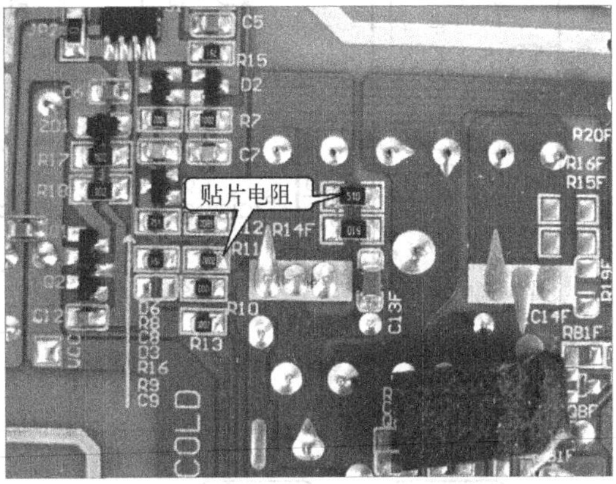

图 7-20　开关电源电路中的贴片电阻

为了保证后级设备的安全，该电源的取样电路同时对两组输出电压进行取样，取样电阻均为精密的贴片电阻，如图 7-20 所示。

2. 康佳 LC-TM2018 型液晶电视电源电路分析

图 7-21 所示为康佳 LC - TM2018 型液晶电视电源电路，由图 7-21 可知，该电路主要是由交流输入电路、整流滤波电路、开关振荡电路、次级输出电路及稳压控制电路等部分构成的。

1）交流输入和整流滤波电路

交流输入和整流滤波电路是将交流 220V 电压经互感滤波器 L901 和桥式整流堆 D901，变成约 300V 的直流电压。300V 直流电压经开关变压器 T901 的初级绕组①～③脚为开关场效应晶体管漏极提供偏压，同时为开关、振荡、稳压控制集成电路 N901 的⑤脚提供启动电压。

2）开关振荡电路

开机后启动电压使 N901 内的振荡电路开始工作，由 N901 的⑥脚输出驱动脉冲使开关场效应晶体管 V901 工作在开关状态，于是场效应晶体管漏极、源极之间形成开关电流。开关变压器次级⑤～⑥脚绕组为正反馈绕组，⑥脚输出经整流二极管 D903，将正反馈电压加到 N901 的⑦脚，维持 N901 的振荡。

3）次级输出电路

开关变压器次级⑧、⑨～⑪、⑫脚输出经 D904、D905（双整流管）整流、滤波形成

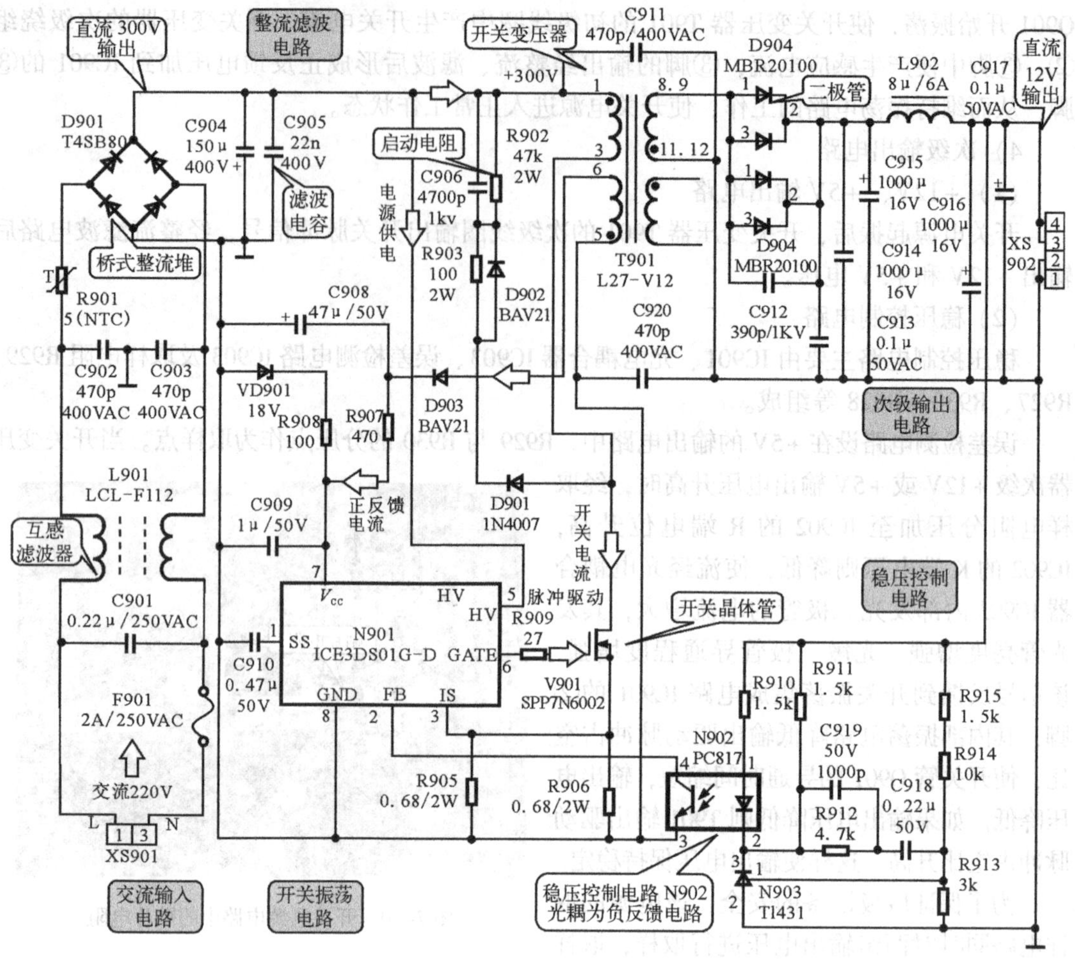

图 7-21 康佳 LC-TM2018 型液晶电视机的开关电源电路原理图

+12V 电压，为减少纹波在输出端加入了 LC 的 π 型滤波器。

4）稳压控制电路

误差取样电路由接在 +12V 电压经 R915 、R914、R913 形成分压电路，在 R913 上作为取样点为 N903（TL431）提供误差取样电压，N903 为误差放大器，误差放大器的输出控制光耦合器 N902 中的发光二极管，+12V 电压的波动会使光耦合器中的发光二极管发光强度有变化，这种变化经光耦合器中的晶体管反馈到 N901 的②脚，形成负反馈环路，从而对 N901 产生的 PWM 信号进行稳压控制。

要点提示

开关集成电路 N901 的内部功能框图和外部相关电路如图 7-22 所示，交流输入经整流形成的直流电压，经开关变压器初级线圈加到开关场效应管的漏极 D，同时为 N901 的⑤脚提供启动电压，N901 启动，也使开关管启动，开关变压器产生的正反馈电流加到 N901⑦脚，N901 进入振荡状态，⑥脚输出开关脉冲，开关电源输出 +12V，误差检测电路形成的负反馈信号经光耦合器送到 N901 的②脚，N901③脚为电流检测输入端，①脚外接软启动电容。

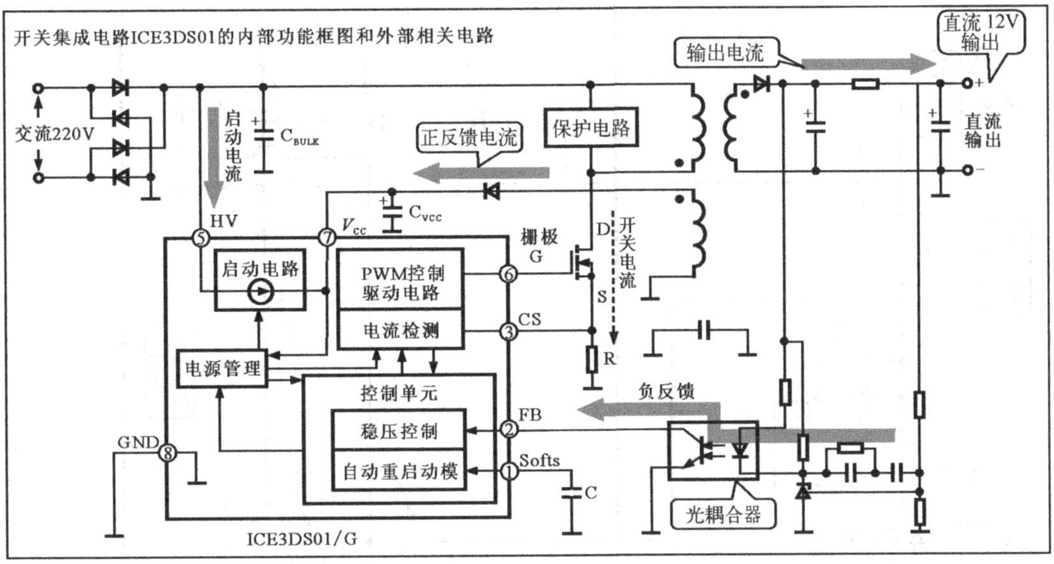

图 7-22　开关集成电路 ICE3DS01 内部功能框图和外部相关电路

3. LG-Z20LCD1A 型液晶电视机的开关电源电路分析

图 7-23 所示为 LG-Z20LCD1A 型液晶电视机的开关电源电路，由图 7-23 可知，该电路主要是由交流输入电路部分、桥式整流堆、滤波电容、开关晶体管、开关振荡集成电路、开关变压器、次级输出、误差检测及相关电路等部分构成的。

1）交流输入电流

交流输入电流是由熔断器 F901、互感滤波器 L902、L904 和滤波电容 C905 等部分构成的，其主要功能是滤除交流电路中的噪声和脉冲干扰。

2）整流滤波电路

滤波后的 220V 交流电压由桥式整流堆 BD901 整流、滤波电容 C905 滤波后，变成约 300V 的直流电压，加到开关变压器 T901 的①脚，经初级线圈①～③脚为开关振荡晶体管提供直流偏压。

3）开关振荡电路

开关振荡电路主要是由开关场效应晶体管 Q901、开关、振荡控制集成电路 Q901 及相关电路构成的。开机时，由 220V 交流电压整流输出的 300V 直流电压，经开关变压器 T901 初级绕组①～③脚加到开关晶体管 Q901 的漏极 D。开关晶体管的源极 S 经 R914 接地，栅极 G 受开关振荡集成电路 LE7552 的⑧脚控制。300V 直流电压为 LE7552 的①脚提供启动电压，使 LE7552 中的振荡器起振，为开关晶体管 Q901 的栅极 G 提供振荡信号，于是开关管 Q901 开始振荡，使开关变压器 T901 的初级线圈中产生开关电流。开关变压器的次级绕组⑥、⑤脚中便产生感应电流，⑥脚的输出经整流、滤波后形成正反馈电压加到 LE7552 的⑦脚，从而维持振荡电路的工作，使开关电源进入正常工作状态。

4）次级输出电路

开关电源起振后，开关变压器 T901 的次级线圈输出开关脉冲信号，经整流滤波电路后输出 +12V 电压。

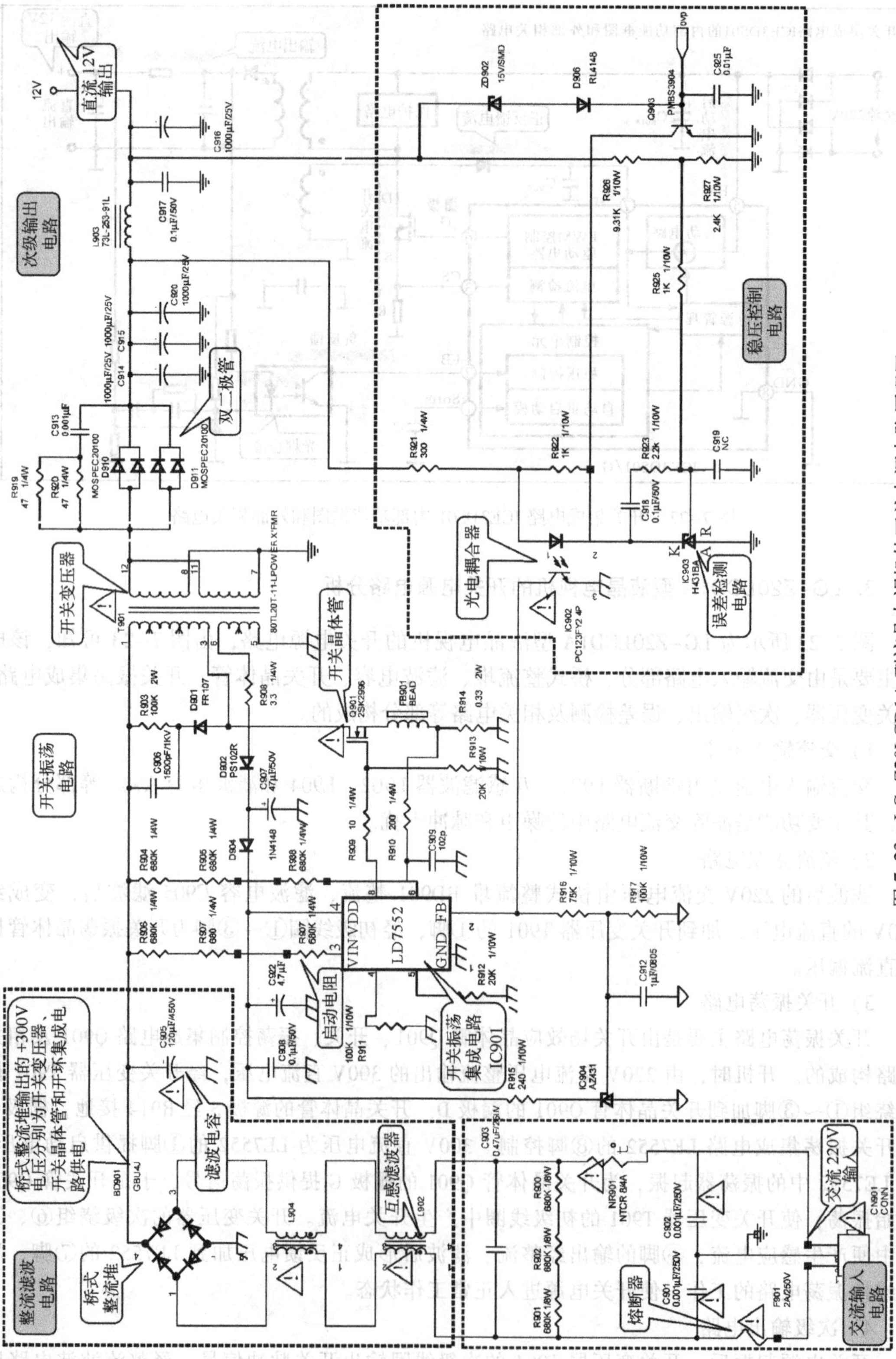

图 7-23 LG-Z20LCD1A 型液晶电视机的开关电源电路原理图

5）稳压控制电路

（1）稳压控制电路主要由LE7552、光电耦合器IC902、误差检测电路IC903及取样电阻R921、R922、R923、R925、R926、R927等组成。

（2）误差检测电路设在+12V的输出电路中，R926与R927的分压点作为取样点。当开关变压器次级+12V输出电压升高时，经取样电阻分压加至IC903的R端电位升高，IC903的K端电压则降低，使流经光电耦合器IC902内部发光二极管的电流增大，其发光管亮度增强，光敏三极管导通程度增强，最终使LD7552的⑧脚电压下降，降低输出脉冲的占空比，使开关管Q901的导通时间缩短，输出电压降低。如果输出电压降低则IC901输出驱动脉冲占空比升高，这样使输出电压保持稳定。

项目2　液晶电视机电源电路的检修实训

教学要求和目标：通过对典型液晶电视机开关电源的检测实训，掌握开关电源的故障分析技能和各种元器件的检测技能。

任务2.1　了解开关电源的常见故障

当电源电路出现故障时，首先应观察开关电源电路的主要元器件是否有脱焊、烧焦，以及插口松动等现象，如熔断器烧焦断裂、电解电容鼓包漏液、开关晶体管引脚脱落等。若出现这种故障，将损坏的元件更换即可排除故障。若没有发现这些明显的故障现象，可利用检测法或替换法对电源电路的元器件进行逐一排查，图7-24所示为液晶电视机开关电源电路元器件的故障检测流程图。

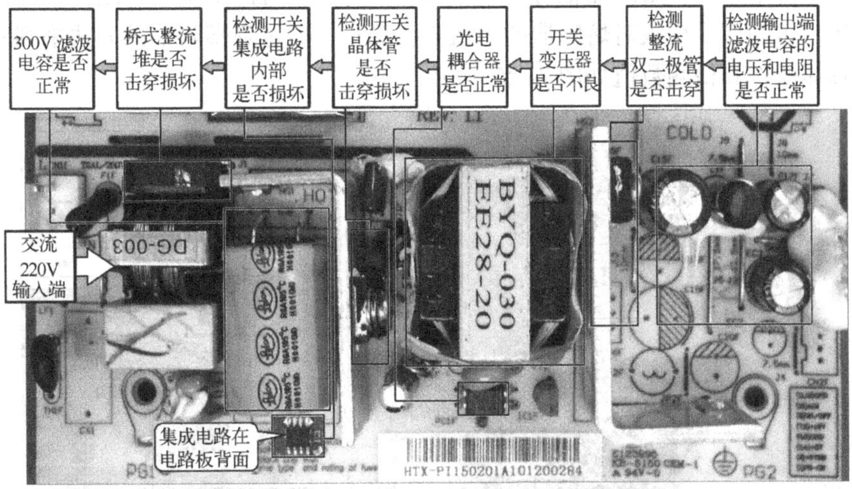

图7-24　液晶电视机开关电源电路元器件的故障检测流程图

由图7-24可知，当液晶电视机出现供电失常时，首先检测开关变压器次级输出滤波电容是否损坏，若没有问题，检测整流二极管D8F是否击穿，若二极管没有击穿，应检测开关变压器是否不良。接着检测开关集成电路，看是否损坏，若开关集成电路没有问题，则可能是开关晶体管出现故障。而对于交流输入部分，主要应检测300V滤波电容和桥式整流堆是否损坏。

2.1.1 若没有电压输出，但 +300V 输入正常

在该液晶电视机电源电路中，由开关变压器次级输出，并经整流和滤波后可输出 12V 和 5V 电压。由于这两种电压的输出电路是由整流二极管和电解电容组成的，因此，当没有电压输出时，应首先检测整流二极管是否击穿，或电解电容是否鼓包、漏液等。

若整流二极管和电解电容都没有问题，应在通电的情况下，检查桥式整流堆输出的 300V 直流电压是否正常，若测得开关晶体管漏极有 +300V 直流电压，表明引起这种故障的原因主要有两种：一是开关晶体管本身损坏；二是开关集成电路没有工作。

若检测到开关晶体管本身没有损坏，则继续开关集成电路，看是否工作，若测得开关集成电路工作不正常，表明是开关集成电路本身或外围元件有故障，应重点检查启动电路和正反馈电路。

2.1.2 若输入 +300V 直流电压不正常

排除故障的第一步应从 +300V 滤波电容 C3F 入手，可利用万用表检测该电解电容两端的电阻是否存在短路或断路情况，若问题不在该电解电容上，需检测桥式整流堆是否击穿短路，若该桥式整流堆仍然没有故障，应检测交流输入电路中的相关元件是否脱焊、损坏等。

任务 2.2 液晶电视机开关电源的检修实训

2.2.1 开关电源电路的检修训练

操作训练 1：熔断器的检修方法

在开关电源电路中，熔断器很容易被烧坏，因此，在检测其他元件之前，应检测熔断器是否被损坏，可利用万用表对熔断器的阻值进行测量，通过观察阻值的方法来判断熔断器是否损坏，具体操作和检测数值如图 7-25 所示。

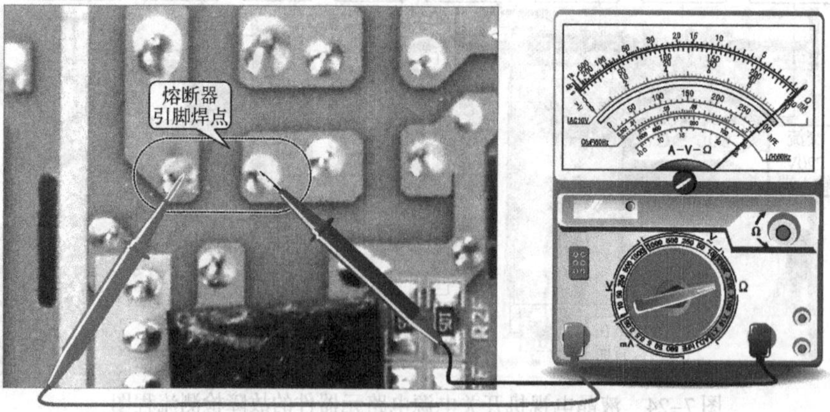

图 7-25 熔断器的操作检测数值

由图可知，测得熔断器的阻值为 0Ω。如果测得数值为无穷大，表明熔断器烧坏。引起熔断器烧坏的原因很多，但引起熔断器烧坏的多数情况是电视机电路中有过载现象。这时应进一步检查电路，否则即使更换熔断器后，可能还会烧断。

要点提示

若利用观察法判断出熔断器已经损坏，不要立即更换熔断器，而应该进一步查明熔断器损坏的原因。

1）熔断器表面有污物且熔丝熔断

若观察到熔断器表面有黄黑色污物，而且能够看清内部熔丝的熔断形状。这一般是开关晶体管和开关集成电路击穿所致。

2）熔断器严重炸裂

这种情况一般不易出现，多是电源直接短路所致，应仔细检查整流前的电路。

3）熔断器裂开且内部模糊不清

若观察到熔断器表面有轻微裂痕，且不易看清内部状况，一般是由于桥式整流堆击穿或300V滤波电容击穿短路引起的。

操作训练2：热敏电阻器的检修方法

开关电源通常采用负温度热敏电阻来作限流使用（吸收浪涌电流），当周围的温度升高时，其阻值越小。若判断该器件是否损坏，可采用常温检测法和升温检测法：首先在常温环境下，用万用表检测其阻值约为4Ω，如图7-26（a）所示。用电吹风对热敏电阻器加热，使该器件的周围温度升高，检测其阻值，随温度的升高，万用表的阻值也减小到2.5Ω，如图7-26（b）所示。

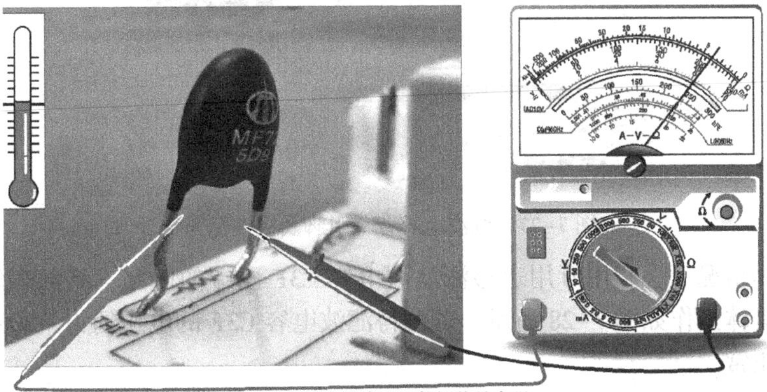

（a）常温下检测热敏电阻

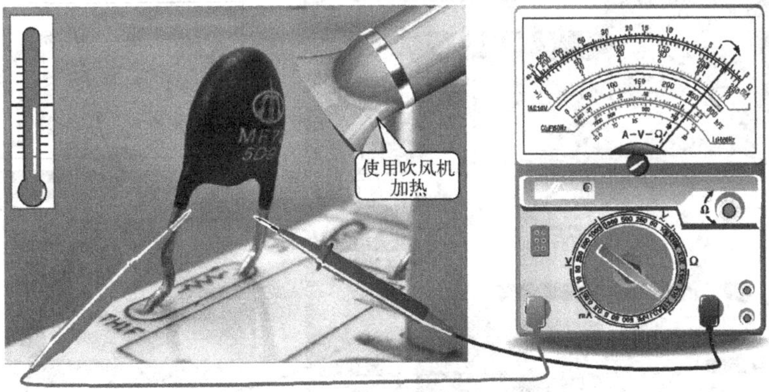

（b）升温下检测热敏电阻

图7-26　热敏电阻的检测

根据其检测结果可以得出：若该热敏电阻的性能良好，则升温后的阻值要低于常温下的阻值。

要点提示

若经检测判断，开关电源电路中的热敏电阻器损坏，更换时应尽量选用型号、规格完全相同的电阻器进行代换。另外，根据前述内容，热敏电阻的首要作用是保护交流输入电路部分的桥式整流堆等元件，因此，代换前首先要查一查整流桥的抗浪涌电流能力。例如，若电路中的桥式整流堆是由4只1N4007二极管构成的，且为FAIRCHILD的产品，则根据FAIRCHILD提供的技术资料中可查到，其最大浪涌电流为30A/8.3ms，因此，若无完全相同的热敏电阻器进行代替时，可选取热敏电阻时满足上述条件即可。

操作训练3：300V滤波电容的检修方法

检测开关电源电路的+300V电压是否正常，可测量300V滤波电容两端电压是否约为300V，图7-27所示为典型液晶电视机300V滤波电容背部的引脚及极性标识。

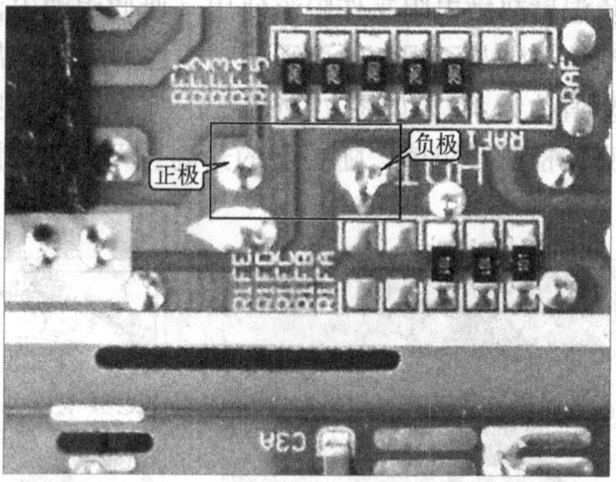

图7-27 滤波电容背部引脚及极性标识

开通电源的情况下，利用万用表检测滤波电容C3F两端的电压，将红表笔接正极，黑表笔接负极，具体操作如图7-28所示。若测得滤波电容C3F的电压约为+308V，表明交流输入电路部分正常。

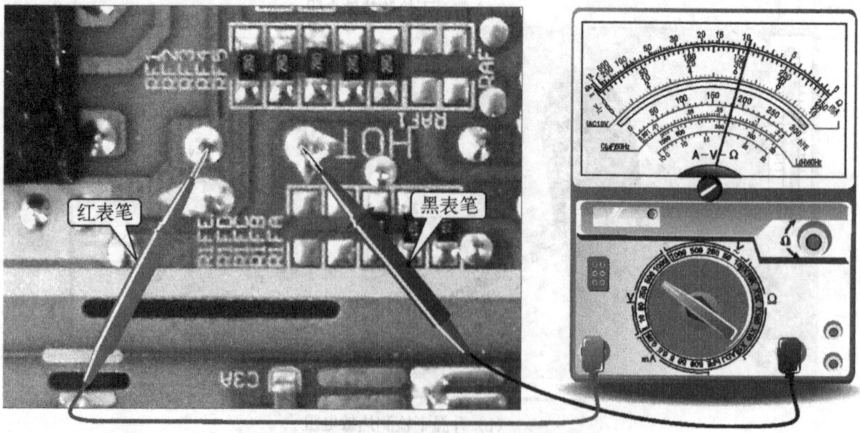

图7-28 检测滤波电容的电压

若测得结果为0V，表明交流输入电路出现问题。这时应检滤波电容C3F是否正常，可在不通电的情况下，利用万用表判别性能的好坏，如图7-29所示，将万用表黑表笔接正极。红表笔接负极，测得该滤波电容的阻值为3.6kΩ，若将其表笔对换后测量得出电阻从5kΩ开始摆动到无穷大，说明该电容为正常。

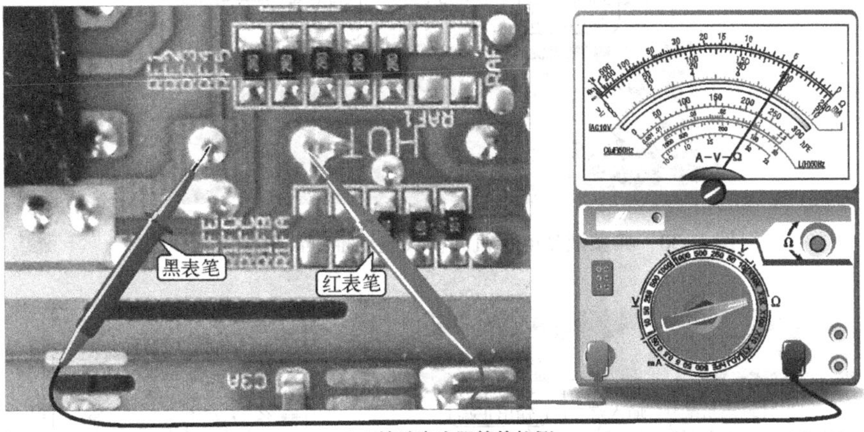

(a) 滤波电容阻值的检测

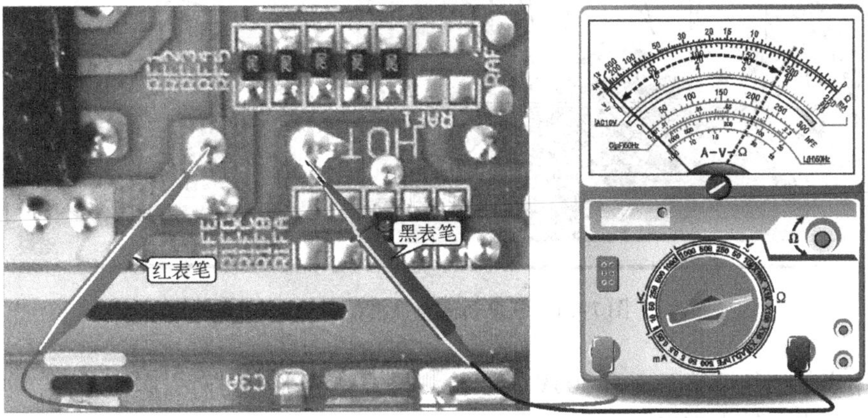

(b) 滤波电容阻值的检测

图7-29　滤波电容好坏的判断

若经检测无明显的充/放电过程，则多为滤波电容性能不良，用同类型同型号电容器更换即可。

操作训练4：桥式整流堆的检修方法

桥式整流堆的作用是将交流220V电压整流出+300V的直流电压，所以当直流电压输入不正常时，也应对桥式整流堆进行检测，图7-30所示为典型液晶电视机的桥式整流堆背部引脚及标识图。

1）桥式整流堆输入/输出电压的检测

桥式整流堆一共有4个引脚，在通电的情况下，首先对直流电压的两个引脚进行检测，即将万用表的挡位调至直流500V挡，红表笔接在正极，黑表笔接负极，如图7-31所示，测得的直流电压应约为308V，正常。

图 7-30　典型液晶电视机的桥式整流堆背部引脚及标识图

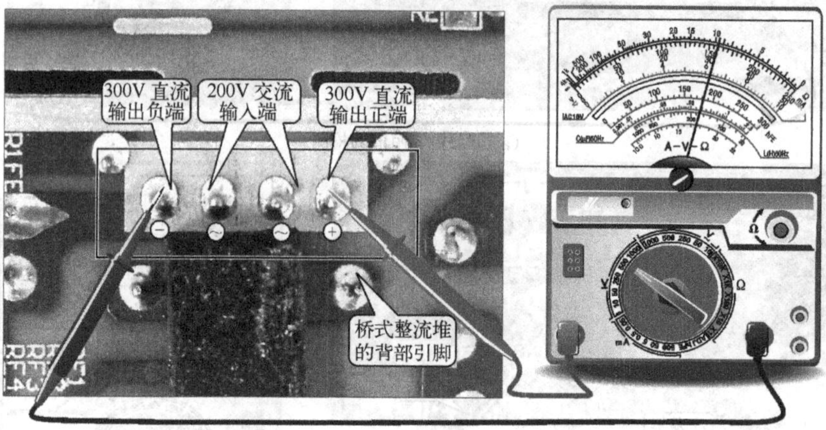

图 7-31　检测桥式整流堆的直流电压

将万用表的挡位调整至交流 300V 挡，检测桥式整流堆中间两引脚的电压，如图 7-32 所示，测试其电压约为 220V。

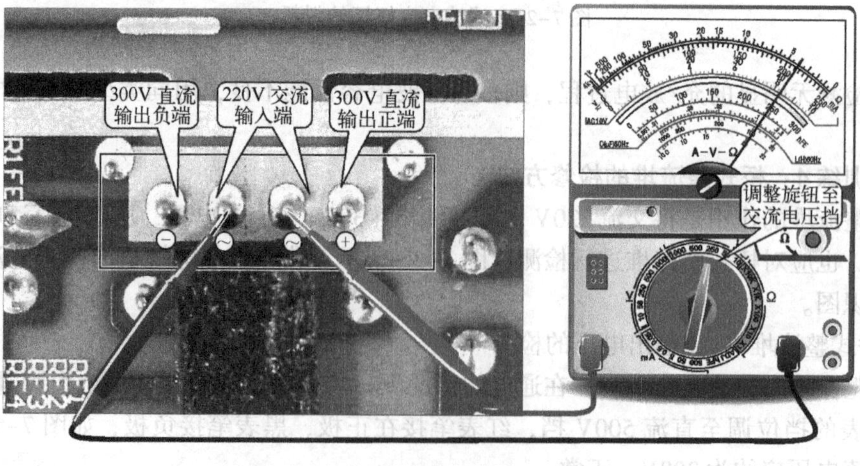

图 7-32　检测桥式整流堆的交流电压

若测得桥式整流堆的电压均正常，表明桥式整流堆正常；若测得桥式整流堆的电压一处不正常，则应检测桥式整流堆是否损坏，或检测熔断器和滤波电容等是否正常。

要点提示

通电检测电源电路部分时，应注意人身安全，特别对于交流220V输入电路部分，检测时，手和身体不能碰触交流输入部分的元件引脚及其焊点。一般为保证人身安全，检测时可首先将待测设备接入隔离变压器。

2）桥式整流堆电阻的检测

若怀疑桥式整流堆损坏时，可在断电后检测其阻值来判断其是否正常。如图7-33所示，将万用表调至R×1k挡，红、黑表笔分别搭在桥式整流对中间的两个引脚上，此时的阻值是无穷大。然后，将红表笔和黑表笔对调，再分别搭在桥式整流堆中间的两个引脚上，对调后检测的阻值也为无穷大。

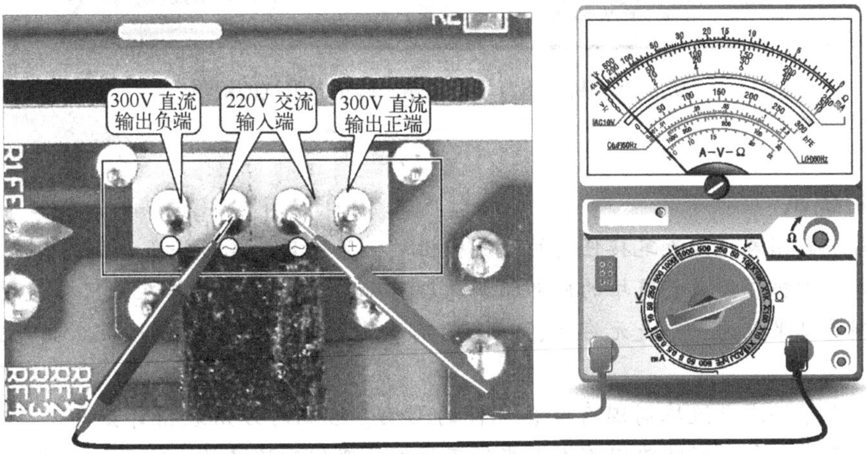

图7-33　桥式整流堆交流输入端的检测

检测桥式整流堆的直流输出端。将万用表两表笔分别搭在桥式整流堆两侧的引脚上，即黑表笔接桥式整流堆的正直流输出端，红表笔接桥式整流堆的负的直流输出端，万用表显示的反向阻抗为无穷大，如图7-34所示。

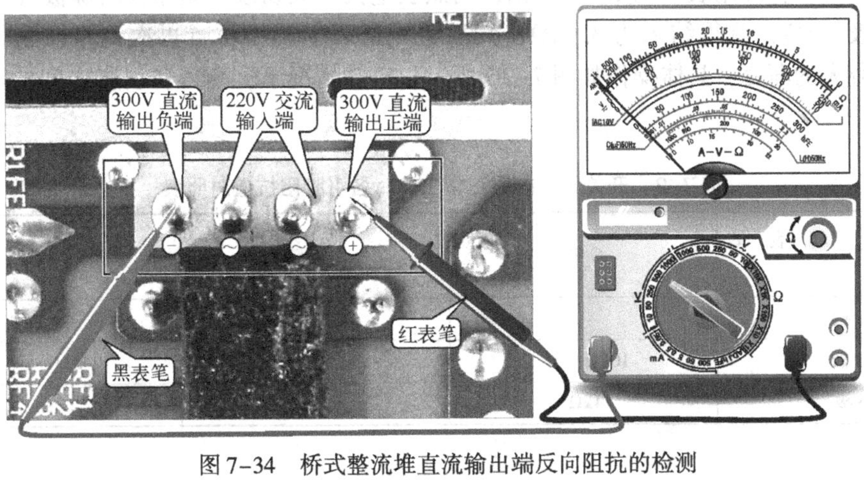

图7-34　桥式整流堆直流输出端反向阻抗的检测

将红、黑表笔对调一下，再分别搭在桥式整流堆两侧的引脚上，如图 7-35 所示，此时万用表显示的阻抗为 3.6kΩ 左右。该阻抗是桥式整流堆直流输出端的正向阻抗。

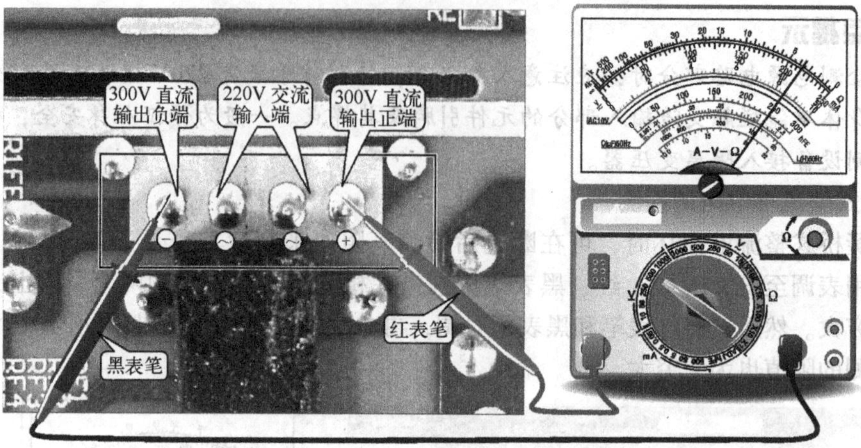

图 7-35 桥式整流堆直流输出端正向阻抗的检测

要点提示

检测时，万用表一只表笔接任意的直流输出端，另一只表笔接任意的交流输入端，然后再对调表笔。则根据桥式整流堆的内部结构原理可知，此时相当于接在一只二极管的两端，正常时，测量结果应为一个是无穷大，一个为有一定读数（二极管特性：正向导通，反向截止）。

另外，由于桥式整流堆周围有电容元件的影响，检测时万用表指针会有一个变换的过程，这属于正常现象，通常要以万用表指针不再发生变化时的读数为准。

操作训练 5：开关晶体管的检修方法

检查开关场效应晶体管的好坏，一般可以在不通电的情况下，利用万用表检测三个引脚的阻抗来判别。

在检测时，将万用表调至 R×100 挡，用黑表笔接开关场效应晶体管的源极（S），用红表笔接漏极（D），测得结果为 3.9kΩ，然后将黑红表笔调换位置再次测量，测得结果为 5kΩ 到无穷大的渐变，具体操作如图 7-36 所示。正常情况下，测得各引脚之间的阻值可参见表 7-2。

表 7-2 开关集成电路正常工作时各引脚阻抗值对照表

黑表笔 \ 红表笔	G 极	D 极	S 极
G 极	—	14kΩ	9.8kΩ
D 极	10kΩ～∞	—	5kΩ～∞
S 极	4kΩ	3.9kΩ	—

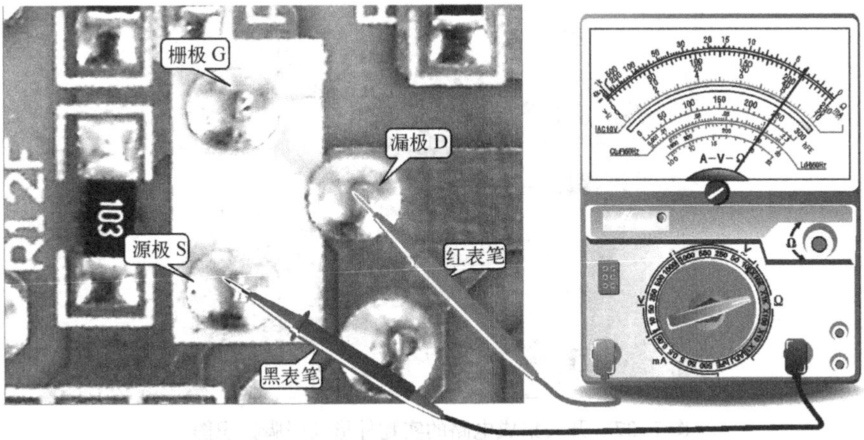

（a）黑表笔接源极，红表笔接漏极

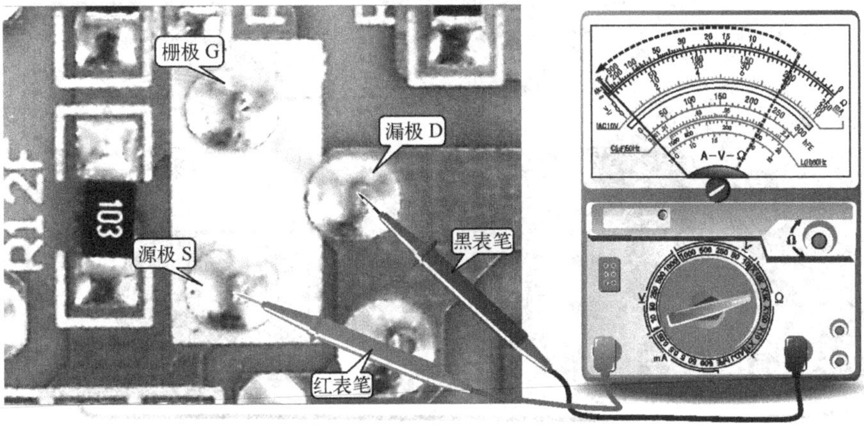

（b）红表笔接源极，黑表笔接漏极

图 7-36　检测开关晶体管的方法

要点提示

如果检测场效应管漏极和源极之间的正反向阻值偏差较大，不能直接判断该管损坏，可能是由外围元器件引起的偏差，此时可将该器件的引脚焊点断开或焊下，在开路的状态下，利用上述方法再次检测，若测量结果仍不正常则可判断该管可能击穿损坏。

操作训练 6：开关集成电路的检修方法

图 7-37 所示为典型液晶电视机的开关集成电路实物外形及引脚标识图，其中⑥脚为电压输入端，⑤脚为输出端。若开关集成电路的输入端⑥脚有启动电压，而⑤脚却没有电压输出时，表明开关集成电路损坏。

集成电路里面设有开关振荡电路，它振荡后输出驱动开关晶体管的开关脉冲信号，使开关晶体管工作在开关状态，⑤脚是振荡信号的输出端，所以⑤脚是否有输出关系到开关晶体管是否能工作，这是整个开关电源最重要的部分。如果⑤脚没有脉冲输出，开关晶体管不工作，整个开关电源就没有输出。

首先接通电源，将万用表黑表笔接地（开关集成电路④脚为接地脚），红表笔接⑤脚，具体操作如图 7-38 所示。

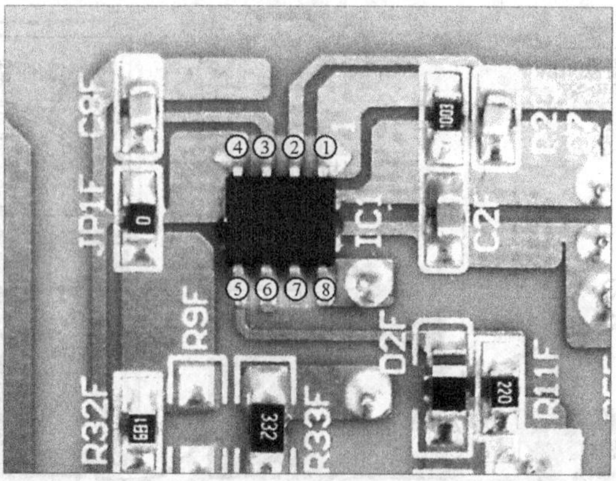

图 7-37 开关集成电路的实物外形及引脚标识图

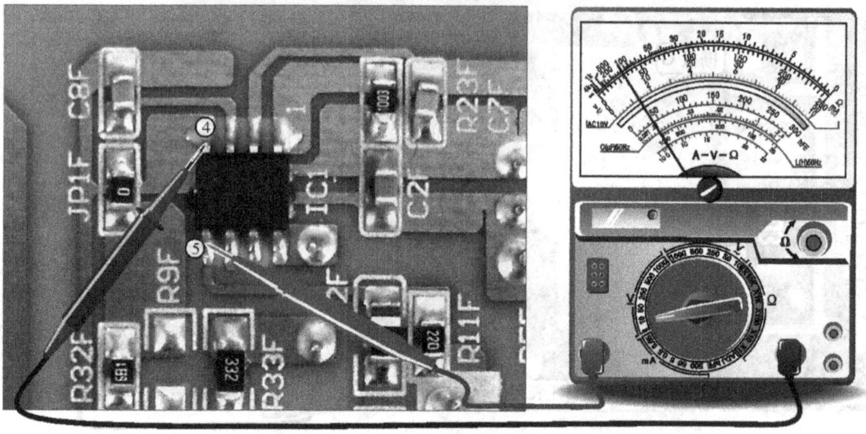

图 7-38 检测开关集成电路⑤脚的电压

若测得结果为 1V 左右，表明开关集成电路无故障；若测得电压为零，则可能开关集成电路本身损坏。

在通电的情况下，通过检查开关集成电路各引脚的电压来判别是其本身损坏还是其周围的元器件损坏。

要点提示

一般来说，开机后检测开关集成电路不是太安全，可以断开电源在静态环境下对其各引脚的对地正、反向阻抗进行检查。首先黑表笔接地时，依次用红表笔测量各脚正向阻值，然后将红表笔接地，依次检测各脚的反向阻值。各组测量结果参见表 7-3。

表 7-3 开关集成电路正常工作时各引脚阻抗值对照表

引脚号	正向阻值（kΩ）（黑表笔接地）	反向阻值（kΩ）（红表笔接地）	引脚号	正向阻值（kΩ）（黑表笔接地）	反向阻值（kΩ）（红表笔接地）
①	4.5	100	⑤	4	10
②	4.5	22	⑥	3.3	∞
③	0.5	0.6	⑦	∞	∞
④	0	0	⑧	4.4	∞

从上表所列得知，此开关集成电路正常。如果开关振荡集成电路各引脚对地的阻抗与上表的值偏差过大，或出现多组为零的情况，则多为集成电路内部损坏，可利用同型号的开关集成电路进行代换。

操作训练 7：开关变压器的检修方法

检测开关变压器，通常采用示波器感应法进行判断。在通电状态下检测，将示波器接地夹接地，示波器探头靠近开关变压器的磁芯部分，由于变压器输出的脉冲电压很高，所以探头靠近铁芯部分就可以感应到明显的脉冲信号，具体操作及信号波形如图 7-39 所示。若检测有感应脉冲信号，说明开关变压器本身和开关振荡电路没有问题。

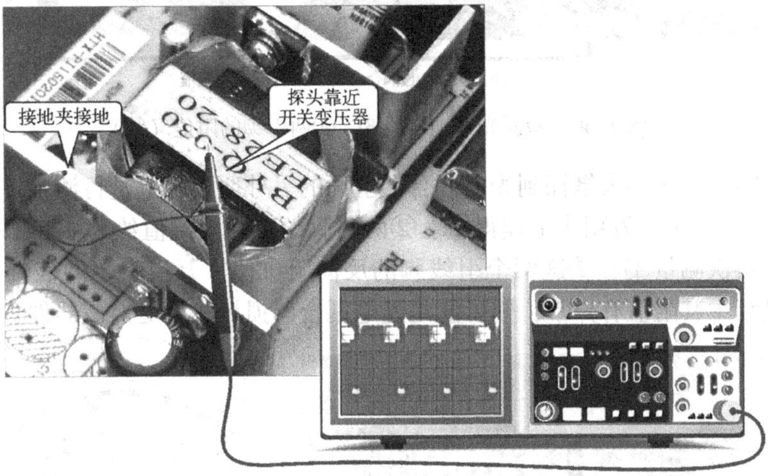

图 7-39　开关变压器的振荡波形检测

操作训练 8：光电耦合器的检修方法

光电耦合器将开关电源输出电压的误差反馈到开关集成电路上。如果光电耦合器有故障，也会引起电视机输出的电压不稳。判断光电耦合器的好坏，也可以在静态情况下用万用表测量其引脚之间的阻抗值。这个光电耦合器是由一个光敏晶体管和一个发光二极管构成的。可根据此对其正、反向阻抗进行测量。

图 7-40 所示为检测光电耦合器两引脚的阻抗值，在正常情况下，可在万用表上读得③、④两引脚的正向阻抗值约为 1. 3kΩ。当表笔对换后再测量，此时两引线脚的反向阻抗值是 1kΩ。

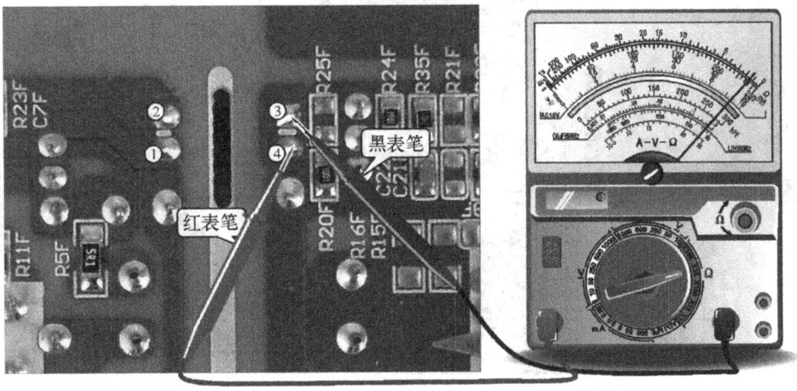

(a) 检测光电耦合器③、④ 脚的正向阻值

图 7-40　检测光电耦合器③、④两引脚的阻值

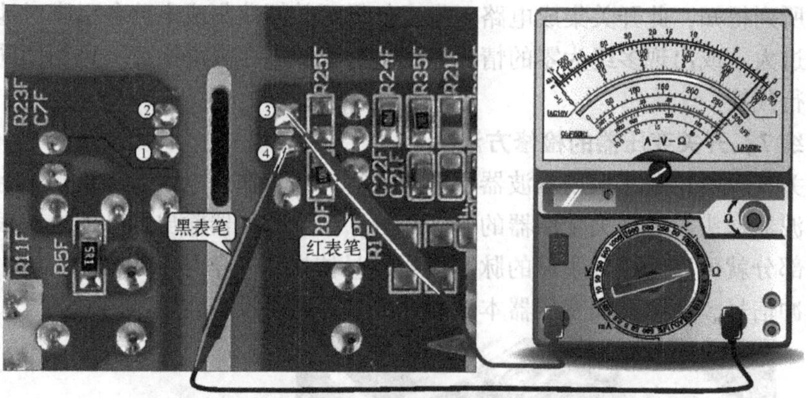

（b）检测光电耦合器③、④ 脚的反向阻值

图 7-40　检测光电耦合器③、④两引脚的阻值（续）

接下来，将万用表的表笔探到光电耦合器上面的另外两引脚上进行测量，具体操作及读数如图 7-41 所示。可在万用表上读得①、②两引脚的正向阻抗值约为 4. 8kΩ。交换万用表的两只表笔，再次测量①、②这两个引线脚的反向阻抗值，万用表上的表针指示为 24kΩ。如果在测量过程中其阻值有异常，则可能是光电耦合器损坏，须更换该器件。

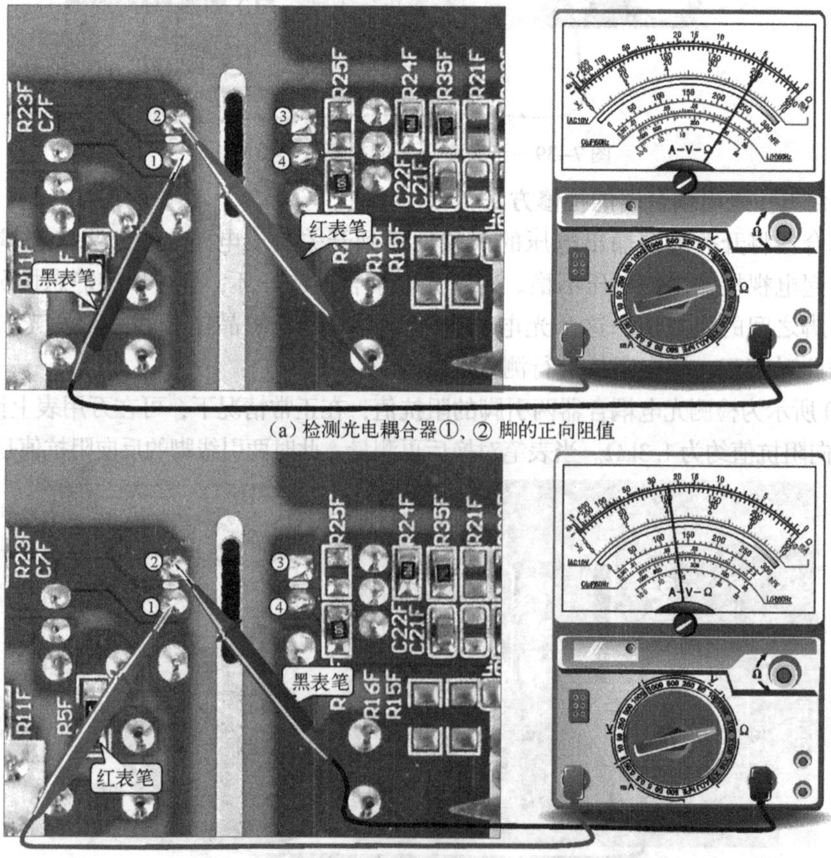

（a）检测光电耦合器①、② 脚的正向阻值

（b）检测光电耦合器①、② 脚的反向阻值

图 7-41　检测光电耦合器①、②脚的阻值

操作训练 9：次级输出滤波电容的检修方法

输出电压不稳是指输出电压出现波动的现象，这种故障通常表现为图像显示不稳定，例如，亮度变化、图像垂直方向或水平方向幅度有变化等，验证方法是检测开关电源的输出电压。例如，检测输出电压 +12V 是否正常，就需要检测次级输出滤波电容两端电压。

若检测到两端电压为 +12V 左右，表明该输出电压正常，若测得该电容两端电压偏低或偏高于 +12V，表明该输出电压有问题。

开关电源的输出电压通常有 12V 和 5V，这两种电压都是经整流和滤波后形成的，每种电压的输出电路主要是由整流二极管和滤波电解电容组成的，只要找到相应的电解电容，检测其两端电压，即可判断输出电压是否正常。图 7-42 所示为 12V 电压检测的部位，即电容 C15F。

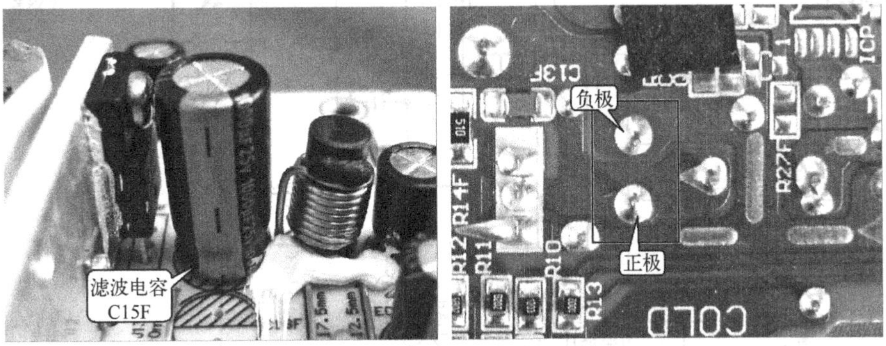

图 7-42　12V 电压的检测点标识

接通电源，用万用表检测 C15F 两端电压，测量时将万用表的挡位旋钮调至直流电压挡，然后将万用表的红表笔接在电容 C15F 的正极，黑表笔接在负极。在正常情况下，可在万用表上看到有约 12V 的电压，图 7-43 所示为检测电解电容两端电压值的示意图。

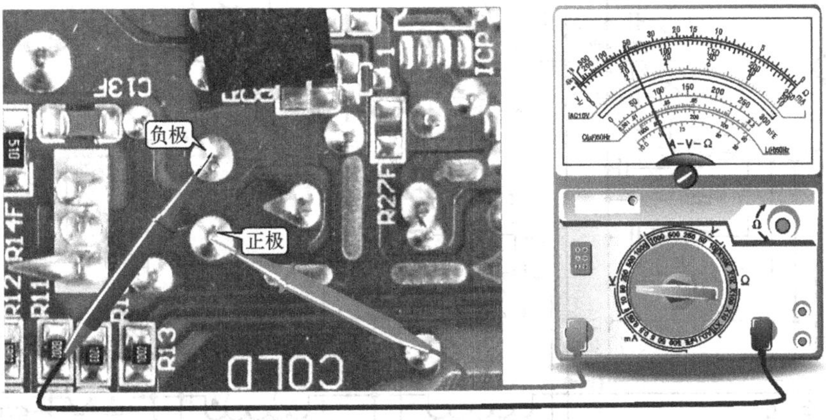

图 7-43　检测电解电容 C203 两端的电压值

2.2.2　液晶电视机电源电路的故障检修实例

案例训练 1：开关电源检修流程实例

TCL-LCD27A71-P 型液晶电视机开机后，出现指示灯不亮、无光栅、无图像、无声音故障。

图 7-44 所示为 TCL-LCD27A71-P 型液晶电视机电源电路图。该电视机主要由熔断器 F1、

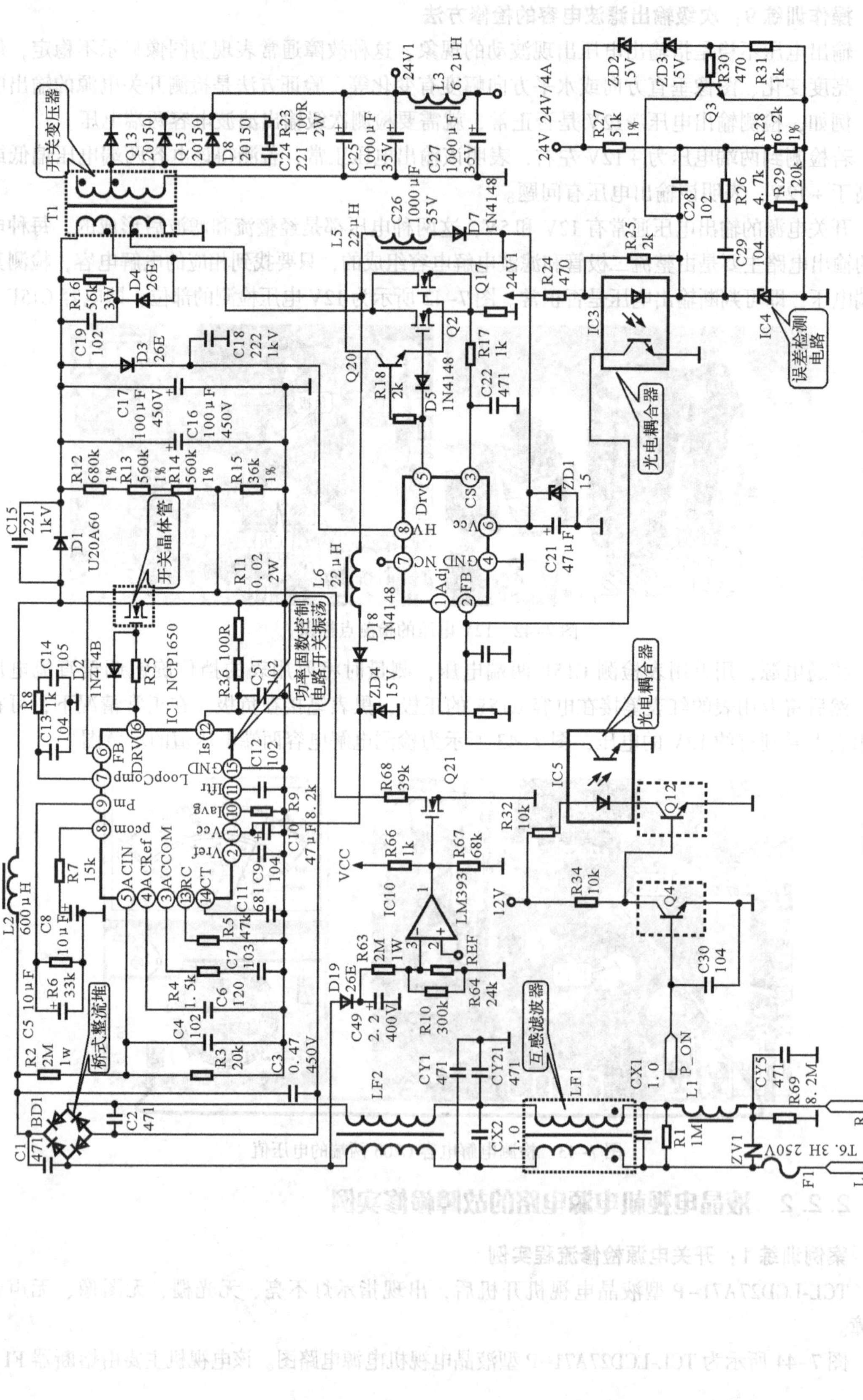

图 7-44　TCL-LCD27A71-P 型液晶电视机电源电路图

互感滤波器 LF1 和 LF2、桥式整流堆 BD1、启动电阻 R2、功率因数控制电路 IC1（NCP1650）、开关变压器 T1、光电耦合器 IC3 和 IC5、三端稳压器 IC10（7805）等部分构成。IC1NCP1650 的内部功能框图如图 7-45 所示。

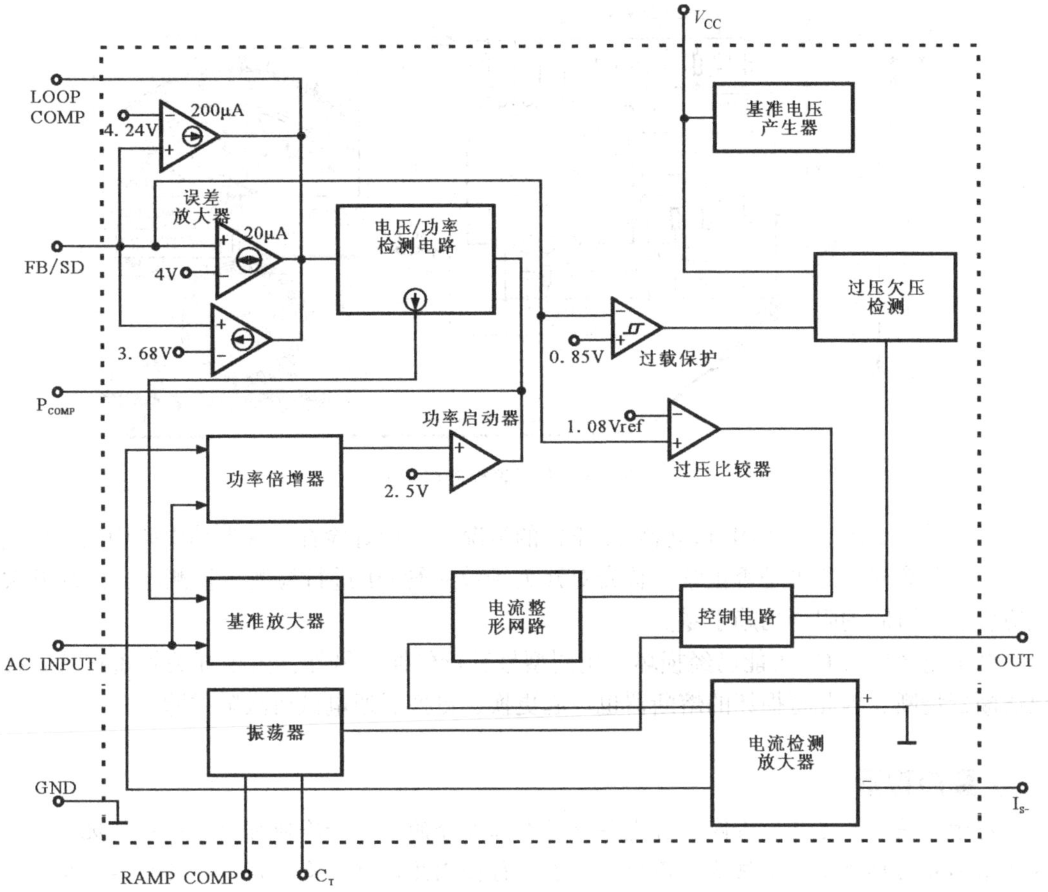

图 7-45　IC1NCP1650 的内部功能框图

交流 220V 电压经熔断器 F1、互感滤波器 LF1 和 LF2、桥式整流堆 BD1，输出直流 300V 电压送到开关晶体管和开关变压器 T1 初级绕组，经初级绕组再加到开关晶体管 Q2、Q17。该电源电路设有两个开关振荡集成电路。开关变压器次级输出经整流滤波输出 +24V 电压为液晶电视机各部分供电。

TCL-LCD27A71-P 型液晶电视机出现开机指示灯不亮，无任何反应，应重点检查交流输入桥式整流堆 BD1、电容 C3、开关振荡集成电路 IC1 和 IC2。

（1）拆机后，发现熔断器熔断。用性能良好的同型号熔断器进行代换，通电开机保险丝再次熔断。根据故障现象分析，则可能是整流滤波电路、开关振荡电路可能有对地短路的元件造成的。

（2）首先用万用表对桥式整流堆 DB1 进行检测（焊下 DB1），用万用表的电阻挡测量其引脚间的阻值。检测时发现，桥式整流堆交流输入端的阻值为无穷大正常；直流输出端的正向阻值约为 9kΩ，反向阻值为无穷大正常。

（3）用万用表检测滤波电容器 C3 是否正常（取下 C3）。检测时将万用表调至电阻挡，用红表笔和黑表笔分别接触 C3 的两极，可以明显的观察到万用表的指针有一个摆动的过程，如图 7-46 所示。此时，可以基本判定滤波电容器 C3 也是正常的。

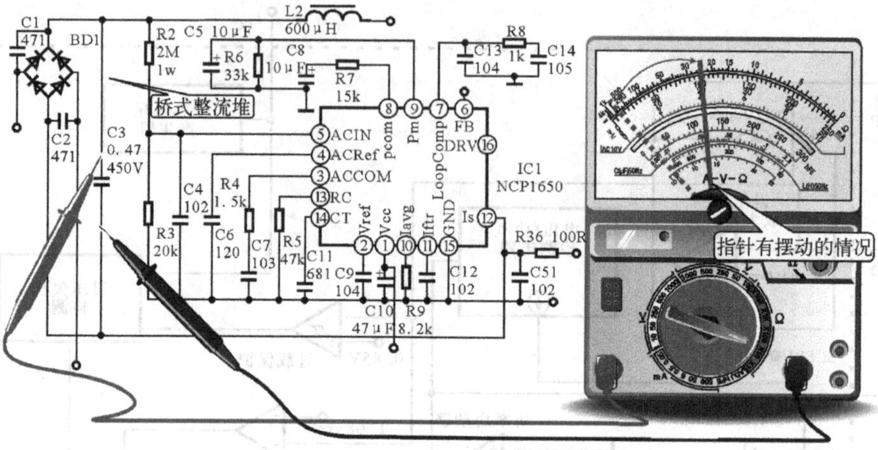

图 7-46　万用表检测电容 C3

（4）在桥式整流堆 BD1 和电容 C3 正常的情况下，接着检查开关振荡电路中的开关场效应管、开关集成电路等是否正常。首先对开关场效应管 Q1 进行检测，检测时，发现开关场效应管各引脚间的阻值均趋于零。

开关场效应管 Q1 可能已经损坏，用同型号进行代换。另外，由于开关管短路将直接导致熔断器烧断，因此将损坏的熔断器也一起更换，更换后通电试机故障排除。

要点提示

对于开关电源电路的检修，首先要分清电源部分的热地和冷地部分，一般情况下交流输入电路部分的接地端都是热地。用检测仪表进行检测热区时，需使用隔离变压器，接地端应接热地部分。检测冷区时，可不用隔离变压器，接地端应接冷地部分。如使用万用表测量电压也可不用隔离变压器，但要注意防止触电。

案例训练 2：开关电源主要器件的检修实例

厦华-20Y15 型液晶电视机开机后，指示灯不亮，出现无光栅、无图像、无声音故障。

液晶电视机开机三无，通过故障现象可初步判断，多为电源电路存在故障元器件，可首先首先检查电源电路中是否有元器件损坏。图 7-47 所示为厦华-20Y15 型液晶电视机电源电路图。

（1）首先，用观察法和嗅觉检查电源电路中元器件有无明显烧坏、引脚脱焊的故障现象、有无明显烧焦异味。经过检查发现，熔断器烧坏，表明电源电路可能存在短路的元件。

（2）接着用万用表检测电源电路中的关键和易损元件，如开关晶体管 V503、启动电阻 R503、桥式整流堆 D501、滤波电容 C510、开关振荡集成电路 N501 等。

经检测该电路中的启动电阻阻值异常，根据图纸资料标识可知，该启动电阻 R503 阻值应为 270kΩ，实测其阻值接近无穷大，如图 7-48 所示。

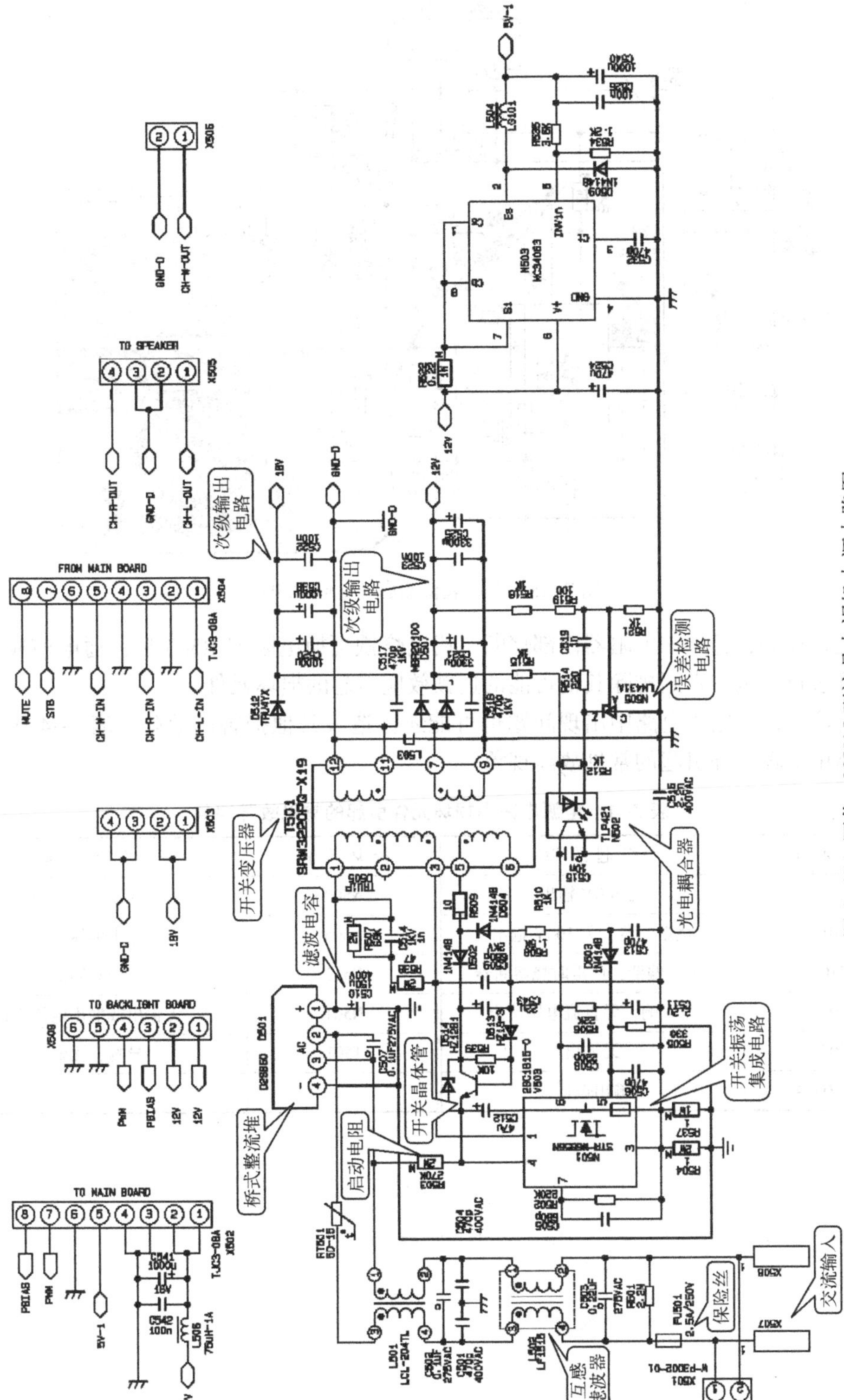

图 7-47　厦化-20Y15 型液晶电视机电源电路图

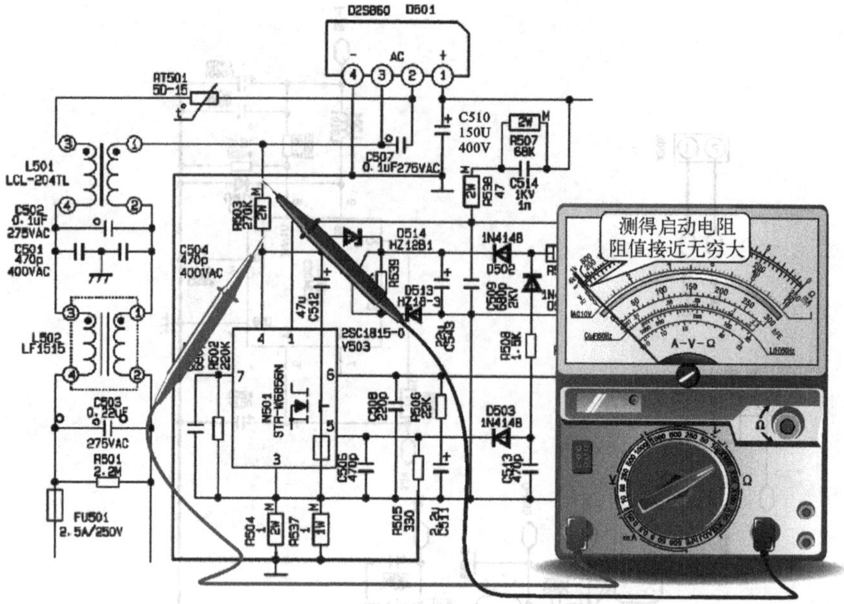

图 7-48　万用表检测启动电阻 R503

有上述检测，怀疑该电阻器内部烧断，用电烙铁更换电阻器 R503 后，通电前应对与其相关元件进行检测，直到排除其他可能的连锁效应引起的损坏元件。

值得注意的是电源电路中出现问题也可能还会造成其他损害的故障，表 7-4 所列为该电源电路中损坏元件引起的常见故障现象。

表 7-4　电源电路中损坏元件引起的常见故障现象

损坏元件	引起故障	损坏元件	引起故障
L501/L502	无 300V 输出	N502	输出电压不稳
D501	烧熔断器，无 300V 输出	N505	输出电压不稳
C510	300V 偏低，严重时烧熔断器	D512	15V 偏低
D505	有异响，无直流电压输出	N501	无输出或输出电压不稳
R503	无输出	T501	异响，无输出
D513/D514	输出偏低		

第 8 单元　逆变器电路检修技能实训

综合教学目标

了解液晶电视机逆变器电路的基本结构、功能和工作原理，掌握逆变器电路的常见故障和主要元器件的检测方法。

岗位技能要求

训练使用万用表和示波器检测逆变器电路各主要器件的工作电压、信号波形和静态电阻值的方法，并能根据检测结果判别故障部位。

项目 1　了解逆变器电路的结构特点和工作原理

教学要求和目标：通过典型液晶电视机逆变器电路的解剖和实测演练，熟悉逆变器电路的基本结构，主要组成和主要元器件的功能特点。

任务 1.1　认识逆变器电路的结构特点

1.1.1　逆变器电路的结构特点

图 8-1 所示为典型液晶电视机逆变器电路的正面图和背面图。该液晶彩色电视机的逆变器电路主要由 PWM 控制芯片、升压变压器、场效应晶体管、背光灯接口及各种贴片式电子元件等组成。

1.1.2　逆变器电路主要元器件的功能和特点

1. PWM 控制芯片

PWM 控制芯片的主要作用是产生脉宽驱动信号，该信号再由场效应管进行电流放大，以满足启动背光灯时高压供电的要求，图 8-2 所示为典型液晶彩色电视机 PWM 控制芯片的实物外形，该芯片型号为 OBB3302CP。

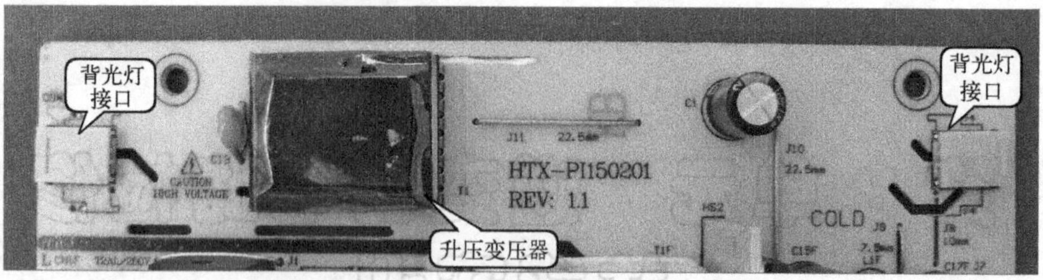

（a）逆变器电路的正面图

（b）逆变器电路的反面图

图 8-1　典型液晶彩色电视机逆变器电路的正面图和背面图

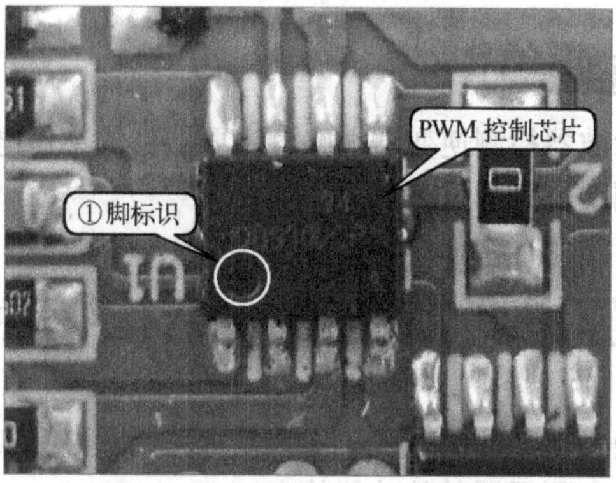

图 8-2　PWM 控制芯片的实物外形

2. 升压变压器

升压变压器的主要作用是对交流驱动电压进行提升，从而达到背光灯所需要的电压，实现背光灯的控制，图 8-3 所示为逆变器电路升压变压器的实物外形及其引脚焊点。

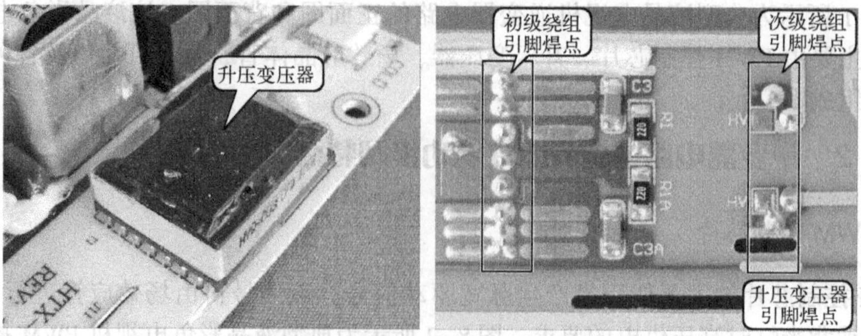

图 8-3　逆变器升压变压器的实物外形及其引脚焊点

不同逆变器电路的升压变压器外形会有所不同，图 8-4 所示为液晶电视机中几种常见升压变压器的实物外形。

图 8-4　液晶彩色电视机中几种常见升压变压器的实物外形

3. 驱动场效应晶体管

场效应晶体管的主要作用是将 PWM 控制芯片产生的脉宽驱动信号放大后输出，为升压变压器提供驱动脉冲信号，图 8-5 所示为典型液晶电视机中驱动场效应晶体管的实物外形、内部结构及引脚排列示意图，该类元件是将两个场效应晶体管集成在一起的形式，又称为双场效应晶体管。

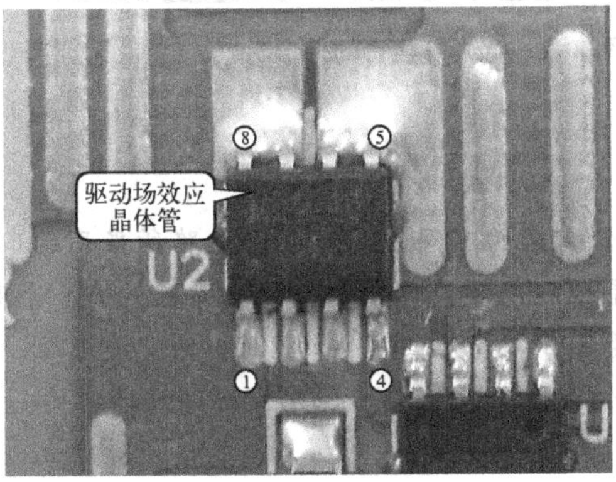

（a）场效应晶体管实物外形

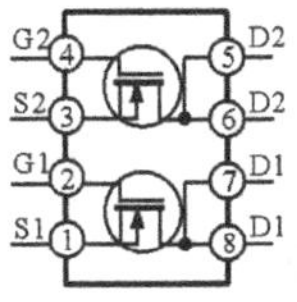

（b）内部结构

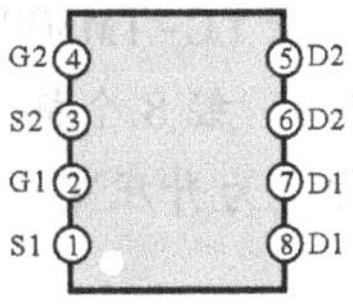

（c）引脚排列

图 8-5　典型液晶电视机中驱动场效应晶体管的实物外形、内部结构及引脚排列

在逆变器电路中，驱动场效应晶体管是不可缺少的元件之一，其结构形式除上述的双场效应晶体管集成式外，有些液晶电视机中采用独立的场效应晶体管作为信号驱动元件，图 8-6 所示为典型液晶电视机逆变器中独立的场效应晶体管实物外形。

图 8-6　典型液晶电视机逆变器中独立的场效应晶体管实物外形

4. 背光灯输出接口

逆变器电路的高压信号接口为背光灯供电，图 8-7 所示为背光灯接口的实物外形。根据液晶彩色电视机型号的不同，背光灯的数量也不同，液晶屏的尺寸越大，所需要的背光灯管越多。

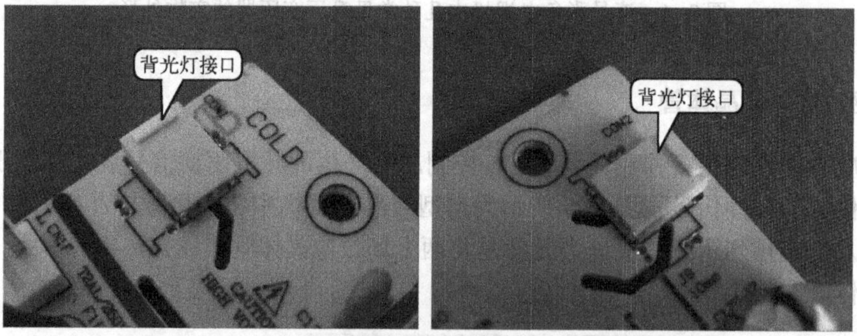

图 8-7　背光灯接口的外形

要点提示

由液晶彩色电视机的尺寸、设计需求的不同，其逆变器电路所采用的部件个数也不同，图 8-8 所示为康佳 LC-TM3008 液晶电视机逆变器电路，该电路板设有 8 个高压变压器（又称为升压变压器）。经 8 个插座后为 8 个背光灯管提供约 800V 的交流电压。电路板上共有 8 个场效应晶体管，为升压变压器提供脉宽驱动信号。但无论哪种设计结构，其电路的工作原理基本相同。

一般情况下，电视机的尺寸越大，其所需背光灯管的数量越多，其逆变器中对应的升压变压器及驱动场效应晶体管也相应越多。

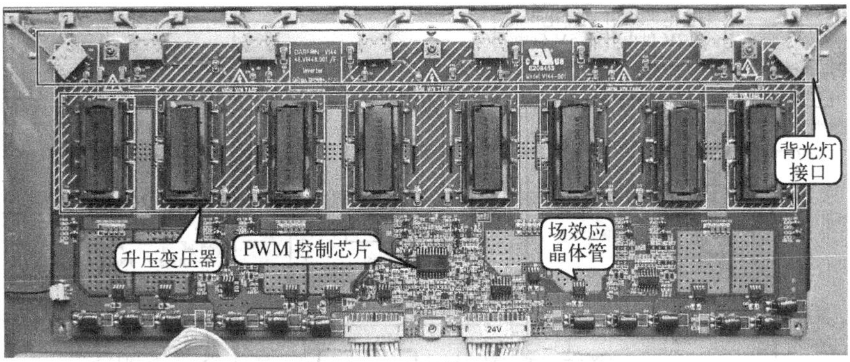

图 8-8　康佳 LC-TM3008 液晶电视机逆变器电路

任务 1.2　掌握逆变器电路的信号处理过程

1.2.1　典型逆变器电路的结构和工作流程

逆变器电路即液晶电视机背光灯的供电电路，其主要功能是将经开关电源送来的直流电压（一般为 12V 或 24V），转换成背光灯组件所需要的高压交流。图 8-9 所示为逆变器电路的原理简图。

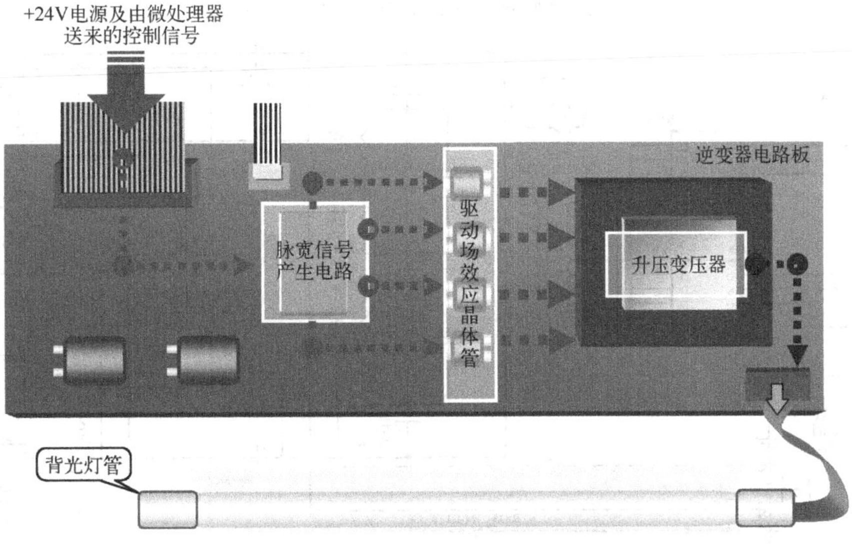

图 8-9　逆变器电路工作原理示意图

电视机开机瞬间，微处理器输出逆变器启动控制信号，逆变器进入工作状态，将由开关电源送来的直流电压经开关振荡电路变成几十千赫兹的脉冲电压，经升压电路为背光灯管供电，背光灯管正常发光。

下面以创维 19S19IW 液晶彩色电视机的逆变器电路为例具体介绍其工作过程，图 8-10 所示为其电路原理图。

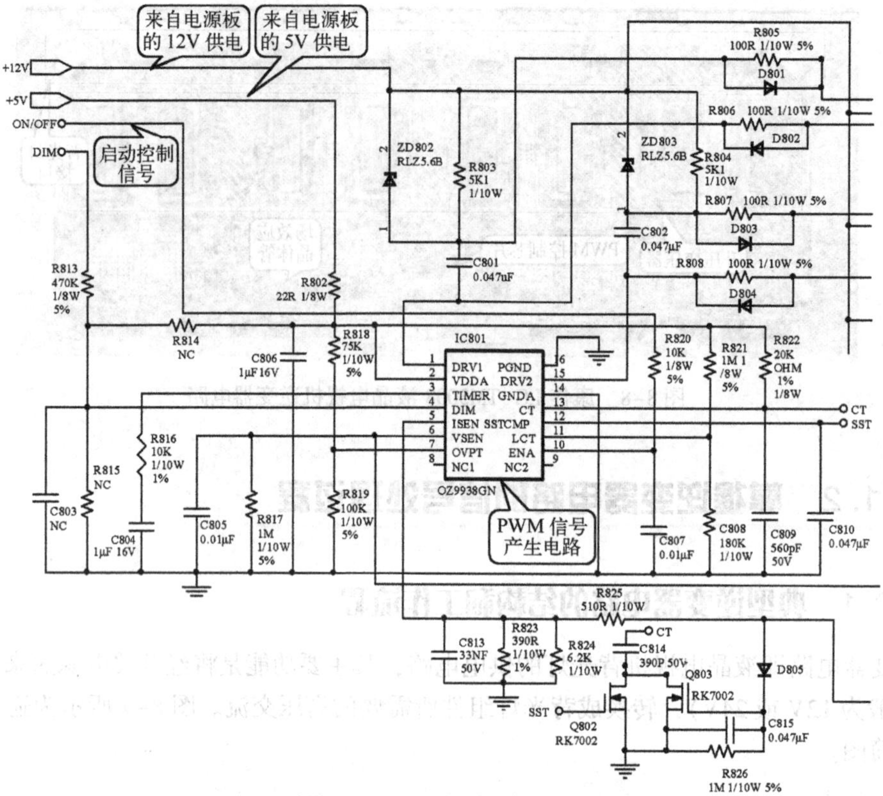

（a）创维19S19IW液晶彩色电视机的逆变器电路

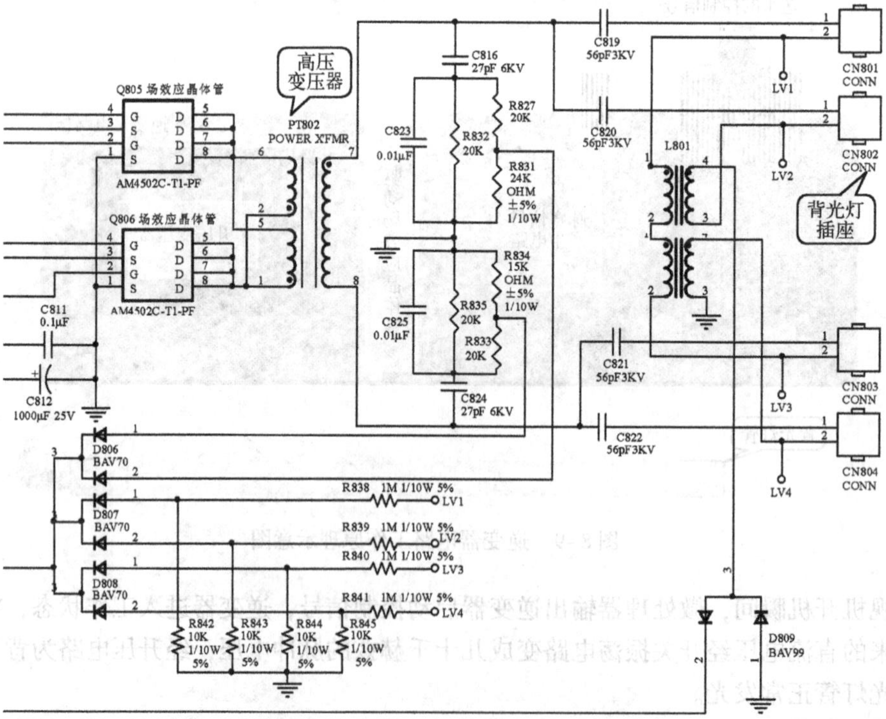

（b）创维19S19IW液晶彩色电视机的逆变器电路

图8-10　创维19S19IW液晶彩色电视机的逆变器电路

由图可知，该电路主要是由供电电路、PWM 信号产生电路 IC801（OZ9938GN）、场效应晶体管（Q805、Q806）、高压变压器（PT802）、背光灯插座及相关电路部分构成的。以下为其具体信号流程。

（1）由电源板送来的直流 12V 和 5V 的供电电压为逆变器电路进行供电，同时，由微处理器向该电路输出启停控制信号（ON/OFF）经电流电阻后送入 PWM 控制芯片 IC801（OZ9938GN）的⑩脚。

（2）+5V 电源为 PWM 控制芯片 IC801（OZ9938GN）②脚供电，IC801 启动，应由①脚、②脚输出脉冲信号，为场效应晶体管 Q805、Q806 的栅极提供脉冲信号。

图 8-11 所示为 PWM 控制芯片 OZ9938GN 的内部功能框图，该芯片是逆变器电路中的主要控制电路。

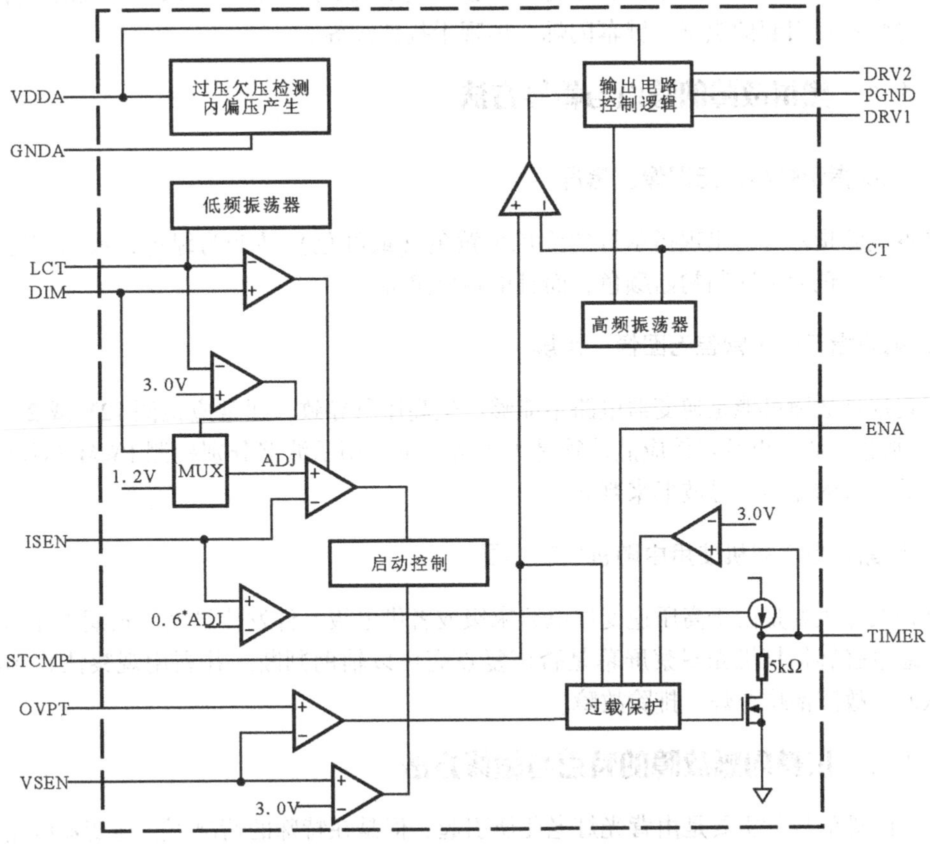

图 8-11　PWM 控制芯片 OZ9938GN 的内部功能框图

（3）PWM 信号经场效应晶体管 Q805、Q806 后，分别由其漏极（D 极）输出放大后的驱动信号，加到升压变压器 PT802 的初级绕组⑥脚、②脚、⑤脚、①脚上，升压变压器将场效应管输出的信号电压升高。

（4）升压变压器 PT802 的次级输出绕组⑦脚、⑧脚的输出峰值可以达 700 ～ 800V 的交流电压。该电压通过灯座 CN801 ～ CN804 脚输出，可同时为 4 只灯管供电。

项目2　逆变器电路的检修实训

教学要求和目标： 通过对逆变器电路的实测实修训练，掌握逆变器电路的检测方法步骤，训练维修逆变器的操作技能。

任务2.1　了解逆变器电路的常见故障

逆变器电路是一种专门为背光灯管提供工作电压的电路，该电路不正常主要会影响液晶屏的显示条件，从直观角度来说，则将直接影响电视机的图像显示效果。常见的故障表现主要有背光灯不良引起的黑屏、屏幕闪烁、出现干扰波纹等。

2.1.1　黑屏故障的特点与检修方法

1. 电源指示灯亮，无图像、黑屏

观察电源指示灯，出现指示灯的颜色由黄色（或红色）转变为绿色，或出现电源指示灯转换一下颜色后又回归初始颜色，而且电视机黑屏。

2. 电源指示灯正常但无图像、黑屏

出现这种故障可能是逆变器电路不能够产生高压所导致，通常应检测12V或24V供电、PWM控制芯片的输出及场效应晶体管是否正常。也可用示波器分别检测PWM芯片的输出，以及场效应管的输出信号波形来判断。

3. 液晶彩色电视机使用中随机出现黑屏

这种故障主要是由于高压逆变器电路末级或者供电级元件发热量大，长期工作造成虚焊所致，通过轻轻拍打机壳观察屏幕是否恢复点亮可以辅助判断。并利用观察法找到故障部位，从而对故障部位补焊，排除故障。

2.1.2　屏幕闪烁故障的特点与检修方法

屏幕闪烁的故障主要是由背光灯老化所引起，但是在特殊的情况下，逆变器电路不正常也会导致屏幕闪烁的故障，若逆变器电路出现问题，主要应检查脉宽信号产生电路、场效应晶体管等。

2.1.3　干扰波纹故障的特点与检修方法

当电视机出现干扰波纹的现象，主要是由于逆变器电路出现故障所引起的，常见的干扰波纹有水波纹干扰、画面抖动/跳动、星点闪烁等，如图8-12所示。

图 8-12　液晶电视机常见干扰波纹

在对逆变器电路的进行检修时，主要是通过对电路中主要元器件的检测，来判断故障的大体部位，而由于逆变器电路输出交流信号的功率比较大，因而常采用示波器感应法进行判别。其检修流程如图 8-13 所示。

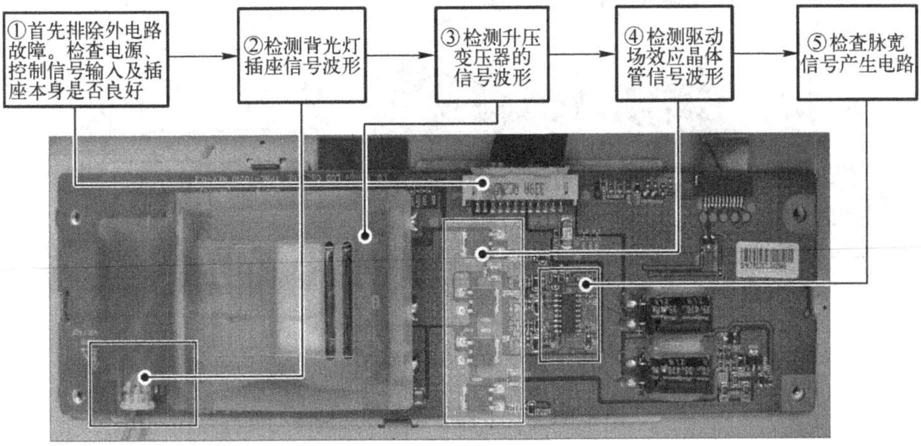

图 8-13　逆变器电路的故障检修流程

任务 2.2　逆变器电路的检修实训

2.2.1　逆变器电路的检修训练

由于逆变器电路的信号通道中，处理的多为信号波形较明显的交流信号，且其输出信号的功率较高，因而常采用示波器探头感应法判别故障的大体部位。下面以长虹 LT3788 型液晶电视机中的逆变器电路为例介绍其具体的检修方法。

操作训练 1：逆变器工作条件的检测

根据检修流程，首先检查其基本的工作条件是否正常，如图 8-14 所示，开关电源经插件 CN01 送入 +24V 直流电压；数字板中由微处理器输出的逆变器启动控制信号也经插件 CN01 送入脉宽信号产生电路中。

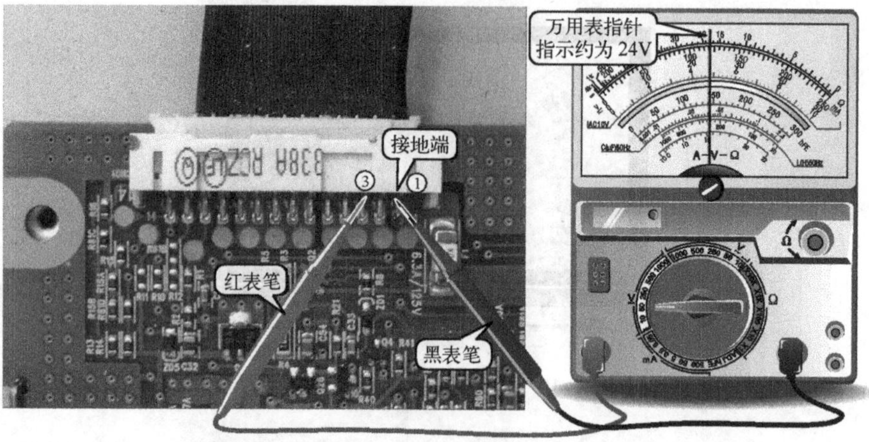

(a) +24V 电压的检测

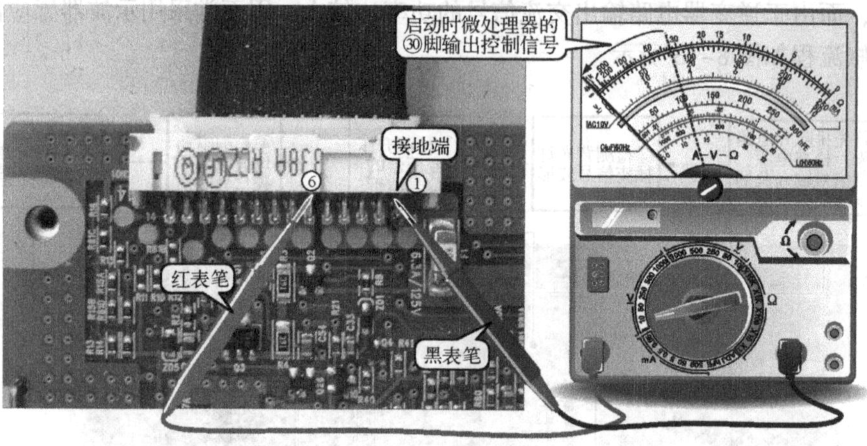

(b) 控制信号的检测

图 8-14 逆变器工作条件的检测

在工作条件正常的前提下，若背光灯仍不能发光，则可能是逆变器电路存在损坏元件，下面主要对其关键元件进行检测。

操作训练 2：背光灯接口的检测

检测背光灯接口可先用观察法直接观察背光灯接口是否有烧焦或脱焊等现象，若存在一些明显的故障现象，应及时用该接口进行补焊操作或更换同规格的背光灯接口；若外观正常，则可用示波器检测检测。

将示波器探头靠近背光灯插座，此时在示波器屏幕上可观测到 2 ～ 10V 的交流信号波形，如图 8-15 所示。如果有波形而背光灯发光不足或不亮，表明背光灯损坏。

操作训练 3：升压变压器的检测

若背光灯插座上无信号输出，则顺信号流程检查前级电路中的升压变压器是否正常。由于逆变器输出交流电压的幅度达 800 ～ 1 000V，超过了示波器的正常检测范围，因而可采用感应法。将示波器探头靠近升压变压器的磁芯，正常情况下应能感应出 20 ～ 40V 的交流电压，如图 8-16 所示。

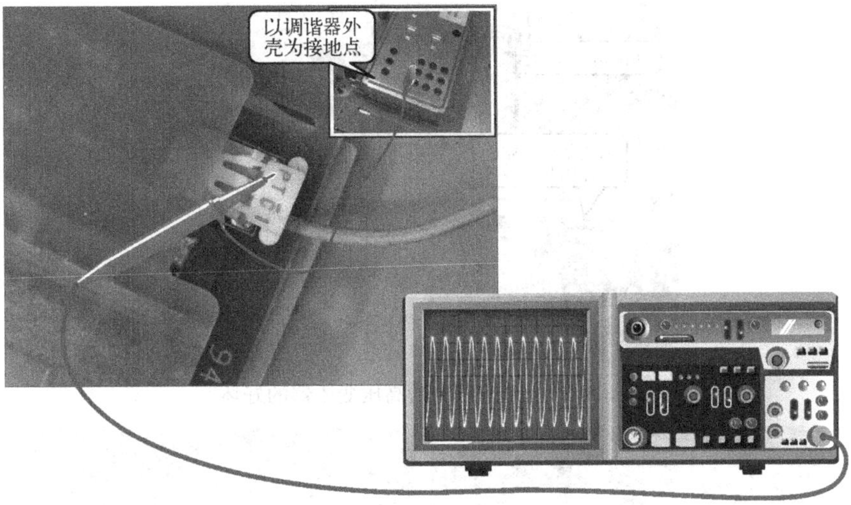

图 8-15　检测背光灯插座的信号

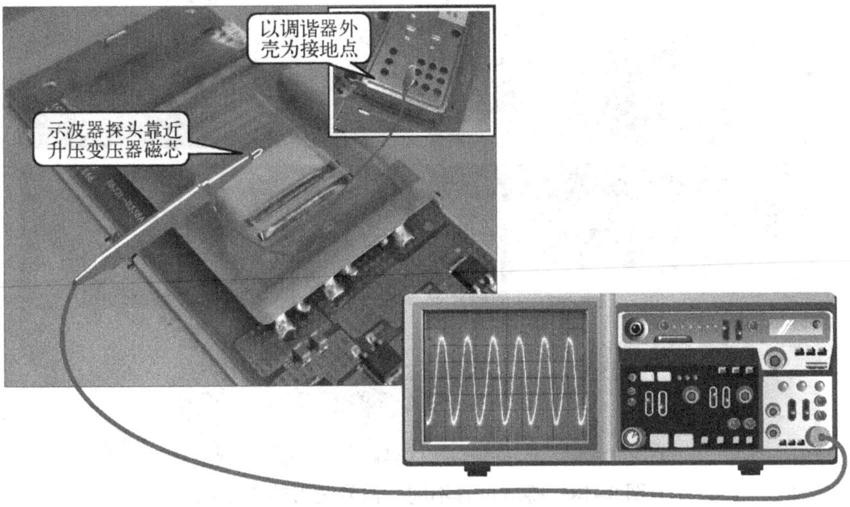

图 8-16　用示波器感应升压变压器的波形

若实际检测中，无感应的信号波形，此时不能直接判断变压器损坏，应继续顺信号流程检测前级电路中的驱动场效应晶体管的输出是否正常，若场效应管的输出正常，而变压器仍无感应的信号波形，则说明升压变压器可能损坏。

要点提示

采用感应法判断高压变压器及背光灯的好坏，是一种较安全、直接、简便的测试方法，图 8-17 所示为实际测试操作图。

值得注意的是，由于测试时，探头只需接近铁芯即可测得明显的脉冲信号波形，因此，根据靠近位置的不同，测得的波形也略有差异，图 8-18 所示为在不同位置感应的高压变压器的信号波形。

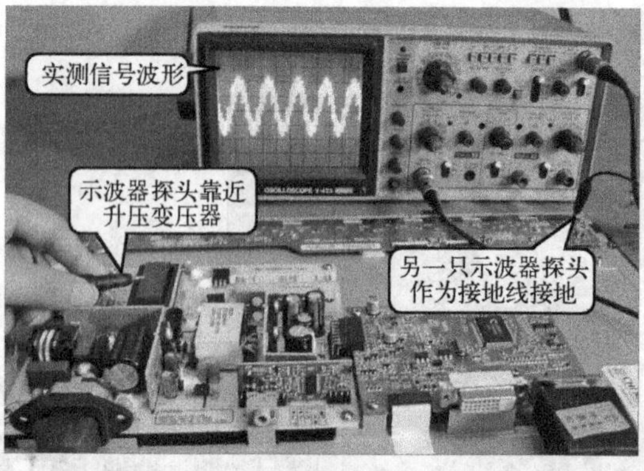

图 8-17　感应法判断高压变压器的好坏

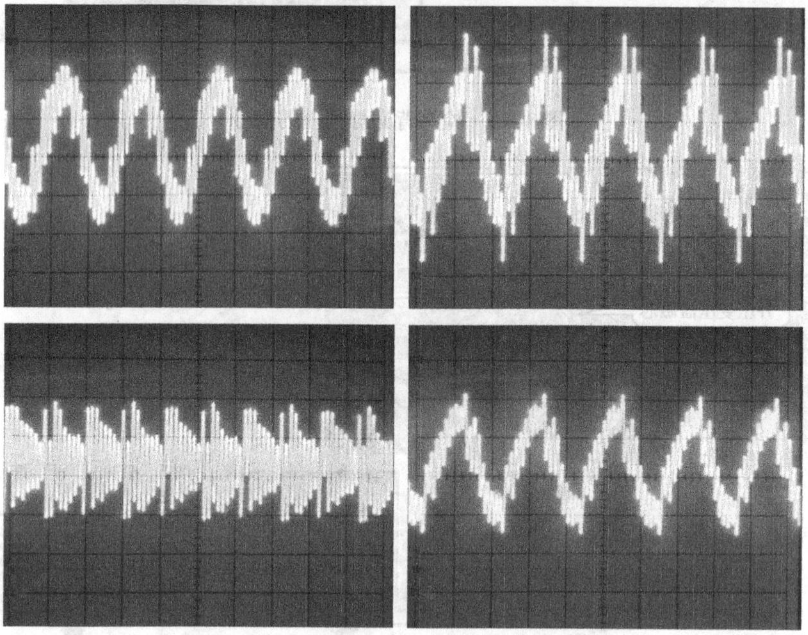

图 8-18　感应位置不同，信号波形略有不同

操作训练 4：驱动场效应晶体管的检测

长虹 LT3788 型液晶电视机的逆变器电路中，采用了四个场效应晶体管来放大脉冲信号，并将驱动信号送入升压变压器中，图 8-19 所示为对各场效应晶体管的引脚标识。

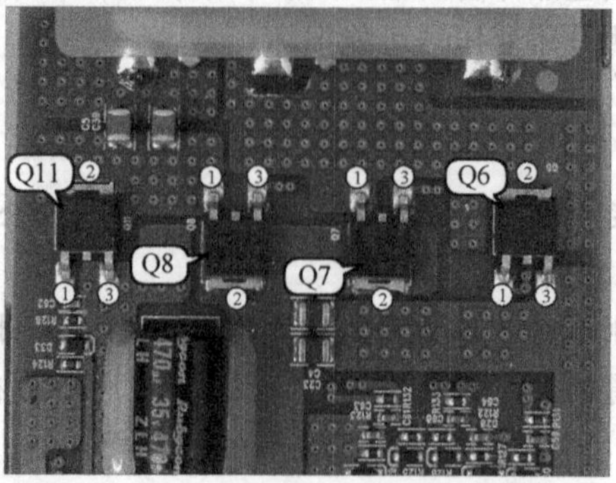

图 8-19　长虹 LT3788 型液晶电视机逆变器电路中场效应晶体管引脚标识

该组场效应晶体管中，Q11 与 Q6 的结构完全相同，即由①脚输入，③脚输出；Q8 与 Q7 的结构相同，即都是由①脚输入，②脚输出。通过检测和对照输入/输出引脚的信号波形即可判断场效应晶体管的好坏。下面分别以 Q11 和 Q8 为例进行检测。

如图 8-20 所示，将示波器探头置于 R×10 挡，即检测的信号衰减为输入的 1/10，在读数时应×10。将示波器探头接到 Q11 的①脚上，接地夹接地。观察示波器显示屏的波形，此时有约 6V（每格 0.2V×10，共约 3 个格）的信号波形显示；接着将示波器探头接到③脚上，经晶体管放大后，示波器屏幕上显示的波形约为 25V（每格 1V×10，约 2.5 个格），说明场效应晶体管 Q11 正常。

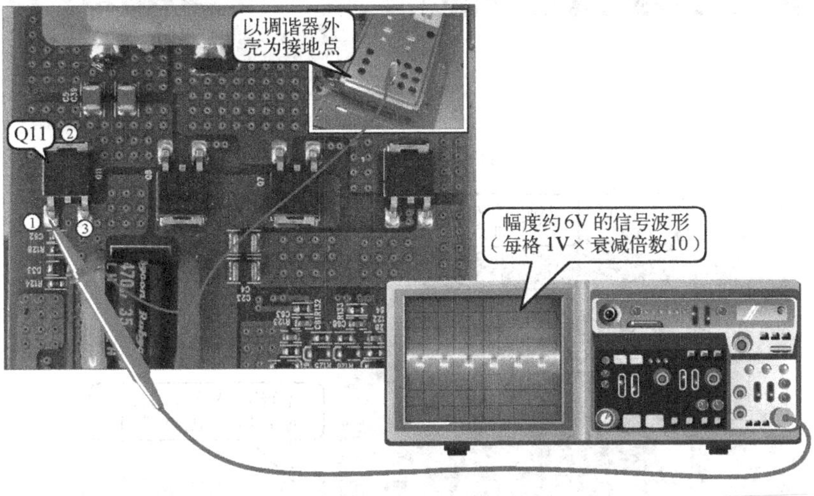

（a）Q11① 脚信号的检测

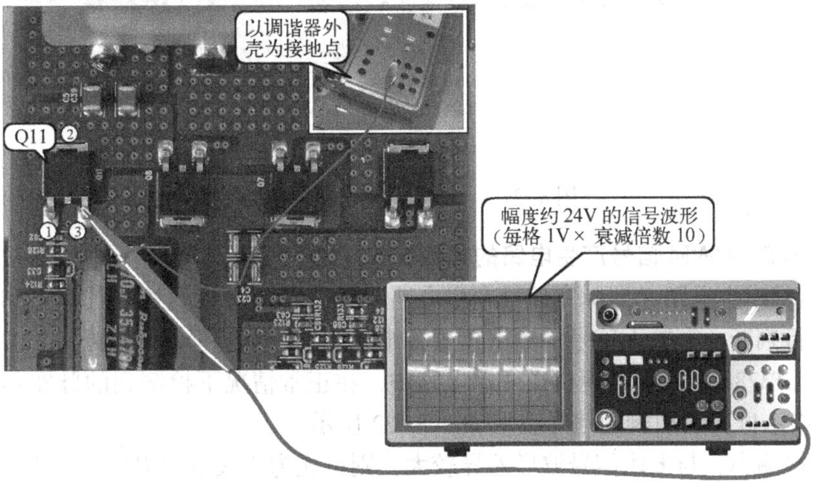

（b）Q11③ 脚信号的检测

图 8-20　场效应晶体管 Q11 的检测

若检测时，输入信号正常，而输出不正常，则可能为场效应晶体管损坏，应用同型号元件进行更换。

接着，用同样的方法和操作步骤检测 Q8 的①脚和②脚的信号波形，如图 8-21 所示。

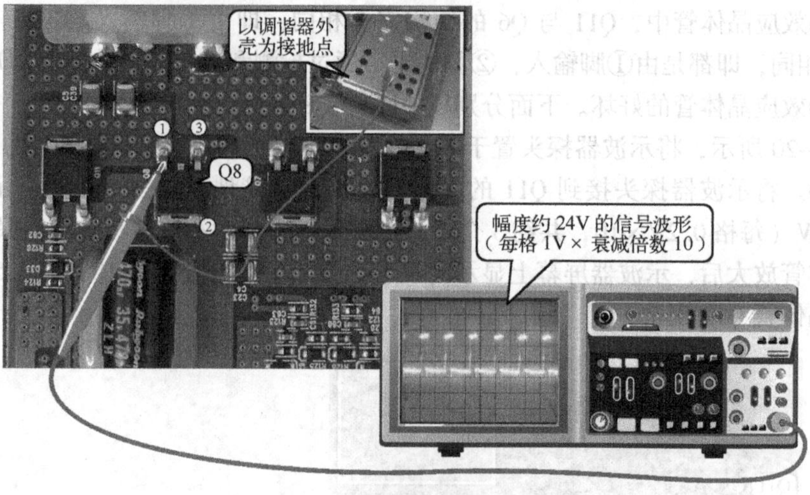

（a）Q8① 脚信号的检测

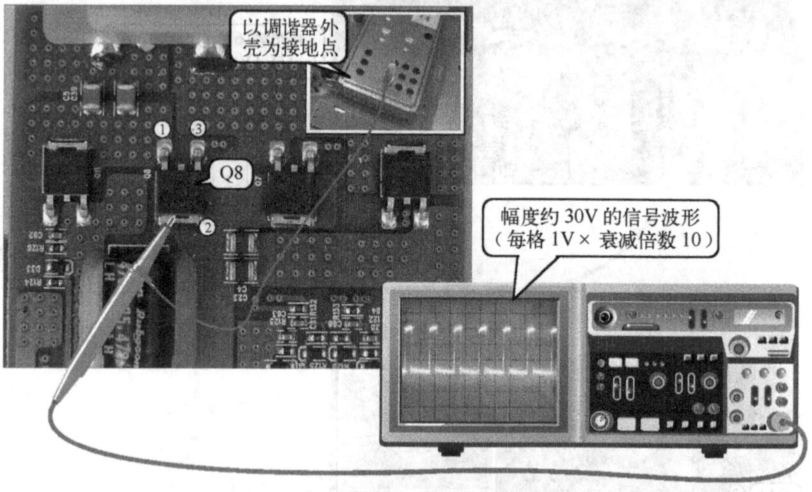

（b）Q8② 脚信号的检测

图 8-21　场效应晶体管 Q8 的检测

操作训练 5：PWM 信号产生电路的检测

PWM 信号产生电路（即脉宽信号产生电路）的好坏，可根据检测其输出和输入引脚的信号波形进行判断，有输入信号无输出信号，则集成电路可能损坏。

在长虹 LT3788 型液晶电视机逆变器电路中，在正常情况下检测到的脉宽信号产生电路 IC1（TO8777－4T）各引脚的信号波形如图 8-22 所示。

若实际检测中，与上述信号波形差异较大，则可能为集成电路损坏。可进一步通过万用表检测其对地阻值的方法进行判断。

首先将万用表黑表笔接地（接地点为该电路板上，滤波电容的接地端），利用红表笔依次检测控制芯片的各个引脚，接着对换表笔，将红表笔接地，黑表笔依次接控制芯片的各个引脚，图 8-23 所示为检测脉宽信号产生电路①脚正反向阻值的方法。

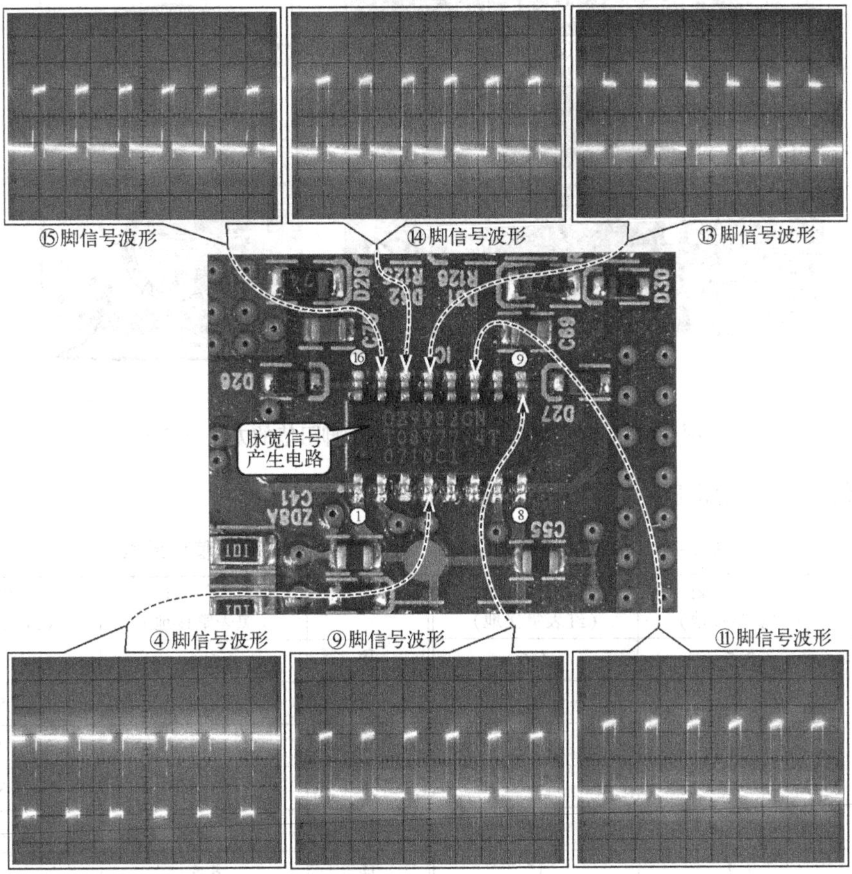

图 8-22　脉宽信号产生电路正常状态下各引脚信号波形

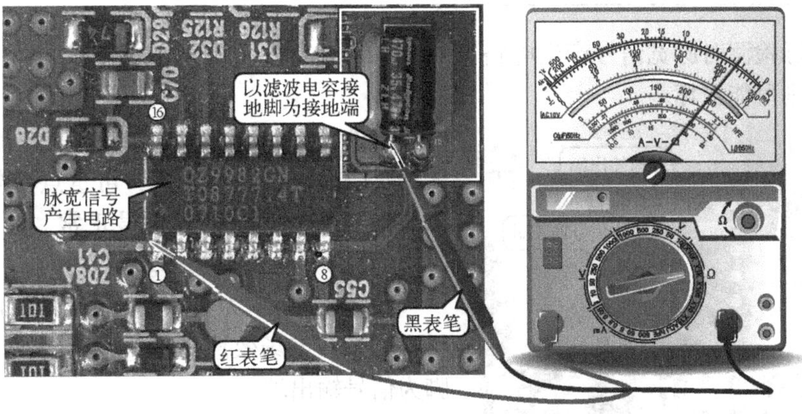

（a）黑表笔接地，线表笔接 ① 脚

图 8-23　检测脉宽信号产生电路①脚阻值的方法

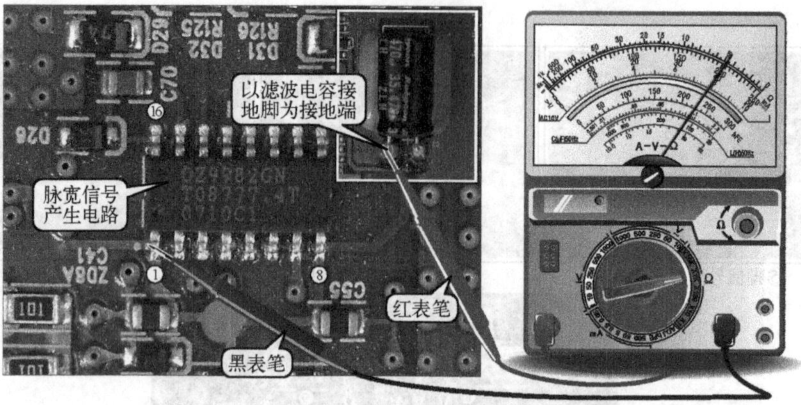

（b）红表笔接地，黑表笔接①脚

图 8-23 检测脉宽信号产生电路①脚阻值的方法（续）

脉宽信号产生电路正常工作时各引脚阻抗值对照参见表 8-1。

表 8-1 脉宽信号产生电路正常工作时各引脚阻抗值对照表

引脚号	正向阻值（kΩ）（黑表笔接地）	反向阻值（kΩ）（红表笔接地）	引脚号	正向阻值（kΩ）（黑表笔接地）	反向阻值（kΩ）（红表笔接地）
①	3.5	4.6	⑨	5.6	∞
②	地	地	⑩	1	5.5
③	4.2	15	⑪	6.5	50
④	∞	∞	⑫	3.4	3.6
⑤	∞	∞	⑬	2.9	2.9
⑥	4.2	15	⑭	6.5	48
⑦	0	0	⑮	1	7.1
⑧	4	4.6	⑯	5.6	∞

如果实际检测时脉宽信号产生电路（TO8777-4T）各引脚对地的阻抗与表 8-1 中的值偏差过大，则可能损坏。

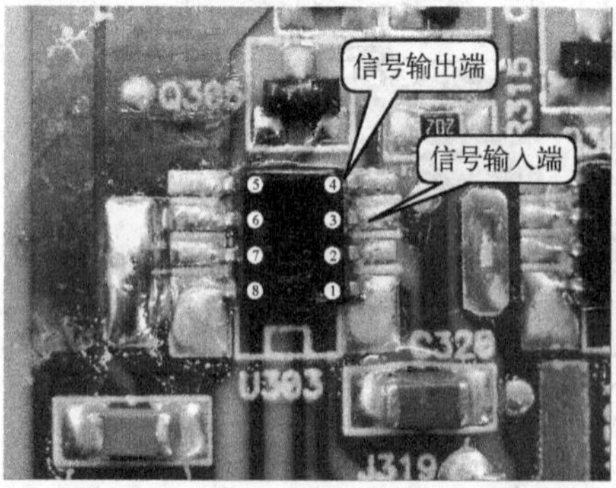

图 8-24 典型贴片式双驱动场效应管的引脚标识

另外，双场效应晶体管的检测与上述普通贴片式场效应晶体管基本相同，可重点检测其输入/输出的信号波形，当输入信号正常，而无输出信号时，可判断该电路已损坏。

图 8-24 所示为典型贴片式双驱动场效应管的引脚标识，该场效应管的③脚为信号输入端，④脚为信号输出端。

逆变器电路中场效应管好坏的判断一般可通过通电测试波形的方法进行判别，即检测场效应管③脚和④脚的输入/输出信号波形是否有，具体检测方法及波形如图 8-25 所示。

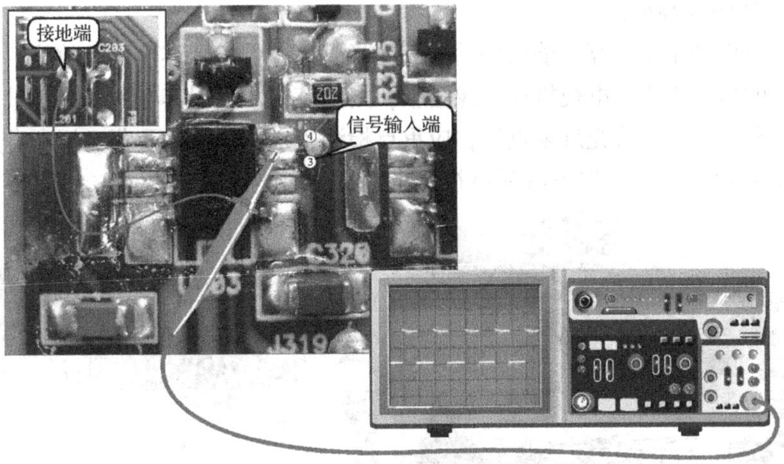

（a）检测场效应管输入信号波形

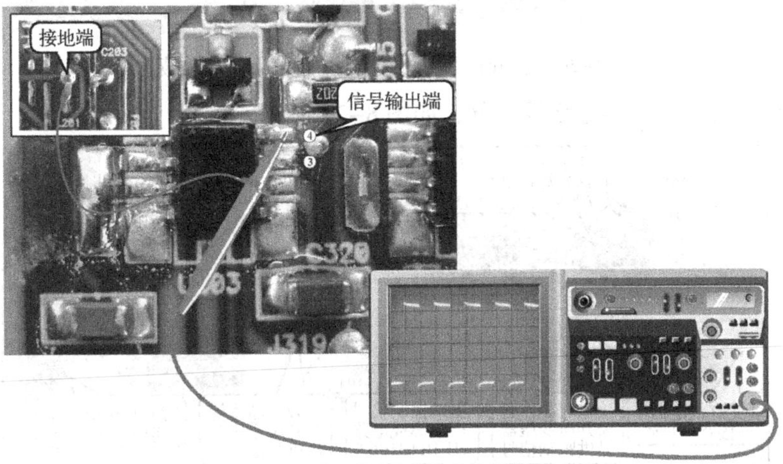

（b）检测场效应管输出信号波形

图 8-25　检测场效应管的输入/输出信号波形

若检测的波形与之不符，怀疑该场效应管出现故障，可在不通电的情况下，对其进行阻值的测量，即可判别该场效应管是否出现故障，对地阻值的测试方法与前述 PWM 信号产生电路对地阻值的测试方法相同，这里不再重复。表 8-2 所列为场效应管正常工作时各引脚阻抗值对照表。

表 8-2　场效应管正常工作时各引脚阻抗值对照表

引脚号	正向阻值（kΩ）（黑表笔接地）	反向阻值（kΩ）（红表笔接地）	引脚号	正向阻值（kΩ）（黑表笔接地）	反向阻值（kΩ）（红表笔接地）
①	5.1	38	⑤	0	0
②	5.1	32	⑥	9	32
③	5.1	34	⑦	2	22
④	5.2	32	⑧	16	15

2.2.2　逆变器电路的故障检修实训

案例训练 1：典型逆变器电路的检测步骤

康佳 LC-TM2018 型液晶电视机开机后电源指示灯亮，但无图像、黑屏，仔细查看屏幕后，隐约能看到图像画面。

液晶电视机电源指示灯亮，能够隐约看到图像画面，但显示屏黑屏的故障，是电视机中逆变器电路故障的典型表现，电视机有图像暗影，指示灯正常表明其电源电路及基本的图像处理电路正常，屏幕黑屏表明背光灯未点亮，应重点检测其逆变器电路及背光灯本身是否正常。

打开该电视机外壳，并取下液晶电视机电路板部分的金属屏蔽盒，如图 8-26 所示。

图 8-26　打开待测液晶电视机外壳及金属屏蔽盒

找到该电视机的逆变器电路板部分，如图 8-27 所示。

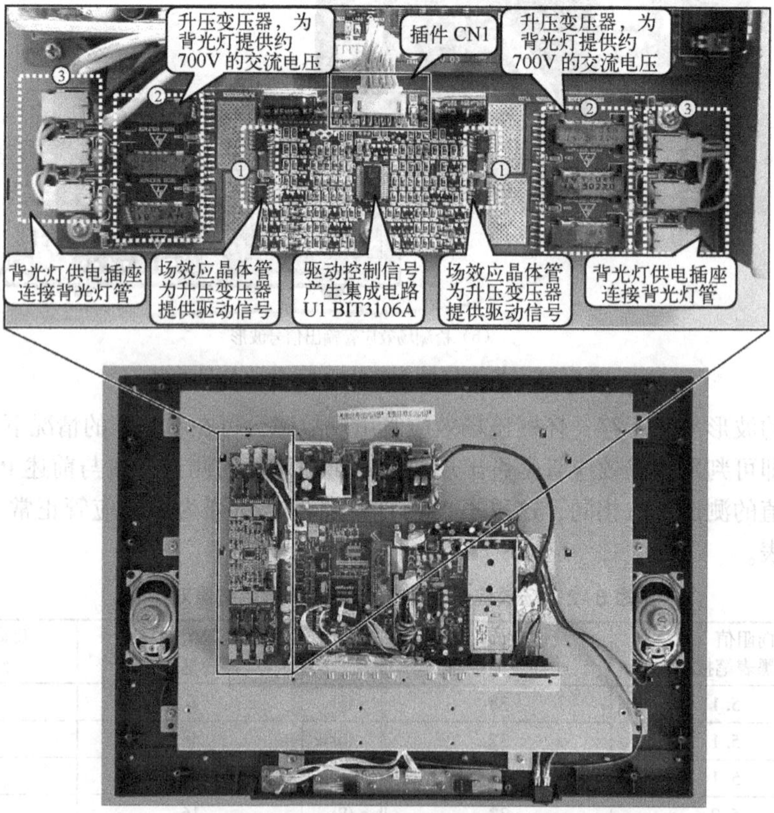

图 8-27　康佳 LC-TM2018 液晶电视机逆变器的实物外形

在该逆变器电路板两侧分别设有 3 个升压变压器，共 6 个。经 6 个插座后为 6 个背光灯管提供约 800V 的交流电压。电路板上对称的两组场效应晶体管，每组两个，为升压变压器提供脉宽驱动信号。其电路原理图如图 8-28 所示。

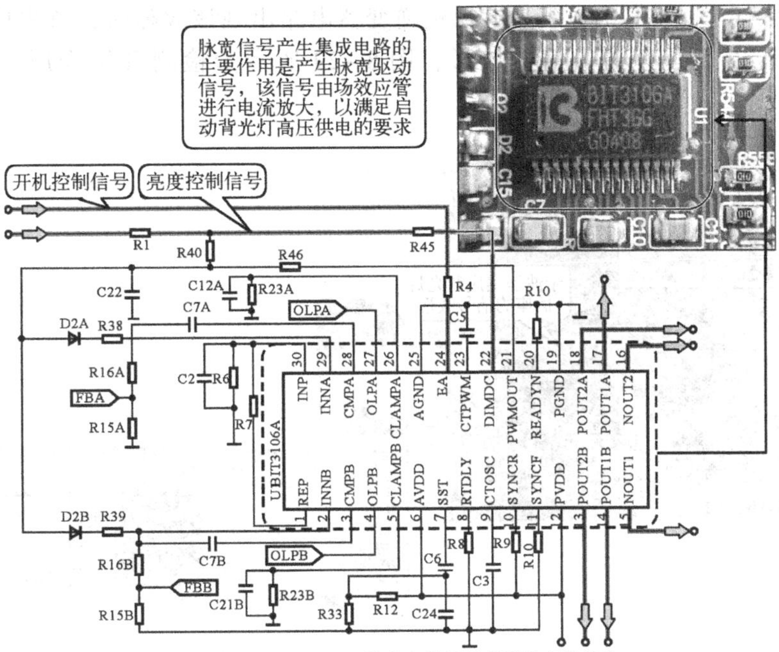

（a）康佳 LC-TM2018 液晶电视机逆变器的电路结构

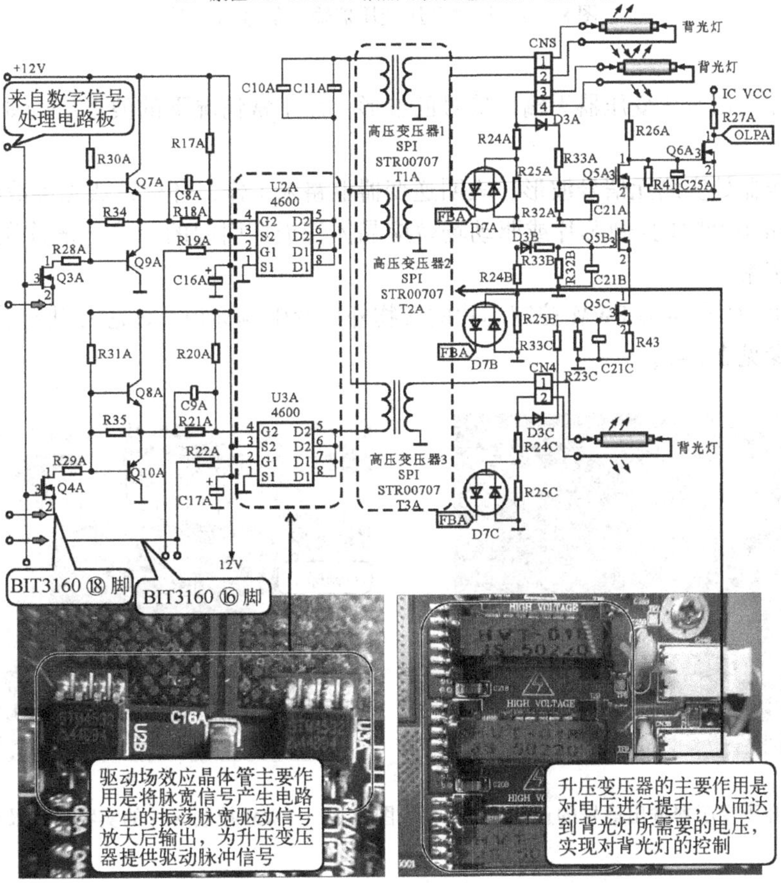

（b）康佳 LC-TM2018 液晶电视机的调谐器和中频电路

图 8-28 康佳 LC-TM2018 液晶电视机的调谐器和中频电路

（1）当康佳 LC-TM2018 液晶电视机逆变器电路出现该故障时，首先应利用示波器感应升压变压器是否有输出信号波形，图 8-29 所示为检测升压变压器输出信号的波形。

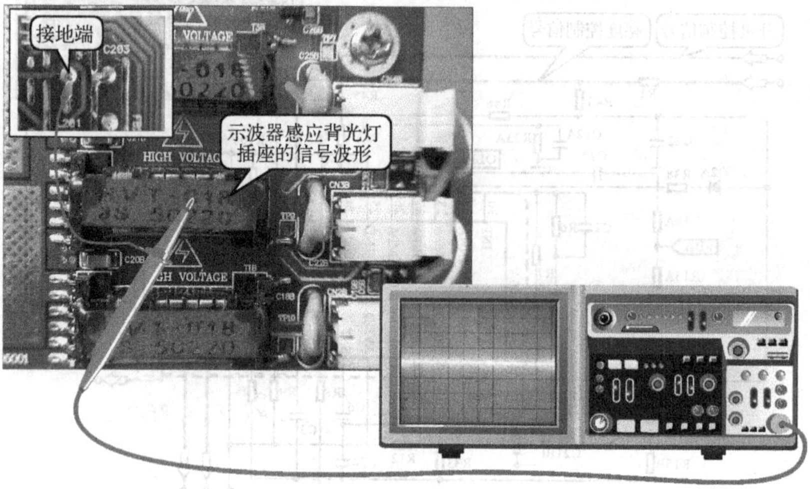

图 8-29　检测升压变压器输出信号的波形

由图可知，该升压变压器无输出信号的波形，而正常情况下的波形应为如图 8-30 所示的波形。

升压变压器处实测无信号波形，表明逆变器电路未工作，怀疑造成黑屏故障应为升压变压器前级电路中 PWM 控制芯片或驱动场效应晶体管损坏引起的，接下来首先检测 PWM 控制芯片是否正常。

（2）图 8-31 所示为 PWM 控制芯片的实物外形及引脚标识，该芯片共有 30 个引脚，其各引脚功能参见表 8-3。

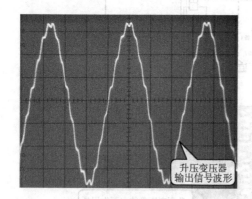

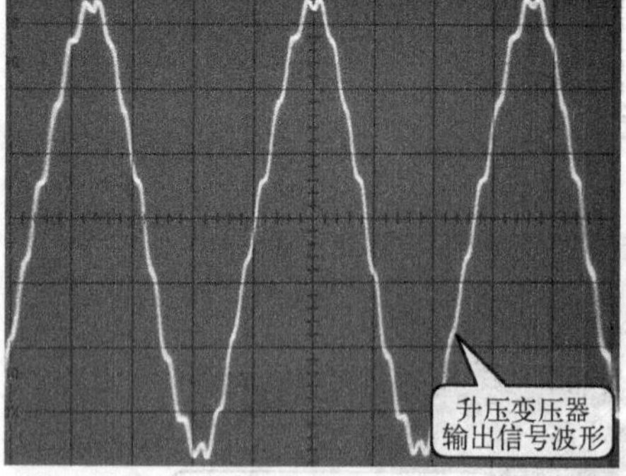

图 8-30　升压变压器输出信号的正确波形

图 8-31　PWM 控制芯片的实物外形及引脚标识

表 8-3　驱动控制信号产生集成电路 BIT3106 的引脚功能

引脚号	名　称	引脚功能	引脚号	名　称	引脚功能
①	REF	基准电压输出	⑯	NOUT2	AB 信道第 2 场效应管驱动端
②	INNB	B 通道误差放大器反相输入端	⑰	POUT1A	A 信道第 1 场效应管驱动端
③	CMPB	B 通道误差放大器输出端	⑱	POUT2A	A 信道第 2 场效应管驱动端
④	OLPB	B 通道灯电流检测输入端	⑲	PGND	地
⑤	CLAMPB	B 通道过压钳位信号输出端	⑳	READYN	接下拉电阻
⑥	AVDD	电源端（模拟）	㉑	PWMOUT	PWM 信号输出端
⑦	SST	外接电容端	㉒	DIMDC	PWM 信号控制端（亮度控制）
⑧	RTDLY	外接电阻端	㉓	CTPWM	外接电容段
⑨	CTOSC	外接电容端（时间常数）	㉔	EA	开机/待机控制端
⑩	SYNCR	外接电阻端（频率和相位同步）	㉕	AGND	地
⑪	SYNCF	外接电阻端（频率和相位同步）	㉖	CLAMPA	A 通道过压钳位信号输出端
⑫	PVDD	电源供电端	㉗	OLPA	A 通道灯电流检测输入端
⑬	POUT2B	B 信道第 2 场效应管驱动端	㉘	CMPA	A 通道误差放大器输出端
⑭	POUT1B	B 信道第 1 场效应管驱动端	㉙	INNA	A 通道误差放大器反相输入端
⑮	NOUT1	AB 信道第 1 场效应管驱动端	㉚	INP	A 通道误差放大器同相输入端

在对该电路进行检测时，可用示波器分别检测其⑬脚、⑭脚、⑮脚、⑯脚输出的场效应管驱动信号，图 8-32 所示为检测 PWM 控制芯片⑬脚输出信号波形。

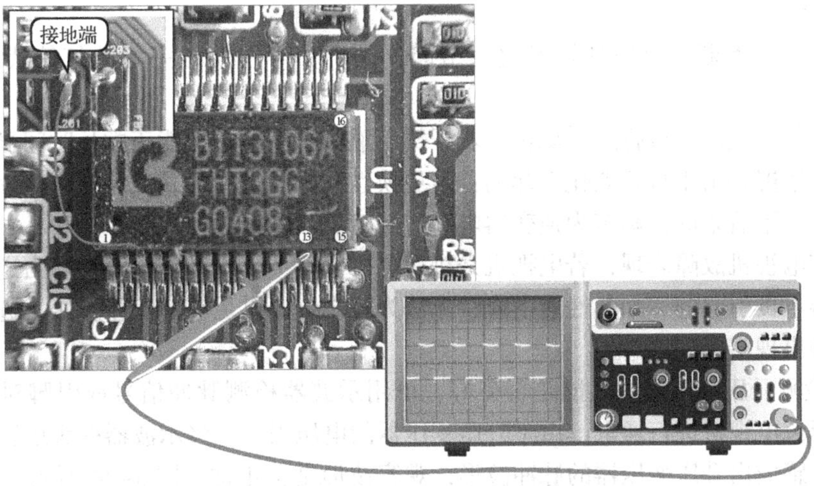

图 8-32　检测 PWM 控制芯片⑬脚输出信号波形

经检测，该 PWM 控制芯片输出的信号波形正常，表明该芯片本身没有故障，这时可检测驱动场效应晶体管是否有击穿故障。

（3）在对驱动场效应晶体管进行检测时，可再用示波器探头靠近驱动场效应晶体管的外壳，此时也能感应出 2V 左右的交流信号，如图 8-33 所示。

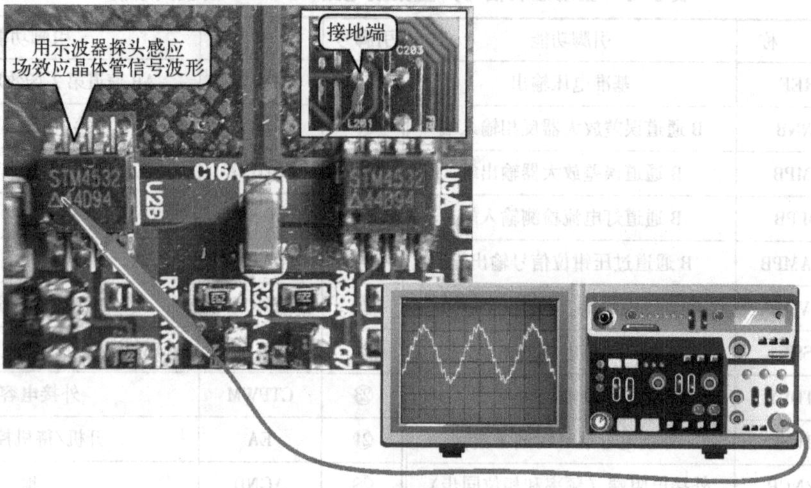

图 8-33　驱动场效应晶体管的检测

实测驱动场效应晶体管无输出，由于 PWM 信号输出的信号即送入驱动场效应晶体管的输入端进行驱动，前面所测 PWM 信号产生电路输出端信号正常，则表明场效应晶体管输入端有信号，而其输出端无信号，怀疑该场效应晶体管损坏，用同型号元件更换后，通电试机，故障排除。

案例训练 2：逆变器电路主要器件的检测实训

康佳 LC-TM3008 液晶电视机在开机后，出现暗屏的故障现象。

通常情况下，液晶电视机屏幕出现暗屏故障多是由逆变器电路或背光灯灯管存在故障引起的。

(1) 首先，判断是否是灯管老化而引起的暗屏，可用性能完好的灯管代替已安装的灯管。

灯管安装完成后，进行通电试机，若开机后液晶彩色电视机能正常长时间显示，表明电视机的屏幕暗屏是由于灯管老化引起的；若更换性能好的灯管后，液晶彩色电视机重新开机后，仍然亮一下后暗屏，则多为逆变器电路有故障。

根据该电视机故障表现，若电视机开机后屏幕亮一下后暗屏，该表现多为逆变器电路中升压变压器不良引起的，如其性能下降，无法为背光灯提供足够的工作电压，进而导致液晶彩色电视机出现暗屏。

(2) 检测升压变压器的性能是否良好，可用示波器检测脉冲信号或引脚对地阻值。首先将液晶彩色电视机进行通电，由于升压变压器的电压很高，将示波器探头放置在升压变压器上，即可感应出升压变压器的脉冲波形，观察波形是否正常。图 8-34 所示为升压变压器正常时的波形信号。

该电视机的逆变器电路中，采用了 8 个型号和结构完全相同的升压变压器，在上述检测中，发现示波器感应其中一个升压变压器时，信号出现异常，怀疑此升压变压器可能出现故障，首先将其焊下，如图 8-35 所示。

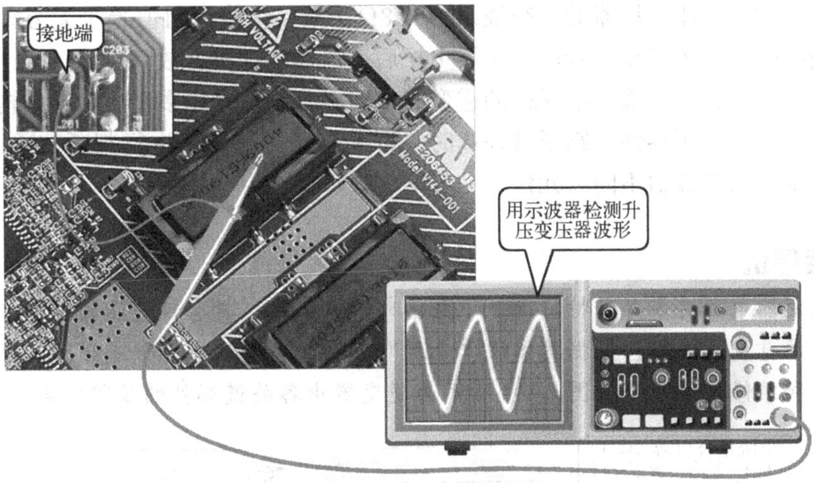

图 8-34　示波器检测升压变压器波形

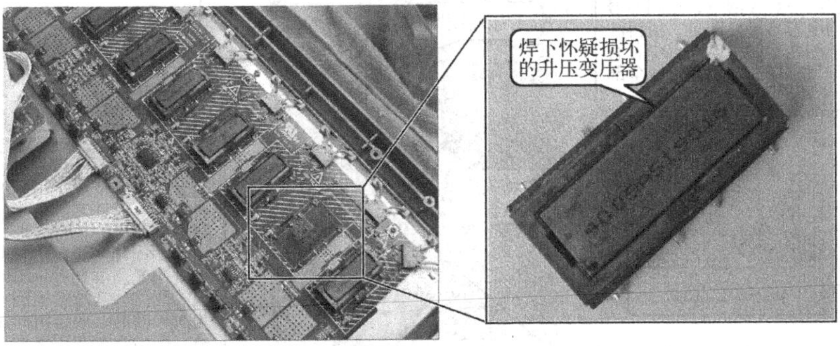

图 8-35　焊下怀疑故障的升压变压器

接着对焊下的升压变压器进行再次检测，可用万用表检测升压变压器初级和次级绕组的电阻值，判断升压变压器的好坏。将万用表黑表笔连接地端，红表笔依次检测其他引脚的对地阻值，如图 8-36 所示。

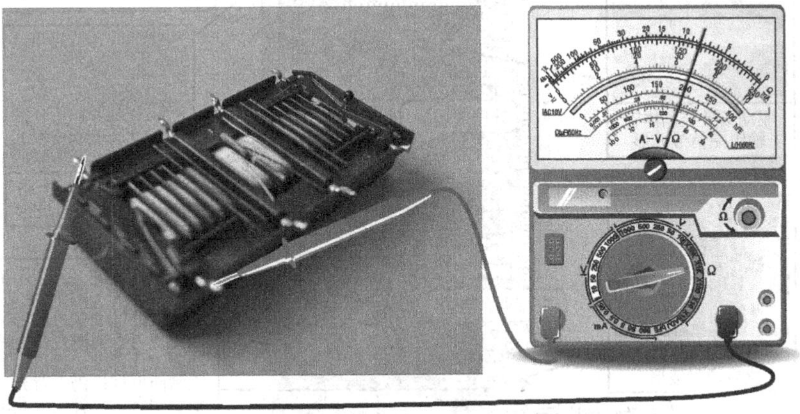

图 8-36　万用表检测升压变压器对地阻值

实测测量时，升压变压器的一组绕组约为8Ω，另一组绕组阻值趋于无穷大，怀疑绕组线圈存在断路故障，用同型号升压变压器更换后，再通电试机，故障排除。

值得注意的是，由于液晶电视机的逆变器电路中，一般采用多个型号、结构完全相同的升压变压器作为其升压器件，判断其好坏时，可采用对比测量法进行判断，通过对比测量，找到与其他变压器参数值不同的元件，一般即为故障所在。

要点提示

根据逆变器电路其本身独特特点，该电路部分有故障也具有较明显的特征，因此在维修过程中，应注意积累经验，根据具体故障表现即可大致判断故障部位或故障元件，有助于提高维修效率和维修技能水平。图8-37所示为逆变器中各关键部件的故障特点。

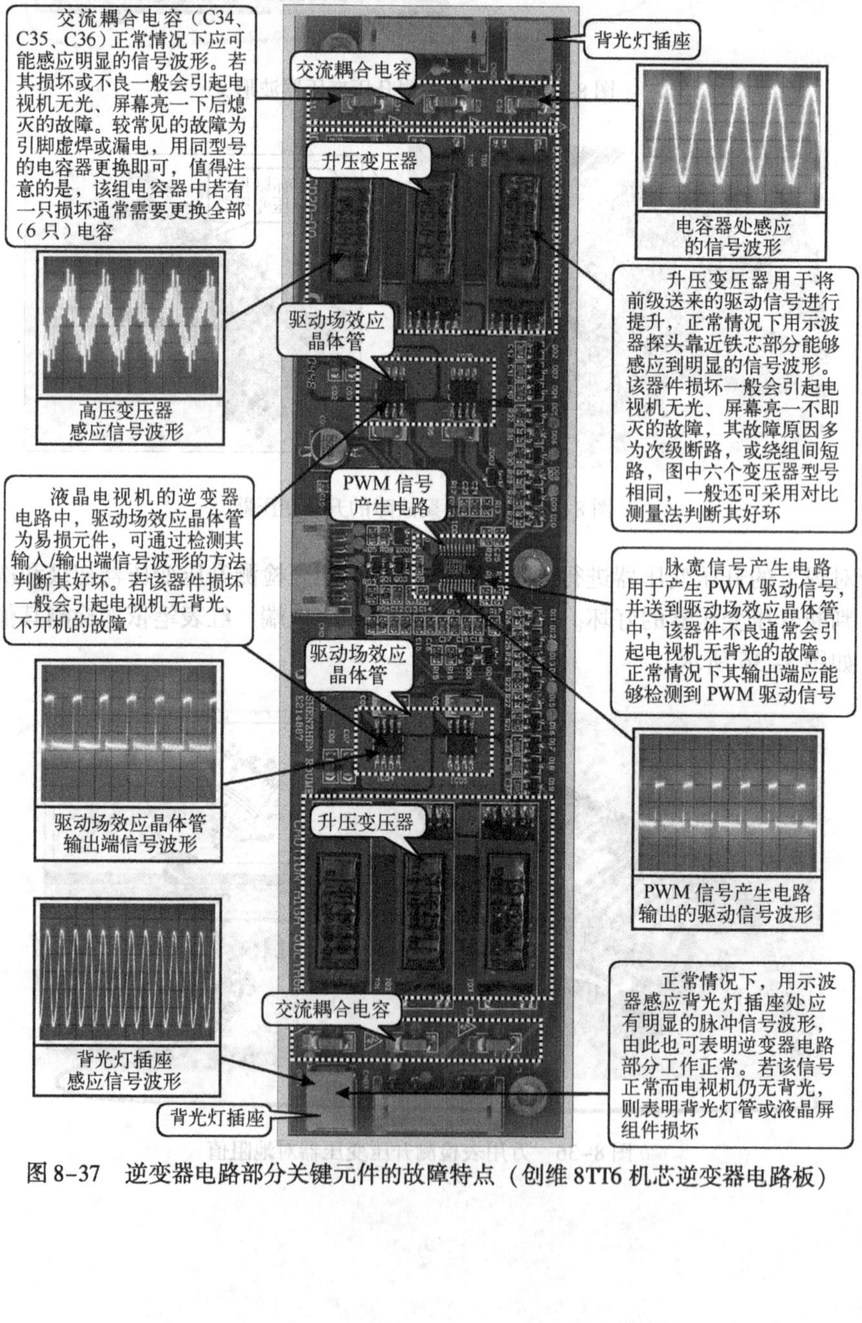

图8-37 逆变器电路部分关键元件的故障特点（创维8TT6机芯逆变器电路板）

第 9 单元　液晶板组件检修技能实训演练

综合教学目标

了解液晶板组件的基本结构、功能，掌握液晶板组件的常见故障及拆装和维修方法。

岗位技能要求

训练液晶板组件的拆卸和组装方法、各部件的拆卸要领，以及零部件的代替方法。

项目 1　了解液晶板组件的结构特点和工作原理

教学要求和目标：通过对典型液晶显示屏组件的剖析，了解显示屏组件的结构组成和主要零部件的功能特点。

任务 1.1　了解液晶板组件的结构特点

1.1.1　液晶板组件的结构

由于液晶屏独特的结构特点及装配的专业性，在其出厂前已将液晶屏、连接插件、驱动电路、背光灯等用框架和底板组装成一个结构紧凑的部件，只留有背光灯插头和驱动电路输入插座。

打开液晶电视机外壳后，取下电源供电板、数字板、操作显示板后，剩余的部分即为液晶板组件部分，如图 9–1 所示。

1.1.2　液晶板组件的主要零部件

1. 液晶屏

液晶电视机的显示屏是采用液晶材料制作而成的，用来显示视频、图像等信息，如图 9–2 所示。

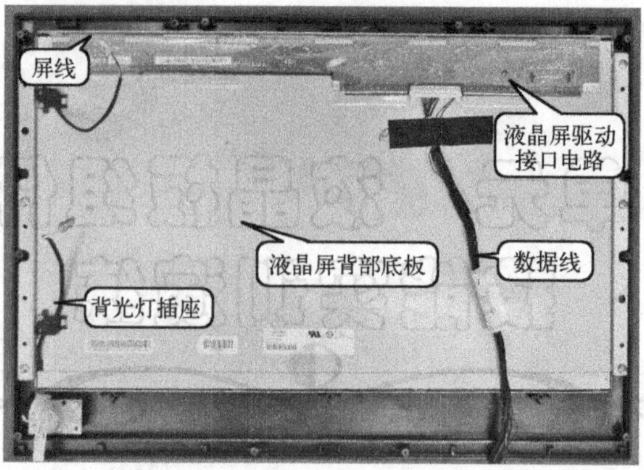

图 9-1　典型液晶电视机中的液晶板组件

知识扩展

液晶屏是由一个个液晶显示单元组成的，通常是由水平方向的像素数乘以垂直方向的像素数，作为屏幕的总像素数。每个像素单元的尺寸越小，整个屏幕的像素数越多，它所显示的图像的清晰度就越高，画面就越细腻。液晶电视机清晰度高，并且具有低功耗的特点。

2. 背光灯

液晶屏本身是不发光的，因此，在液晶屏的后部都设有用于产生背光的灯管，称为背光灯，如图 9-3 所示，该灯管由逆变器电路进行供电，其具体工作原理将在电源供电章节中具体介绍。

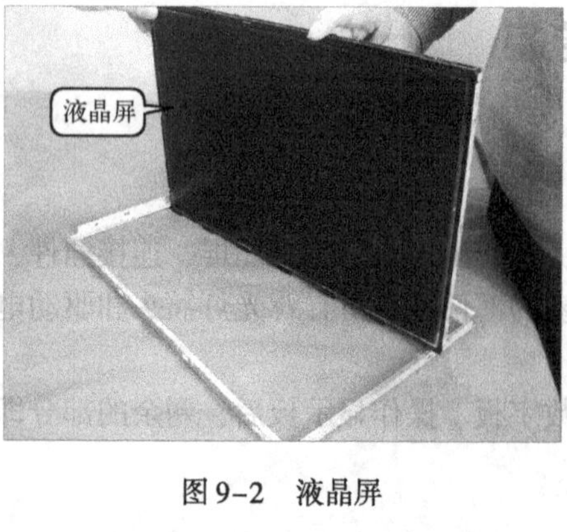

图 9-2　液晶屏

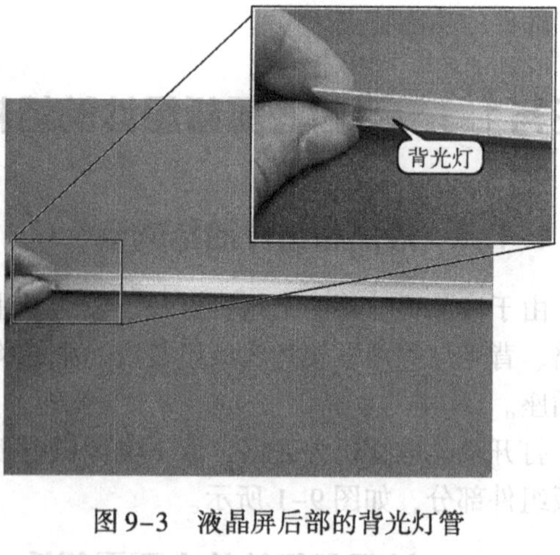

图 9-3　液晶屏后部的背光灯管

3. 液晶屏驱动电路

液晶屏驱动电路是连接液晶电视机液晶屏与主电路的桥梁部分，它是将主电路板产生的驱动信号，通过液晶板组件驱动线、驱动电路及屏线送给液晶屏，为其正常工作提供基本的工作条件。该电路板是一种柔性印制板，通常位于液晶电视机的上部边缘部分，采用压接法与液晶屏的驱动电极相连，如图 9-4 所示。

图 9-4　液晶屏驱动电路

4. 屏线

屏线是指液晶屏驱动电路与液晶屏之间的软排线（柔性电缆），如图 9-5 所示。

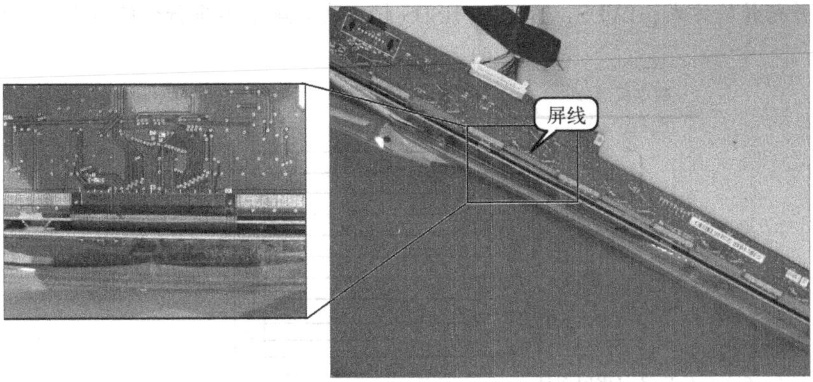

图 9-5　屏线

由图 9-5 可知，液晶电视机的屏线由几组构成，每组屏线内又包含了几百甚至几千根细线，图 9-6 所示为屏线与普通缝衣针的比较，从比较图也可以看出屏线的粗细程度，这些细线一旦损坏后很难修复，若只是其中的一根细线断裂，屏幕上也会出现一条黑线的故障。

5. 液晶屏驱动接口及数据线

液晶屏驱动接口是生产厂商将液晶板组件出厂时设置的一种插头座，通过该接口及相应的软排线即可将液晶板组件与数字板进行连接，如图 9-7 所示。

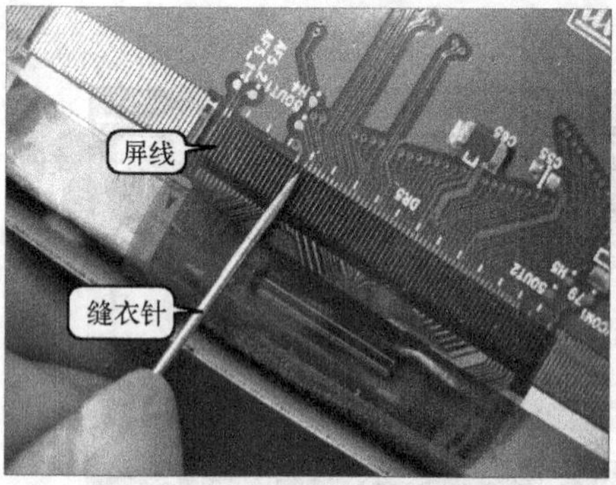

图 9-6 屏线与普通缝衣针的比较

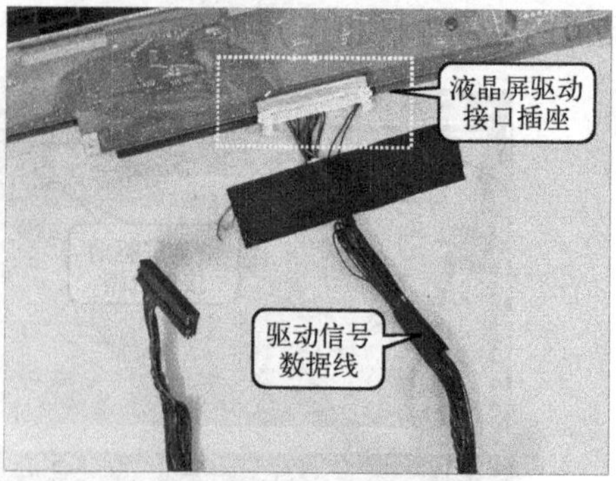

图 9-7 液晶屏驱动接口

知识扩展

目前，根据其输出驱动信号的不同，液晶屏驱动接口通常可分为 TTL（晶体管—晶体管逻辑）接口、LVDS（低压差分信号）接口、RSDS（低摆幅差分信号）接口、TMDS（最小化传输差分信号）接口和 TCON（定时控制）接口等几种，其中使用最为广泛的为 LVDS 接口。

LVDS 接口位于液晶电视机的主电路板（数字板）和液晶屏驱动电路板上，通过与接口类型相匹配的电缆进行连接，可传输串行 RGB 数据信号、时钟与同步信号、数据启动或控制信号等，并转换成低电压串行 LVDS 信号，送到液晶屏的 LVDS 接收器上。

一般液晶屏输入的 RGB 数据信号有并行传输和串行传输两种方式，其中，TTL、TCON 接口液晶屏采用并行传输方式，LVDS、TMDS、RSDS 接口液晶屏采用串行传输方式，如图 9-8 所示。

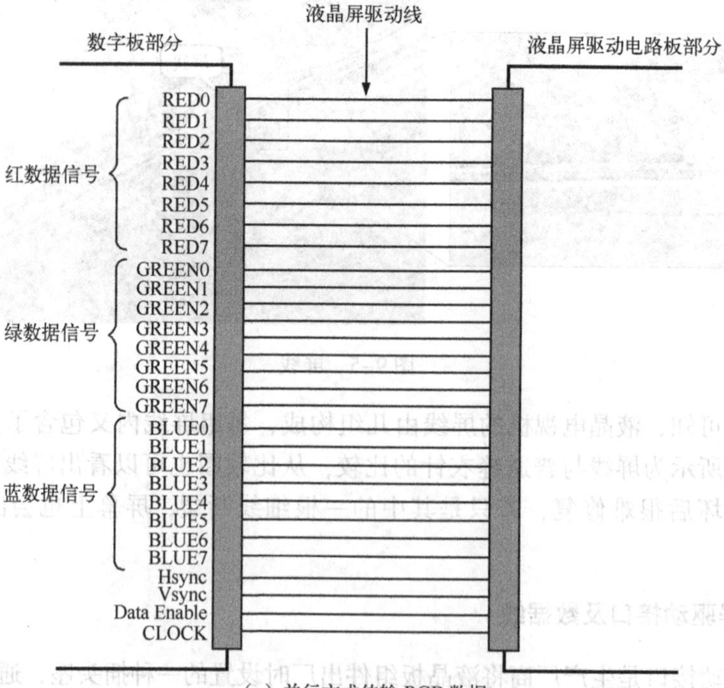

（a）并行方式传输 RGB 数据

图 9-8 RGB 数据传输方式示意图

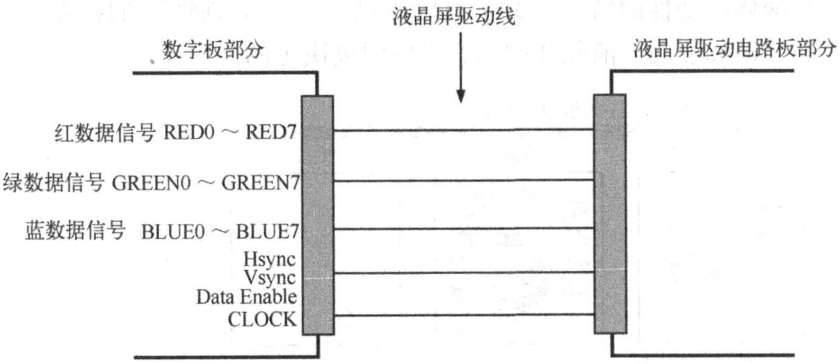

（b）串行方式传输 RGB 数据

图 9-8　RGB 数据传输方式示意图（续）

LVDS 接口通常通过数据线进行连接，该数据线是液晶电视机中较易损的元件，接插不良、引脚氧化等都会引起显示器不能正常显示的故障，需要将其更换。

值得注意的是，在更换时需要使用相同插头的数据线进行替换。由于液晶屏接口的多样性，数据线用来接驱动液晶板一端的接头样式也是多种多样的，图 9-9 所示为液晶电视机中几种常见的液晶屏驱动信号数据线及其插头。

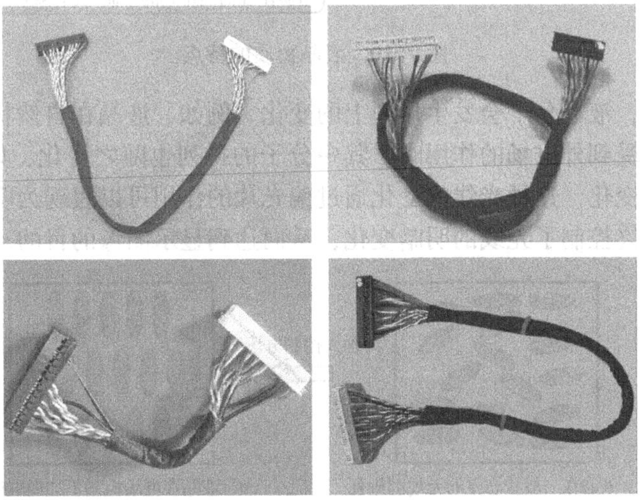

图 9-9　液晶电视机中几种常见的驱动信号数据线

任务 1.2　了解液晶屏的工作原理

1.2.1　液晶屏的种类和显示原理

1. 液晶的特点

液晶屏是一种采用液晶作为材料的显示器件，液晶是介于固态和液态间的一种有机化合物。将其加热会变成透明液态或气态；冷却后会变成结晶的固态，如图 9-10 所示。由图可知，液晶既具有液体流动性的特点，又具有固体结晶态（规则性）的特点。液晶介于固态和液态两者之间，简称液晶。液晶体的四态是由温度决定的。

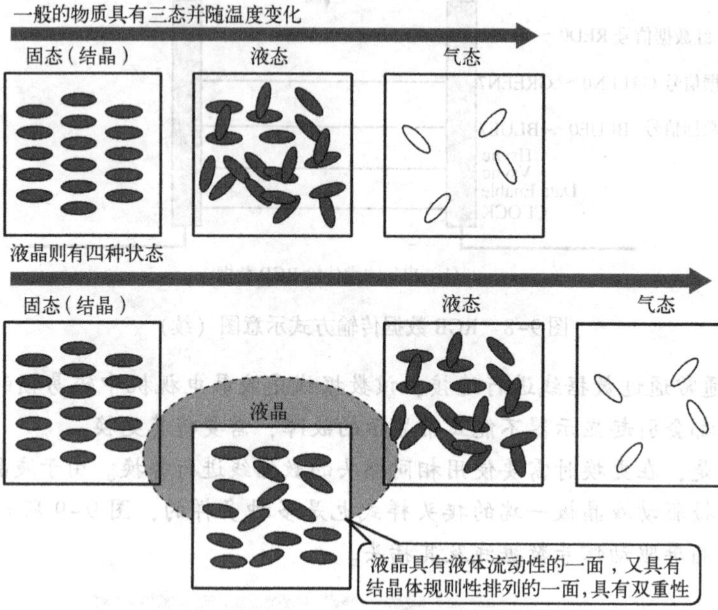

图 9-10　液晶物质的特点

在电场作用下，液晶分子会发生排列上的变化。例如，液晶在自然状态时，其分子的排列是无规律的，当受到外电场的作用时，其中分子的排列也随之变化，如图 9-11 所示，从而影响通过的光线变化，这种光线的变化通过偏光片的作用可以表现为明暗的变化。人们通过对电场的控制最终控制了光线的明暗变化，从而达到显示图像的目的。

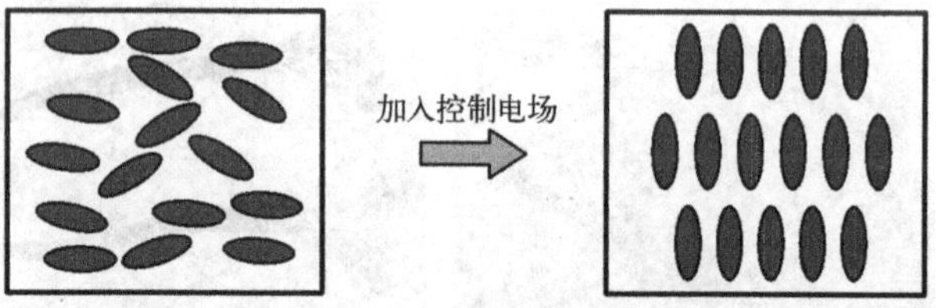

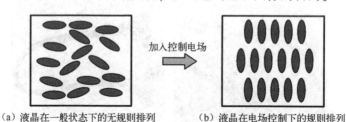

（a）液晶在一般状态下的无规则排列　（b）液晶在电场控制下的规则排列

图 9-11　液晶分子的排列与电场的关系

2. 液晶板的透光性

液晶板的透光性与两侧的偏光板有直接的关系。偏光板是与液晶板紧密结合的部分。

光线由一系列光波构成，这些光波沿着与传播方向呈 90°的方向发生振动，如图 9-12 所示，也就是说，一束光是由沿着不同平面振动的光波组成的。

当在光传播的方向加一块带有偏光板的液晶板，光线射入液晶板后，光波的振动平面会发生扭转并与液晶分子的长轴方向一致，如图 9-13 所示。

液晶板中所使用的偏光板，仅可以沿着特定的平面过滤光波，并使光波通过。当入射光的振动方向与偏光板的方向一致时，光可以穿过偏光板，如果偏光板的方向与入射光的方向不同时，会阻断光的通过，如图 9-14 所示。因此，只有能够通过带有液晶夹层的偏光板的光线才可以显示在液晶屏上。

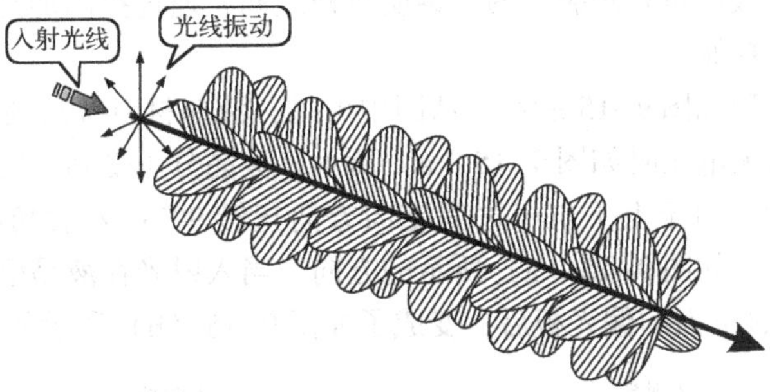

图 9-12　光线的传播

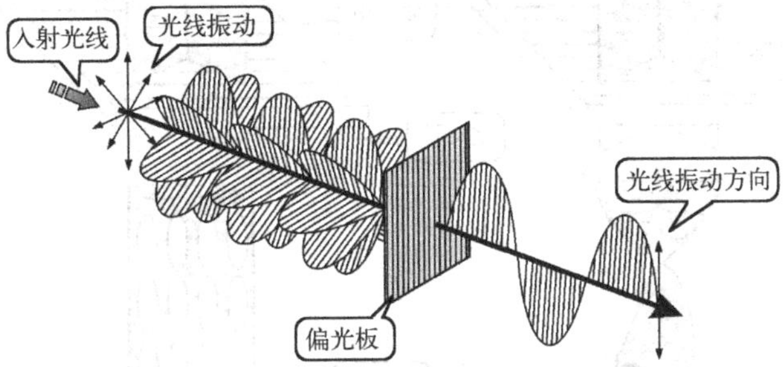

图 9-13　光线经液晶板的偏光板后的传播

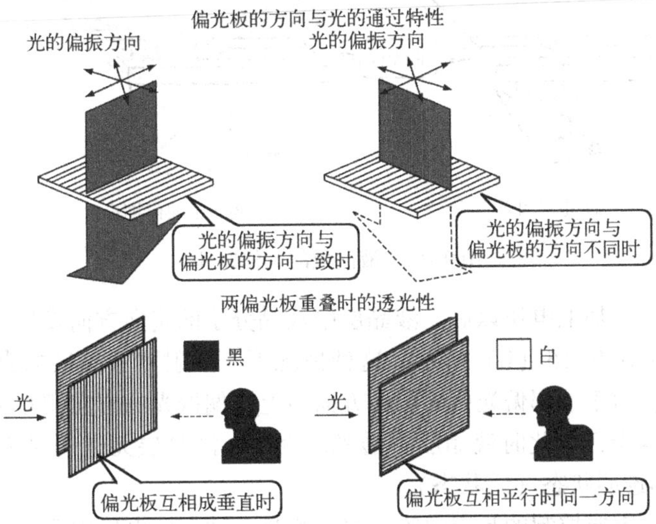

图 9-14　偏光板的功能

从前述可知，液晶有四个相态，分别为固态、液晶、液态和气态，且四个相态可相互转化，称为"相变"。相变时，液晶的分子排列发生变化，从一种有规律的排列转向另一种排列。后来发现，引起这一变化的原因是外部电场或外部磁场的变化。同时液晶分子的排列变化必然会导致其光学性质的变化，如折射率、透光率等性能的变化。于是科学家们利用液晶的这一性质做出了液晶显示板，它利用外加电场作用于液晶板，改变其透光性能，来控制光通过的多少，从而显示图像。

液晶显示板是将液晶材料封装在两片透明电极之间，通过控制加到电极间的电压即可实现对液晶层透光性的控制。

液晶板的工作原理如图9-15所示。从图中可见，液晶材料被封装在上下两片透明电极之间。当两电极之间无电压时如图9-15（a）所示，液晶分子受到透明电极上的定向膜的作用按一定的方向排列。由于上下电极之间定向方向扭转90°；入射光通过偏光板进入液晶层，变成了直线偏振，如图9-15（a）所示的方向，当入射光在液晶层中沿着扭转的方向进行，并扭转90°后通过下面的偏光板后，变成了如图9-15（b）所示的方向。

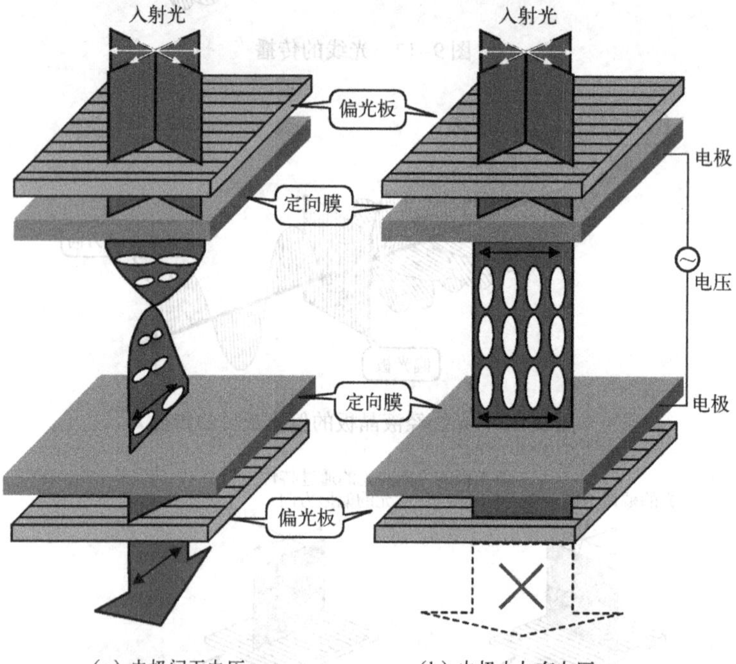

图9-15　液晶板的工作原理

当上下电极板之间加上电压以后，液晶层中液晶分子的定向方向发生变化，变成与电场平行的方向排列，如图9-15（b）所示。这种情况下，入射到液晶层的直线偏振光的偏振方向不会产生回转，由于下部偏光板的偏振方向与上部偏振光的方向相互垂直，所以入射光便不能通过下部的偏光板，此时液晶层不透光。因而，液晶层无电压时为透光状态（亮状态），有电压则为不透明状态（暗状态）。

对液晶分子进行定向控制的是定向膜，定向膜是一种在两电极内侧涂敷而成的薄膜，是一种聚酰亚胺高分子材料，紧接液晶层的液晶分子。由于液晶层具有弹性体的性质，上下定向膜扭转90°。于是就形成了液晶分子定向扭转90°的构造，如图9-15（a）所示。

3. TFT-LCD液晶板的结构和原理

目前液晶电视机大都采用彩色薄膜型液晶电视机（TFT-LCD），其结构如图9-16所示。

将液晶置于两片导电玻璃基板之间，在两片玻璃基板上都装有配向蜡，液晶顺着沟槽配向。其中，上层的沟槽是纵向排列的，而下层沟槽是横向排列的。由于上下玻璃基板沟槽相差 90°，因此液晶分子呈扭转形。当上下玻璃基板没有加电时，光线透过上方偏光板，并跟着液晶作 90°扭转通过下方偏光板，液晶面板显示白色［见图 9-15（a）］。当上下玻璃基板分别加入正、负电压后，液晶分子就会呈垂直排列，但光线不会发生扭转，而被下层偏光板遮蔽，光线无法透出，液晶面板显示黑色［见图 9-15（b）］。这样，液晶板在电场的驱动下，控制透射或遮蔽光源，产生明暗变化，将黑白影像显示出来。若在液晶板加上彩色滤光片，就可以显示彩色影像。

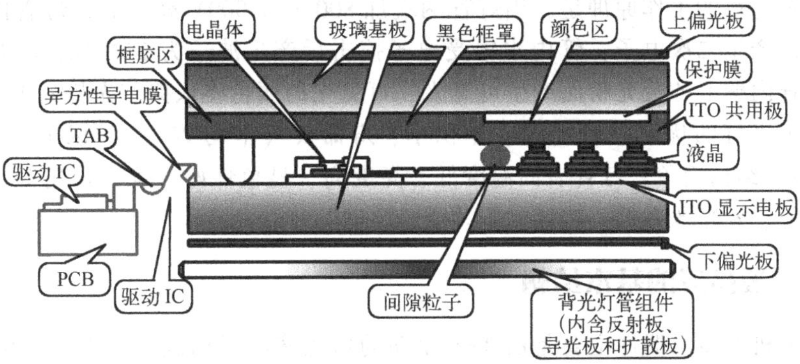

图 9-16　液晶电视机结构

彩色滤光片结构如图 9-17 所示。彩色滤光片由像素和晶体管组成。依据三基色的发光原理，每个像素又由红、绿、蓝三个子像素组成。每一个子像素就是一个单色滤光镜。也就是说，如果一个 TFT-LCD 显示屏的分辨率为 1280×1024 的话，那么，彩色滤光片应该分别由 1280×1024×3 个子像素和同样数量的晶体管组成。对于一个 15 英寸（1 英寸 =25.4mm，下同）的显示屏而言，其像素为 1024×768，一个像素在显示屏上对角线的长度为 0.0188 英寸（约等于 0.48mm）；而对于一个 18 英寸的显示屏而言，其像素为 1024×1280，一个像素的对角线长度为 0.011 英寸（约等于 0.28mm）。

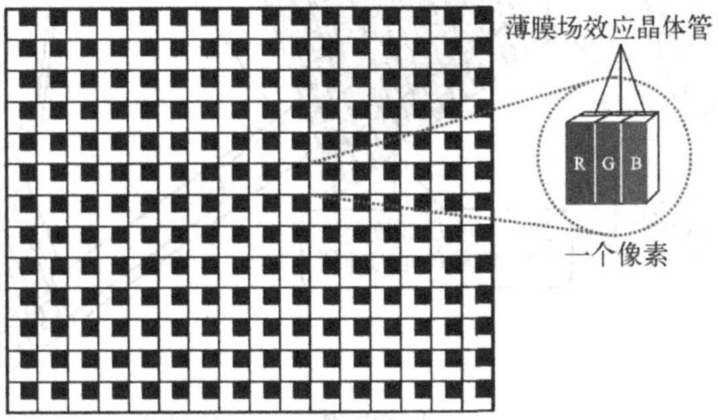

图 9-17　彩色滤光片结构

TFT-LCD 显示屏采用背光技术，光源为背光灯管，学名为冷阴极荧光灯（CCFL）。其结构如图 9-18 所示。灯管采用硬质玻璃制成，管径 1.8 ～ 3.2mm。灯管内壁涂有高光效三基色荧光粉，两端各有一个电极，灯管内充有水银和惰性气体，采用先进的封装工艺制成。

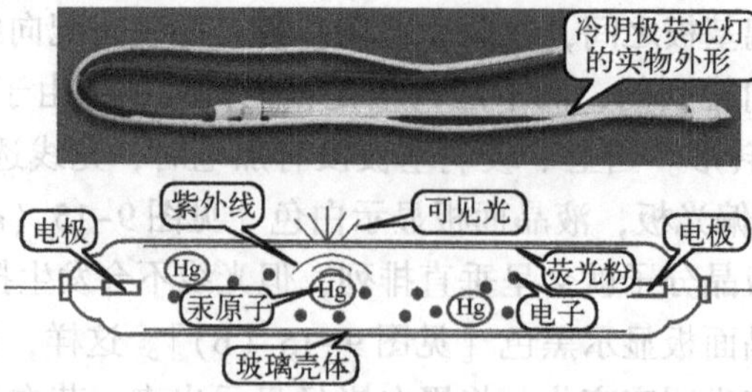

图 9-18　冷阴极荧光灯结构

冷阴极荧光灯的工作原理是，当灯管两端加 800 ～ 1 000V 高压后，灯管内少数电子高速撞击电极，产生二次电子，管内水银受电子撞击后产生波长为 253.7nm 的紫外光，紫外光激发涂在管内壁上的荧光粉而产生可见光，可见光的颜色将依据荧光粉的不同而不同。

冷阴极荧光灯的优点是管径细、体积小、寿命长（平均 20 000h 以上）、工作电流低（2 ～ 10mA）、结构简单、灯管表面温度低、亮度高、显色性好、发光均匀等；其缺点是易老化、易破碎、发光效率低、功耗大等。

1.2.2　液晶屏的基本结构

液晶电视机的显示器件主要是由 TFT 驱动的彩色液晶屏构成的，下面详细介绍 TFT 液晶屏的工作原理。

图 9-19 所示为典型液晶电视机中的液晶屏，它是由很多整齐排列的像素单元构成的。每一个像素单元是由 R、G、B 三个小的三基色单元组成的。

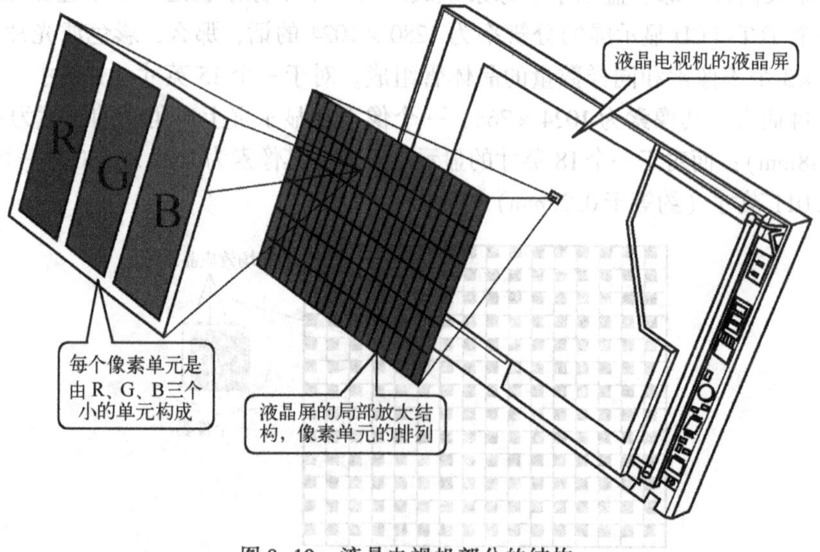

图 9-19　液晶电视机部分的结构

图 9-20 是 TFT 类液晶屏的分解示意图，由图可知，主要是由两玻璃板之间夹上液晶材料，再配上偏光板、光扩散层、导光板、反射板等构成的。液晶屏通常与驱动集成电路制成一体化组件。

图 9-21 所示为液晶电视机显示屏部分的结构示意图。

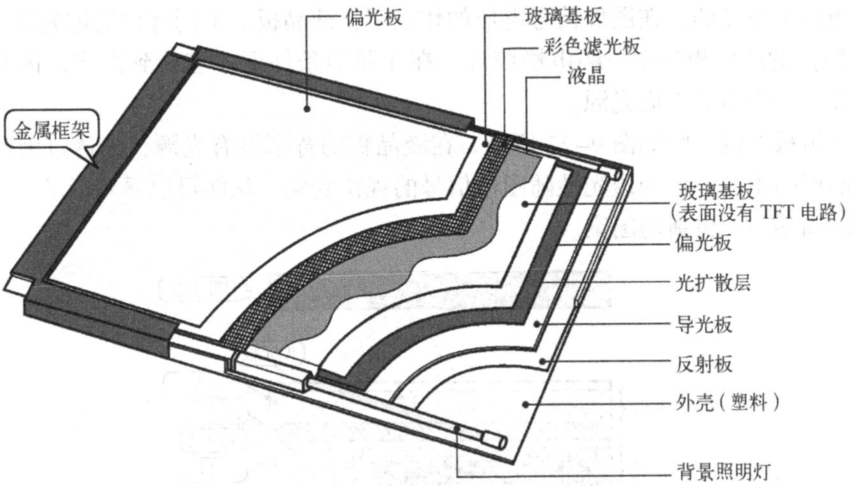

图 9-20　TFT 液晶屏的分解示意图

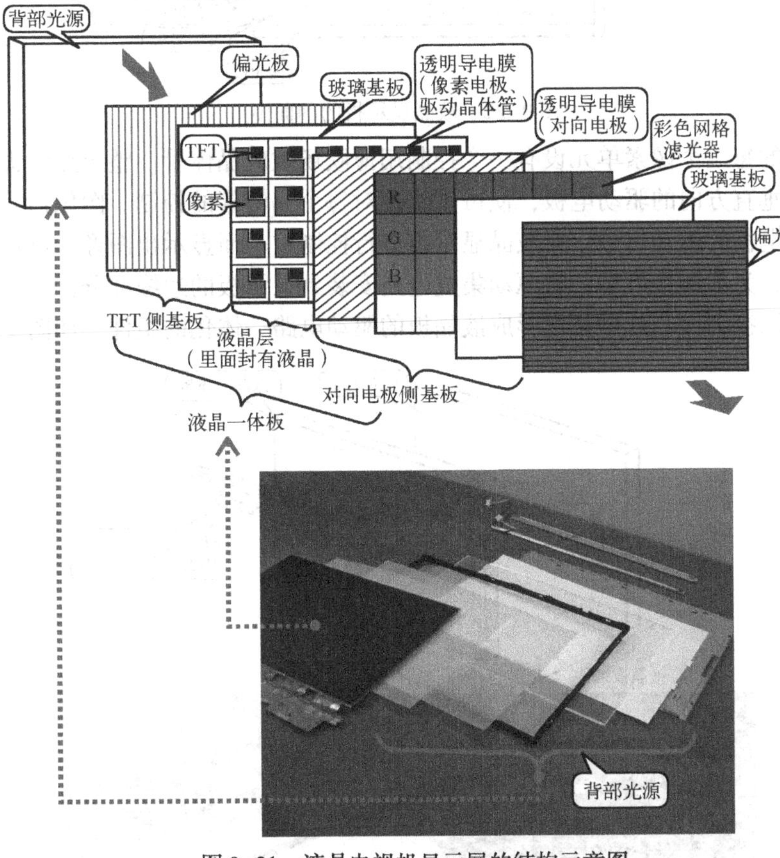

图 9-21　液晶电视机显示屏的结构示意图

液晶显示板是由一排排整齐设置的液晶显示单元构成的。一个液晶板有几百万个像素单元，每个像素单元是由 R、G、B 三个小的单元构成。像素单元的核心部分是液晶体（液晶材料）及其半导体控制器件。液晶体的主要特点是在外加电压的作用下液晶体的透光性会发生很大的变化。如果使控制液晶单元各电极的电压按照电视图像的规律变化，在背部光源的照射下，从前面观看就会有电视图像出现。

液晶板是不发光的，在图像信号电压的作用下，液晶板上不同部位的透光性不同。每一瞬间（一帧）的图像相当于一幅电影胶片，在光照的条件下才能看到图像。因此在液晶板的背部要设有一个矩形平面光源。

液晶显示板的剖面图如图 9-22 所示。在液晶板的背部设有光源，光透过液晶层形成光图像，液晶层的不同部位的透光性随图像信号的规律变化，从而可以看到活动的图像，即随电视信号的周期不断更新的图案。

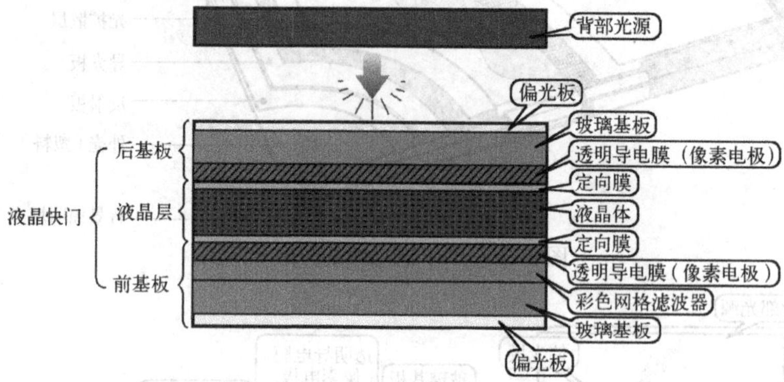

图 9-22　液晶显示板的剖面图

液晶屏中的每一个像素单元设有一个控制用薄膜场效应晶体管。整个显示板通过设置多条水平方向和垂直方向的驱动电极，便可以实现对每个晶体管的控制。图像信号要转换成控制水平和垂直电极的驱动信号，对液晶显示板进行控制，从而显示出图像。显示板的电极都是从边缘引出，为了连接可靠，将驱动集成电路安装到显示板的边缘部分，并使集成电路的输出端与电极压接牢固。这样就可形成液晶板的驱动电路一体化的组件，如图 9-23 所示。

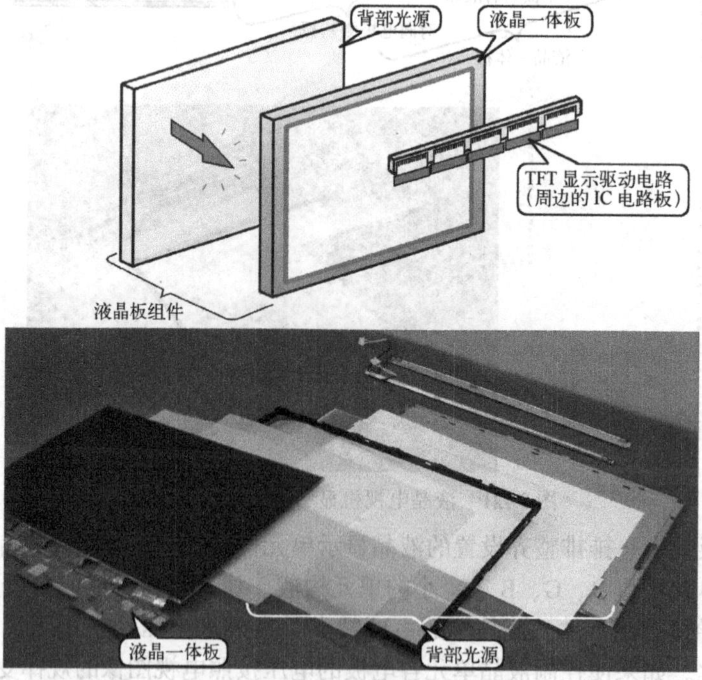

图 9-23　液晶显示板组件的结构

液晶屏的背部光源如图9-24所示，它是由背光灯管、导光板和反光板等部分构成的，灯管所发的光从导光板的上、下侧面射入，在反光板的作用下将灯管的集中光变成均匀的平行光照射到液晶屏背部，为了使光更均匀，往往在导光板的前面再设置基层光扩散薄膜，使背光均匀柔和。

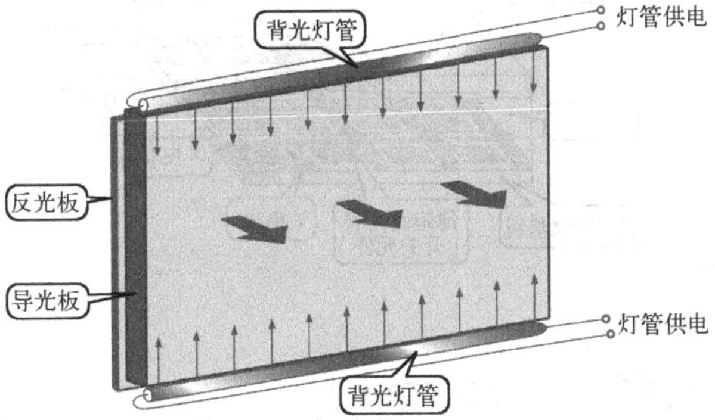

图9-24　液晶屏的背部光源

1.2.3　彩色液晶显示板、单色液晶显示板的结构和原理

彩色液晶显示板的显示原理如图9-25所示。在液晶层（液晶快门）的前面，设置由R、G、B栅条组成的滤波器，光穿过R、G、B栅条，就可以看到彩色光。由于每个像素单元的尺寸很小，从远处看就是R、G、B合成的颜色，与显像管R、G、B栅条合成的彩色效果是相同的。液晶层设在光源和栅条之间，实际上很像一个快门，每秒钟快门的变化与电视画面同步。如果液晶层前面不设彩色栅条，就会显示单色（如黑白图像）图像。

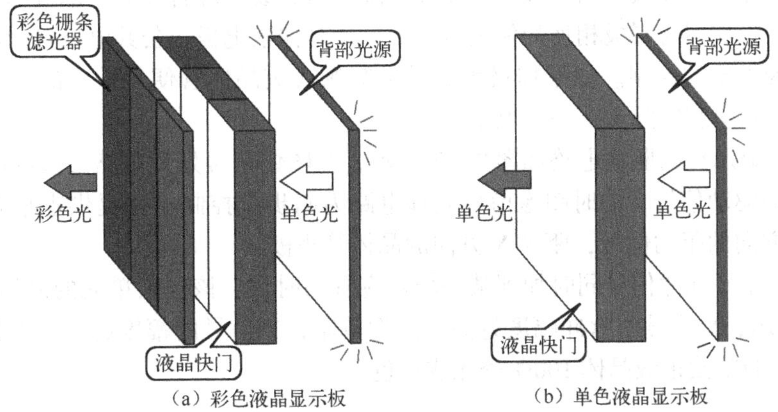

图9-25　彩色液晶板的显示原理

目前，液晶电视机多采用全彩色液晶器件，实现全彩色显示，其实现方法一般来说有两种，即加色混合法和减色混合法。

1.2.4　液晶显示板的控制方法和等效电路

图9-26是液晶显示板的局部解剖视图。液晶层封装在两块玻璃基之间，上部有一个公共电极，每个像素单元有一个像素电极，当像素电极上加有控制电压时，该像素中的液晶体便会受到电场的作用。每个像素单元中设有一个为像素单元提供控制电压的场效应管，由于

它制成薄膜型紧贴在下面的基板上，因而被称为薄膜晶体管，简称TFT。每个像素单元薄膜晶体管栅极的控制信号是由横向设置的*X*轴提供的，*X*轴提供的是扫描信号，*Y*轴为薄膜晶体管提供数据信号，数据信号是视频信号经处理后形成的。

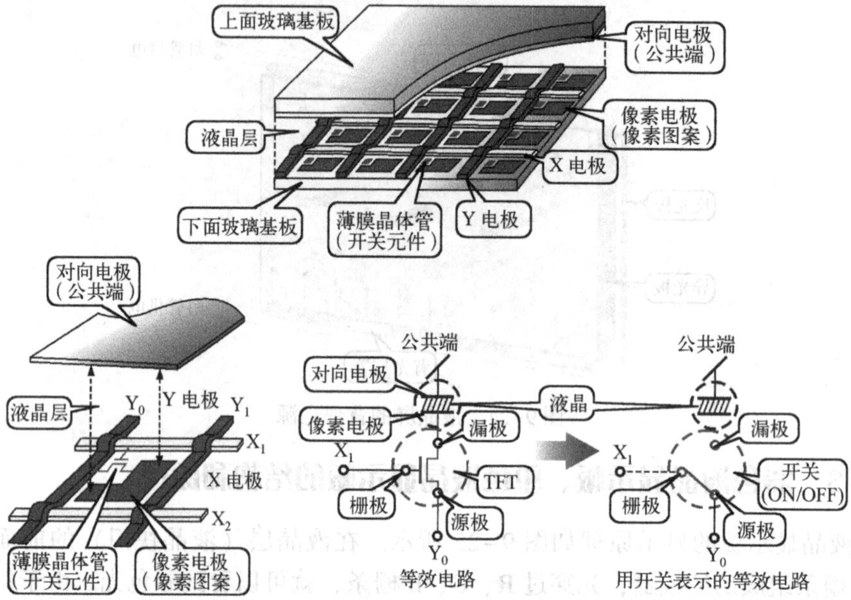

图9-26 液晶显示板的局部解剖视图

场效应晶体管及电极的等效电路如图9-26所示。图像数据信号的电压加到场效应管的源极，扫描脉冲加到栅极，当栅极上有正极性脉冲时，场效应管导通，源极的图像数据电压便通过场效应管加到与漏极相连的像素电极上，于是像素电极与公共电极之间的液晶体便会受到*Y*轴图像电压的控制。如果栅极无脉冲，则场效应晶体管便是截止的，像素电极上无电压。所以场效应管实际上是一个电子开关。

整个液晶显示板的驱动电路如图9-27所示，经图像信号处理电路形成的图像数据电压作为Y方向的驱动信号，同时图像信号处理电路为同步及控制电路提供水平和垂直同步信号，形成X方向的驱动信号，驱动X方向的晶体管栅极。

当垂直和水平脉冲信号同时加到某一场效应管的时候，该像素单元的晶体管便会导通，如图9-27所示，Y信号的脉冲幅度越高、图像越暗；Y信号的幅度越低、图像越亮。当*Y*轴无电压时，TFT截止液晶体100%透光成白色。

1.2.5 液晶电视机驱动与控制电路

由于液晶显示板所显示的图像是活动的、变化的，LCD的驱动与控制实际上都是采用交流电场来实现的。另外，由于采用数字电路驱动，所以这种交流电场通过电压信号来建立，而且要求其中的直流分量应越小越好。

显示像素上交流电场的强弱用交流电压的有效值表示。当电压有效值大于液晶的阈值电压时有电场，像素有显示；当电压有效值小于液晶的阈值电压时无电场，像素无显示；当电压有效值接近阈值时，像素呈弱显示，如图9-27所示。

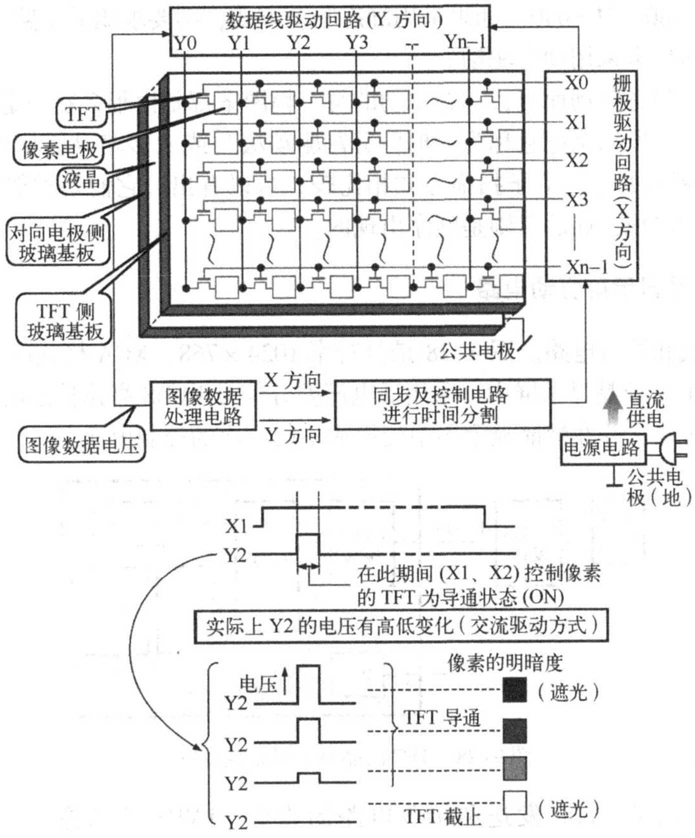

图 9–27　液晶显示板的驱动电路

LCD 驱动与控制电路的功能是，调整、控制施加在液晶电视机电极上脉冲电压的频率、相位、峰值、时序、占空比等，建立合适的驱动电场，以实现预期的显示效果。

1. 液晶电视机的驱动方式

LCD 驱动方式很多，根据显示屏的种类、结构等的不同而不相同。常用的驱动方式有以下两种：静态驱动方式和动态驱动方式。在液晶电视机中多采用动态驱动方式。

动态驱动是指在像素显示的时间内，并不维持一个持续的外施电场，而是通过逐行扫描的方式，不断循环地给行电极施加选通脉冲，当其一行被选中时，反映该行上像素显示或不显示的信号数据脉冲同步到达各条列电极上。这样，在这一行的像素中，有的像素位置有电场，有的像素位置无电场，则一行的显示便实现了。随后接着扫描下一行。重复上述过程，便能在整幅屏幕上显示出各种字符或图形。只要扫描周期足够短，则显示的画面就是稳定的。

液晶电视机（LCD）全部采用点矩阵显示方式。即在 LCD 的背电极上，把一组水平方向上的电极连在一起引出，成为一条行电极，又称扫描电极；把垂直方向的一组背电极连在一起引出，成为一条列电极，又称数据电极。这样，行、列电极的交叉处就是一个显示像素。

其中，行电极数 N 和列电极数 M 是与分辨率相对应的。如分辨率为 640 × 480 的 VGA

格式的 LCD，$N=480$、$M=640$。如果采用静态驱动方式，则要求驱动电路有多个引脚输出，使电路复杂化，所以多采用动态驱动。

显然，相对于静态驱动而言，动态驱动的每一幅图案都是由很多在一定的时间区内显示的瞬间像素组成的，所以又把它称为“时间分割驱动法”或“多路寻址驱动法”。把这种驱动方式和 CRT 电视机的光栅电子扫描方式相比较，可以看出，它们是类似的，只不过前者的同一行信息同时出现，而后者则是顺序出现的。

2. TFT 型液晶显示屏驱动电路

(1) 电路构成和接口电路。图 9-28 是分辨率 1024×768、XGA 格式的 TFT 液晶显示屏的系统框图。在 TFT 液晶显示屏中，采用低电压差分信号 LVDS 高速传送的方式，将图像数据分成每个像素传送，并在液晶显示屏中变换成不同层次的控制电压。

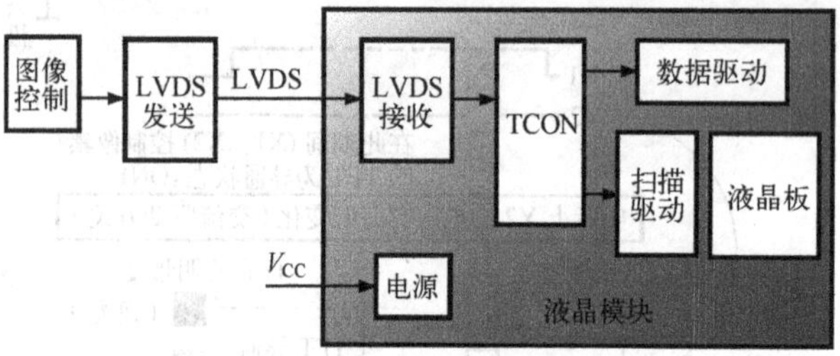

图 9-28　TFT 液晶显示屏系统框图

如图 9-29 所示是 LVDS 发送和接收电路的构成。LVDS 的图像数据可对应到 24bit (RGB 各 8bit)，发送端将 24bit 图像数据、4bit 控制信号和时钟信号，经并/串变换电路变换成原频率值 7 倍的串行信号传送。接收端进行串/并变换，恢复出原信号。低电压差动信号电平为 200mV，可以显著降低噪声。

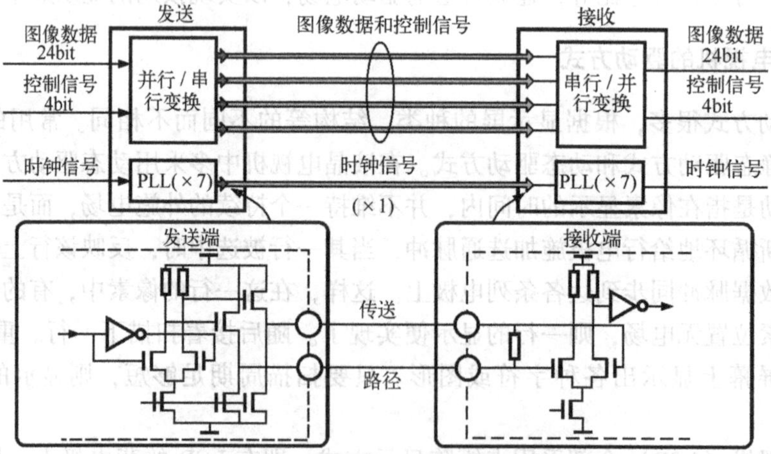

图 9-29　LVDS 发送和接收电路的构成

另外，在显示屏驱动电路中除了传送 LVDS 信号外，还有最小化差分信号 TMDS 和 10 亿比特视频信号 GVIF。它们也可以低振幅差动信号方式传送。串行化的比例 LVDS 为 7 倍，TMDS 为 10 倍，信号的直流平衡及变化点数的最小化能力也各有不同。由于信号均采用同步信号串行化传送，使电路的配线简化。

（2）电路工作原理。图 9-30 所示为分辨率 1024×768 的 TFT 液晶显示屏驱动电路。

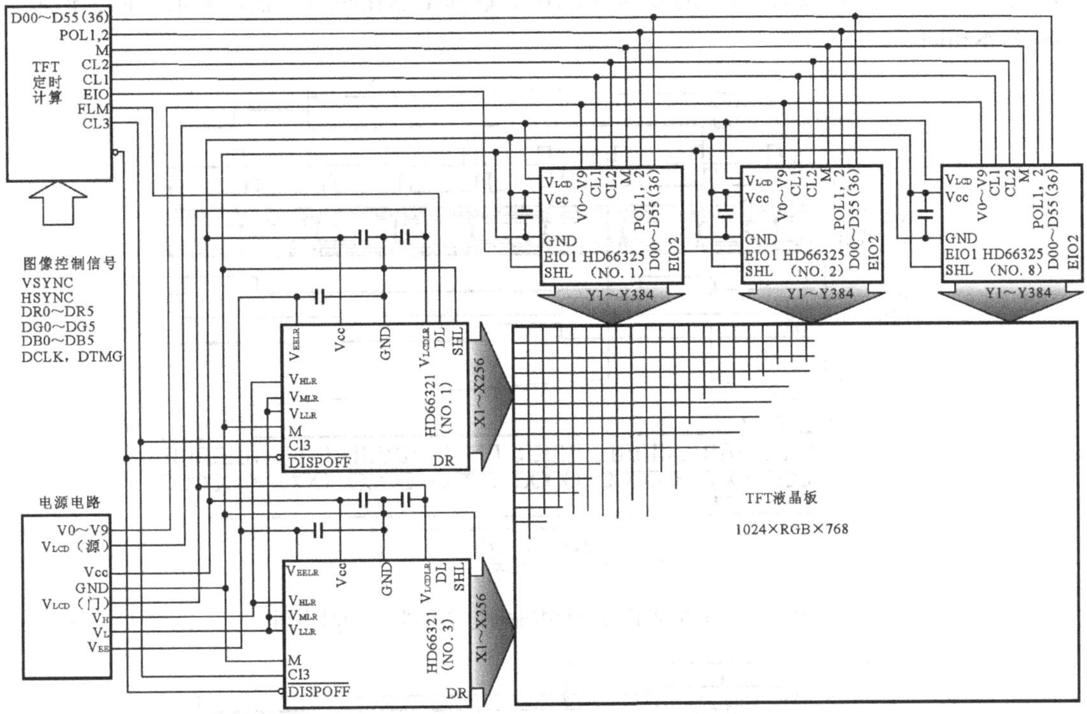

图 9-30　1 024×768 的 TFT 液晶显示屏驱动电路

驱动电路由串/并变换电路、扫描驱动电路、数据驱动电路、电源电路组成。LVDS 信号在液晶显示屏内经串/并变换还原为图像信号和控制信号，再分别经过扫描驱动电路和数据驱动电路，在每个像素点形成上下电压差，使液晶显示屏呈现图像。

图像控制信号有垂直同步信号 VSYNC，水平同步信号 HSYNC，有效指示信号 DTMG，数据信号 DR0 ~ DR5、DG0 ~ DG5、DB0 ~ DB5，点时钟信号 DCLK。这些信号都经并/串变换或 LVDS 信号以原频率 7 倍的速率进行传送。

TFT 定时变换电路。图 9-31 是 1024×768 TFT 液晶显示屏数据信号、扫描信号的时序图。TCON 把从图像控制开始的接口信号在这里进行定时变换。水平同步信号与驱动线、门线定时不同，数据驱动、扫描驱动不同的定时关系用相对应的 CL1、CL3 来变换。CL1、CL3 的时钟频率按 TFT 液晶板特性来设定。

为了使图像数据在液晶电视机中的传送频率与数据读取时钟 CL2 同步，必须降低图像数据的传输频率，将图像数据的输出信号变换成 2 像素并行输出（6×3×2 =36bit）的信号。

读入数据的定时，依照有效指示信号 DTMG 的有效数据定时，用输出信号读取有效（EIO）来控制数据输出的读取。

如图 9-32 所示是数据驱动 IC HD66325 的内部电路框图。与 STN 型液晶显示屏的驱动控制原理相同，也是用数据读入时钟（CL2）的前沿驱动数据。锁存电路（1）以 36bit（RGB 像素 2 个并行）顺次取入 6 个来自数据反转电路的数据。当 384 个数据都存入第 1 数据驱动器后，TFT 定时计算电路的 EIO 端输出高电平信号（H）。接着取第二个数据驱动器里的数据输入。当 1 行数据取满 8 个数据驱动器时，水平同步信号（CLI）的前沿到来，全部数据进入锁存电路（2）。TFT 的数据与 STN 的数据虽然比特数、输出幅值不同，但取入动作基本相同。

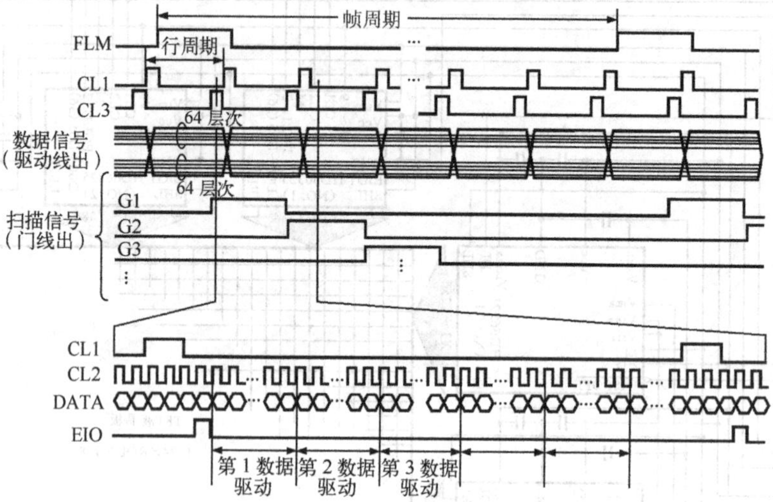

图 9-31　TFT 液晶模块数据驱动、扫描驱动的时序图

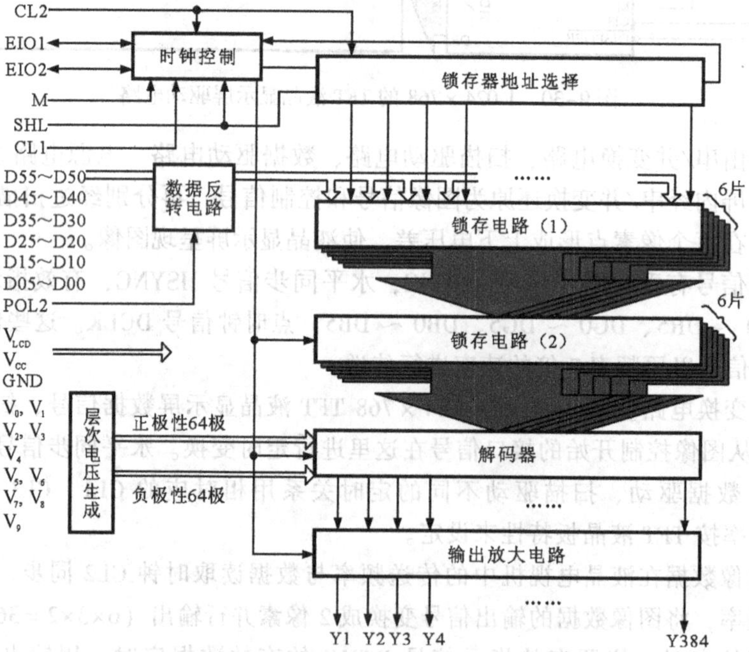

图 9-32　HD66325 的内部电路框图

在 STN 型液晶显示屏中，用模拟开关即可选择 ON/OFF 电压。而在 TFT 型液晶显示屏中需要用控制电压来表现灰度层次，所以表示灰度层次的控制电压就需要有等级。例如，RGB 各 6bit 的显示数据需要有 64 个灰度层次电压表现，加之极性的交变，各有 64 个正极性和 64 个负极性的灰度层次电压，合计有 128 个灰度层次电压。数据驱动 D/A 变换电路，

384路并行工作，将全部数据同时生成对应不同的层次电压输出。灰度层次电压经放大电路缓冲放大后，驱动TFT型液晶显示屏工作。

图9-33是使用梯形电阻的D/A变换电路原理图。用电阻分压生成正、负各64种灰度层次电压，表示对应的数据。在各像素反转驱动点，因为相邻的层次电压输出极性相反，可以用简化的电路构成层次电压选择电路。为了实现高画质，灰度层次电压精度的偏差要在±3mV以下。

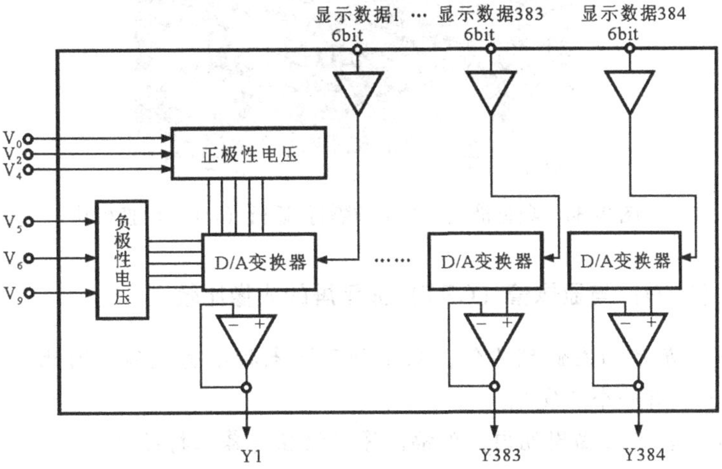

图9-33　D/A变换电路原理图

(3) 扫描驱动电路。TFT型液晶显示屏和STN型液晶显示屏所加的门电压电平数不相同，STN型液晶显示屏的交变电压分三个电平，TFT型液晶显示屏的交变电压只有两个电平，但它们的内部结构相同，实际上也有TFT型液晶显示屏用STN型液晶显示屏的扫描驱动IC的情况。

TFT定时变换器的性能与液晶板的特性有关，扫描驱动的水平同步信号（CL3）与门线波形的定时关系要考虑时延。

要点提示

1. 液晶屏（LCD）与显像管（CRT）显示屏还原彩色比较

CRT显示屏是将视频电路送来的RGB三基色驱动信号经电子枪后将RGB三隔电子束投射到荧光屏上各自对应的红、绿、蓝三色荧光粉点上合成出各种景色。

LCD屏使用RGB三个像素为一组，经红、绿、蓝三色滤光片滤光后重现彩色。

2. 液晶屏（LCD）与显像管（CRT）显示屏的行扫描比较

CRT显示屏扫描行数与输入视频图像的行扫描信号相同，通过行扫描电路、行偏转线圈等实现图像的行扫描。

LCD屏则具有固定的行数或垂直像素数，与输入的视频信号行数无关，因此，一般需要用隔行/逐行（I/P）转换和扫描转换电路，实现输入视频信号与LCD屏的像素数相匹配。值得注意的是，LCD屏不支持隔行显示，图像必须按逐行信号成帧并显示，因此隔行视频信号必须先转换为逐行信号，该转换过程称为隔行/逐行（I/P）转换。

图 9-34 所示为典型液晶电视中的隔行/逐行（I/P）转换模块。

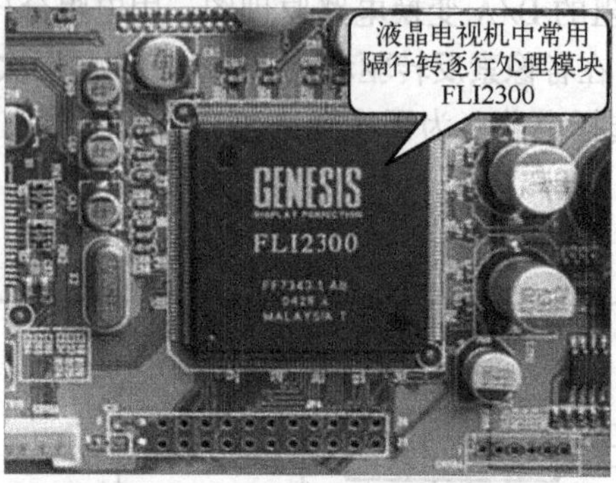

图 9-34　典型液晶电视中的隔行/逐行（I/P）转换模块

3. 液晶屏（LCD）与显像管（CRT）显示屏的成像比较

CRT 显示屏从屏幕的左侧到右侧，从上到下逐点扫描荧光体，因此，在给定的时间内每个 RGB 荧光体只有一个点发光。

LCD 屏在整个垂直扫描周期内，整幅图像或帧在屏幕上持续显示。

项目 2　液晶显示板的拆装和检修实训

教学要求和目标： 通过对典型液晶显示屏的拆装演练，了解液晶显示屏的结构和拆装方法，学会故障检修的要领和更换零部件的操作技能。

任务 2.1　液晶板组件的拆装方法和检修要点

2.1.1　液晶板组件的拆装实训演练

液晶电视机显示部分的基本结构如图 9-35 所示，通常拆开液晶屏的后部也看不到液晶屏内部的晶体管和驱动电极，但要了解更换的零部件。

液晶板组件可以看作液晶电视机的图像显示器件，下面以典型液晶电视机中的液晶板组件为例介绍其基本拆卸方法和内部结构。

要点提示

拆卸液晶板部分时，应注意在整洁、防静电环境下操作，操作人员应佩戴好防静电环或防静电手套等设备，以免在拆卸过程中损坏液晶板。另外，在非必要情况下，尽量不要拆卸液晶板。

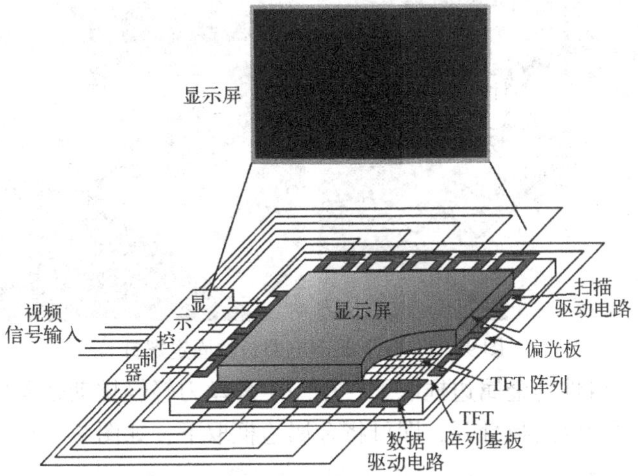

图 9-35　液晶电视机显示部分的结构

图 9-36 所示为分离出来的液晶板组件，接下来在对该部分进行拆卸时，应注意防尘和防静电，避免损坏液晶屏。

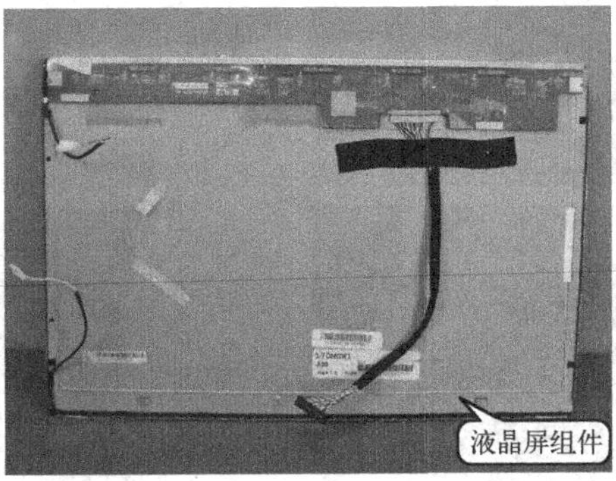

图 9-36　分离开的液晶板组件部分

拆卸时，首先取下显示屏驱动数据线，如图 9-37 所示。

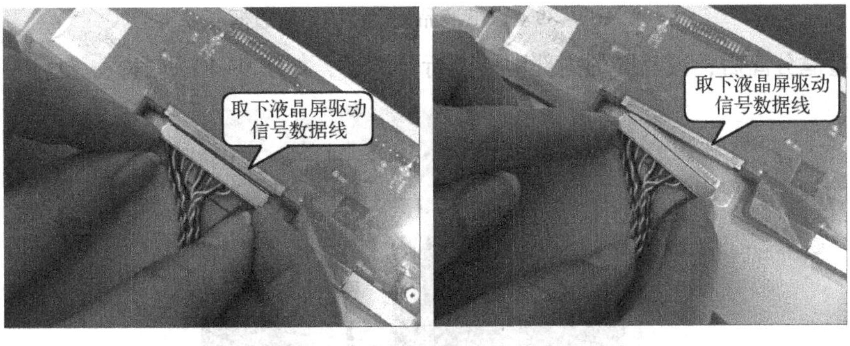

图 9-37　取下显示屏驱动数据线

接着，将液晶屏驱动电路的固定螺钉一一拧下，如图 9-38 所示，值得注意的是，该电路板的固定螺钉较小，应选用合适刀口的螺丝刀，防止螺钉口损坏，导致无法卸下螺钉。

图 9-38　拧下驱动电路板的固定螺钉

接下来将液晶板组件的金属边框取下，用一字螺丝刀轻轻挑动金属边框四周与液晶屏之间的卡扣，然后将驱动电路板翻开，即可将金属边框取下，如图 9-39 所示。

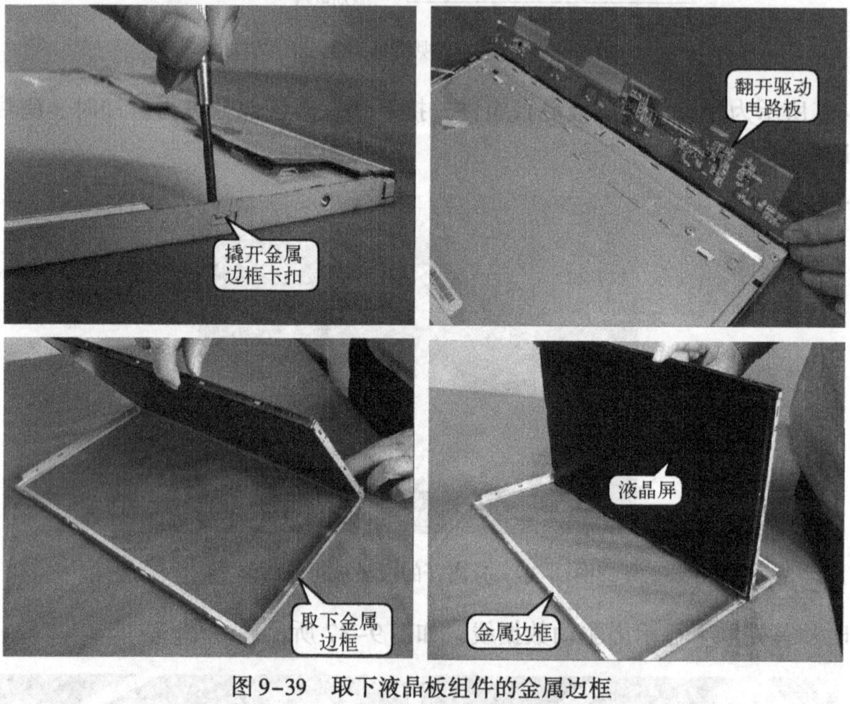

图 9-39　取下液晶板组件的金属边框

金属边框分离后，液晶屏的内部即可进行分离了，如图 9-40 所示。

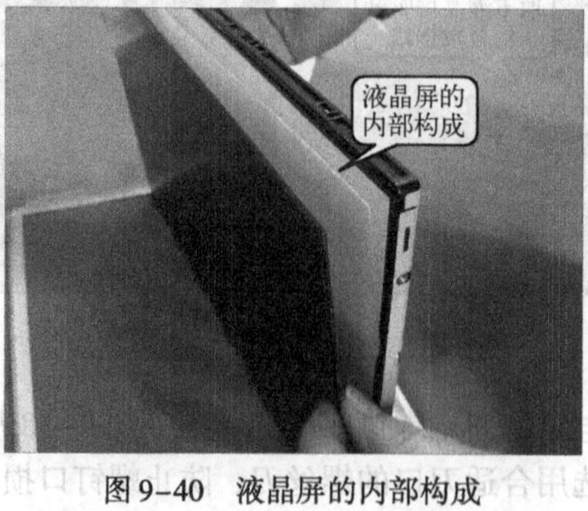

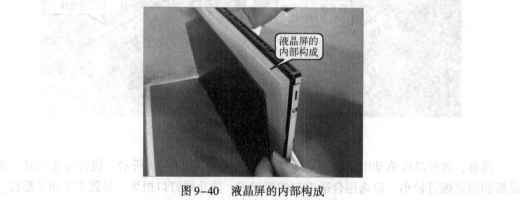

图 9-40　液晶屏的内部构成

然后，轻轻将液晶屏的各层部件逐一分开即可，如图 9-41 所示。

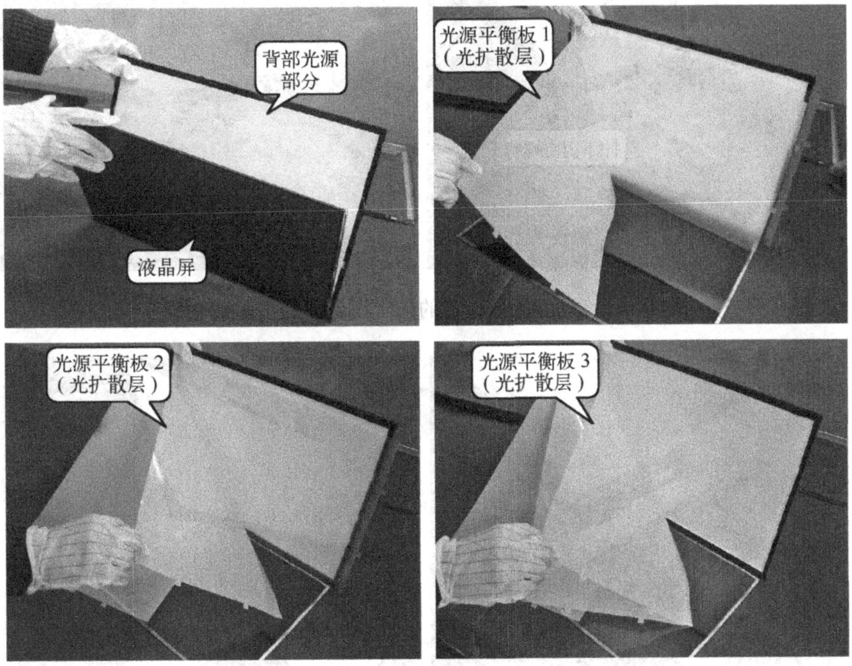

图 9-41　逐一分开液晶屏各层部分

接着，取下液晶板，该部分是经过特殊制作工艺制成的一体板，一般该板不可再进行分离，如图 9-42 所示。

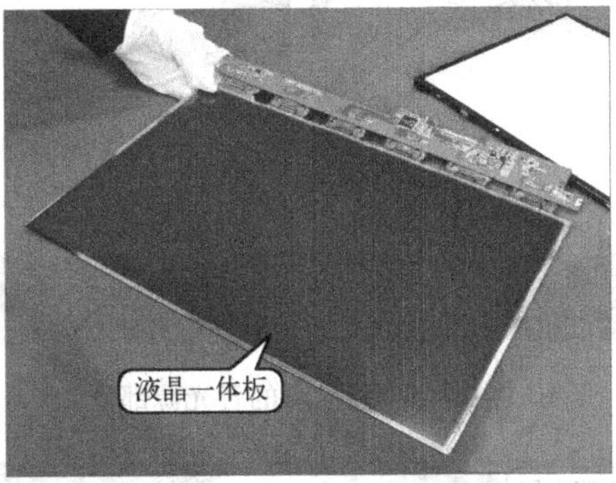

图 9-42　液晶一体板

根据前述内容可知，液晶屏本身不能发光，它是靠背光灯及背部导光板形成均匀的全色光从屏背后照射过来。液晶屏显像犹如幻灯片，可将该部分称为液晶屏的背光源部件，下面对该部分进行拆卸，进而了解其结构组成。

首先，拧下背光灯管的固定螺钉，取出卡于卡槽中的输出引线，如图 9-43 所示。

其次，将背光源部分的塑料固定边框分离。注意：边框与底板之间是由四周的卡扣卡紧的。逐一分离后，即可将底板分离，如图 9-44 所示。

将塑料边框取下，即可看到背光源部分，如图 9-45 所示。

接着，轻轻向外反转背光灯槽即可将背光灯连同其传输引线取下，如图 9-46 所示。

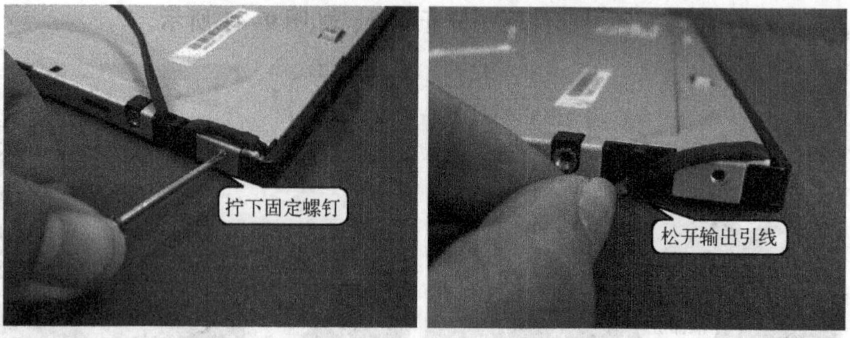

图 9-43　拧下背光灯管的固定螺钉，松开输出引线

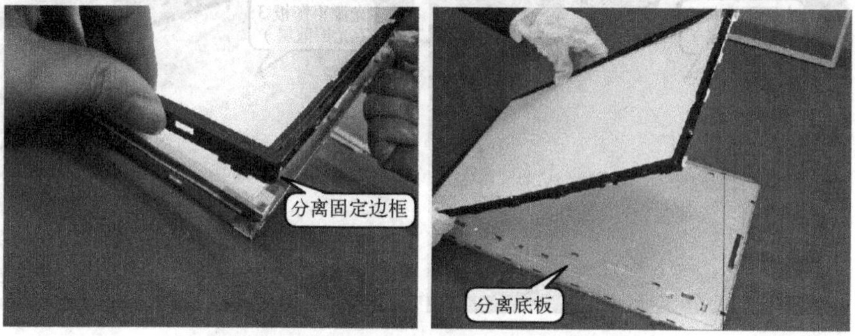

图 9-44　分离液晶板组件的底板部分

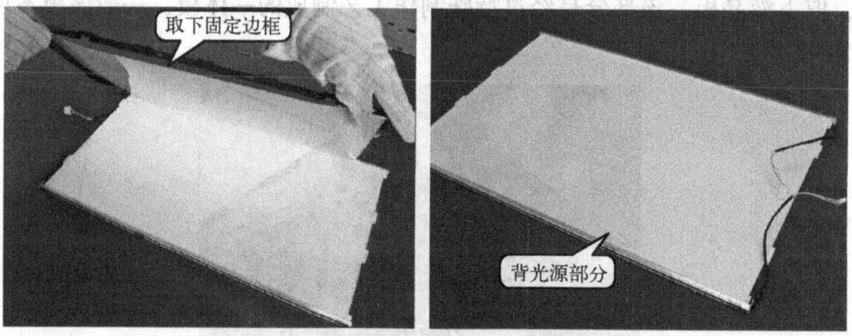

图 9-45　液晶屏的背光源部分

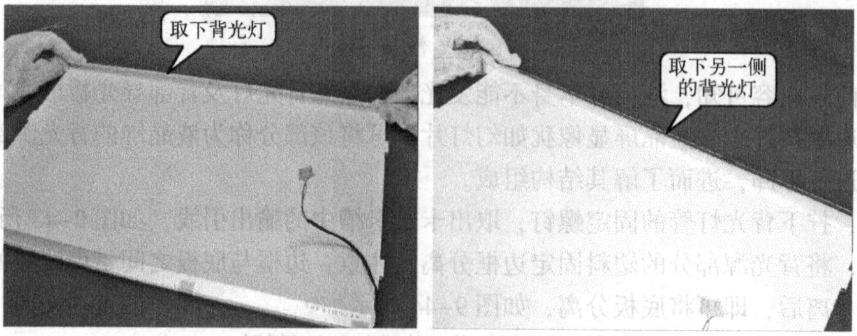

图 9-46　取下背光灯

背光灯管取下后，剩余的背光源部分为反光板和导光板部分，如图 9-47 所示。

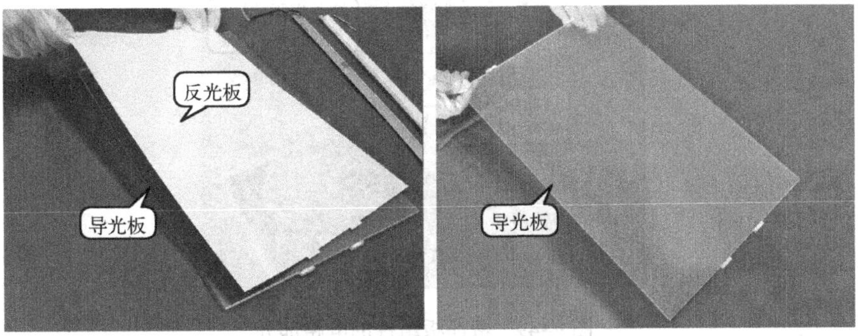

图 9-47　背光源的反光板和导光板

至此，液晶板组件的拆卸完成，图 9-48 所示为拆卸后的各部分组成。

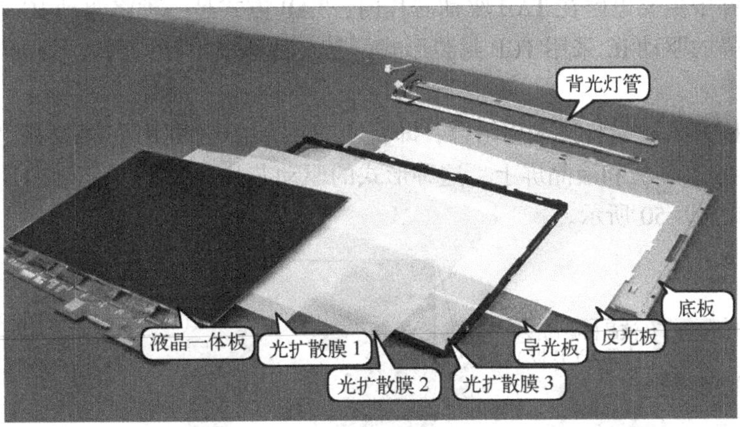

图 9-48　液晶板组件的各部分组成

2.1.2　液晶板组件的检修要点

液晶板组件故障主要可以分为电路故障和屏物理损伤故障。电路故障是指液晶板组件中因驱动电路部分不良引起的电视机白屏、黑屏、亮线、暗线、花屏等故障，该类故障一般可以通过检修驱动电路板或更换驱动芯片（IC）进行修复；屏物理损伤则是指屏表面划伤、屏本身制作工艺不良引起的亮带等故障，一般该类故障无法进行修复，需要整体更换液晶屏。

任务 2.2　液晶显示板的故障检修实训

2.2.1　液晶板组件电路部分故障特点

液晶板组件中的电路部分主要是指液晶屏驱动电路的 PCB 和 TAB（各向导性导电胶连接）驱动芯片部分，如图 9-49 所示。

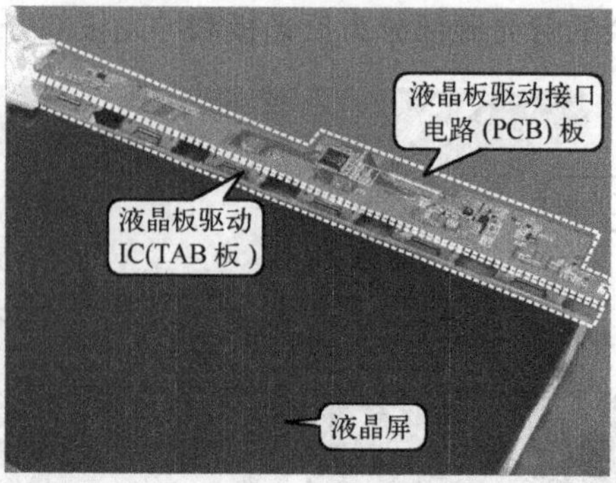

图 9-49　液晶板组件的电路部分

液晶板驱动接口电路部分为 PCB 板部分，该部分元件采用表面贴装技术安装在电路板上，若元件或芯片损坏，直接更换即可，检修方便简单。

液晶板组件中主要电路在 TAB 驱动芯片内，TAB 方式是一种将驱动 IC 连接到液晶屏上的方法；液晶屏的驱动 IC 采用 TCP 封装形式，是一种集成电路的封装形式，它将驱动 IC 封装在柔性电缆上。

将上述连接方法和封装技术相结合，即将 TCP 封装的驱动 IC 的两端用“各向异性导电胶”分别固定在 PCB 板和液晶屏上，这种形式的驱动芯片称为 TAB 驱动芯片（有时 TAB 和 TCP 混用），如图 9-50 所示。

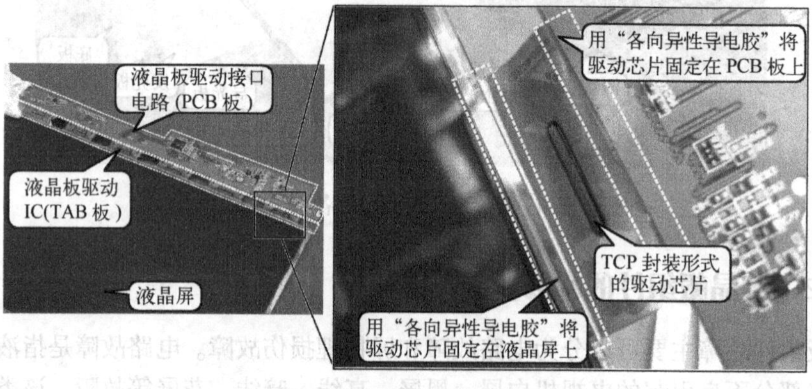

图 9-50　液晶板组件中的 TAB 驱动芯片

知识扩展

TAB 板又可分为 COG 和 COF 结构。

COF（Chip On Flex or Chip On Film，覆晶薄膜），是运用软质附加电路板作封装芯片载体将芯片与软性基板电路接合的技术，或单指未封装芯片的软质附加电路板。

COG 是 Chip on Glass 的缩写，即芯片被直接固定在玻璃上。这种安装方式可以大大减小 LCD 模块的体积，且易于大批量生产，适用于消费类电子产品的 LCD，如手机、PDA 等便携式数码产品。

采用 COF 结构形式的 TAB 板较容易检修，但 COF 中的 TCP 封装的芯片损坏，一般需要更换整个液晶板组件。

2.2.2　液晶板组件的常见故障表现和故障部位

1. 由驱动芯片损坏引起的故障表现

根据前述内容，液晶屏与驱动接口电路的之间采用 TAB 方式进行连接，该连接方式中其连接引脚容易受损伤断裂，驱动芯片不良或驱动芯片与液晶板的连接处不良等是液晶面板最为常见的故障，一般该故障不可修复，如果显示图像时坏点过多，需整体更换液晶面板。

液晶板的驱动芯片主要可分为源极驱动芯片（数据驱动 IC）组和栅极驱动芯片（扫描驱动 IC）组。

源极驱动芯片负责液晶屏垂直方向的驱动，每个芯片驱动若干条垂直电极，当其中任何一个芯片损坏或虚焊时，所对应的像素无法被驱动，由此引起液晶屏上图像出现垂直方向异常，如常见的垂直亮线或暗线（黑线）、垂直方向的虚线或灰线等，如图 9-51 所示。

(a) 液晶屏出现垂直亮线、暗（黑）线故障　(b) 液晶屏出现垂直灰线、虚线故障

图 9-51　液晶屏源极驱动芯片不良引起的故障表现

栅极驱动芯片负责水平方向的驱动，每个芯片驱动若干行，当其中任何一个芯片不良或虚焊时，所对应的行就不能被驱动，由此引起液晶屏上图像出现水平方向的异常，如水平亮线或暗线（黑线）、水平方向的虚线或灰线等，如图 9-52 所示。

(a) 液晶屏出现水平亮带、暗（黑）带故障　(b) 液晶屏出现水平亮线故障

图 9-52　液晶屏栅极驱动芯片不良引起的故障表现

要点提示

根据上述该类故障引起液晶电视机的故障表现，读者可根据此与检修过程中的具体情况进行对照比较，判定是否存在上述问题，如果确认上述故障应更换液晶屏提高维修效率。

2. 由液晶屏驱动接口电路引起的故障表现

液晶电视机的液晶屏驱动接口电路是一种传递信号的电路，若该电路有故障，则液晶屏驱动信号（LVDS）将无法经驱动芯片后送至液晶屏上，通常会引起电视机无图像、花屏、白屏、黑屏等故障，如图 9-53 所示。

（a）液晶电视机液晶屏显示正常

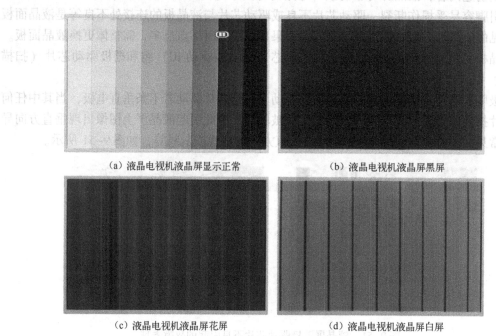

（b）液晶电视机液晶屏黑屏

（c）液晶电视机液晶屏花屏

（d）液晶电视机液晶屏白屏

图 9-53　由液晶屏驱动接口电路引起的故障表现

要点提示

由该部分引起电视机图像异常的故障，多为接口插座虚焊、数据线插接不良、驱动电路中存在异常元件等引起的，一般对接口插座进行补焊、更换数据线、代换电路板及不良元件即可排除故障，如图 9-54 所示。

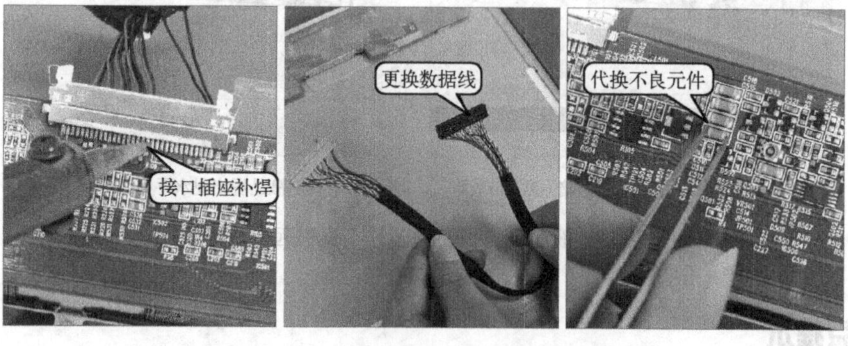

图 9-54　液晶屏驱动接口电路故障的检修方法

3. 由背光部分引起的故障表现

液晶屏本身不能发光，其显示图像需要背光灯为其提供背光源，若背光灯损坏或不工作常会引起电视机屏幕出现暗屏的故障，如图 9-55 所示。

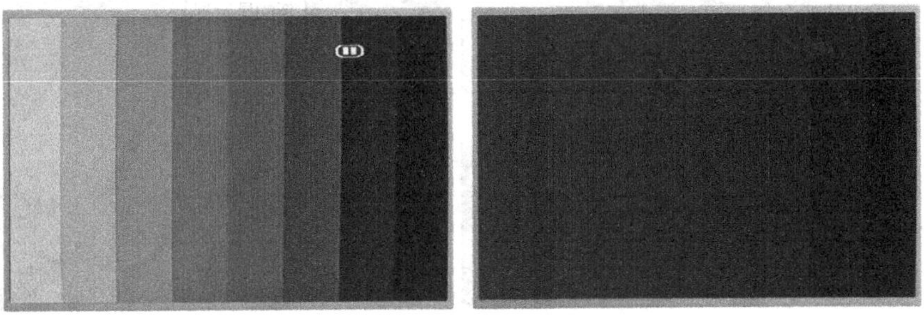

（a）液晶电视机液晶屏显示正常　　（b）液晶电视机液晶屏暗屏

图 9-55　液晶电视机暗屏的故障表现

暗屏的故障多是指有图像显示，但由于背光灯不亮使液晶屏幕发暗，侧面看能够隐约看到图像，该故障为典型的液晶屏背光不良引起的，一般更换背光灯管或检修背光灯供电部分即可排除故障。

2.2.3 液晶板组件的实训案例

症状表现 1：液晶显示屏有垂直白条的检修

典型液晶电视机开机后靠右侧部分出现白色亮带，如图 9-56 所示。

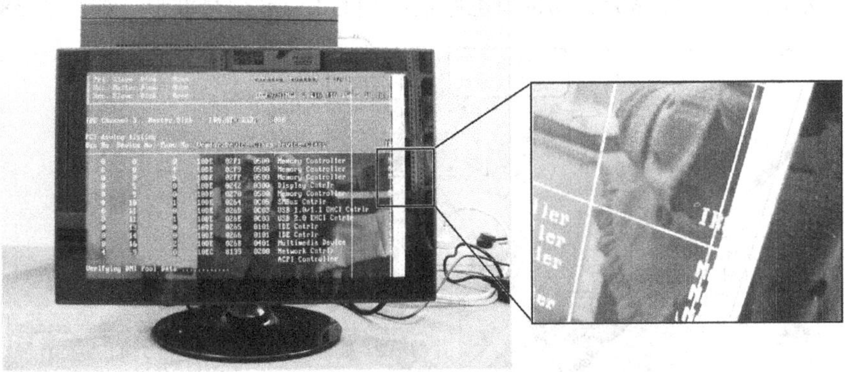

图 9-56　液晶电视机出现白色亮带的故障表现

故障分析：

根据其故障表现可知，电视机显示图像时屏幕有明显的白色亮带，根据维修经验，引起该故障的主要原因主要有液晶板驱动数据线断线、液晶屏驱动接口电路不良、TAB 驱动芯片损坏、驱动芯片与液晶屏连接不良或液晶屏本身故障等，检修时可采用排除法一一排除，最后解决故障。

检测方法：

（1）采用替换法更换液晶板的驱动数据线，值得注意的是，选用的屏线两侧的插头应与原数字板及液晶屏驱动板上的插座相匹配，如图 9-57 所示。

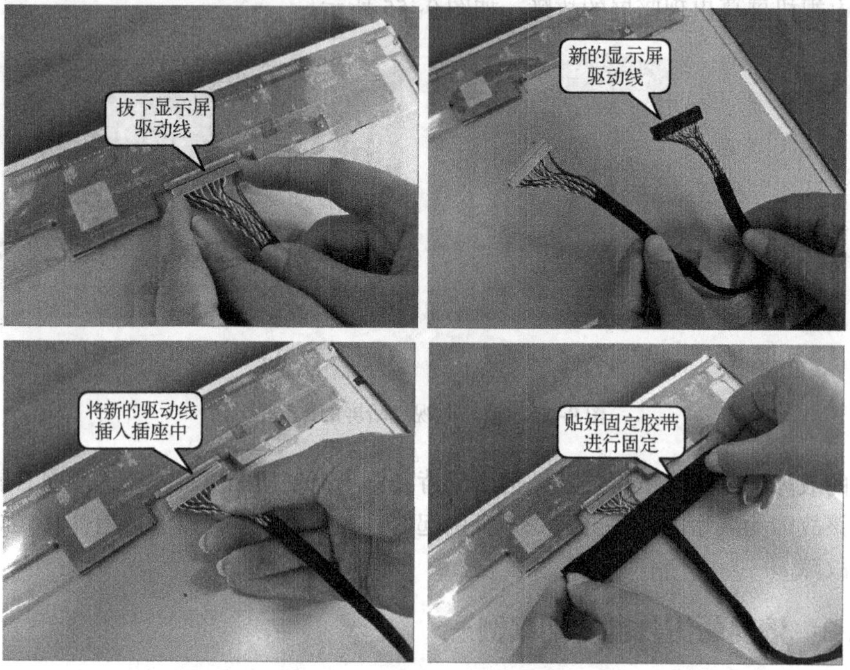

图 9-57 替换显示屏驱动线

更换驱动线后，通电试机发现故障依旧，接着检查其驱动接口电路是否正常。

（2）用示波器检测液晶屏驱动接口电路输出端的 LVDS 信号波形，如图 9-58 所示。

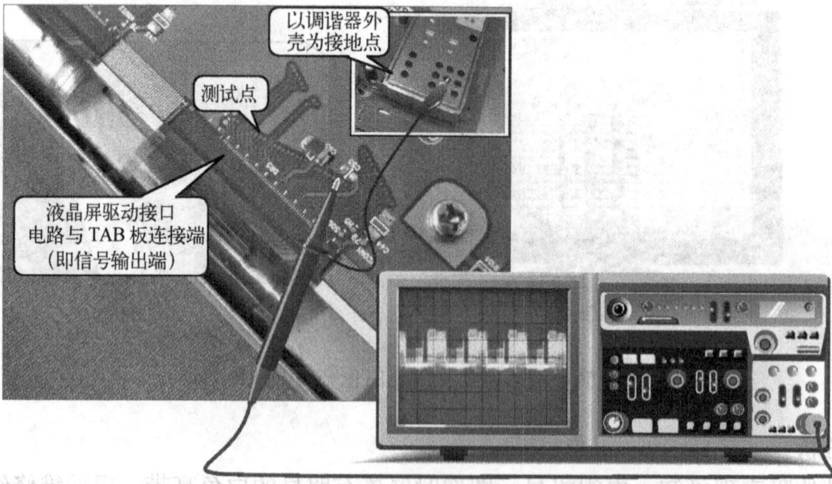

图 9-58 液晶屏驱动接口电路输出端信号波形的检测

经检测，该电路板输出端信号正常，测得信号波形如图 9-59 所示。

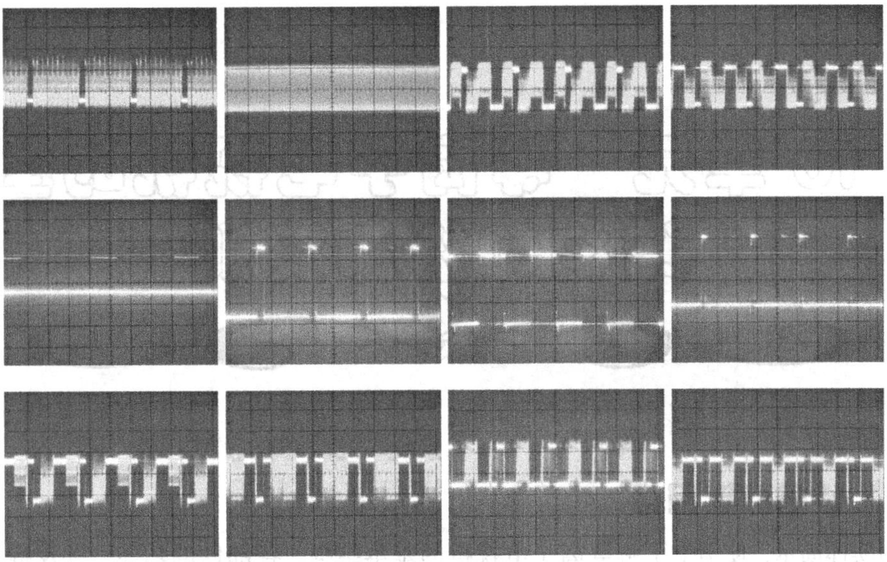

图 9-59　正常情况下测得液晶电视机液晶屏接口电路输出 LVDS 信号波形

如图 9-59 所示表明该电路板正常，由此怀疑该故障是由部分 TAB 驱动芯片，或驱动芯片与液晶屏连接不良及液晶屏本身故障引起的。由于采用 TAB 连接方式的驱动芯片与液晶屏在出厂前已通过特殊的压接工艺制作成为一个整体，一般只能更换液晶板组件或液晶屏。

重要提示

液晶板组件通常可分为背光源和液晶一体板两个部分，更换时，若条件允许背光源部分正常，可只更换液晶一体板部分，但必须采用型号和尺寸相同的液晶板进行替换，如图 9-60 所示。

图 9-60　液晶板组件的背光源和液晶一体板

第 10 单元 等离子电视机的基本结构和拆卸实训

综合教学目标

通过实体演示，使学生了解等离子电视机的基本结构，各部件的功能，以及拆卸和维修方法。

岗位技能要求

训练等离子电视机的拆卸和组装方法，以及实际操作技能。

项目 1 认识等离子电视机的结构组成

教学要求和目标： 通过对典型等离子电视机的剖析，了解等离子电视机的整机结构，以及各单元电路的特点。

任务 1.1 认识等离子电视机的整机结构

1.1.1 等离子电视机的外部结构

图 10-1 所示为等离子电视机的外部结构。从外观上看，等离子电视机的外部由支架或挂架、电源指示灯、操作按键、接口等构成。

1.1.2 等离子电视机的内部结构

卸下等离子电视机的外壳后，可看到等离子电视的内部结构。如图 10-2 所示，等离子电视的内部主要是由等离子屏 Y 驱动电路板、等离子屏 X 驱动电路板、调谐和音频信号处理电路板、数字图像处理电路板、操作电路板、逻辑电路板和电源电路板等构成的。逻辑电路板一般位于数字图像处理电路板与调谐和音频信号处理电路板的下方，将数字图像处理电路板与调谐和音频信号处理电路板取下后即可看到逻辑电路板。

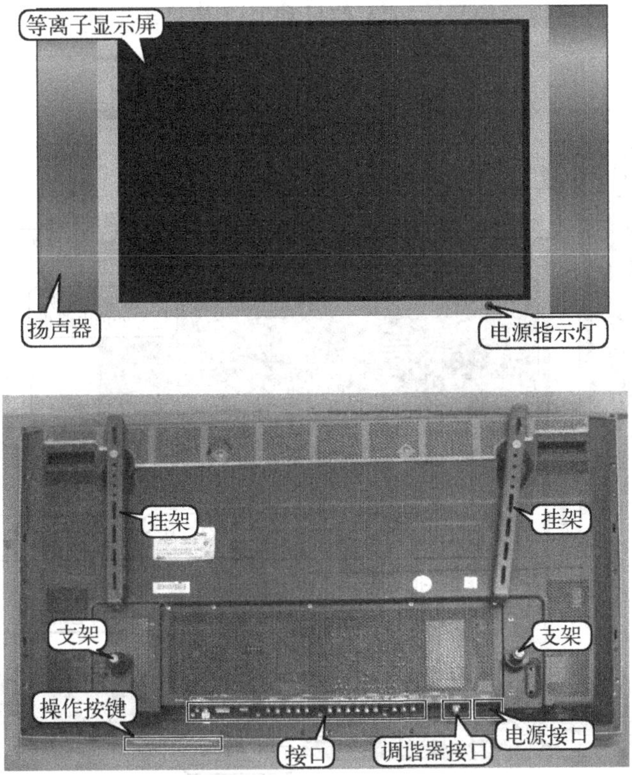

图 10-1　等离子电视机的外部结构图（长虹 PT4206）

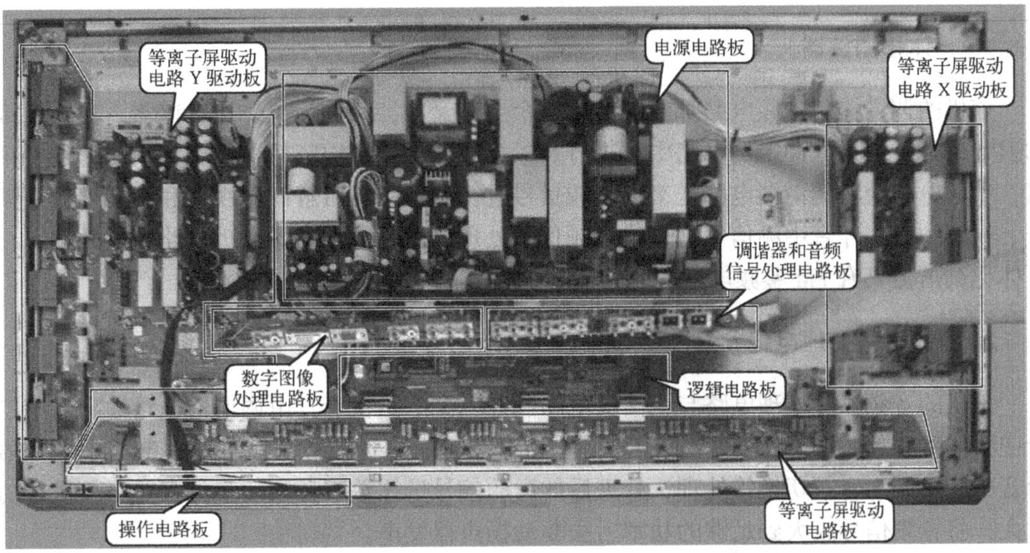

图 10-2　等离子电视机的内部结构（长虹 PT4206）

1.1.3　等离子电视机的电路结构和连接关系

等离子电视机的电路主要是由调谐器和音频信号处理电路、数字图像处理电路、电源电路板、逻辑板电路、操作电路板和等离子驱动电路等组成的。图 10-3 所示为等离子电视机中的电路结构。该机不仅可以接收由调谐器送入的天线和有线电视等信号，还可以接收 AV 信号、复合视频信号、分量视频信号、VGA 信号和 DVI 信号等。

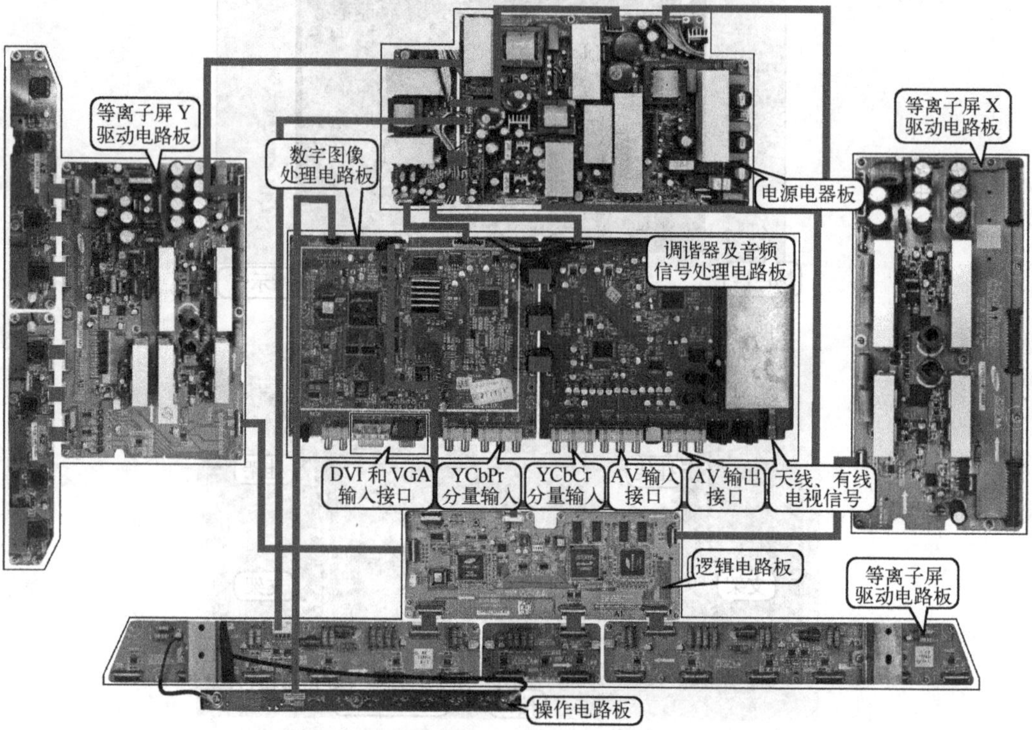

图 10-3 等离子电视机的电路结构（长虹 PT4206）

1. 一体化调谐器

该机的调谐器与中频电路都被制在了一个屏蔽盒内，又称为一体化调谐器。由天线接收的射频信号首先进入调谐器电路中，进行高频放大、本振和混频后输出中频信号送往中频电路，中频电路会将调谐器电路送来的中频信号进行处理，然后解调出视频和第二伴音中频信号。视频和第二伴音中频信号再送往音频信号处理电路和数字图像处理电路进行处理。有些一体化调谐器具有 FM 鉴频电路，可输出音频信号。

2. 音频信号处理电路

该机的音频信号处理电路与调谐器电路制在一个电路板上，由调谐器电路输出的第二伴音中频信号和 AV 输入接口等电路送来的音频信号，首先进入音频信号处理电路中进行第二伴音中频解调、音频切换等处理，处理后的音频信号送往数字音频功率放大器中，进行功率放大，将音频信号放大到足够的功率后去驱动扬声器发声。

3. 数字图像处理电路

等离子电视机中的数字图像处理电路是比较重要的一块电路，它主要的功能就是进行视频图像信号的处理，由调谐器、AV 输入接口、S 端子、分量视频接口、VGA 接口、DVI 接口等送来的视频信号分别经视频解码器、模数转换器、DVI 接口芯片等电路后，将模拟图像信号转换为数字图像信号，DVI 信号本身就是数字图像信号，经 DVI 解码电路进行格式变换。然后送往数字视频处理电路和图像处理器等进行处理，然后经等离子屏驱动信号输出电路、等离子屏驱动信号。

4. 电源电路

等离子电视机的电源电路主要是为等离子屏、调谐器、音频信号处理电路、视频信号处理电路、逻辑板电路，以及等离子屏驱动电路提供直流工作电压的电路，交流 220V 电压进入电源电路后，首先经过滤波和抗干扰处理，然后经整流和滤波电路后，形成直流电压，然后再经开关振荡电路和开关变压器构成的开关电源，再输出各组不同的电压值，为等离子电视机的各部分供电。此外，该机的电源电路中还设有保护电路，当有某路电压出现异常时，会自动断开电源，从而对等离子电视机中的其他电路进行保护。

5. 逻辑板和等离子屏驱动电路

由数字图像处理电路输出的图像显示信号和行场同步信号经数据线后送往逻辑电路板，它实际上就是一个逻辑控制单元，该电路将数字图像处理电路送来的信号转换为图像数据信号和扫描驱动信号，该信号被分别送往等离子驱动电路中的数据驱动集成电路，以及 X、Y 信号的扫描驱动电路，从而使等离子屏显示动态图像。

项目 2　等离子电视机的拆卸实训

教学要求和目标：通过对典型等离子电视机的拆卸演练，了解整机的结构特点，以及各电路的连接关系，训练维修等离子电视机的维修技能。

任务 2.1　实训设备和工具装备

2.1.1　实训设备的准备

选择实训样机。等离子电视机的基本结构基本相同，因而无品牌要求。准备样机的同时应搜集相关的技术资料图纸等。

2.1.2　工具准备

拆卸等离子电视机需要常用螺丝刀和焊装工具，无特别要求。只有工作台和屏垫，以防划伤显示屏。

任务 2.2　等离子电视机的拆卸实训

2.2.1　等离子电视机外壳的拆卸演练

下面以长虹 PT4206 等离子电视机为例进行外壳的拆卸演练。

1. 拆卸固定支架

图 10-4 是拆卸固定支架的方法。

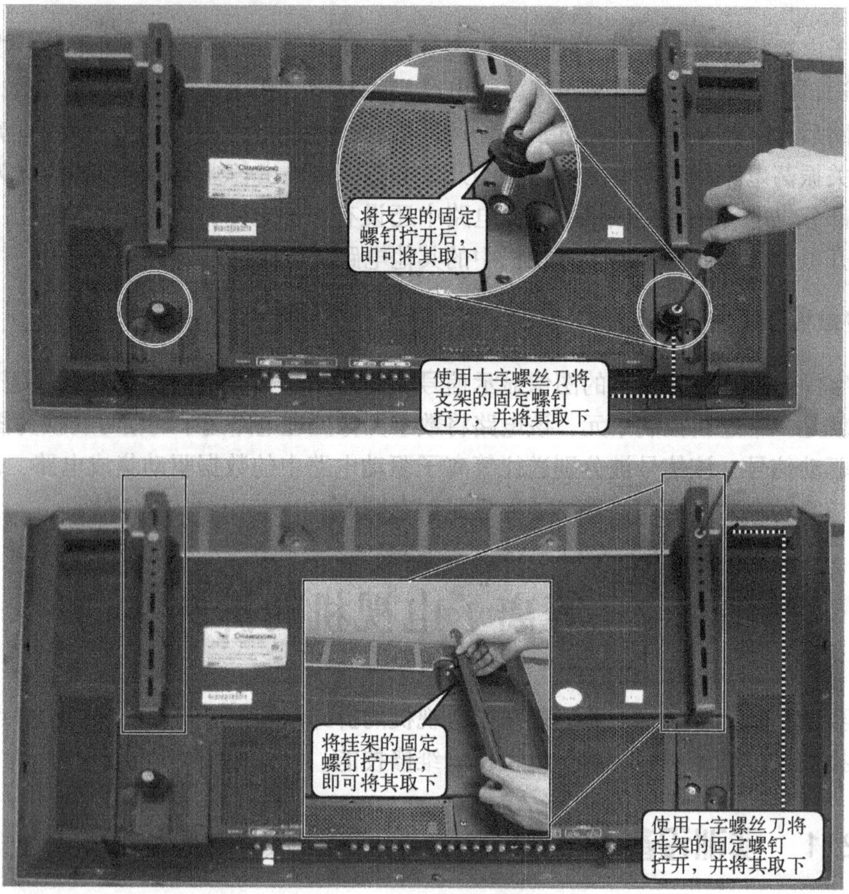
将支架的固定
螺钉拧开后，
即可将其取下
使用十字螺丝刀将
支架的固定螺钉
拧开，并将其取下
将挂架的固定
螺钉拧开后，
即可将其取下
使用十字螺丝刀将
挂架的固定螺钉
拧开，并将其取下

图 10-4　拆卸固定支架的方法

2. 拆卸 AV 接口护板

图 10-5 是拆卸 AV 接口护板的方法。

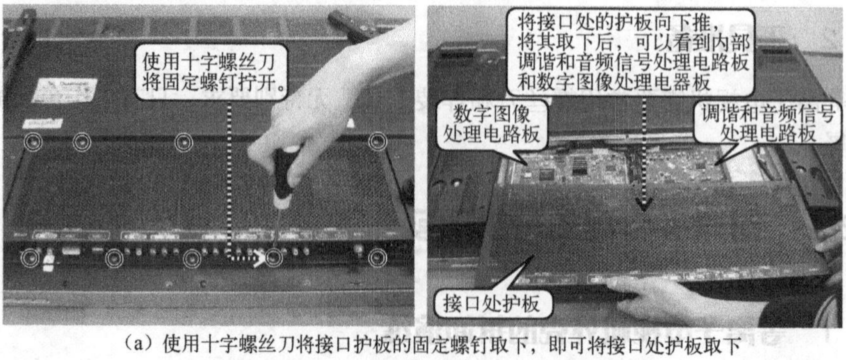
使用十字螺丝刀
将固定螺钉拧开。
将接口处的护板向下推，
将其取下后，可以看到内部
调谐和音频信号处理电路板
和数字图像处理电器板
数字图像
处理电路板
调谐和音频信号
处理电路板
接口处护板

（a）使用十字螺丝刀将接口护板的固定螺钉取下，即可将接口处护板取下

图 10-5　拆卸 AV 接口护板的方法

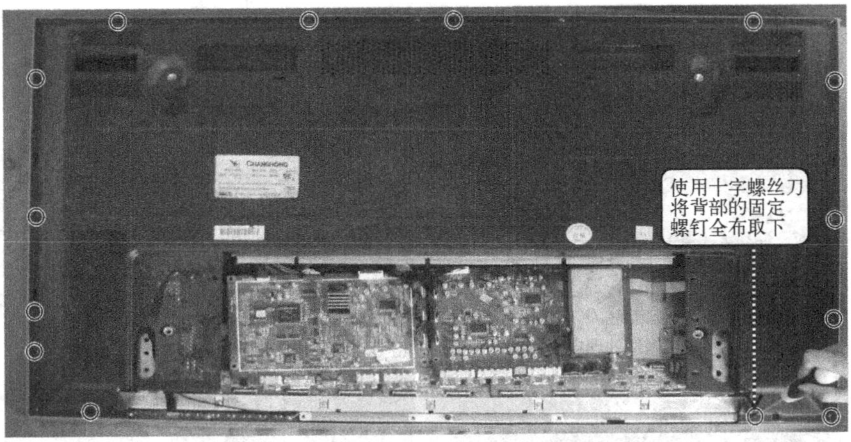
使用十字螺丝刀
将背部的固定
螺钉全布取下

(b) 在将背部面板上的固定螺钉使用十字螺丝刀将其取下

图 10-5　拆卸 AV 接口护板的方法（续）

3. 后盖板的拆卸方法

图 10-6 是后盖板的拆卸方法。

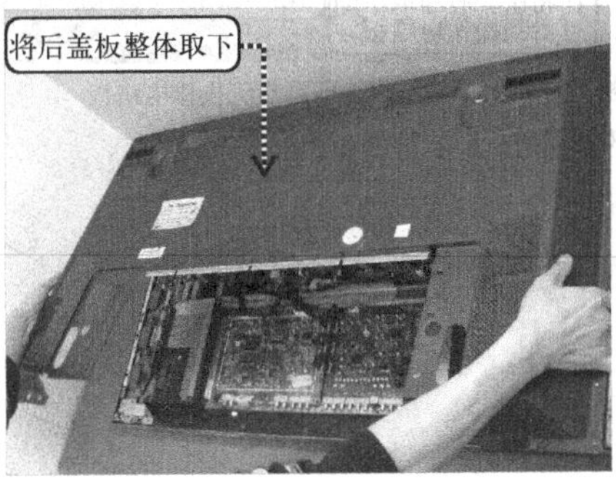
将后盖板整体取下

(a)

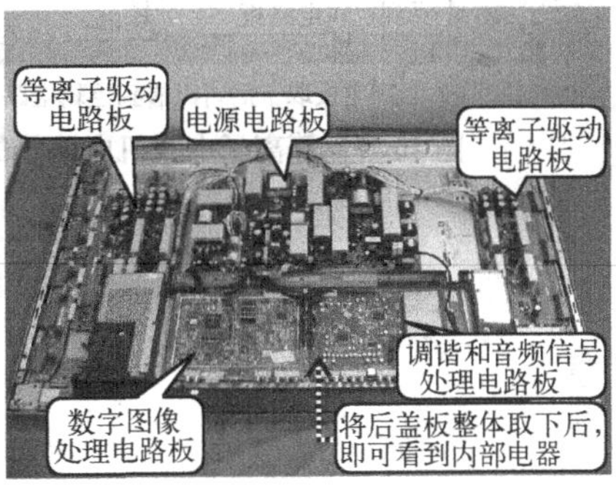
等离子驱动
电路板
电源电路板
等离子驱动
电路板
调谐和音频信号
处理电路板
数字图像
处理电路板
将后盖板整体取下后，
即可看到内部电器

(b)

图 10-6　后盖板的拆卸方法

2. 2. 2　等离子电视机电路板的拆卸演练

图 10-7 是等离子电视机电路板的拆卸方法。

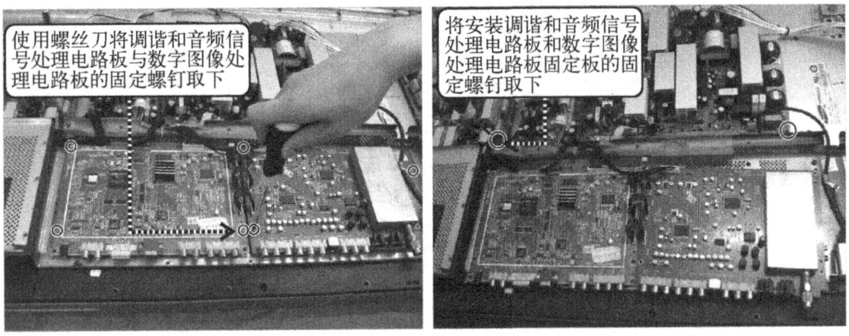
使用螺丝刀将调谐和音频信
号处理电路板与数字图像处
理电路板的固定螺钉取下
将安装调谐和音频信号
处理电路板和数字图像
处理电路板固定板的固
定螺钉取下

(a) 将数字图像处理电路与调谐器和音频信号处理电路板的固定螺钉取下，再将其固定板的螺钉取下

图 10-7　等离子电视机电路板的拆卸方法（长虹 PT4206）

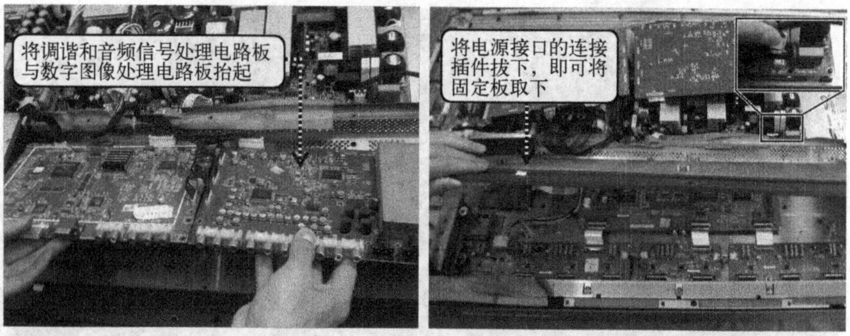
将调谐和音频信号处理电路板
与数字图像处理电路板抬起
将电源接口的连接
插件拔下，即可将
固定板取下

（b）将数字图像处理电路与调谐器和音频信号处理电路板翻开，将固定板取下

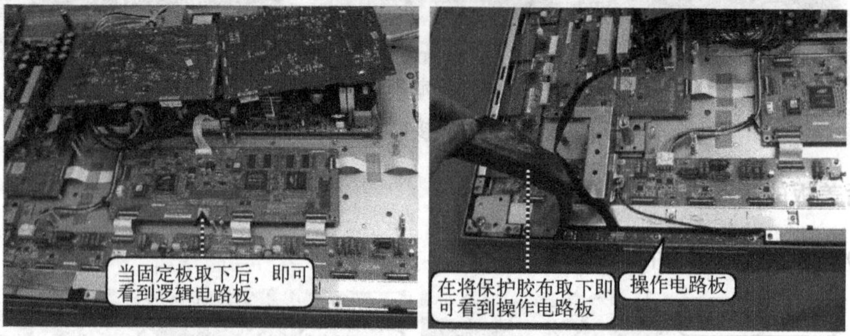
当固定板取下后，即可
看到逻辑电路板
在将保护胶布取下即
可看到操作电路板
操作电路板

（c）当固定板取下后可以看到逻辑电路板，在将保护胶布取下即可看到操作电路板

图 10-7　等离子电视机电路板的拆卸方法（长虹 PT4206）（续）

第11单元　等离子电视机电路部分的检测实训

综合教学目标

通过对典型样机的实测实修演练，掌握等离子电视机各电路部分的结构、功能和故障检修方法。

岗位技能要求

通过对实际样机的检测演示，训练等离子电视机电路部分的检测方法和操作技能，以及判别故障和排除故障的方法。

项目1　等离子电视机数字图像信号处理电路的检测实训

教学要求和目标：通过对实际样机的检测和维修的实训演练，训练数字图像处理电路的检测方法和操作技能。

任务1.1　了解数字图像信号处理电路的结构和信号流程

1.1.1　等离子电视机数字图像信号处理电路的功能

等离子电视机数字图像信号处理电路主要是处理了电视机中的图像信号，将电视机接收的电视信号转换为驱动液晶屏的数据信号，图11-1所示为典型等离子电视机数字图像信号处理电路的功能示意图。

由图可知，该电路的供电电压是由电源电路提供（1.8V、2.5V、3.3V），外接时钟晶体为数字图像信号处理芯片提供时钟晶振信号，确保该电路的工作条件正常，微处理器与数字图像信号处理芯片之间通过I^2C总线进行控制，视频解码电路送来的视频信号、A/D转换电路送来的视频信号、AV接口电路送来的音/视频信号、VGA/DVI接口电路送来的视频信号和行/场同步信号送到数字图像信号处理芯片中，经内部处理输出驱动等离子屏的数据信号（LVDS）。

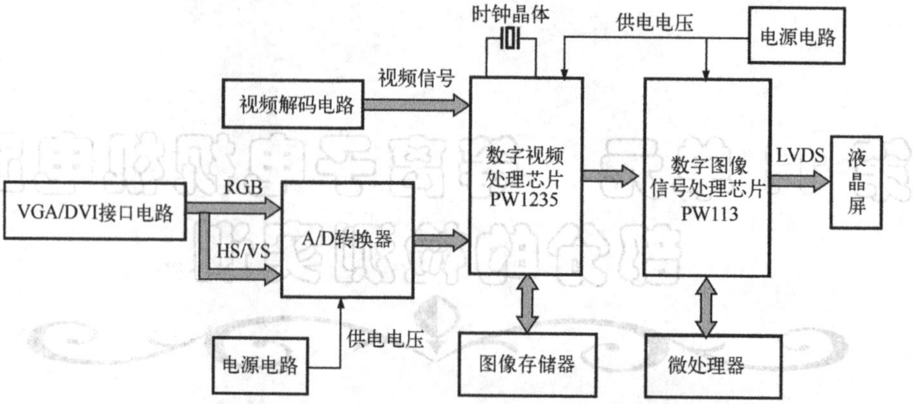

图 11-1　典型等离子电视机数字图像信号处理电路的功能示意图

图像存储器与数字图像信号处理芯片相互配合，对图像的数据进行暂存。

1.1.2　等离子电视机数字图像信号处理电路的结构特点

数字图像信号处理电路在等离子电视机中是核心处理电路，各种格式的视频信号都是由该电路进行处理，图 11-2 所示为典型等离子电视机中数字图像信号处理电路的实物外形。

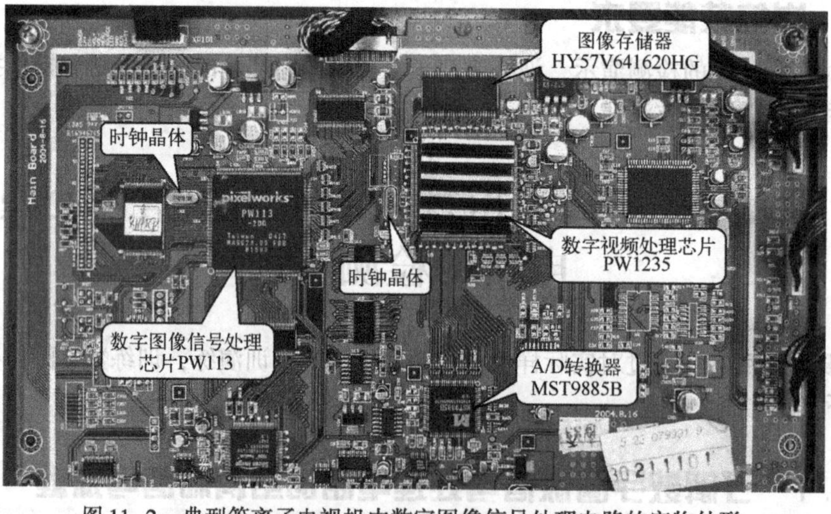

图 11-2　典型等离子电视机中数字图像信号处理电路的实物外形

由图可知，数字图像信号处理电路主要是由数字视频处理芯片 PW1235、数字图像信号处理芯片 PW113、图像存储器 HY57V641620HG、A/D 转换器 MST9885B、时钟晶体，以及外围电路构成的。

(1) 数字视频处理芯片

数字视频处理芯片主要是将视频解码器或视频接口电路（A/D）送来的数字视频信号转变为数字图像信号，送入数字图像信号处理芯片中，图 11-3 所示为数字视频处理芯片的实物外形。图 11-4 所示为其内部结构图。

PW1235 芯片采用 2.5V 和 3.3V 电源供电，它将输入的各种格式的视频图像进行视频增强和消噪处理，然后进行扫描格式变换，统一变成 108Di/60Hz 的扫描格式，最后经蓝背景信号产生和同步叠加处理后，输出 R、G、B 数字图像信号，再送给 PW113 进行处理。

图 11-3 数字视频处理芯片的实物外形

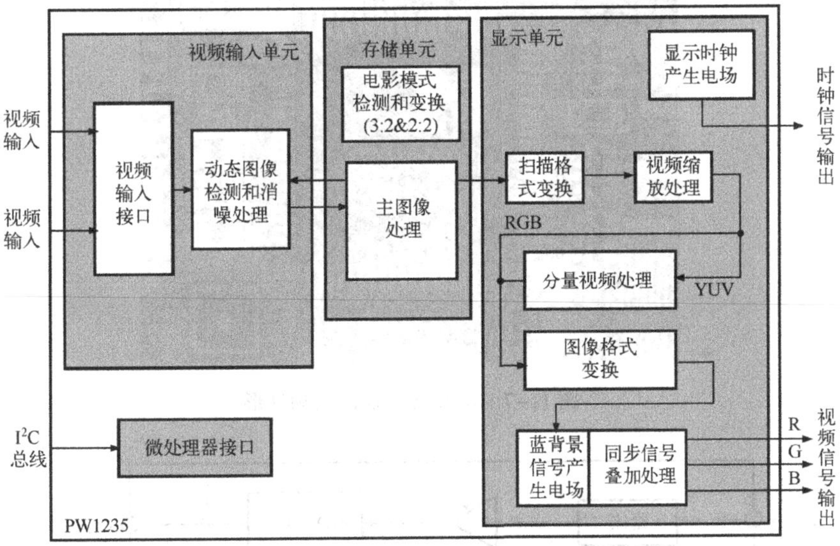

图 11-4 数字视频处理芯片的内部结构图

(2) 数字图像信号处理芯片

数字图像信号处理芯片是数字图像信号处理电路的核心，数字视频处理芯片处理后的图像信号再由该芯片进行处理，对输入的数字视频信号进行同步处理和图像的最优化处理，以及图像缩放处理，最后变成驱动等离子屏的数据信号。图 11-5 所示为数字图像信号处理芯片的实物外形。

(3) 图像存储器

图像存储器是用于存储图像信息，与数字视频处理器进行暂存和数据交换，图 11-6 所示为图像存储器的实物外形。

(4) A/D 转换器

A/D 转换器是视频接口电路送来的模拟视频信号，转变为数字视频信号送往数字视频处理芯片进行处理，图 11-7 所示为 A/D 转换器的实物外形，图 11-8 所示为其内部功能图。

图 11-5 数字图像信号处理芯片的实物外形

图 11-6 图像存储器的实物外形

图 11-7 A/D 转换器的实物外形

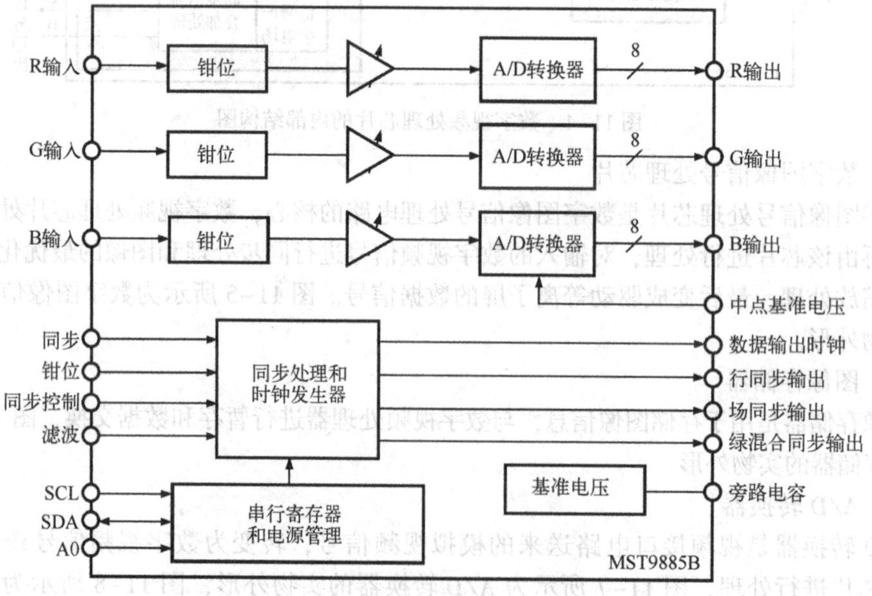

图 11-8 A/D 转换器的内部功能图

(5) 时钟晶体

时钟晶体在数字图像信号处理电路中，主要是为该电路提供所需的时钟晶振信号，确保该电路中的主要芯片能够得到正常的同步时钟信号（工作条件），图 11-9 所示为时钟晶体的实物外形。

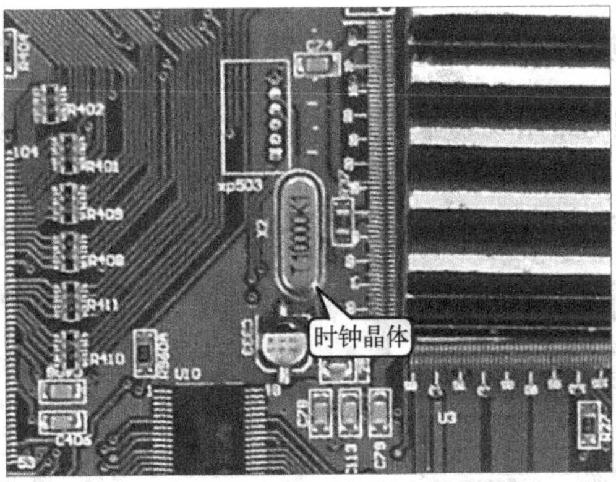

图 11-9　时钟晶体的实物外形

任务 1.2　掌握等离子电视机数字图像信号处理电路的检修实训

1.2.1　等离子电视机数字图像信号处理电路的基本构成

图 11-10 所示为典型等离子电视机数字图像信号处理电路的结构方框图。从图 11-10 中可看出等离子电视机的数字图像信号处理电路主要是由数字图像信号处理芯片、数字视频处理芯片、图像存储器、A/D 转换器、时钟晶体等部分构成的。

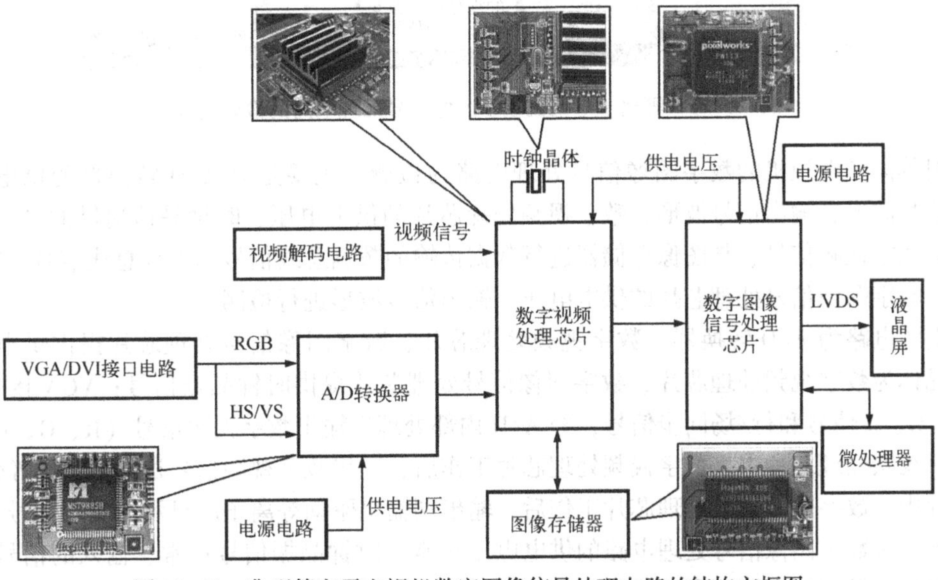

图 11-10　典型等离子电视机数字图像信号处理电路的结构方框图

电源电路送来的供电电压为数字图像信号处理芯片、数字视频处理芯片、A/D 转换器、供电，时钟晶体为数字图像信号处理芯片、数字视频处理芯片提供时钟晶振信号，外部接口送来的视频信号、视频解码电路送来的视频信号、行/场同步信号经数字视频处理芯片内部处理，输出数字视频信号送往数字图像信号处理芯片中进行处理，最后输出驱动等离子屏显示的数据信号（LVDS）。

图像存储器和数字视频处理芯片之间存在着数据总线和地址总线的传输。

1.2.2 等离子电视机数字图像信号处理电路的检修流程

当数字图像信号处理电路出现故障时，要对该电路进行检修，检修时，应使用万用表或示波器顺信号流程对数字图像信号处理电路各部件进行逐一排查，找出故障点，并排除故障。

图 11-11 所示为等离子电视机数字图像信号处理电路的检修流程图。

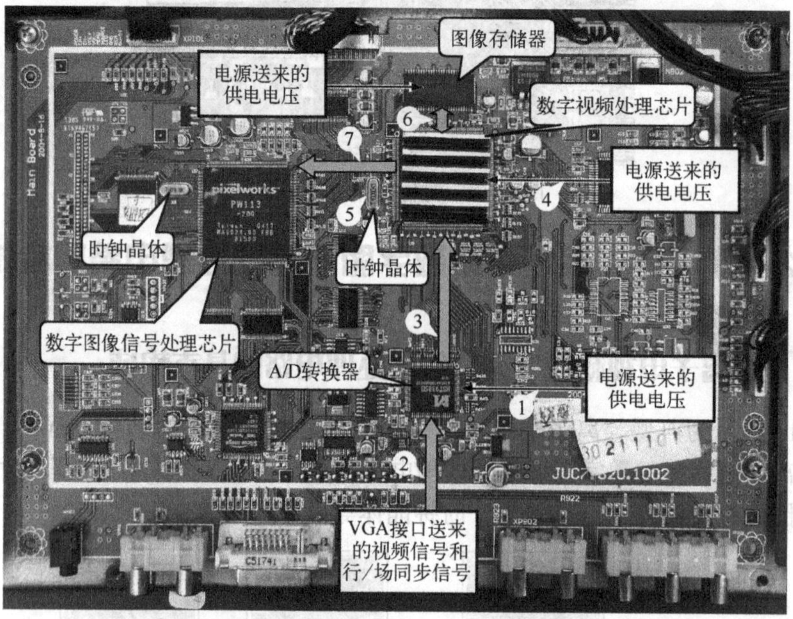

图 11-11 等离子电视机数字图像信号处理电路的检修流程图

对等离子电视机的数字图像信号处理电路的检测，主要是对 A/D 转换器的供电电压、输入信号波形、输出信号波形、数字视频处理芯片的供电电压、时钟晶体提供的晶振信号、输入的数字视频信号、与图像存储器进行数据传输的数据总线信号和地址总线信号、输出的信号、数字图像信号处理芯片的供电电压、输出信号波形进行检测。

电源电路为 A/D 转换器、数字视频处理芯片、数字图像信号处理芯片提供供电电压；时钟晶体为数字视频处理芯片、数字图像信号处理芯片提供时钟晶振信号；VGA 接口送来的 R、G、B 信号和行/场同步信号，经 A/D 内部处理后输出数字视频信号（R、G、B），送往数字视频处理芯片中，数字视频处理芯片工作后，输出数字视频信号送往数字图像信号处理芯片中，数字图像信号处理芯片工作后，输出端输出驱动等离子屏显示的驱动信号。若等离子电视机数字图像信号处理电路的供电电压正常、时钟晶振信号正常、输入的信号正常，而输出的信号不正常，则说明该数字图像信号处理电路有故障。

数字视频处理芯片与图像存储器之间的数据总线信号和地址总线信号，如该信号不正常，则不能正常的调用数据信息，整个电路的工作会不正常。

1.2.3　等离子电视机数字图像信号处理电路的检修实训

根据上述内容可知，检修等离子电视机数字图像信号处理电路可根据其基本的检修流程，首先检测其电路中的关键部位是否正常，如 A/D 转换器、数字视频处理芯片和数字图像信号处理芯片的供电电压、时钟晶体提供的晶振信号、输入端输入的信号、输出端输出的数字视频信号、地址总线和数据总线信号端等。

1. A/D 转换器电路的检测实训

A/D 转换器是数字图像信号处理电路的模拟信号的输入接口电路，它的功能是将输入的 R、G、B 信号变成数字信号，其检测方法如图 11-12 所示。

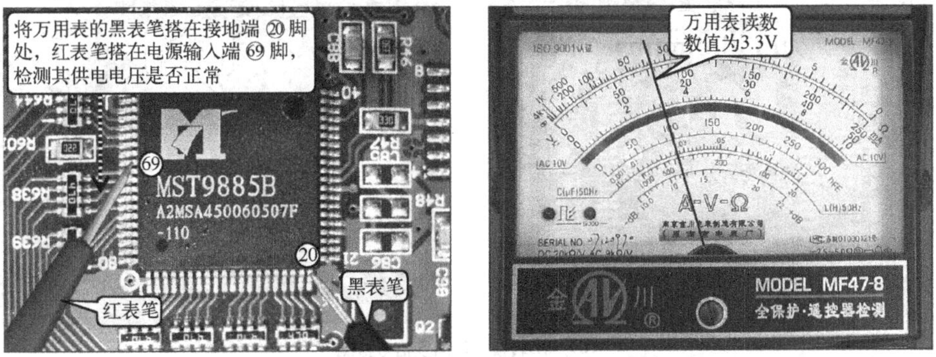

（a）A/D转换器的3.3V电压检测

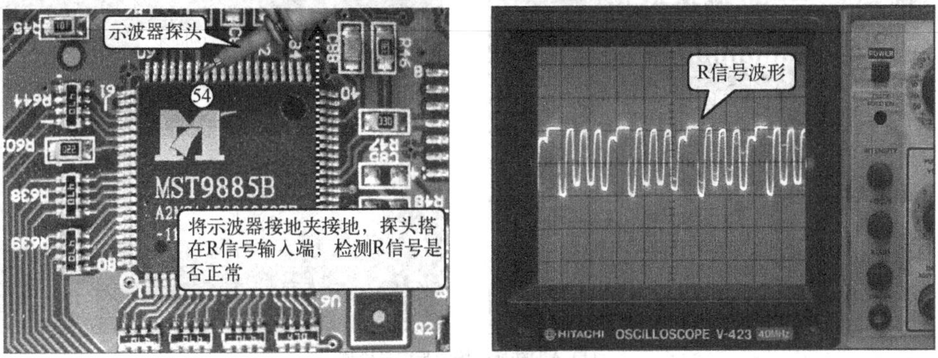

（b）A/D转换器R信号输入波形检测

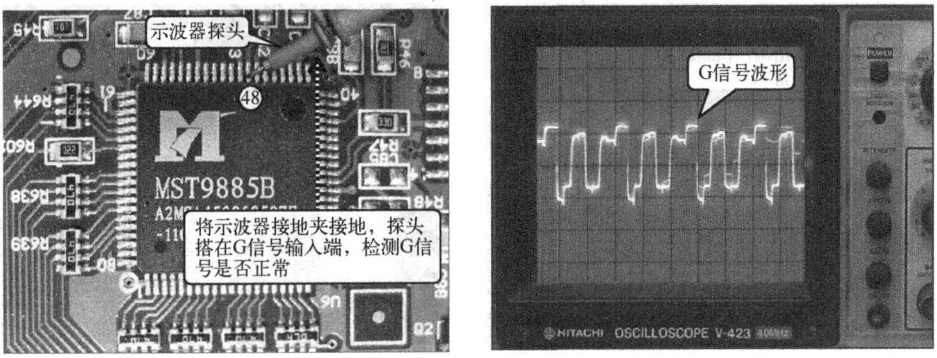

（c）A/D转换器G信号输入波形检测

图 11-12　A/D 转换器 MST9885 的检测实训演练

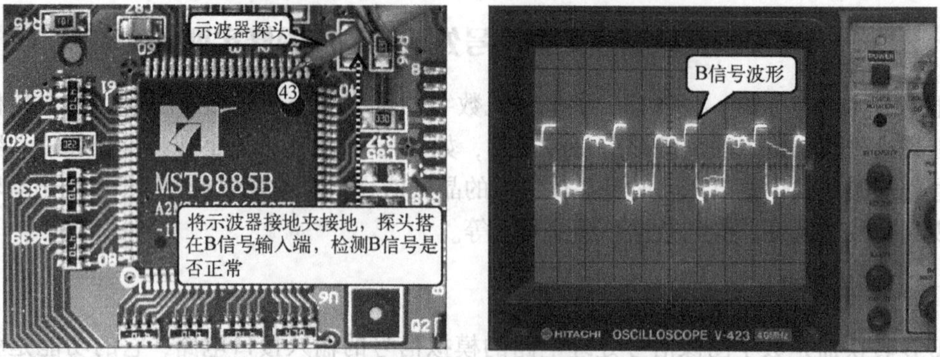

（d）A/D转换器B信号输入波形检测

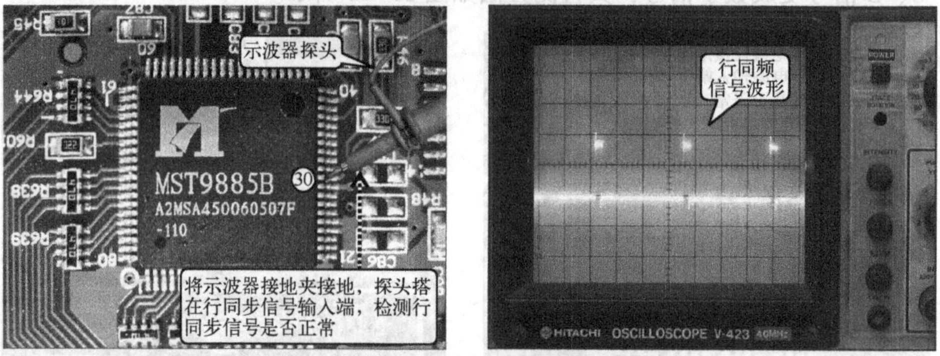

（e）A/D转换器行同步信号检测

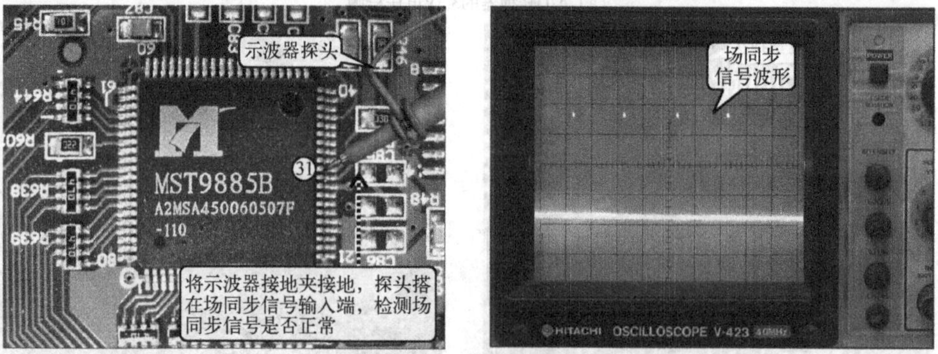

（f）A/D转换器场同步信号检测

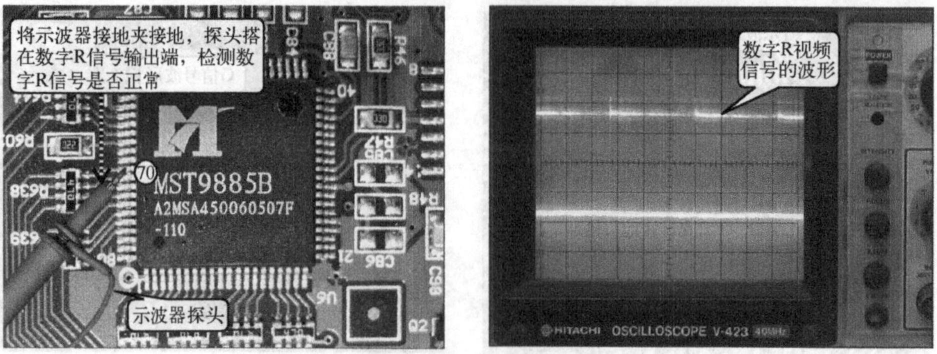

（g）A/D转换器输出的数字R信号波形检测

图 11-12　A/D 转换器 MST9885 的检测实训演练（续）

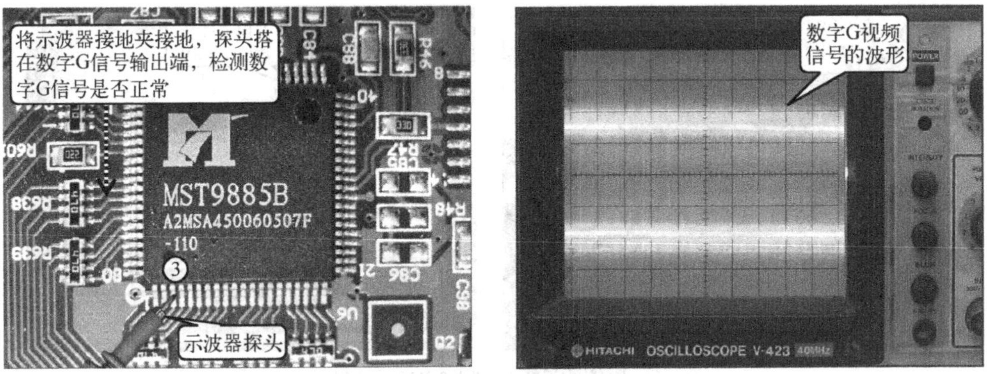

（h）A/D转换器输出的数字G信号波形检测

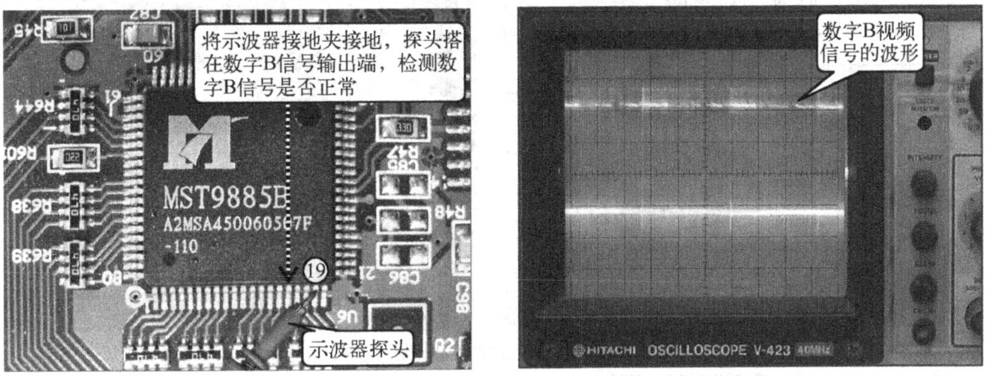

（i）A/D转换器输出的数字B信号波形检测

图 11–12　A/D 转换器 MST9885 的检测实训演练（续）

2. 数字图像信号处理电路的检测实训

图 11–13 是数字图像信号处理电路的检测实训。

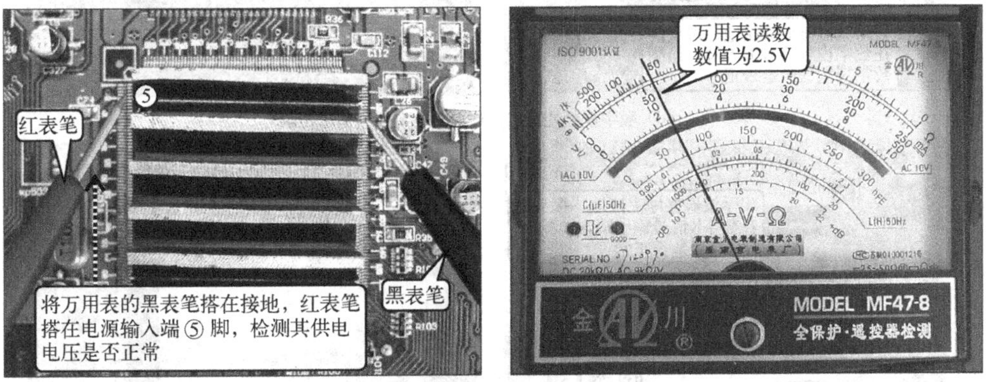

（a）数字视频处理芯片2.5V电压检测

图 11–13　数字图像信号处理电路的检测实训

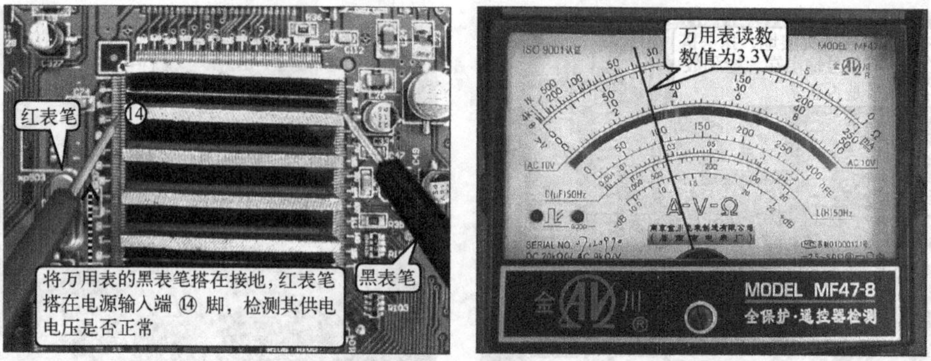

（b）数字视频处理芯片3.3V电压检测

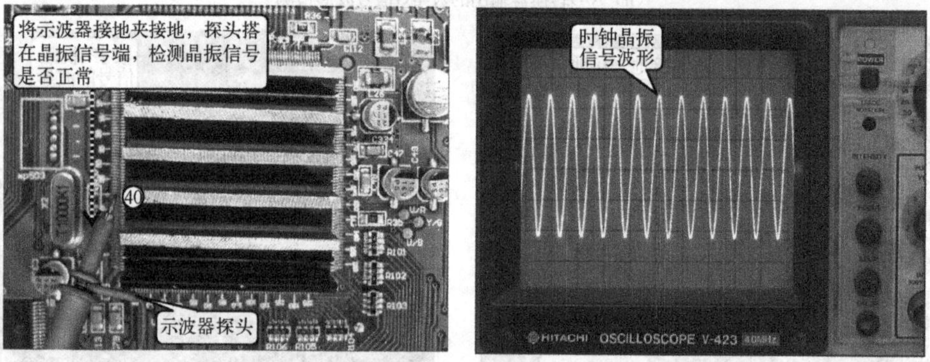

（c）数字视频处理芯片晶振信号检测

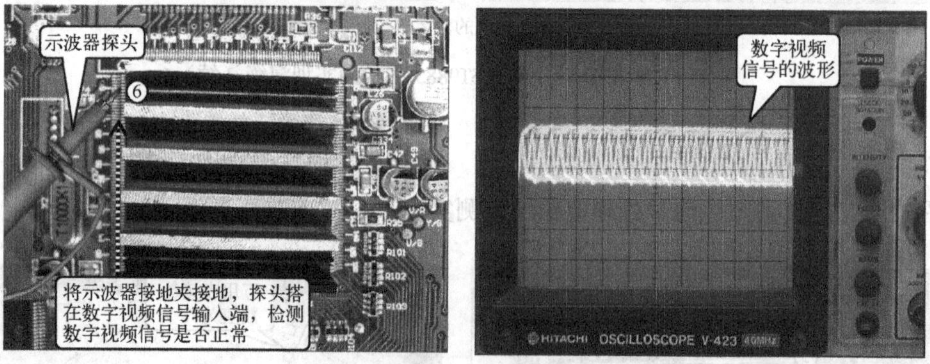

（d）数字视频处理芯片输入的数字视频信号检测

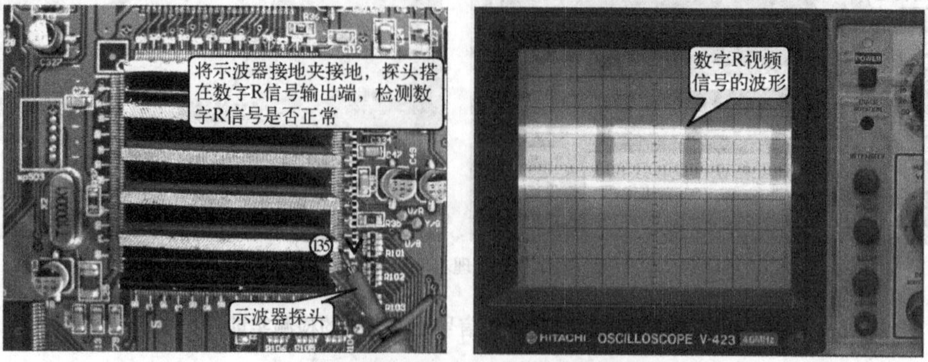

（e）数字视频处理芯片输出数字R视频信号检测

图 11-13　数字图像信号处理电路的检测实训（续）

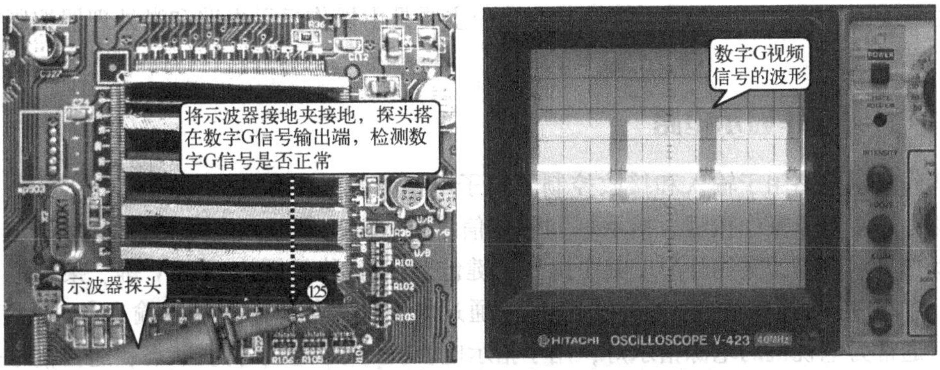

（f）数字视频处理芯片输出数字G视频信号检测

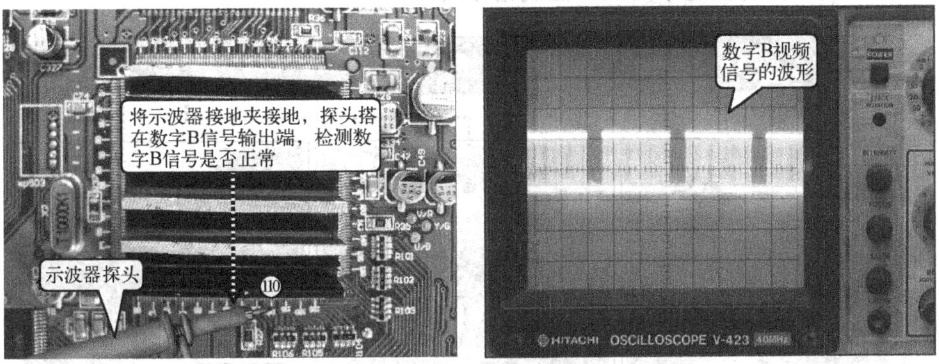

（g）数字视频处理芯片输出数字B视频信号检测

图 11-13　数字图像信号处理电路的检测实训（续）

项目 2　系统控制电路的检测实训

教学要求和目标： 通过对典型电路的检测实训，了解系统控制电路的结构、功能和检测方法，训练维修系统控制电路的操作技能。

任务 2.1　认识等离子电视机系统控制电路的结构和信号流程

等离子电视机的系统控制电路是将人工按键输入的指令或遥控器送来的指令，转变为控制信号，然后再通过数据总线送到其他的电路中进行控制，图 11-14 所示为等离子电视机系统控制电路的功能示意图。

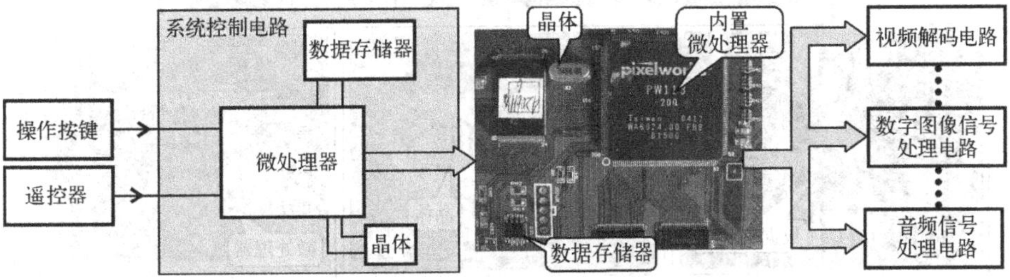

图 11-14　等离子电视机系统控制电路的功能示意图

通过上图，我们可以知道系统控制电路中主要是由操作显示电路和微处理器控制电路构成的。

2.1.1 操作显示电路

操作显示电路用于输入和接收控制等离子电视机的人工指令，并指示电视机的工作状态，该电路主要由操作按键、指示灯和遥控信号接收器构成，图 11-15 所示为等离子电视机中操作显示电路的实物外形。其中操作按键包括开机/待机键、TV/AV 键、菜单键、音量（+、-）键，以及节目（+、-）键等，通过各按键为等离子电视机输入各种人工指令；指示灯通常为电视机的电源指示灯，用于指示电视机处于开机、待机状态；遥控信号接收器则是用于接收遥控发射器送来的人工控制指令的。

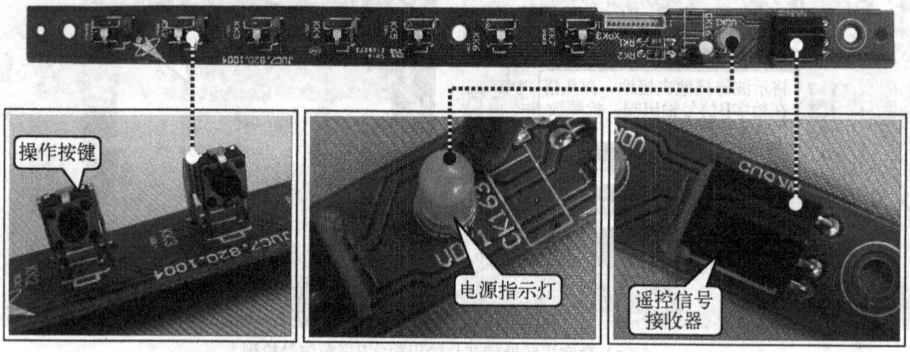

图 11-15　等离子电视机中操作显示电路的实物外形

2.1.2 微处理器控制电路

微处理器控制电路主要是用来对操作显示电路送来的信号进行识别处理，然后根据程序输出控制信号，对各电路进行控制。该电路主要是由微处理器、数据存储器和晶体构成，图 11-16 所示为典型等离子电视机中微处理器控制电路的实物外形。

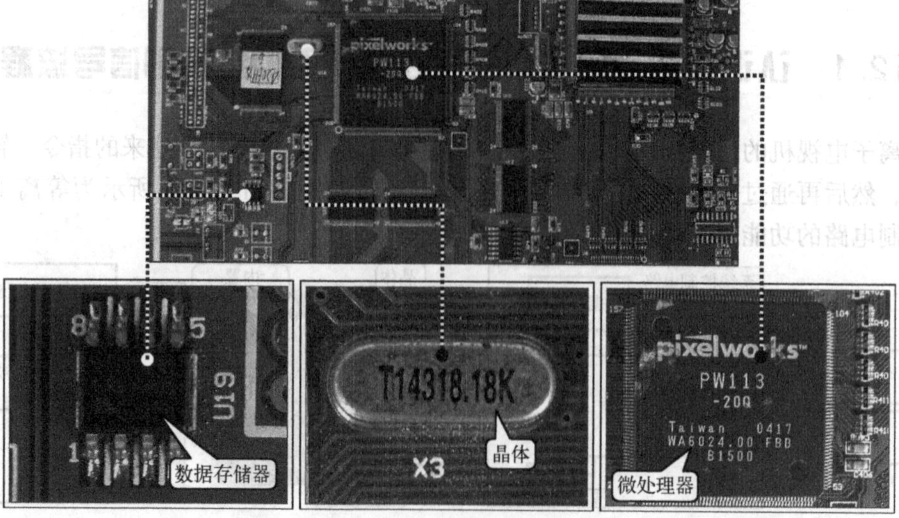

图 11-16　典型等离子电视机中微处理器控制电路的实物外形

1. 微处理器芯片

在系统控制电路中，微处理器芯片是该单元电路的核心电路，主要用于对等离子电视机的工作状态进行控制，各单元电路的参数调整也是由微处理器进行控制的。图 11-17 所示为典型等离子电视机系统控制电路中微处理器的实物外形。

要点提示

由于目前集成电路的集成度越来越高，在等离子电视机中微处理器大多集成到了数字图像信号处理电路的内部，直接由数字图像处理电路接收人工指令，并输出各路控制信号，图 11-18 所示为典型长虹等离子电视机中的数字图像处理电路 PW113。

图 11-17　典型等离子电视机系统控制电路中微处理器的实物外形

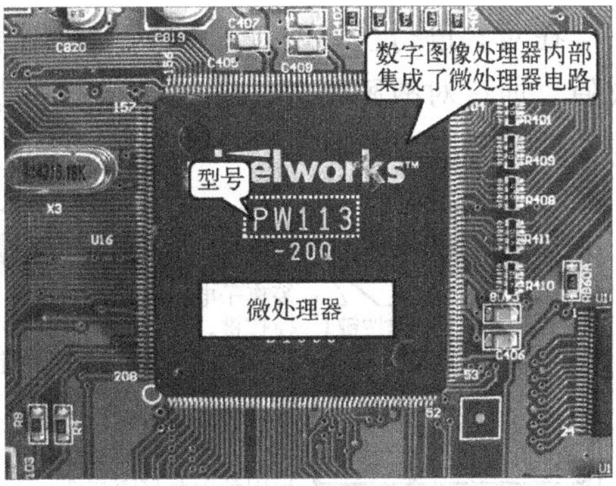

图 11-18　典型长虹等离子电视机中的数字图像处理电路 PW113

2. 数据存储器

系统控制电路中的数据存储器主要是用来存储等离子电视机中的频道、频段、音量，以及色度和对比度等信息，图 11-19 所示为典型长虹等离子电视机中的数据存储器 U3 的实物外形。

3. 晶体

晶体在系统控制电路中，主要是用来辅助微处理器的工作，为其提供晶振信号使微处理器能正常的工作，图 11-20 所示为典型长虹等离子电视机中数字图像处理芯片的外接晶体 X3 的实物外形。

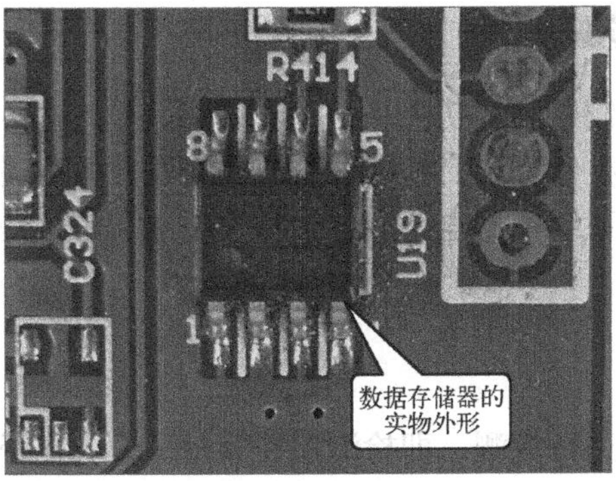

图 11-19　典型长虹等离子电视机中的数据存储器 U3 的实物外形

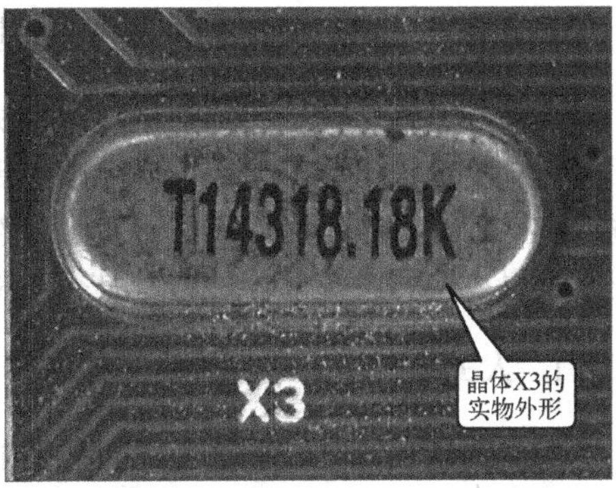

图 11-20　典型长虹等离子电视机中数字图像处理芯片的外接晶体 X3 的实物外形

任务 2.2 等离子电视机系统控制电路的检修实训

对等离子电视机系统控制电路进行检修时，首先要对该电路的检修进行流程分析，然后通过分析进而对关键的部件进行检测，最终通过对检测数据的分析判断确认故障，从而实现对系统控制电路的检修。

2.2.1 等离子电视机系统控制电路的检修流程

检修等离子电视机的系统控制电路时，通常可以分为两种检测方式，一种是根据信号流程，逐一进行检修；一种是根据故障的现象，缩小故障范围，对部分电路或元器件进行检修。

在对其进行检修时，采用的是根据信号的流程，分别检测电路及元器件的本身是否存在故障，通过对故障元器件的检测，排除故障，图 11-21 所示为等离子电视机系统控制电路的检修流程。

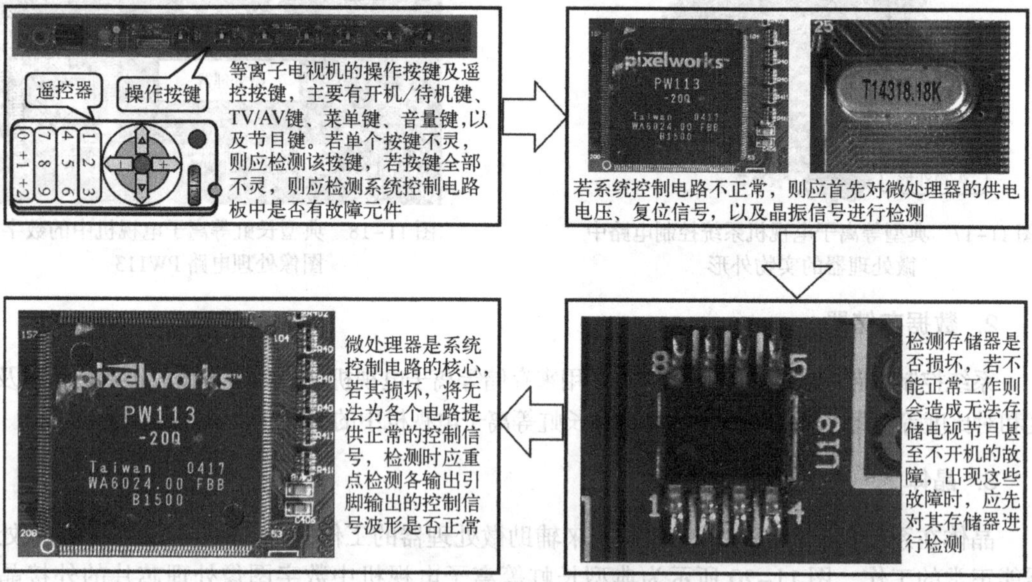

图 11-21 等离子电视机系统控制电路的检修流程

2.2.2 等离子电视机系统控制电路的检测实训

上面的章节中已经介绍了平板电视机中系统控制电路的功能、结构，以及信号流程，下面重点介绍平板电视机系统控制电路出现故障时的检修方法。检修时，应先查看并检查遥控输入和人工操作按键的输入是否正常，然后再检测系统控制电路的各种相关电压和信号是否正常，最后检测关键元器件本身是否正常。

1. 人工指令输入电路的检测训练

检测系统控制电路前，应先对外围的输入部件进行检测，即检测遥控和按键输入是否正常。检测时，可以检查操作按键电路板中各引脚是否有脱焊、虚焊等现象；检测输入的控制信号波形是否正常。输入部件的检测方法如图 11-22 所示。

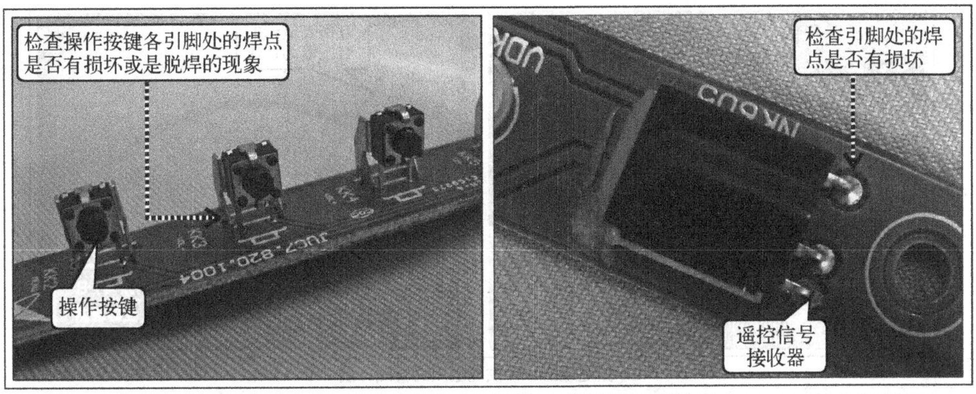

（a）检查操作按键电路板是否完好

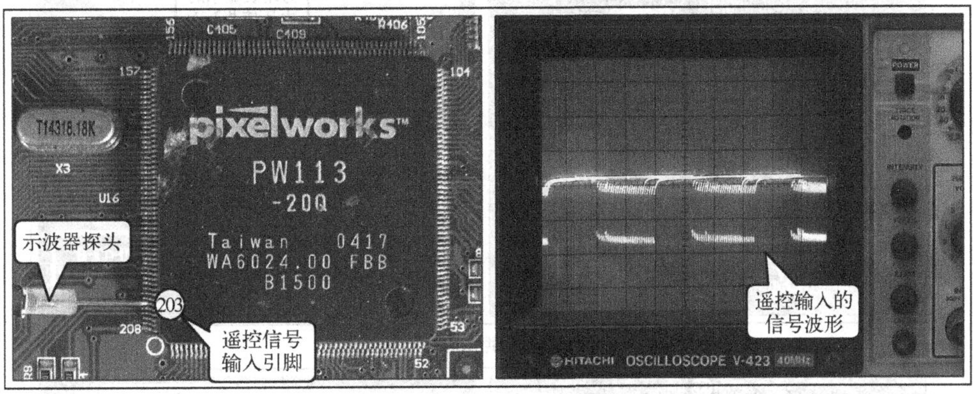

（b）检测输入的控制信号是否正常

图 11-22　输入部件的检测方法

正常情况下，在操作按键或遥控器完好时，使用示波器可以在微处理器的控制信号输入端检测出控制输入的信号波形。

2. 系统控制电路工作条件的检测训练

若输入的信号正常的情况下，应继续检测微处理器的供电电压、复位信号和时钟信号等工作条件是否正常，如果其中某一信号不正常时，则应对其该信号的前级电路进行检测。系统控制电路工作条件的检测方法如图 11-23 所示。

正常情况下，该微处理器应有两组供电电压，分别为 1.8V 和 3.3V；当检测复位信号时，在开机瞬间应有一个高低电压的变化；使用示波器检测晶体的输入信号时，应有一个时钟信号的波形，若检测其中某一电压或信号不正常时，应对其前级电路进行检测。

3. 微处理器的检测训练

微处理器是系统控制电路的控制核心，当其损坏，将无法输出正常的控制信号，进而导致各个单元电路无法正常工作。检测时，在排除输入部件及工作条件的故障后，应检测微处理器引脚输出的控制信号是否正常，若无控制信号输出，则说明微处理器芯片损坏，需要对其进行更换，排除故障。微处理器的检测方法如图 11-24 所示。

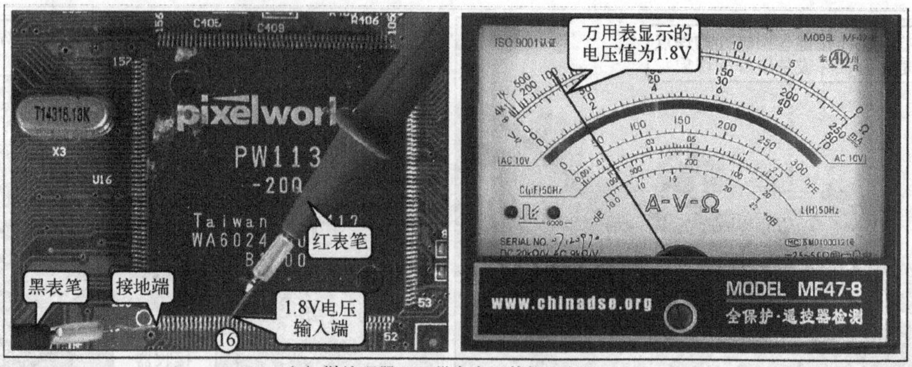

（a）微处理器1.8V供电电压的检测方法

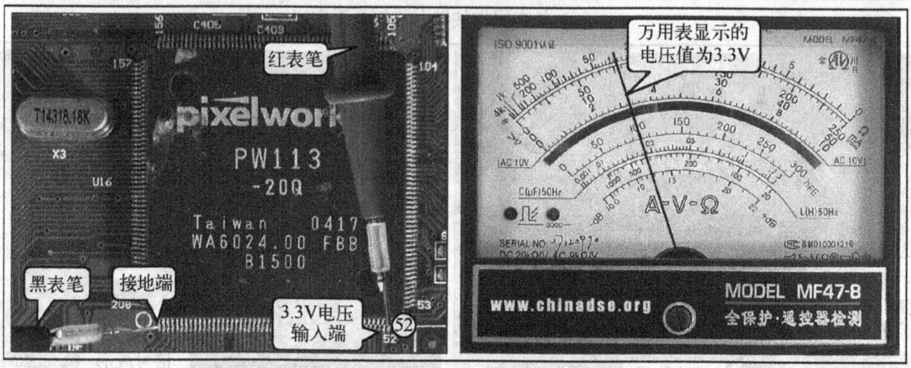

（b）微处理器3.3V供电电压的检测方法

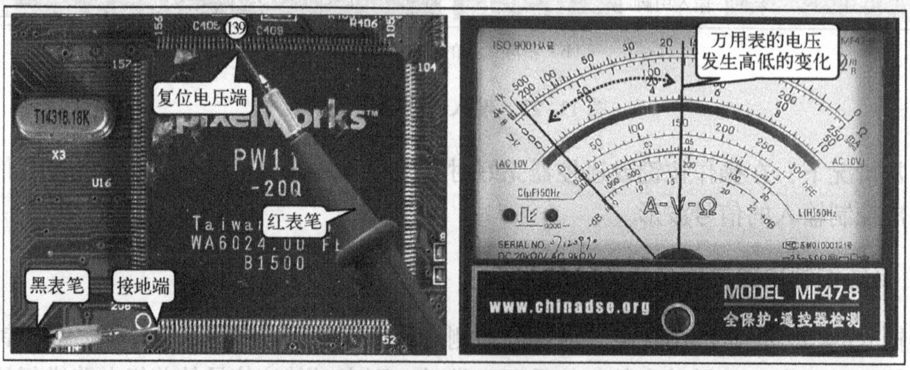

（c）微处理器复位信号的检测方法

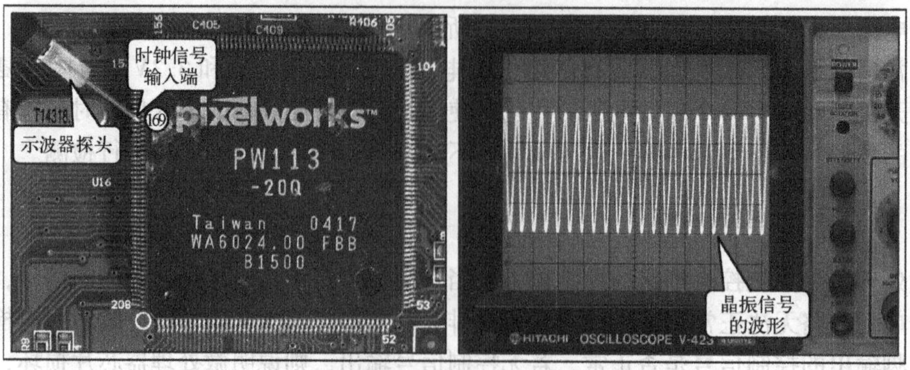

（d）微处理器时钟信号的检测方法

图11-23 系统控制电路工作条件的检测方法

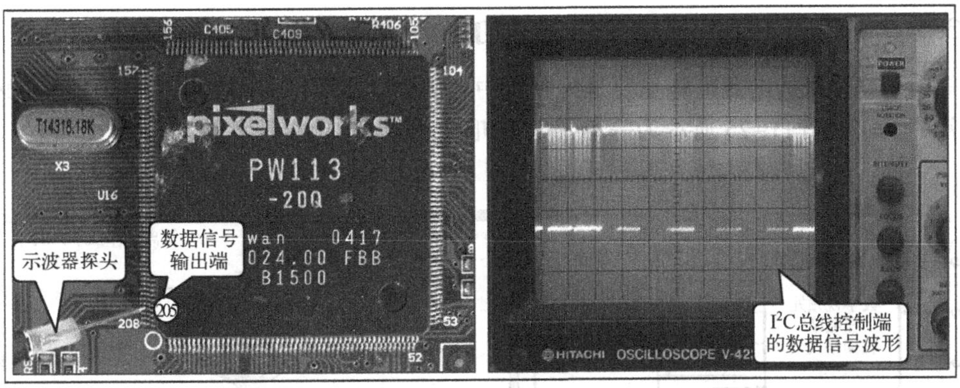

(a) 微处理器I²C总线控制端数据信号的检测

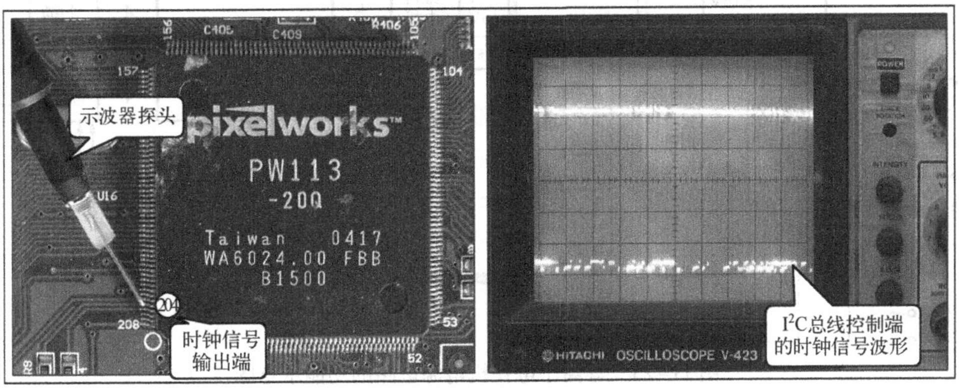

(b) 微处理器I²C总线控制端时钟信号的检测

图 11-24　微处理器的检测方法

将示波器的接地夹接地，然后使用示波器的探头接触㉔脚和㉕脚，正常情况下，应检测出 I²C 总线控制端的数据和时钟信号波形，若检测时没有发现有信号波形的输出，则可能该微处理器本身损坏，应以同型号的微处理器进行更换，以系统控制电路的排除故障。

项目 3　等离子电视机电源电路的检修实训

教学要求和目标： 通过对典型电路的检测训练，了解电源电路的结构和特点，训练检修电源电路的基本方法和操作技能。

任务 3.1　等离子电视机电源电路的功能和结构特点

等离子电视机的电源电路是将交流 220V 电压经滤波、整流、变换和处理后变成多种直流电压，为整机的各种电路进行供电。例如，接口电路、音频信号处理电路、视频信号处理电路、数字信号处理电路，以及等离子屏等电路都需要不同的直流电压，所以，电源电路是等离子电视机中最重要的电路之一。

3.1.1 等离子电视机电源电路的功能

等离子电视机的电源电路主要是为整机中各部分电路提供不同的工作电压，保证电视机能正常的工作，图 11-25 所示为等离子电视机电源电路的功能示意图。

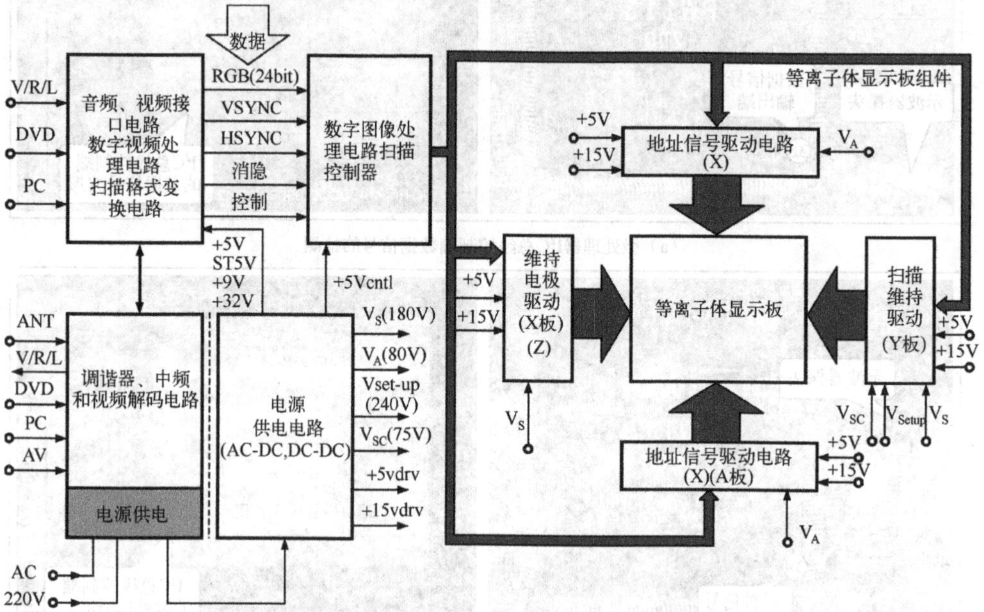

图 11-25 等离子电视机电源电路的功能示意图

从图中可知，各电路板所需要的直流供电电压均有电源电路提供，例如，+5V、+12V、+3.3V、+9V、+38V 等。

在电源电路中主要包括直流高压产生电路和保护电路等电路，其中，保护电路主要是用来保证电视机的安全工作，当某个电路的电压出现异常时，该电路则会自动关闭电源供电，从而对等离子电视机中其他的电路起到保护的作用。

3.1.2 等离子电视机电源电路的结构和主要元器件的特点

由于等离子电视机电源电路需输出各种不同的电压，为各电路提供工作条件，所以其结构也比较复杂，图 11-26 所示为典型等离子电视机电源电路的实物外形。

由于电源电路中有高电压和大电流处理电路，工作温度也较高，所以在等离子电视机中常常使用分立式元件。例如，变压器、电解电容器、电阻器、电感器、二极管、晶体管，以及各种模块等。

1. 交流输入电路

交流输入电路中设有熔断器，当电流异常升高到一定温度时，熔断器将自身熔断从而切断电路，图 11-27 所示为典型等离子电视机中的熔断器实物外形。

2. 滤波电容器

等离子电源电路中的电解电容器主要是用来对直流电压进行滤波，其体积较大，在电容器的表面上通常标有正、负极性，图 11-28 所示为典型等离子电视机中电解电容器的实物外形。

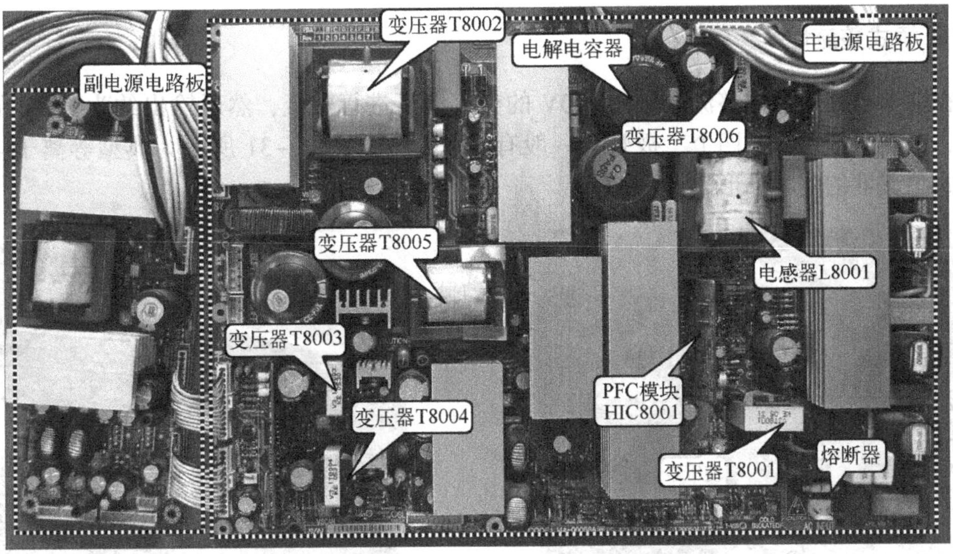

图 11-26　典型等离子电视机电源电路的实物外形

图 11-27　典型等离子电视机中的熔断器实物外形

图 11-28　典型等离子电视机中电解电容器的实物外形

3. 晶体管/开关场效应管

在等离子电视机的电源电路中有很多晶体管此外还有一些场效应管，其主要的作用是对误差信号或开关脉冲进行放大。开关场效应晶体管工作在高反压和大电流的条件下，因而安装在散热片上，图 11-29 所示为典型等离子电视机中晶体管的实物外形。

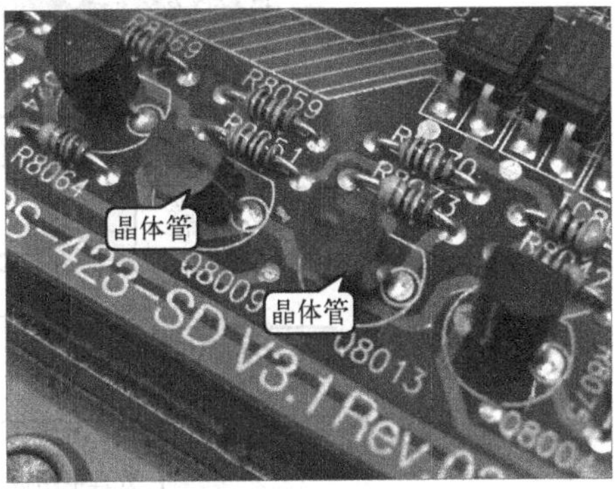

图 11-29　典型等离子电视机中晶体管的实物外形

4. 开关变压器

变压器在等离子电视机中主要是将高频高压脉冲变压成为多组高频低压脉冲的器件，图 11-30 所示为典型等离子电视机中开关变压器的实物外形。

5. **桥式整流堆**

在电源电路中桥式整流堆是将220V的交流电压进行整流，然后输出约为300V的直流电压，在其内部集成了四个二极管，一般有四个引脚，图11-31所示为典型等离子电视机中桥式整流堆的实物外形。

图11-30 典型等离子电视机中开关变压器的实物外形

图11-31 典型等离子电视机中桥式整流堆的实物外形

3.1.3 等离子电视机电源电路的工作流程

等离子电视机的电源电路主要通过各元器件的配合，将交流220V电压进行整流、滤波、稳压等处理，然后根据不同的电路输出不同的直流电压，从而为等离子电视机中的各部分电路提供工作电压，图11-32所示为等离子电视机的电源供电电路的信号流程示意图。

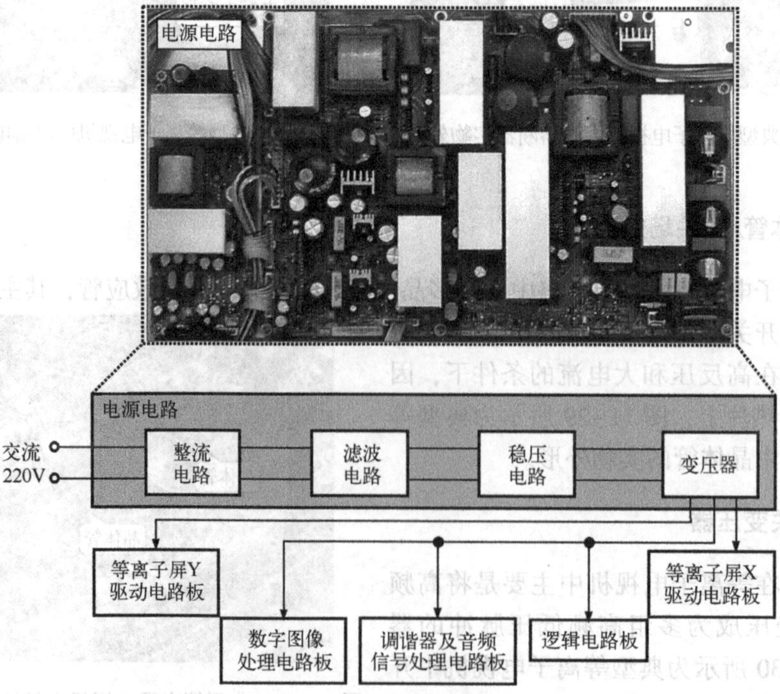

图11-32 等离子电视机电源电路的流程示意图

任务 3.2 等离子电视机电源电路的检修实训

对等离子电视机电源电路进行检修时，首先要对该电路的检修进行流程分析，然后通过分析进而对关键的部件进行检修，最终通过对关键部件的检修方法的学习，从而实现对电源电路的检修。

3.2.1 等离子电视机电源电路的检修流程

由于等离子电视机电源电路的功能是给各电路板提供不同的供电电压，根据不同电压的形成的，在对其进行检修时可以将等离子电源电路划分为交流输入及待机电压形成电路、PFC 直流高压产生电路和继电器控制电路等部分，然后再分别根据检修流程逐步检测，图 11-33 所示为等离子电视机电源电路的检修流程。

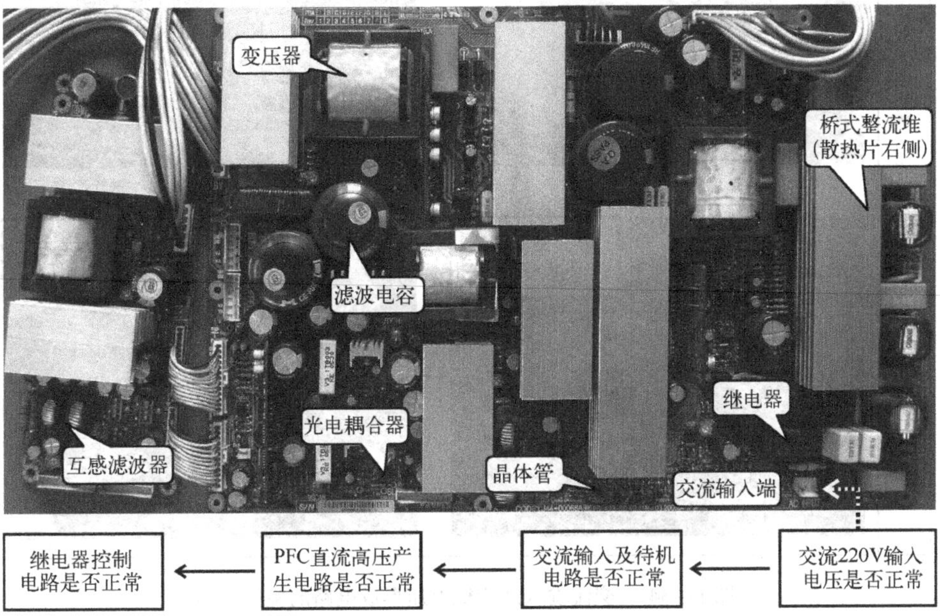

图 11-33 等离子电视机电源电路的检修流程

1. 交流输入及直流电压形成电路的检修流程

交流输入及待机电压形成电路若出现故障，则会引起等离子电视机整机不工作或开机后电源指示灯亮，屏幕无反应等故障，在对该电路进行检修时可以按其信号的流程逐一进行检修，直到排除故障。

交流输入及直流电压形成电路的检修流程如图 11-34 所示。

2. PFC 直流高压产生电路的检修流程

PFC（功率因数控制电路）直流高压产生电路主要是由开关电路、继电器控制电路、

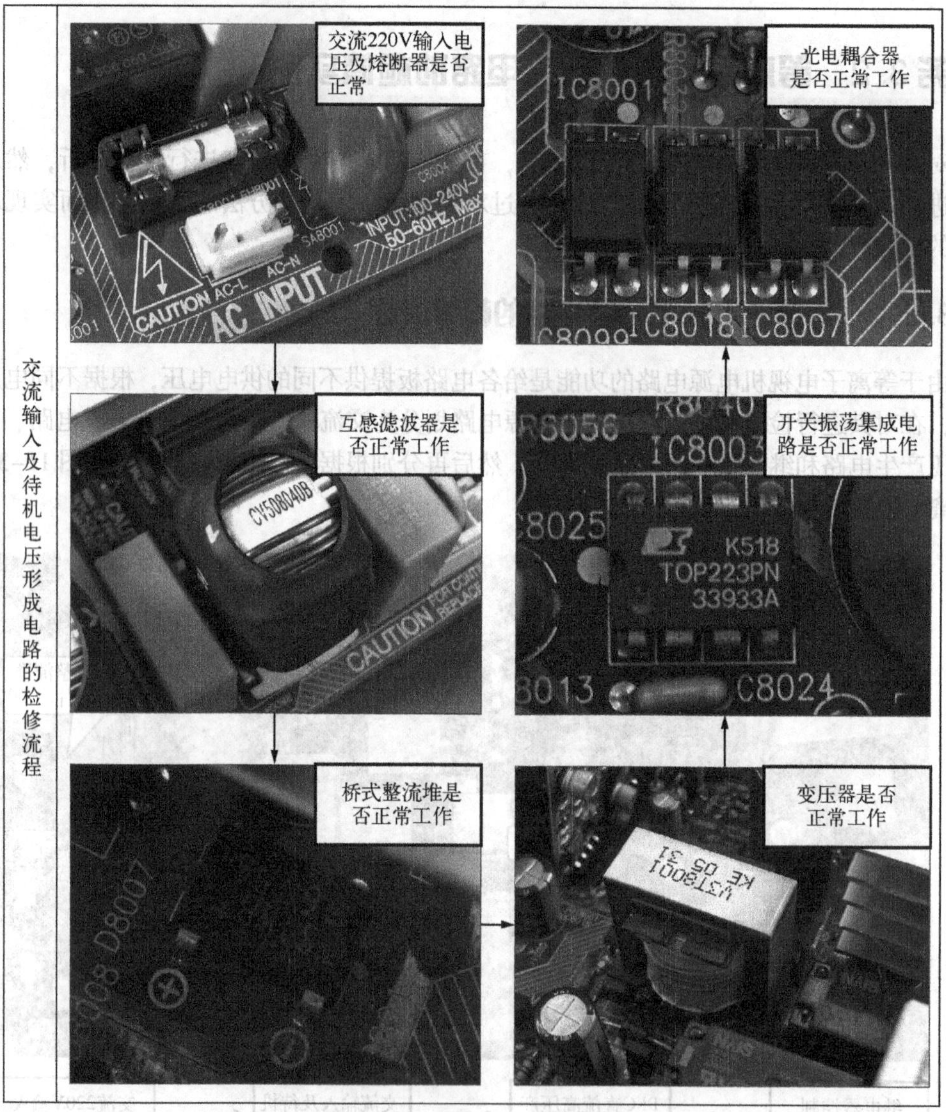

图 11-34　交流输入及待机电压形成电路的检修流程

整流滤波电路、开关振荡集成电路等构成的，在对 PFC 直流高压产生电路进行检测时，可以按其信号的流程对各部分电路中关键部位的电压和相关元器件进行逐一检测并排除故障点。

PFC 直流高压产生电路的检修流程如图 11-35 所示。

3. 继电器控制电路的检修流程

当等离子电视机开机后，可以通过继电器控制电路的检测判断交流输入电路是否有故障，在对该电路进行检测时，可以按其信号的流程对该电路中的关键元器件进行电压和电阻值的测量。

继电器控制电路的检修流程如图 11-36 所示。

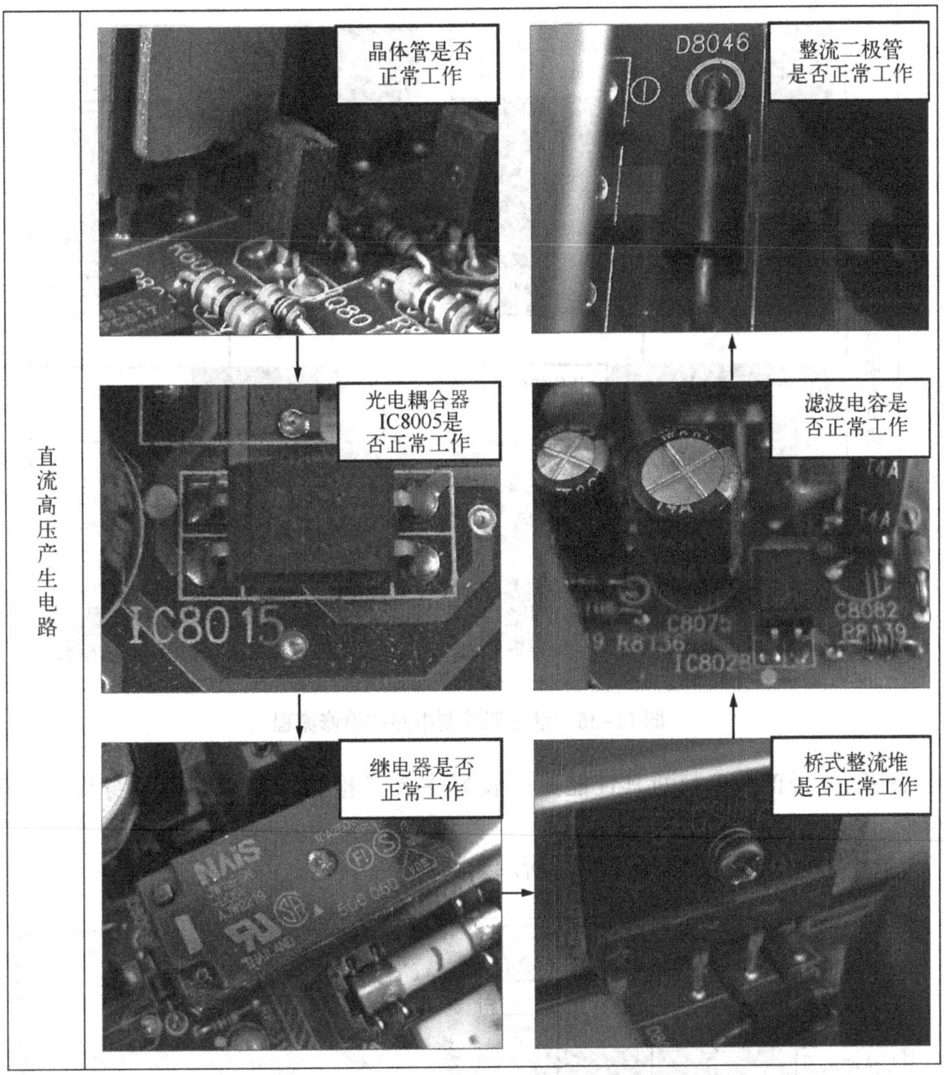

图 11-35　PFC 直流高压产生电路的检修流程

3.2.2　等离子电视机电源电路的检修实训

电源电路是平板电视机中比较容易损坏的部位之一，上面的章节中已经介绍了平板电视机中电源电路的功能、结构，以及信号流程，下面重点介绍平板电视机电源电路中各电路内的关键元器件的检修方法。

等离子电视机电源电路中的交流输入及待机（VSB）电压形成电路出现故障后，应重点检测该电路中的互感滤波器、桥式整流堆、继电器控制电路、光电耦合器、晶体管、开关变压器等器件，通过对关键元器件的检测来确认故障元器件并排除故障。

1. 互感滤波器的检修方法

互感滤波器在交流输入电路部分中作为滤波元件，若直流高压产生电路有故障，则

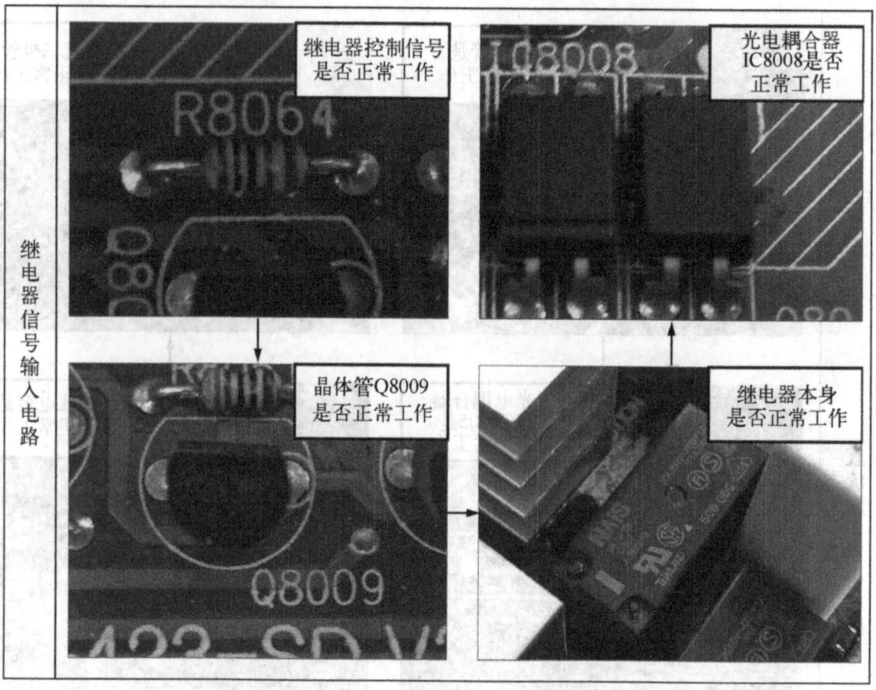

图 11-36　继电器控制电路的检修流程

应检测其性能是否正常，判断其性能是否良好主要是检测互感滤波器本身线圈的阻值是否正常。

互感滤波器的检修方法如图 11-37 所示。

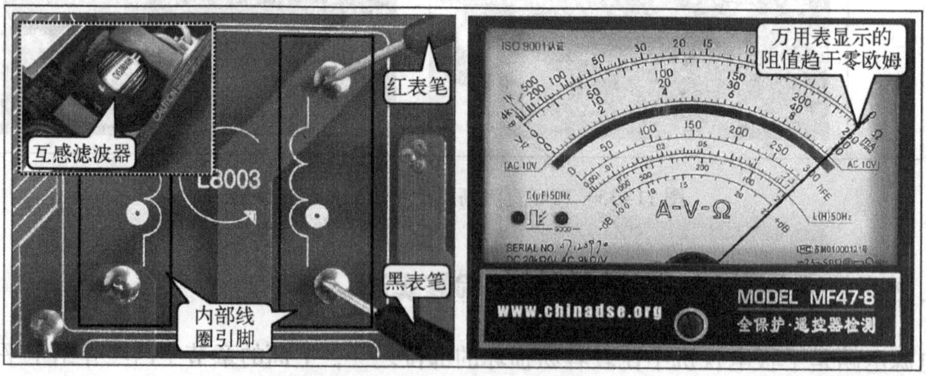

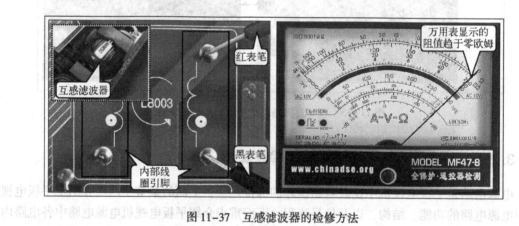

图 11-37　互感滤波器的检修方法

正常情况下，互感滤波器内部线圈的阻值应趋于 0Ω，若趋于无穷大，则证明互感滤波器已经断路损坏，需要以同型号的互感滤波器进行更换。

2. 桥式整流堆的检测方法

桥式整流电路可以将前级电路中输出的 220V 交流电压进行全波整流，然后输出 +300V 左右的直流电压，若该器件有损坏，则无法正常的输出直流电压，使后级电路无法正常工作。对于桥式整流堆的检测，其检测方法可分为两种：加电状态检测其工作电压和在断电状态下检测其电阻值。

加电状态下桥式整流堆的检修方法如图 11-38 所示。

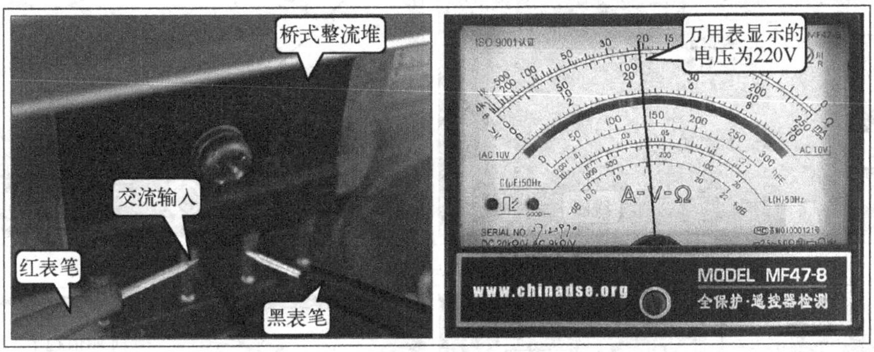

（a）输入电压的检测方法

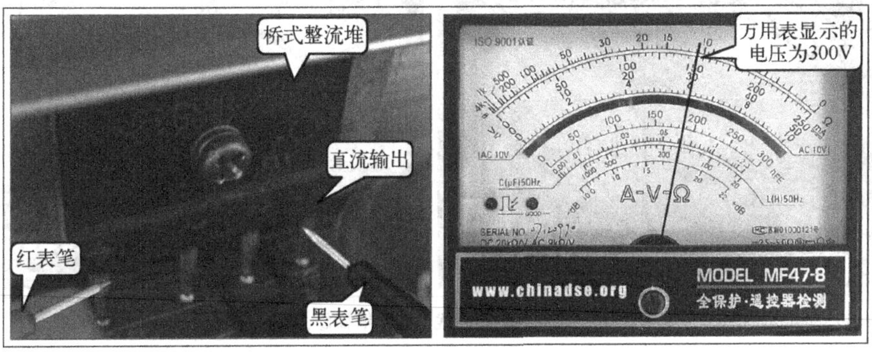

（b）输出电压的检测方法

图 11-38　加电状态下桥式整流堆的检修方法

对检测结果进行判断，若输入的交流 220V 供电电压正常，而输出的 300V 直流电压不正常，则可能桥式整流堆已经损坏，需要进行更换。

3. 继电器控制电路的检修方法

等离子电视机电源电路中的继电器控制电路出现故障后，应重点检测该电路中的晶体管、继电器和光电耦合器等器件，通过对关键元器件的检修来排除故障，关于晶体管和光电耦合器的检测方法可参考前文的检测方法。

电源电路中的继电器主要是利用线圈和触点配合，来控制交流 220V 电压的通断。判断继电器的性能是否良好时，通常是检测其触点的之间的阻值是否正常。

继电器的检修方法如图 11-39 所示。

在断电的情况下，检测继电器的两触点之间的阻值时，应为无穷大；而开机后继电器在工作状态时，两触点之间的的阻值应趋于 0Ω。

在断电情况下，检测继电器内部线圈之间的阻值时，可以测得一个固定的电阻值，若测得线圈之间的阻值趋于无穷大或很大时，则说明该继电器内部的线圈有损坏，需要以同型号的继电器进行更换，以排除故障。

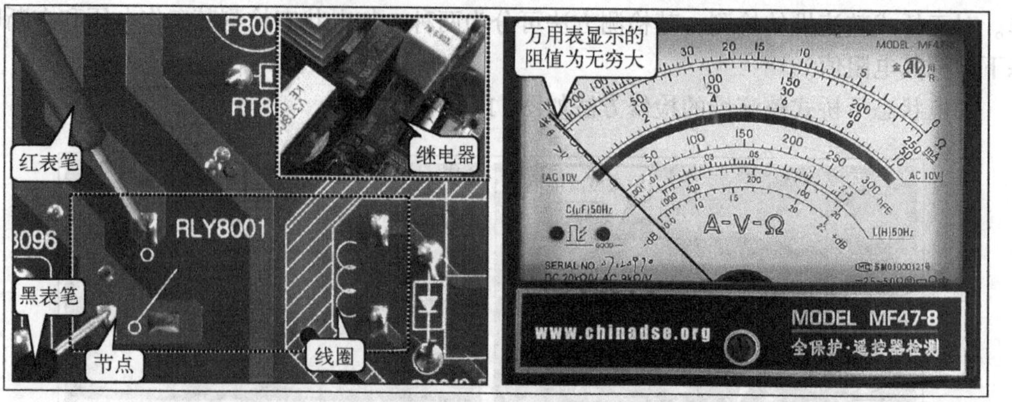

(a) 断电状态两触点之间阻值应为无穷大

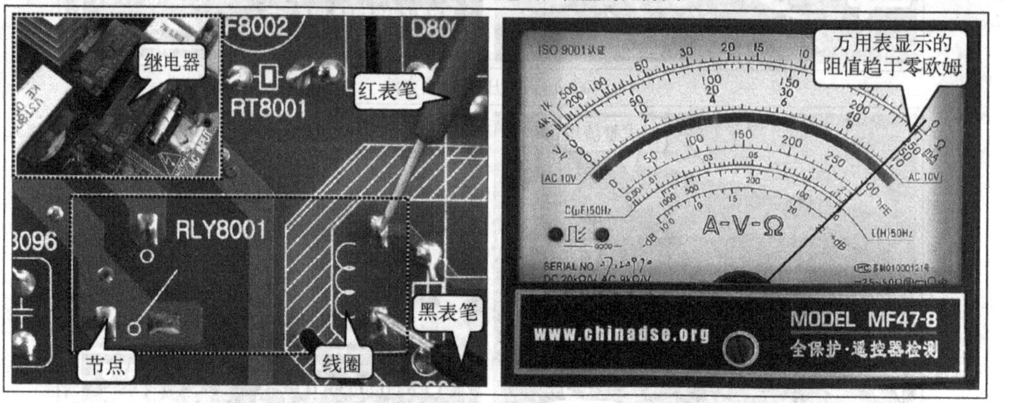

(b) 继电器内线圈的阻值检修方法

图 11-39　继电器的检修方法

4. 光电耦合器的检修方法

光电耦合器的内部是由一个发光二极管和一个光电晶体管的组合而成的，判断该元器件的性能是否良好时，主要是检测其正、反向阻值，通过对阻值的检测进行判断。

光电耦合器的检修方法如图 11-40 所示。

正常情况下，检测光电耦合器①脚和②脚之间的正向阻值时，应检测出约为 2kΩ 左右的阻值，反向阻值应趋于无穷大；检测光电耦合器③脚和④脚之间的阻值时，应为无穷大。若检测的数值不正常，或偏差较大，则说明该光电耦合器可能损坏。

要点提示

如需要准确检测光电耦合器的阻值时，可将该元器件从电路板中取下后进行开路检测，以免受其外围元器件（电阻、电容）的影响，造成检测的阻值与实际阻值偏差较大。

5. 晶体管的检修方法

电源电路中的晶体管用到了 NPN 型和 PNP 型两种，其性能的判断大致相同，下面以 NPN 型的晶体管为例详细介绍一下晶体管的检修方法。

晶体管的检修方法如图 11-41 所示。

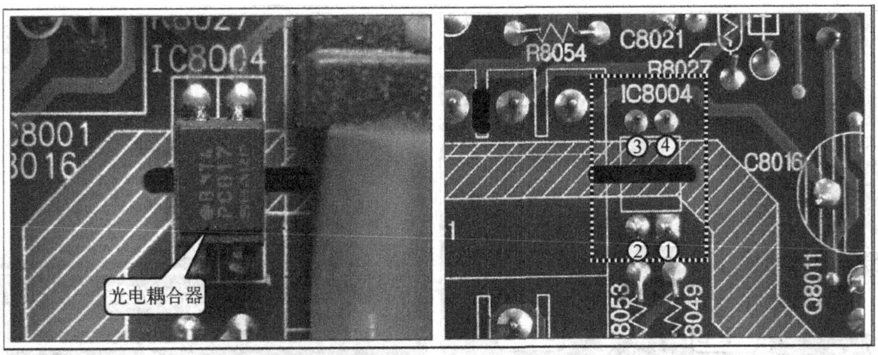

（a）光电耦合器的实物外形和背部引脚

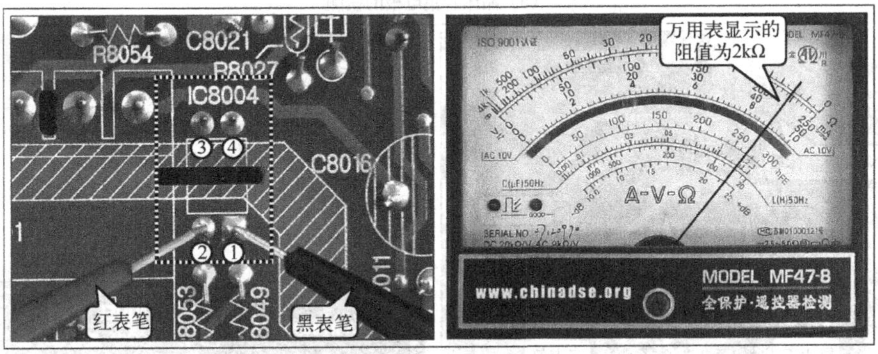

（b）光电耦合器 ① 脚和 ② 脚的阻值检测

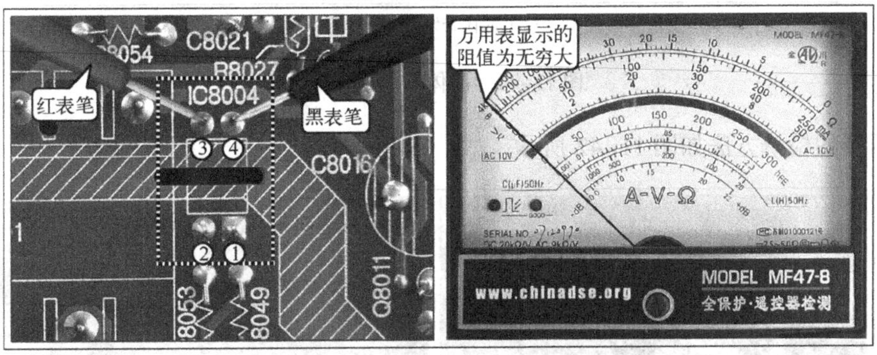

（c）光电耦合器 ③ 脚和 ④ 脚的阻值检测

图 11-40　光电耦合器的检修方法

正常情况下，晶体管基极与集电极之间的正向阻值，约为 5.5kΩ；基极与集电极之间的反向阻值为无穷大。基极与发射极之间的正向阻值约为 5kΩ；其反向阻值为无穷大。

根据检测结果进行判断，若集电结的正向阻值与发射结的正向阻值基本相同，且其反向阻值均为无穷大，则可判定该晶体管性能良好；若所测结果与上述情况不符合，则可基本断定 NPN 型晶体管已经损坏，需以同型号的晶体管进行更换。

6. 开关变压器的检修方法

开关变压器在电源电路中的作用是将开关振荡脉冲进行变压，然后由次级输出各组低压脉冲，判断变压器的性能是否良好时，通常是将平板电视机通电后，使用示波器检测其信号波形是否正常。

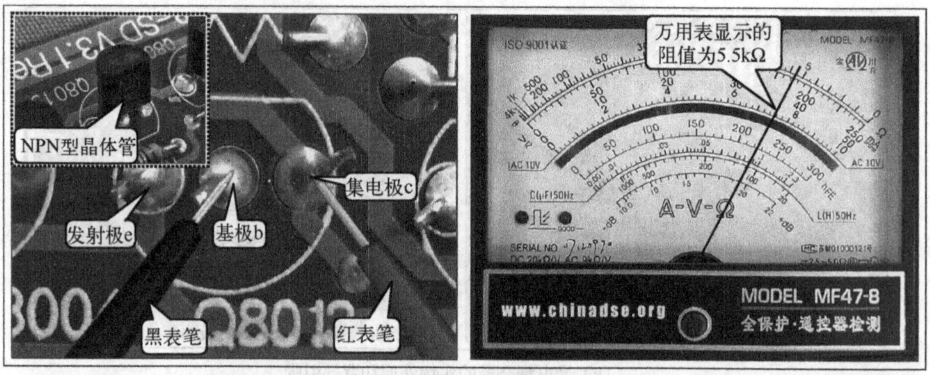

（a）晶体管集电极的检测

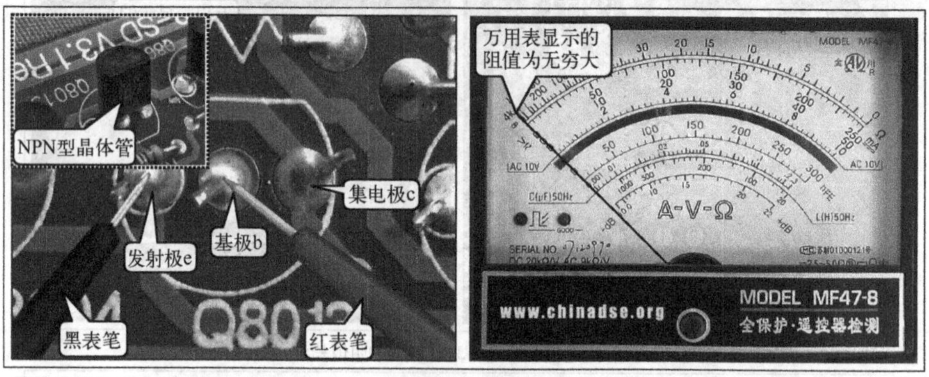

（b）晶体管发射极的检测

图 11–41　晶体管的检修方法

变压器的检修方法如图 11–42 所示。

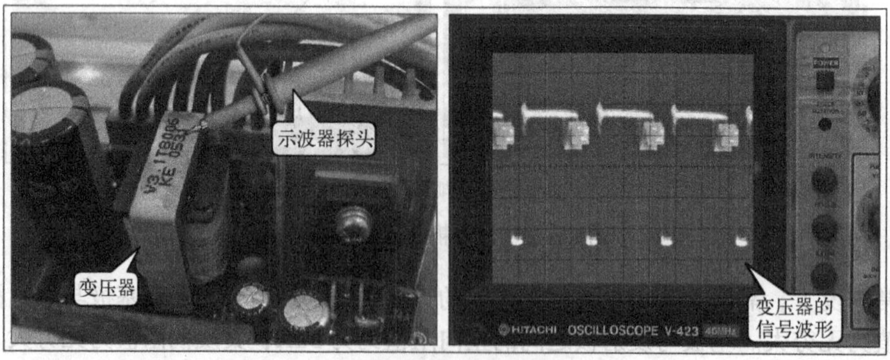

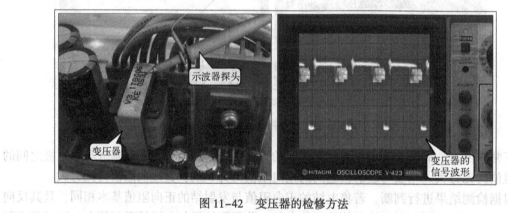

图 11–42　变压器的检修方法

若变压器可以正常的工作，用示波器的探头靠近变压器的铁芯时，可以感应到变压器的波形，若没有该信号波形，则开关振荡电路工作异常，应检测开关振荡电路中的元器件。

要点提示

不同型号的数字平板电视机、不同型号的变压器，示波器检测出的信号波形也有所区别，图 11–43 所示为常见变压器的信号波形图。

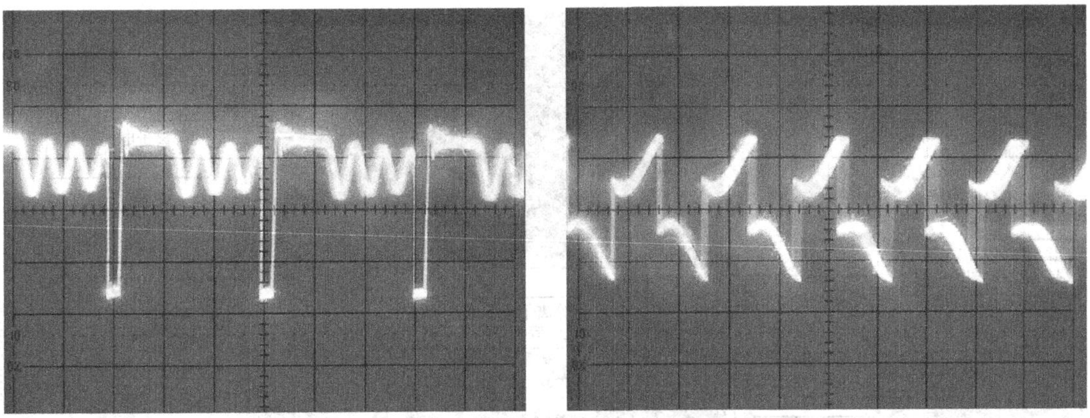

图 11-43　常见开关变压器的信号波形图

项目 4　等离子显示屏及驱动电路的检修实训

教学要求和目标： 通过对典型等离子显示屏及驱动电路的检修训练，了解显示屏及驱动电路的结构特点，训练检修驱动电路的基本检修方法和操作技能。

任务 4.1　等离子电视机显示屏及驱动电路的功能和结构特点

等离子电视机显示屏及驱动电路是等离子电视机与液晶电视机最大的不同之处。等离子电视机采用等离子显示屏，它是在两片玻璃体之间填充等离子体，并加以高电压，使之按要求运动，从而产生各种颜色，来显示视频、图像等信息；而等离子显示屏驱动电路则是根据操作显示面板送来的驱动信号，为等离子显示屏提供驱动信号，使等离子显示屏显示图像信息，图 11-44 所示为典型等离子显示屏及驱动电路的实物外形。

4.1.1　等离子显示屏

等离子显示屏采用等离子管作为发光元件，它是将大量的等离子管排列在一起被封装在两张薄玻璃板之间构成的，每个等离子管作为一个像素，并在其对应的每个小室内都充有氖氙气体，然后在等离子管电极间施加高电压。此时，等离子管小室中的气体会产生紫外光，激励等离子显示屏上的红绿蓝三基色荧光粉发出可见光，根据这些等离子管像素的明暗和颜色变化的组合，产生各种灰度和色彩的图像。

4.1.2　等离子显示屏驱动电路

等离子显示屏驱动电路用于驱动等离子显示屏工作，使其产生视频、图像信息，它主要由逻辑电路板、X（地址）驱动电路板和 Y（维持）驱动电路板等构成的。其中，逻辑电路板安装在数字图像处理电路板的下面，X 驱动电路板和 Y 驱动电路板分别位于等离子显示屏的两边。

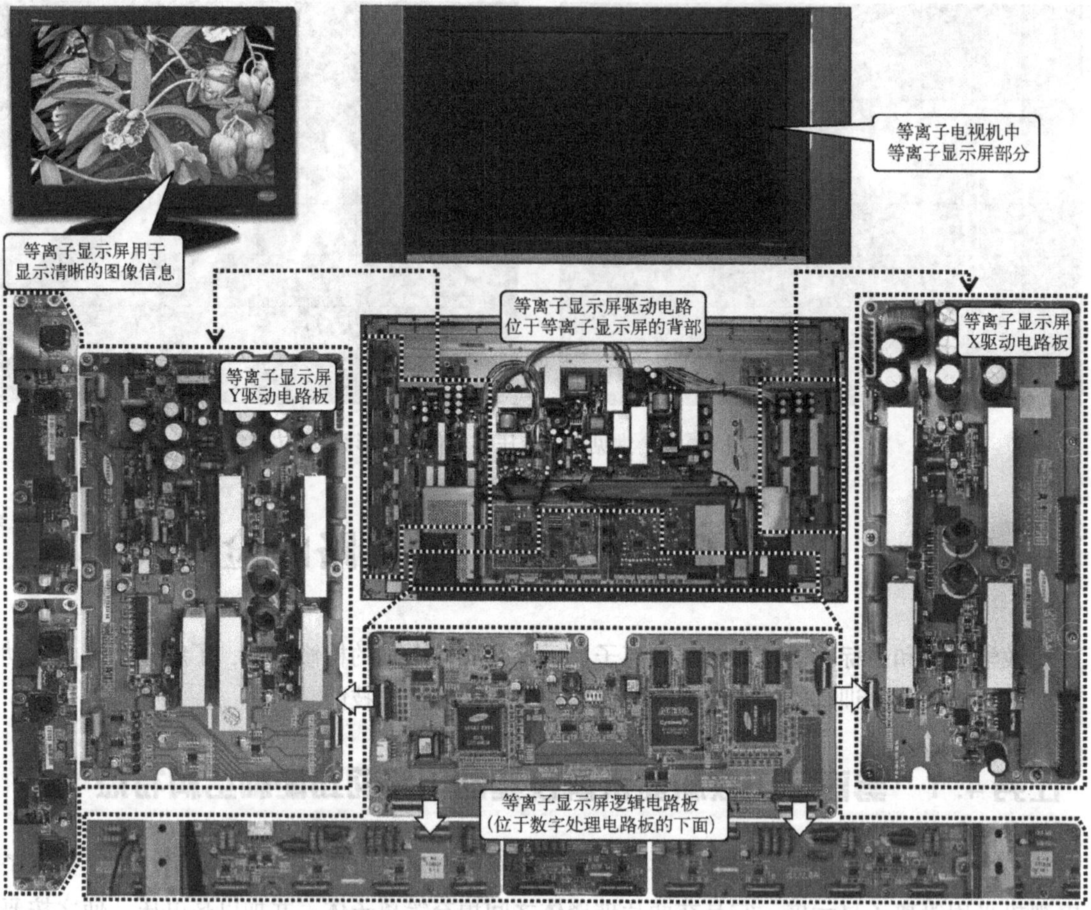

图 11-44 典型等离子显示屏及驱动电路的实物外形

除此之外，在等离子显示屏驱动电路中还包括等离子显示屏驱动信号产生电路，该电路安装在数字图像处理电路板上，其主要功能是将数字图像处理电路输出的数字图像信号转换为 LVDS 等离子显示屏驱动控制信号后，输送给等离子显示屏组件，图 11-45 所示为典型等离子电视机的等离子显示屏驱动信号产生电路。

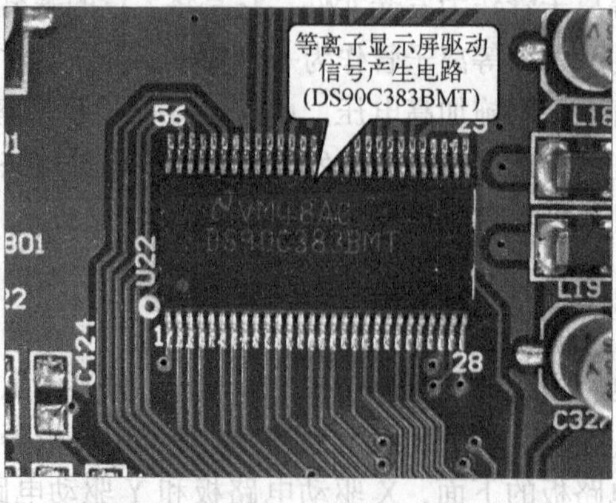

图 11-45 典型等离子电视机的等离子显示屏驱动信号产生电路

任务 4.2　等离子电视机显示屏及驱动电路的检修实训

4.2.1　了解等离子电视机显示屏及驱动电路的信号流程

等离子电视机是采用等离子显示屏作为显示器件，通过等离子显示屏驱动电路驱动其工作，显示图像信息，不同品牌型号的等离子显示屏及驱动电路的信号流程基本相同。图 11-46 所示为典型等离子显示屏及驱动电路的信号流程，等离子显示屏 X 驱动电路、Y 驱动电路和逻辑驱动电路分别接收由信号处理电路送来的图像信号，将其变为等离子显示屏的驱动信号后，通过连接屏线送往等离子显示屏以显示图像。

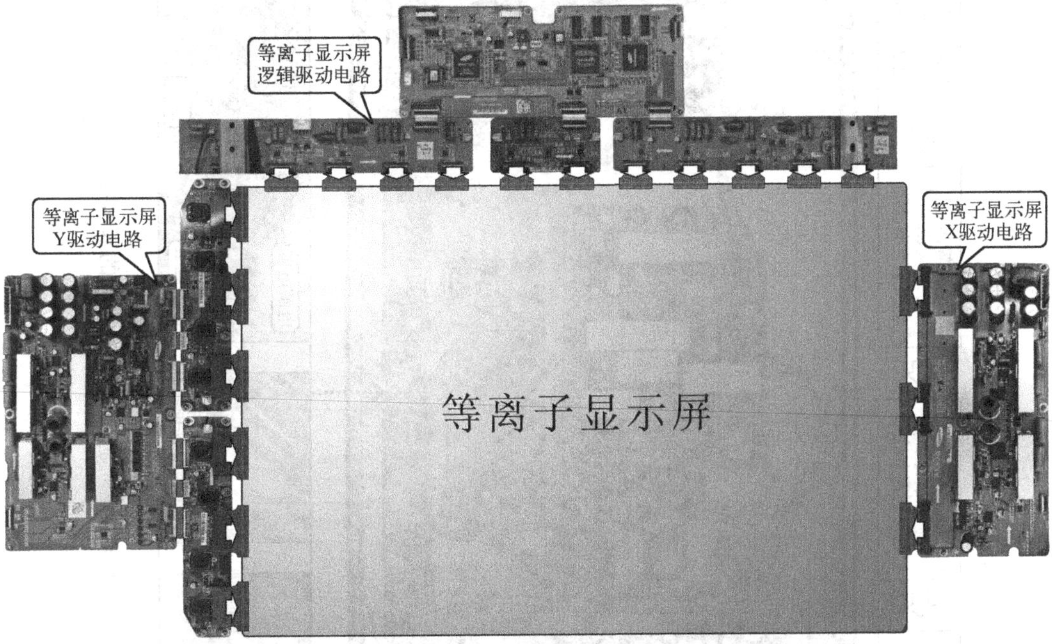

图 11-46　典型等离子显示屏及驱动电路的信号流程

4.2.2　等离子电视机显示屏及驱动电路的检修流程

当等离子电视机显示屏及驱动电路出现故障时，会直接影响电视机图像的显示效果，检修时也应遵循由易到难的顺序进行检修，即先检查等离子显示屏组件是否存在物理损伤，在其正常的情况下，再对其显示屏驱动电路部分进行检修，图 11-47 所示为等离子电视机显示屏及驱动电路的基本检修流程，在检修显示屏驱动电路时，应先观察各驱动板上的屏线及连接数据线是否断裂、连接是否良好，然后再对其电路板上的驱动晶体管、电解电容器等进行检修，判断有无损坏，最后再对其芯片进行检测判断。

4.2.3　等离子电视机显示屏及驱动电路的检修实训

等离子电视机显示屏及驱动电路出现故障时，应先观察等离子显示屏组件表面是否损坏，若其损坏，需直接进行更换；若正常，则需通过万用表或示波器检测等离子显示屏驱动电路中的各元器件阻值或各种相关信号，判断等离子显示屏驱动电路的故障所在。

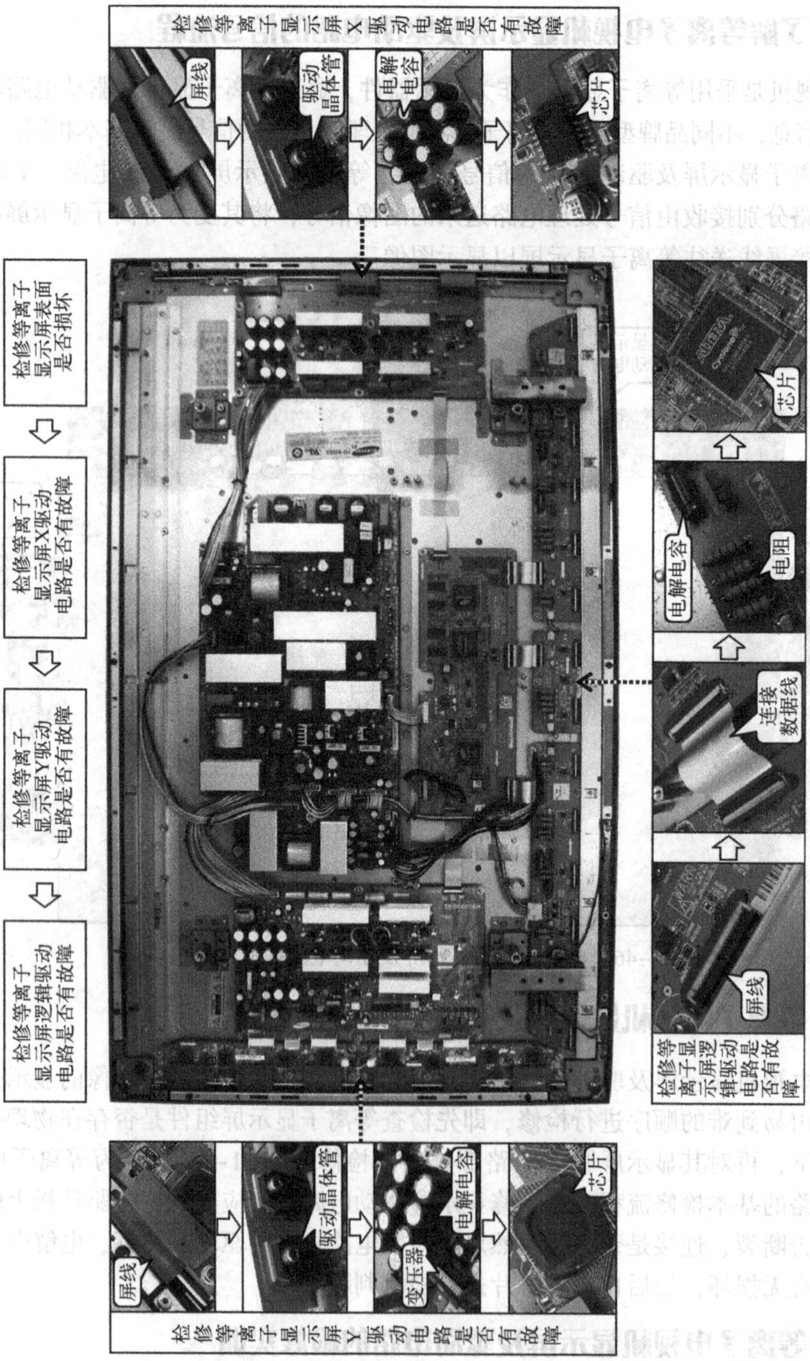

图 11—47　等离子电视机显示屏及驱动电路的基本检修流程

1. 屏线及连接数据线的检修训练

等离子显示屏驱动电路输出的驱动信号是通过屏线传送到等离子显示屏上的，当其屏线损坏，将无法传送驱动信号，导致等离子显示屏出现无图像、黑屏、花屏等故障现象；而连接数据线是用于传送各个电路板之间的传输信号的，当其损坏会影响到信号的传送，进而造成等离子显示屏组件出现故障。

屏线及连接数据线的检修方法如图 11-48 所示。

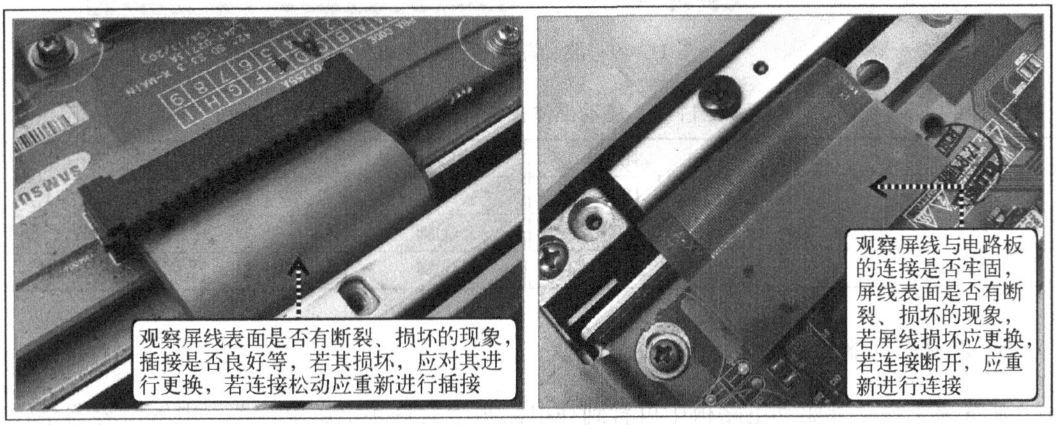

（a）屏线的检修

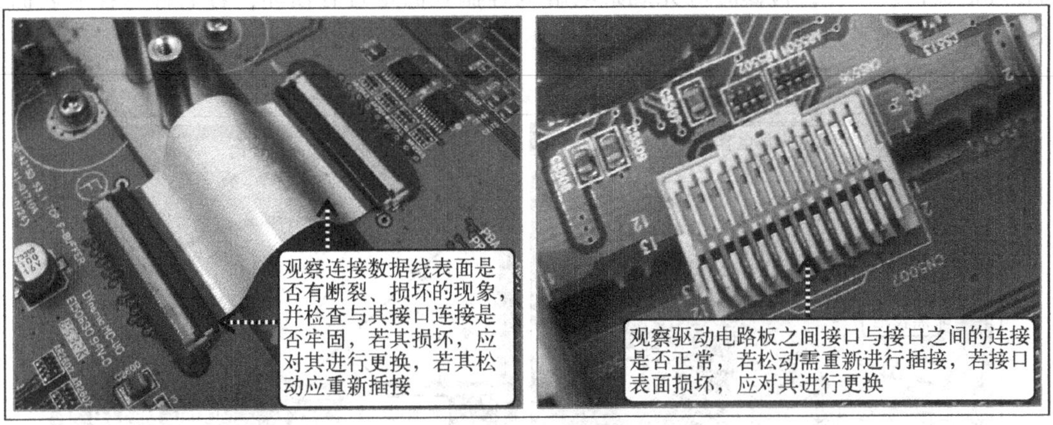

（b）连接数据线及接口的检修

图 11-48　屏线及连接数据线的检修方法

2. 驱动晶体管的检修训练

在等离子电视机显示屏驱动电路中有许多驱动晶体管。因此，检修时，应重点对其进行检测。由于驱动晶体管的个数较多且结构和连接方式均相同，因此，可通过对比法进行检测，即使用万用表检测各引脚之间的阻值与另一个驱动晶体管各引脚之间的阻值进行比较，即可判断该驱动晶体管是否损坏。

驱动晶体管的检测方法如图 11-49 所示。其各引脚之间的阻值参见表 11-1。

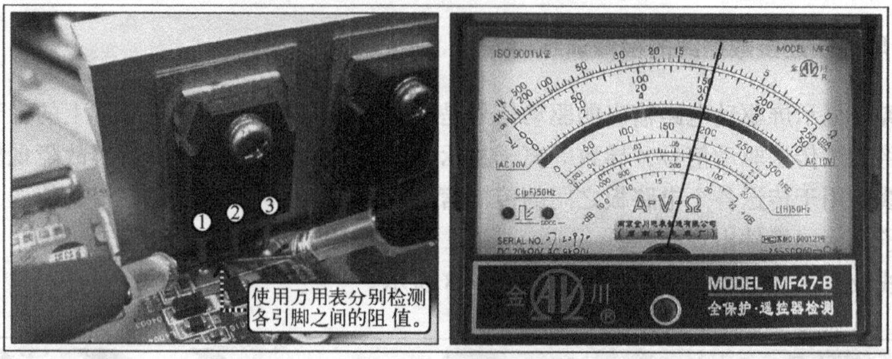

图 11-49　驱动晶体管的检测方法

表 11-1　驱动晶体管各引脚之间的阻值

黑表笔	红表笔	阻值	红表笔	黑表笔	阻值
①脚	②脚	18kΩ	①脚	②脚	100kΩ
①脚	③脚	9kΩ	①脚	③脚	9kΩ
②脚	③脚	220kΩ	②脚	③脚	2.5kΩ

3. 电解电容器的检修训练

从等离子显示屏驱动电路板中可看到在电路板上有许多电解电容器，电解电容器是较容易损坏的器件。因此，检修时应先观察电解电容器表面是否有损坏，若电解电容器表面正常，再通过万用表检测进行判断，并对其损坏的电解电容器进行更换。

电解电容器的检测方法如图 11-50 所示。

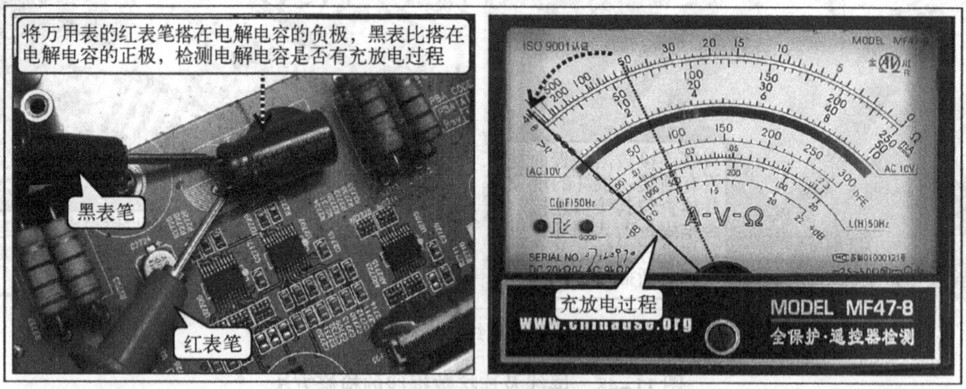

图 11-50　电解电容器的检测方法

4. 芯片的检测训练

在等离子显示屏驱动电路中有许多控制芯片，检测时都是通过输入/输出的控制信号判断其好坏，若芯片有输入无输出则表明芯片损坏，需要对其进行更换，排除故障。下面以等离子显示屏驱动信号产生电路（DS90C383A）为例进行检测。

等离子显示屏驱动信号产生电路（DS90C383A）输入信号的检测方法如图 11-51 所示。

等离子显示屏驱动信号产生电路（DS90C383A）输出信号的检测方法如图 11-52 所示。